機能性無機膜
―開発技術と応用―

Functional Inorganic Films
―New Technologies and Applications―

監修:上條榮治

シーエムシー出版

はじめに

　携帯電話，インターネット，電子メールなどの発展には目覚ましいものがあり，いわゆるユビキタス情報化社会の一端を垣間見る思いである。この様な情報化社会を可能としている様々な技術の中にあって，薄膜技術の役割は極めて大きく，縁の下の力持ちとして，今日の社会を支えていると云っても過言ではない。特に，金属・セラミックスからなる無機薄膜技術は，半導体デバイス，電気・電子部品はもちろん機械部品，金型・治工具あるいは食品包装フィルムなど様々な工業分野で実用に供され利用されている。

　ナノテクノロジーが世界の注目を集めて久しく，多くの研究成果が私達の日常生活にも実用化されてきた。このナノテクノロジーの共通基盤技術は，物質を原子・分子のオーダーで制御し自由に操ることであるが，真空を利用した乾式法による薄膜技術はその基本プロセスとして注目され，大きく発展している。更に，金属，セラミックス，半導体等のナノ粒子を湿式法による様々な自己組織化手法を用いて規則的に配列・集積する技術は，長足の進歩をしており，ゾル・ゲル法を含めて省資源・省エネルギーの新しい薄膜製造プロセス技術として期待される。これらの無機薄膜技術をナノテクノロジーの基盤技術として更に発展させるためには，現状と問題点を理解・整理し，その動向を明らかにしてゆくことが肝要と考えられる。

　本書は，この様な観点から特に無機材料薄膜に焦点を当て，乾式法のみでなく湿式法も含めた薄膜製造プロセス技術，製造装置技術，薄膜評価技術，応用技術を通観し，将来動向を予測する事を目指し，無機薄膜技術の一端を新しい斬新な目で紹介する事を思考した。

　お願いした執筆者は，新無機膜研究会のメンバーを核に各分野の専門家であり，それぞれの分野でご活躍の特に若手研究者に分担執筆をお願いした。ご多忙の中，快く執筆頂き感謝申し上げたい。

　ここで新無機膜研究会の簡単な紹介をする。産学官の無機薄膜関連の研究開発に携わる研究者・技術者が，成果の発表や調査研究を通じて共同研究などを指向し，既に調査研究報告書を9巻も発刊するなど息長く活発な活動をしている研究会組織である。

　無機薄膜材料の製造・応用技術あるいはナノテクノロジーに関心のある多くの皆様に参考になる書物になることを期待しております。

　さいごに，本書を刊行するにあたりご尽力頂いた株式会社シーエムシー出版の武田邦男氏に心からお礼を申し上げたい。

2006年6月

　　　　　　　　　　　　　　　　　　　監修　龍谷大学　名誉教授　上條榮治

普及版の刊行にあたって

本書は2006年に『機能性無機膜の製造と応用』として刊行されました。普及版の刊行にあたり，内容は当時のままであり加筆・訂正などの手は加えておりませんので，ご了承ください。

2011年9月

シーエムシー出版　編集部

執筆者一覧(執筆順)

上條 榮治	(現) 龍谷大学名誉教授；REC顧問	
大平 圭介	(現) 北陸先端科学技術大学院大学　マテリアルサイエンス研究科　助教	
松村 英樹	(現) 北陸先端科学技術大学院大学　マテリアルサイエンス研究科　教授	
青井 芳史	(現) 龍谷大学　理工学部　物質化学科　准教授	
横尾 俊信	(現) 京都大学　化学研究所　材料機能化学研究系　無機フォトニクス材料　教授	
林 信博	㈱アルバック　産業機器事業部　第二技術部	
横井 伸	㈱アルバック　産業機器事業部　第二技術部	
牛神 善博	住友重機械工業㈱　量子機器事業部　成膜装置部　部長	
寺山 暢之	神港精機㈱　装置事業部　技術部　第二開発課　課長代理	
安岡 学	㈱不二越　機械工具事業部　チーフエンジニア	
玉垣 浩	㈱神戸製鋼所　機械エンジニアリングカンパニー　開発部　PVDグループ　グループ長	
岩井 啓二	ヒラノ光音㈱　常務取締役	
鈴木 巧一	㈱サーフテックトランスナショナル　代表取締役	
西村 芳実	㈱栗田製作所　技術開発室　特別技術顧問	
中山 明	(現) 住友電気工業㈱　研究統轄部　企画部　主席	
山田 羊治	㈱イオン工学研究所　成膜技術部	
青木 正彦	㈱イオン工学研究所　分析技術部　部長	
吉田 謙一	㈱イオン工学研究所　分析技術部	
横山 勝昭	㈱イオン工学研究所　分析技術部	
宮﨑 恵	㈱イオン工学研究所　分析技術部	

(つづく)

小川　倉一	三容真空工業㈱　技術顧問	
南　　内嗣	金沢工業大学　光電相互変換デバイスシステム研究開発センター　教授	
岡本　昭夫	大阪府立産業技術総合研究所　情報電子部　電子・光材料系　主任研究員	
草壁　克己	福岡女子大学　人間環境学部　生活環境学科　教授	
垰田　博史	㈱産業技術総合研究所　サステナブルマテリアル研究部門　環境セラミックス研究グループ長	
	（現）㈱エコプライズ　CTO（最高技術責任者）	
岩本　雄二	㈶ファインセラミックスセンター　材料技術研究所　研究第一部　ハイブリッドプロセスグループマネージャー；水素分離膜プロジェクトグループリーダー・主席研究員	
笠井　義則	日本電気硝子㈱　技術部　担当部長	
金井　敏正	日本電気硝子㈱　薄膜事業部　課長	
岡本　俊紀	（現）グンゼ㈱　研究開発部　特命プロジェクト	
茶谷原昭義	（現）㈱産業技術総合研究所　ダイヤモンド研究ラボ　副研究ラボ長	
中東　孝浩	日本アイティエフ㈱　技術部　部長補佐	
	（現）日新電機㈱　経営企画部　技術企画グループ　グループ長	
山本　兼司	（現）㈱神戸製鋼所　技術開発本部　材料研究所　主任研究員	

執筆者の所属表記は，注記以外は2006年当時のものを使用しております。

目　　次

第1章　無機膜の製造プロセス

1　PVD法 ………………… 上條榮治 … 2
  1.1　真空蒸着法 ………………………… 2
    1.1.1　薄膜形成の素過程と真空の関係 …………………………… 3
    1.1.2　薄膜の成長様式 …………… 4
    1.1.3　反応性蒸着 ………………… 6
    1.1.4　膜厚みの均一性 …………… 6
  1.2　イオンプレーティング法 ………… 8
    1.2.1　原理 ………………………… 8
    1.2.2　各種の装置 ………………… 8
    1.2.3　特徴 ………………………… 10
  1.3　スパッタリング法 ………………… 12
    1.3.1　原理 ………………………… 12
    1.3.2　成膜過程 …………………… 13
    1.3.3　スパッタ成膜装置 ………… 14
  1.4　PVD法で得られる薄膜の特徴 …… 18
    1.4.1　薄膜形成におけるイオン照射の効果 ……………………… 18
2　CVD法 ……………………………… 21
  2.1　熱CVD ……………… 上條榮治 … 21
    2.1.1　基板表面への物質輸送（気相拡散）………………………… 22
    2.1.2　吸着過程 …………………… 22
    2.1.3　反応過程 …………………… 23
    2.1.4　熱分解反応 ………………… 23
  2.2　プラズマCVD ……… 上條榮治 … 26
  2.3　光CVD ……………… 上條榮治 … 30

  2.4　Cat-CVD … 大平圭介／松村英樹 … 32
  2.5　MOCVD法 ………… 上條榮治 … 36
  2.6　CVDで得られる薄膜の特徴
      …………………… 上條榮治 … 38
3　PLD法 ………………… 青井芳史 … 40
  3.1　はじめに …………………………… 40
  3.2　PLD法によるY系超伝導体薄膜の合成 ………………………………… 42
  3.3　レーザーMBE法 ………………… 43
4　LPD法 ………………… 青井芳史 … 45
  4.1　はじめに …………………………… 45
  4.2　まとめ ……………………………… 49
5　ソフト溶液プロセス … 青井芳史 … 51
  5.1　はじめに …………………………… 51
  5.2　水熱電気化学法 …………………… 51
  5.3　フェライトめっき法 ……………… 52
  5.4　電気化学的ソフト溶液プロセス … 54
  5.5　まとめ ……………………………… 55
6　ゾル-ゲル法 …………… 横尾俊信 … 57
  6.1　はじめに …………………………… 57
  6.2　ゾル-ゲル法の基礎化学 ………… 58
  6.3　コーティング方法 ………………… 59
    6.3.1　ディップコーティング法 … 59
    6.3.2　スピンコーティング法 …… 60
    6.3.3　スプレーコーティング法 … 60
    6.3.4　キャピラリーコーティング法
      ………………………………… 61

6.3.5 パイロゾルプロセス	61	
6.4 基板とコーティング膜の接着	61	
6.5 マイクロパターニング		
(微細加工)	62	
6.6 機能性コーティング膜	62	
(1) 光学機能膜	62	
(2) 電磁気機能	64	
(3) 化学的および機械的保護機能膜	64	
(4) 触媒機能コーティング膜	65
6.7 まとめ	65
7 マイクロ液体法………上條榮治	68
7.1 マイクロ液体プロセス	68
7.2 無機系薄膜への応用	71
7.3 インクジェット法以外の方法	73
7.4 まとめ	74

第2章　無機膜の製造装置技術

1 最新のフィルムコンデンサー用巻取蒸着装置………林 信博／横井 伸	77
1.1 はじめに	77
1.2 フィルムコンデンサーの動向	77
1.2.1 ハイブリッドカーの動向	77
1.2.2 ハイブリッドカーとフィルムコンデンサーの関わり	77
1.2.3 蒸着フィルム生産に求められる新しい技術	78
1.3 巻取成膜装置	79
1.4 コンデンサー用蒸着装置	80
1.4.1 高生産性を実現	80
1.4.2 高速成膜のポイント	82
1.4.3 本技術の応用分野	82
1.4.4 今後の予定	82
2 反応性プラズマ蒸着装置…牛神善博	83
2.1 はじめに	83
2.2 RPD装置の原理と構成	83
2.3 RPD装置の成膜プロセス	84
2.4 RPD装置による膜の特徴	85
2.5 RPD成膜装置の構造	86
2.6 おわりに	86
3 プラズマCVD装置………寺山暢之	88
3.1 はじめに	88
3.2 PIGプラズマCVD装置と成膜特性	88
3.2.1 PIGプラズマCVD装置の構成	88
3.2.2 成膜特性	89
3.2.3 皮膜構成	89
3.3 HCDプラズマCVD装置と成膜特性	91
3.3.1 HCDプラズマCVD装置の構成	91
3.3.2 成膜特性	91
3.3.3 トライボロジー特性	92
3.4 おわりに	92
4 HCDイオンプレーティング装置………安岡 学	93
4.1 はじめに	93
4.2 圧力勾配型HCDガン	93
4.3 HCDイオンプレーティング装置	94

4.4	イオンプレーティング装置の操作 …………………………………… 94	7.2	UBMS法の原理と特徴 ………… 113
4.5	HCDイオンプレーティングの特色 …………………………………… 96	7.3	UBMS法の効果 ……………… 114
		7.4	アンバランスドマグネトロンスパッタリング装置の例 ………… 115
4.6	HCDイオンプレーティングの応用 …………………………………… 96	8	パルスマグネトロンスパッタ装置 ……………………… 鈴木巧一 … 118
4.7	おわりに …………………… 97	8.1	はじめに ……………………… 118
5	アークイオンプレーティング装置 ……………………… 玉垣 浩 … 98	8.2	パルスマグネトロンスパッタの原理 ………………………………… 118
5.1	アークイオンプレーティング(AIP)法の概要 ……………… 98	8.2.1	サイン波パルスマグネトロンスパッタ ……………………… 118
5.2	AIP法による皮膜形成の原理 …… 98	8.2.2	矩形波パルススパッタ ……… 119
5.3	最近のAIP装置の例 …………… 100	8.2.3	パルススパッタ用カソード技術 ………………………………… 120
5.3.1	汎用バッチ型AIP装置 ……… 100	8.2.4	プロセス制御技術 …………… 122
5.3.2	インライン型AIP装置 ……… 100	8.2.5	矩形波パルススパッタの能力 ………………………………… 122
5.3.3	厚膜コーティング用AIP装置 ………………………………… 101	8.3	パルスマグネトロンスパッタ装置例 ………………………………… 126
5.3.4	箔コーティング用AIP装置(AIPロールコータ) ………… 101	8.4	矩形波パルスプラズマの基板エッチングへの応用 …………… 126
5.3.5	複合型AIP装置 …………… 101	8.5	おわりに …………………… 127
6	スパッタ装置 ………… 岩井啓二 … 103	9	プラズマイオン注入法を用いた成膜装置の開発 ……………… 西村芳実 … 129
6.1	はじめに …………………… 103	9.1	はじめに …………………… 129
6.2	スパッタ技術の概要 ………… 104	9.2	プラズマイオン注入・成膜法 … 130
6.3	スパッタ装置の排気系 ……… 106	9.2.1	原理 ……………………… 130
6.4	機能性成膜利用分野とその装置 … 108	9.2.2	RF・高電圧パルス重畳法 … 131
6.5	縦型(鉛直)走行式スパッタ装置の概要 ……………………… 110	9.2.3	バイポーラ方式プラズマイオン注入・成膜装置 ………… 132
6.6	おわりに …………………… 111	9.2.4	プラズマイオン注入・成膜装置のガス導入系 …………… 133
7	アンバランスドマグネトロンスパッタ装置 ………… 玉垣 浩 … 113		
7.1	アンバランスドマグネトロンスパッタ(UBMS)法の概要 ……… 113		

第3章　無機膜の物性評価技術
中山　明，山田羊治，青木正彦，吉田謙一，横山勝昭，宮﨑　恵

1　薄膜の組成と構造 ………………… 135
　1.1　X線光電子分光分析 …………… 135
　　1.1.1　原理 …………………………… 135
　　1.1.2　分析事例 ……………………… 136
　1.2　二次イオン質量分析 …………… 138
　　1.2.1　原理 …………………………… 138
　　1.2.2　分析事例 ……………………… 140
　1.3　ラマン分光分析 ………………… 142
　　1.3.1　原理 …………………………… 142
　　1.3.2　分析事例 ……………………… 143
　1.4　薄膜X線回析 …………………… 145
　　1.4.1　原理 …………………………… 145
　　1.4.2　分析例 ………………………… 145
　1.5　透過電子顕微鏡 ………………… 146
　　1.5.1　原理 …………………………… 146
　　1.5.2　観察事例 ……………………… 147

2　薄膜の密着力および内部応力 …… 150
　2.1　薄膜の密着力 …………………… 150
　2.2　薄膜の内部応力 ………………… 150
3　薄膜の機械的特性 ………………… 153
　3.1　硬度 ……………………………… 153
　3.2　ヤング率 ………………………… 154
4　薄膜の電磁気特性 ………………… 156
　4.1　電気抵抗測定 …………………… 156
　4.2　薄膜のホール測定 ……………… 157
5　薄膜の光学特性 …………………… 158
　5.1　屈折率 …………………………… 158
　5.2　透過率 …………………………… 159
6　薄膜の耐食性 ……………………… 161
　6.1　はじめに ………………………… 161
　6.2　金属の腐食 ……………………… 161
　6.3　酸化物の分解 …………………… 162

第4章　無機膜の最新応用技術

1　工具・金型分野への応用… **安岡　学** … 165
　1.1　機械加工への応用 ……………… 165
　1.2　硬質被覆膜の工具への適用 …… 167
　1.3　硬質被覆膜の金型への適用 …… 169
　1.4　硬質被覆膜の適用動向 ………… 171
2　シリサイド系半導体薄膜の発光／受光
　　デバイスへの応用 ………… **中山　明** … 173
　2.1　はじめに ………………………… 173
　2.2　シリサイド系半導体薄膜の研究動
　　　 向および課題，問題点 ………… 177

　　2.2.1　β-FeSi$_2$薄膜結晶成長技術 … 177
　　2.2.2　情報通信用発光／受光デバイ
　　　　　スに関する研究動向 ………… 179
　　2.2.3　世界の研究動向 ……………… 181
　　2.2.4　情報通信用発光／受光デバイ
　　　　　スに関するシリサイド系半導
　　　　　体薄膜の課題，問題点 ……… 181
　2.3　高速大容量情報通信用発光／受光
　　　 デバイス実現に向けて ………… 182
　　2.3.1　大面積（連続膜）β-FeSi$_2$エピ

	タキシャル成長技術 ………… 182
2.3.2	低温成膜（結晶成長）技術 … 183
2.3.3	低ダメージドーピング技術 … 183
2.3.4	微細加工技術（エッチング技術）………………………… 183
2.4	まとめ ……………………………… 183

3 光学機能分野への応用例… 小川倉一 … 185
 3.1 はじめに ………………………… 185
 3.2 光学多層膜用材料 ……………… 185
 3.3 光学多層膜の要素機能と応用例 … 185
  3.3.1 反射防止膜 ……………… 185
  3.3.2 高反射膜 ………………… 190
  3.3.3 分光特性可変フィルター …… 190
 3.4 まとめ ……………………………… 192

4 ディスプレイ分野への応用
  ………………… 南　内嗣 … 193
 4.1 ディスプレイと無機機能性薄膜 … 193
 4.2 ディスプレイ用透明導電膜 …… 193
 4.3 ディスプレイ用蛍光体薄膜 …… 197
 4.4 まとめ ……………………………… 203

5 電子デバイス分野への応用
  ………………… 岡本昭夫 … 205
 5.1 はじめに ………………………… 205
 5.2 機能性薄膜材料について ……… 205
 5.3 薄膜デバイス …………………… 207
  5.3.1 Cr–O 薄膜を用いた圧力センサ ……………………… 207
  5.3.2 Cr–N 薄膜を用いた赤外線センサおよび極低温用温度センサ ………………… 208
  5.3.3 TaAl–N 薄膜を用いた熱伝導型真空センサ ………… 211

 5.4 今後の展望 ……………………… 214

6 光記録デバイス分野への応用
  ………………… 上條榮治 … 215
 6.1 はじめに ………………………… 215
 6.2 光ディスクの記録・再生の原理 … 215
 6.3 光ディスクの種類と分類 ……… 215
 6.4 有機色素記録膜光ディスク …… 215
 6.5 相変化記録膜光ディスク ……… 217
  6.5.1 光ディスクの高密度化技術 … 218
  6.5.2 光ヘッド技術 …………… 219
 6.6 光磁気ディスク ………………… 220
  6.6.1 記録媒体の構造 ………… 220
  6.6.2 記録・再生の原理 ……… 221
  6.6.3 光磁気記録の高密度化技術 … 221
 6.7 まとめ ……………………………… 222

7 反応・分離への応用 ……… 草壁克己 … 224
 7.1 はじめに ………………………… 224
 7.2 気体分離用無機膜 ……………… 224
 7.3 膜型反応器の効果 ……………… 225
 7.4 膜型反応器の問題点 …………… 227
 7.5 水素分離膜 ……………………… 227
 7.6 触媒膜 …………………………… 229
 7.7 おわりに ………………………… 230

8 環境分野への応用 ………… 垰田博史 … 232
 8.1 はじめに ………………………… 232
 8.2 光触媒の特徴 …………………… 232
 8.3 光触媒の材料開発 ……………… 233
 8.4 光触媒の応用 …………………… 235
  8.4.1 水処理 …………………… 235
  8.4.2 空気浄化（脱臭・排ガス浄化など）…………………… 237
  8.4.3 汚れ防止，曇り止め ……… 238

8.4.4	大気浄化	239
8.4.5	抗菌防かび	240
8.5	おわりに	242

9 高温水素分離用セラミック膜の開発
……………………**岩本雄二** … 244
9.1 はじめに … 244
9.2 高温水素分離膜 … 245
9.3 新たな高温水素分離用セラミック膜の合成開発 … 247
　9.3.1 新規パルス法による陽極酸化アルミナ基材の合成 … 247
　9.3.2 陽極酸化アルミナのガス透過特性 … 247
　9.3.3 ニッケルナノ粒子分散アモルファスシリカ膜の合成開発 … 250
9.4 おわりに … 252

第5章　最新のトピックス

1 熱線反射膜と製品
……………**笠井義則／金井敏正** … 255
1.1 はじめに … 255
1.2 遮熱膜の付け方と製品 … 256
　1.2.1 スプレーコート … 256
　1.2.2 スパッタリング … 256
1.3 おわりに … 258
2 プラスチックフィルムのガスバリア膜
……………………**岡本俊紀** … 259
2.1 はじめに … 259
2.2 プラスチックフィルムへの薄膜成膜技術 … 259
　2.2.1 成膜技術 … 259
　2.2.2 ガスバリア性の評価 … 260
2.3 プラスチックフィルムのガスバリア膜への応用 … 260
　2.3.1 包装フィルム用ガスバリア膜 … 260
　2.3.2 FPD基板フィルム用ガスバリア膜 … 262
3 気相成長法によるダイヤモンド合成
……………………**茶谷原昭義** … 265
3.1 ダイヤモンドの気相合成法 … 265
3.2 単結晶ダイヤモンドの高速気相合成 … 266
3.3 マイクロ波CVD法によるダイヤモンド単結晶の合成 … 267
　3.3.1 プラズマ分光 … 268
　3.3.2 成長速度 … 269
　3.3.3 成長表面形態 … 270
　3.3.4 長時間成長 … 270
3.4 まとめ … 271
4 フレキシブルDLC薄膜……**中東孝浩** … 273
4.1 はじめに … 273
4.2 DLCの特徴 … 273
4.3 高分子材料へのフレキシブルDLCの適応 … 274
4.4 成膜装置および処理方法 … 275
4.5 評価項目および方法 … 275
4.6 実験結果 … 276
　4.6.1 成膜速度 … 276
　4.6.2 摩擦係数 … 276

4.6.3 摩耗特性 …………………… 276
4.6.4 膜硬度 ……………………… 276
4.6.5 電気抵抗 …………………… 277
4.6.6 撥水性 ……………………… 277
4.7 まとめ ………………………… 277
5 メタルドープDLC薄膜……**中東孝浩**… 279
5.1 はじめに ……………………… 279
5.2 DLCの特徴 …………………… 279
5.3 DLCへの異元素ドープのアプローチ ………………………………… 280
5.4 DLCの製法 …………………… 281
5.5 DLCの状態図 ………………… 282
5.6 メタルドープの摩擦・摩耗特性 … 283
5.7 まとめ ………………………… 284
6 プラズマイオン注入成膜装置を用いた薄膜の作製と評価………**西村芳実**… 286
6.1 プラズマイオン注入法で作成できる各種の薄膜 ……………………… 286
6.1.1 RF・高電圧パルス重畳法を用いたDLC膜の作成 ………… 286
6.1.2 バイポーラ方式を用いた導電性カーボン膜の作製 …… 288
6.1.3 有機金属を用いた金属セラミック薄膜の作製 ………… 290
6.2 まとめ ………………………… 290
7 立方晶窒化ホウ素（cBN）膜合成における最近の展開………**山本兼司**… 293
7.1 窒化ホウ素膜の特性 ……………… 293
7.2 PVD法によるcBN合成 ………… 294
7.3 CVD法によるcBN合成 ………… 296
7.4 実用化における課題と展望 ……… 299
8 炭窒化ホウ素系薄膜………**青井芳史**… 301
8.1 はじめに ……………………… 301
8.2 炭窒化ホウ素（B-C-N）薄膜の合成 ………………………………… 302
8.3 まとめ ………………………… 304

第1章　無機膜の製造プロセス技術

上條榮治*

　薄膜の製造プロセスは，原理的に物理的気相成長（Physical Vapor Deposition：PVD）法と化学的気相成長法（Chemical Vapor Deposition：CVD）法に二大別でき，その両者の比較を表1に示した[1]。PVD法による薄膜は主に非晶質あるいは多結晶の金属・合金，酸化物，炭化物，窒化物等であるが，CVD法によるものは，主として酸化物，窒化物などの化合物，半導体単結晶などが主である。

　また，その技術の発展過程を要約して図1に示した[2]。この図から，より高真空で制御された清浄な環境でより低温で高速に，高品質の薄膜を合成するために，長い年月をかけ多くの改善・改良が行われてきたことが伺われる。今後の発展の方向は，薄膜の特性ニーズの多様化や基板温度の低温化ニーズに応えるために，より高密度なプラズマ，ラジカル，イオンなど制御された励起種を積極的に活用したPVD法により，非熱平衡相物質など特異な特性を有する薄膜を求める分野への発展と，他方では，イオン等のエネルギービームによる結晶のダメージを嫌う半導体分野では，よりマイルドな化学平衡反応を利用したCVD法により，格子欠陥の少ない結晶成長を求める分野に発展する二極分化が進むものと考えられる。

　本章では，薄膜の製造プロセスとしてのPVD法，CVD法のそれぞれについて概要と特徴を述

表1　PVD法とCVD法の比較

	PVD法	CVD法
原料	目的生成物の構成元素を含む固体	目的生成物の構成元素を含む化合物ガスあるいは液体
活性化法	固体原料の蒸発エネルギーやプラズマ，イオン化，バイアス電圧などのエネルギーを付加的に使用	化合物ガスの熱分解を主に，プラズマ，光，レーザなどの高密度エネルギーを付加的に使用
基板温度	25～500℃	150～2000℃
成膜速度	0.5～250 μm/h	1～1500 μm/h
膜構造	非晶質，結晶質（非熱平衡）	単結晶，結晶質，非晶質（熱平衡）
薄膜材料	金属，合金，炭化物，窒化物，酸化物，ホウ化物，ケイ化物，ダイヤモンド，DLCなど	PVD欄記入例以外に半導体，化合物半導体，超格子　など

---

*　Eiji Kamijo　龍谷大学　名誉教授　RECフェロー

べ，それぞれを活用する指針としたい．

1 PVD法

一般にPVD法は，物理的気相成長法と呼ばれ，真空蒸着，イオンプレーティング，スパッタリングとに大別できる．この三つの基本的な方法を基に，それぞれの特徴を生かし，改良・改善・補充したりして，目的に適った薄膜を得るための努力が行われ

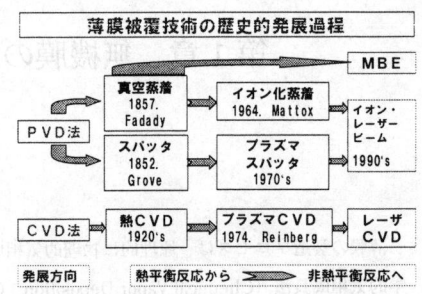

図1 薄膜合成技術の発展過程を示す概念図

てきた．さらに，特定の反応ガスを導入することで，化合物あるいはセラミックス薄膜を成膜する反応性PVD法なども考案されている．

PVD法の基本プロセスは，固体原料の蒸発と基板表面への凝着であるが，超高真空中で高純度の半導体薄膜を製作するMBE（Molecular Beam Epitaxy：分子線エピタキシー）法や，プラズマを積極的に利用し，イオンや活性種による化学反応の促進，基板バイアス電圧を利用して基板との密着性を高めるイオンプレーティング法など様々な形態が考案されている．特に，反応性PVD法においては，化学反応の促進のためにプラズマによるイオンや活性種の利用が積極的に行われている．

このPVD法の大きな特徴は，比較的低温で優れた特性の薄膜が得られる．原料が固体であるため，多種多様な薄膜が得られる．合金，化合物あるいは複雑化合物の薄膜が容易に得られる等の特徴がある．また，排ガス処理が無いか容易であることからCVD法に比較して環境に優しいプロセスである．以下に真空蒸着法，イオンプレーティング法，スパッタリング法についてその原理，特徴を述べる．

1.1 真空蒸着法

真空蒸着とは，10^{-2}Pa以下の真空中で物質を加熱蒸発させ基板に付着させて薄膜を作製する方法で，最も基本的なPVD法である．真空蒸着の始まりは，1857年Faradayが行った金属線爆発蒸発による金属膜の作製が始めと言われている．当初は光学薄膜の作製が中心であったが，半導体産業の発展と真空技術の発展とが相俟って金属配線，電極，絶縁膜，パッシベーション膜などの形成に利用されるようになった．更に，単結晶基板上に単結晶薄膜をエピタキシャル成長させるニーズに対して，超高真空中での蒸着が研究され，分子線エピタキシー（MBE）法が開発され，実用に供されている．

第1章 無機膜の製造プロセス技術

真空蒸着装置の模式図を図2に示すが，薄膜が形成される素過程を考えると，①蒸発源での蒸発過程，②蒸発源から基板表面への分子あるいは原子の飛行過程，③基板表面への付着と移動による膜形成過程の三つに分けることができる。それぞれの素過程における真空の役割を考えてみよう。

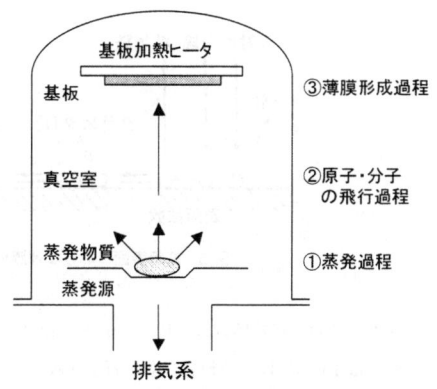

図2 真空蒸着の素過程を示す概念図

1.1.1 薄膜形成の素過程と真空の関係

蒸発温度と真空度は，蒸発させる物質により異なり，物質の蒸気圧が1Pa程度になる温度まで加熱することが一つの目安である。酸化物あるいは窒化物を形成しない，おおよそ 10^{-3} Pa以下の真空度が選ばれる。

分子あるいは原子の飛行過程では，基板に到達する前に残留ガス分子あるいは蒸発分子・原子同士で衝突しないで基板に到達することが求められる。温度 T で熱運動している分子が他の分子に衝突することなく直進する平均距離，平均自由行程 Λ は，

$$\Lambda = 4.3 \times 10^{-6} T/P(r+r^*)^2 \tag{1}$$

で与えられる。ここで r, r^* は，衝突する両分子の半径，P は圧力である。例えば，Ag (r:0.15nm) と酸素 (r^*:0.18nm) の場合を $T = 300$K で考えると(2)式が得られる。

$$\Lambda [\mathrm{cm}] = 0.8/P[\mathrm{Pa}] \tag{2}$$

10^{-2} Paでおおよそ80cmとなり，一般的には蒸発分子が残留ガスに衝突せずに基板に到達するのに必要な真空度は，おおよそ 10^{-2} Pa以下が必要である。

次に基板表面での膜形成過程を考えてみよう。基板表面には蒸発分子のみでなく，残留ガス分子も同様に入射する。残留ガス分子の入射頻度 J は(3)式で与えられる。

$$J = 2.7 \times 10^{20} P/(\mathrm{MT})^{1/2} \tag{3}$$

ここでMは入射分子の分子量で，例えば $T = 300$K，酸素分子 (M = 32) を考えると，(4)式が得られる。

$$J \sim 3 \times 10^{18} P [ヶ/\mathrm{sec}\cdot\mathrm{cm}^2] \tag{4}$$

一方，基板に入射する蒸発分子数は，毎秒1原子層程度の成膜速度を仮定すると 10^{14}～10^{15}ヶ/sec・cm² 程度の入射頻度に相当する。従って，真空度が 10^{-2}～10^{-3}Paの時に基板に入射する蒸発分子の数と残留ガス分子の数が同等程度になる。残留ガスの不純物を含まない膜を作製するためには，真空度は低いほどよいが，一般には 10^{-3}Pa以下程度の真空度が実用的である。

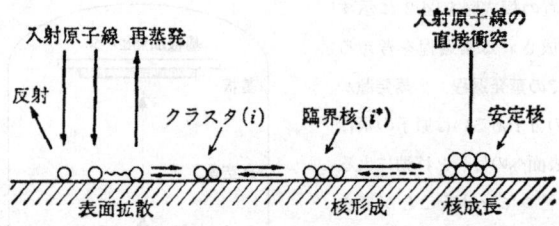

図3 基板表面における薄膜成長の素過程を示す概念図

半導体での不純物制御は、10^{14}〜10^{15}ヶ/cm³オーダーで行われていることを考慮すると、この分野では10^{-7}Pa以下の超高真空が要求される。

基板上に入射した蒸発分子が直ちに全数が基板に付着し膜が形成される訳ではない。入射分子の一部は反射し真空中に跳ね返される。表面に付着した(吸着)分子は、表面を動き回り(表面拡散あるいは表面マイグレーション)、一部は再び真空中に飛び出し(脱着)、またあるものは基板の安定なサイトに落ち着いて膜を形成する。基板表面における膜の形成素過程を図3に模式的に示した[3]。基板表面にとどまり膜を形成する分子には、物理的な力による物理吸着と、基板原子と電子を交換、共有するなどした化学吸着とがあり、いずれの吸着になるかは基板と膜物質との組合せなど多くのパラメーターに依存する。

膜の形成過程は、基板上に凝結吸着―表面拡散―クラスター形成―臨界核発生―安定核発生―成長の順で行われ、蒸発分子の過飽和度と真空度ならびに不純物ガスなどの影響をうける。過飽和度は$P_0/P_{sub} = K(T_0/T_{sub})^{1/2}$の関係が示されており、基板温度($T_{sub}$)と蒸発物の融点($T_m$)との比$T_{sub}/T_m$は、一般に0.5程度が適当とされている。

1.1.2 薄膜の成長様式

薄膜の形成過程は図4に示すように、①島状成長、②層状成長、③層状・島状の混合成長の3

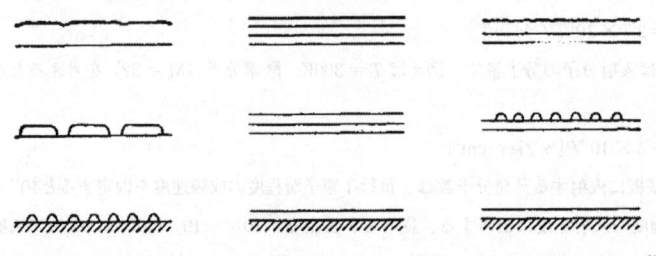

(a) Volmer-Weber様式　(b) Frank-van der Merwe様式　(c) Stranski-Krastanov様式

図4 薄膜成長の三様式を示す概念図

種に大別され，基板表面の性質，温度，蒸着速度，環境などの諸要因に左右される[4]。第一は，成長の初期段階から三次元的な島が形成され，蒸着量の増加と共に成長・合体し，やがて連続膜になる様式で三次元核形成による成長様式，またはVolmer-Weberの成長様式，一般には島状成長とも呼ばれる。第二は，成長の初期から基板表面上に二次元的な均一層が形成され，成長する様式で提案者の名前を取りFrank-van der Merweの成長様式，一般には層状成長とも呼ばれる。第三は，成長の初期に数層の二次元層が形成されたのち，その上に第一の様式と同様な三次元的な島が形成され，それが成長し平坦な連続膜になる様式で，同様に提案者の名前を借りてStranski-Krastanovの成長様式，一般には混合成長とも呼ばれる。

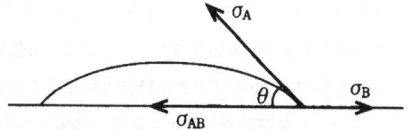

図5 薄膜成長における表面・界面エネルギーの関連

このような成長様式を決定する要因は複雑であるが，表面エネルギーと界面エネルギーである程度予測できる。表面エネルギーがσ_Aの薄膜が表面エネルギーσ_Bの基板上に接触角θで接している様子を図5に示した[3]。薄膜と基板との界面エネルギーをσ_{AB}とすると，ヤングの式(5)が成り立つ。

$$\sigma_A \cos\theta + \sigma_{AB} = \sigma_B \tag{5}$$

$\cos\theta < 1$の条件から式(6)が導かれる。

$$\sigma_A > \sigma_B - \sigma_{AB} \tag{6}$$

即ち，この関係が成立する場合は，①の島状成長の様式が予想される。基板と薄膜が化合物を形成しない場合σ_{AB}は一般に正であるので，化合物を形成しないことが明らかであればσ_{AB}の値が不明であっても，$\sigma_A > \sigma_B$であれば，島状の成長様式が予想される。

また，層状成長様式であるためには，表面エネルギーσ_Bの基板が表面エネルギーσ_Aの薄膜で覆われ，しかも界面エネルギーσ_{AB}が低く，式(7)の関係が成り立つことが条件である。

$$\sigma_B > \sigma_A + \sigma_{AB} \tag{7}$$

基板と薄膜の格子常数が近く，歪みエネルギーが小さく場合には，$\sigma_B > \sigma_A$の場合に②の層状成長様式が予想される。

次の③の成長様式では，第n層までは，式(7)を満たす層状の成長であり，第$n+1$層では式(6)を満たす成長であり，この界面で大きな変化が観察される場合で，nの大きさは2～3原子層の二次元層であり，その構造や性質など詳細はいまだ解明されていない。しかし，はじめに形成される二次元層は，薄膜と基板の双方の影響をうけた中間的な変質層で，薄膜の性質とは異なるものであろう。

例えば，Si基板上のGe薄膜は，典型的な例であり，初期に成長するGe薄膜は，基板Siの格

子常数とのミスマッチから歪みの大きな状態で層状に成長するが、ある臨界厚みを越えると、歪みのないGeの島が形成される[5]。また、Si基板上のAg薄膜も典型的な例で、界面に形成される二次元層は、AgとSi原子が特有な構造をした化合物層を形成していることが報告されている[6]。

一般に、金属薄膜とイオン結晶の基板との組合せは、島状成長様式、半導体薄膜と半導体基板、金属薄膜と金属基板の組合せでは層状成長様式、金属薄膜と半導体基板の組合せでは混合成長様式を示すことが知られている。実際には基板の表面状態、成長環境、成長速度などが異なるため、多くの例外もあり一義的に定まらないのが現状である。

1.1.3 反応性蒸着

元素の蒸着に対して、化合物薄膜の場合はその組成が問題となる。光学薄膜として重要なMgF_2、CaF_2などのフッ化物は分子の形で蒸発するため、化合物自身を蒸発させれば化学量論(ストイキオメトリー)組成の膜が得られる。しかし、化合物では一般に構成元素に分解して蒸発するし、基板への付着確率も元素で異なるので、基板上に形成される薄膜の組成は蒸発物とは異なる。

例えば、TiO_2を直接蒸発させても透明な膜は得られない。酸素不足の不透明な膜となる。酸素不足を補うために、適量の酸素を導入した雰囲気中で成膜して初めて透明になる。さらに進んで、金属Tiを酸素・窒素・炭素雰囲気中で蒸発させてTiO_2、TiN、TiCなどの酸化物膜、窒化物膜、炭化物膜を得ることができ、反応性蒸着と呼ばれている。反応性蒸着が可能であるためには、金属表面に反応ガスが化学吸着しなければならない。TiとN_2は化学吸着するので、Tiの蒸気とN_2ガスの供給でTiN膜を作製できる。AlやGaは、N_2ガスを化学吸着しないのでN_2ガスの導入のみでAlN、GaN膜を得ることはできない。NH_3や$(CH_3)_2N_2H_2$、あるいはプラズマにより活性化された窒素ラジカルを用いて初めてAlN、GaN膜がえられる[7]。

蒸気圧が大きく異なる元素からなる化合物薄膜を作製するためには、蒸発源を分けて個別に温度を調節する多元蒸着法が考案されている。たとえばⅢ-Ⅴ族化合物半導体の場合、Ⅴ属の蒸気圧はⅢ属より数桁大きい。蒸発源の温度を個々に制御し、かつ基板温度を過剰なⅤ属元素を再蒸発させる温度に設定して、化学量論組成の膜を得ている例もある。

GaAsの場合、基板温度480℃以上では、Gaの付着確率はほぼ1であるが、As_2は0である。しかしAs_2分子はGa原子があると化合してGaAsを析出する。したがって、Gaの供給以上にAs_2を供給してやれば化学量論組成のGaAs膜が得られる[8]。

1.1.4 膜厚みの均一性

広い面積にわたる膜厚みの均一性は、工業的に応用する場合に強く要求され、装置設計上ならびに生産技術上の重要な課題である。蒸発面と基板面が平行であるとすると、蒸発源直上の点に比べて角θ離れた点での蒸着密度は、$(\cos\theta)^4$に比例して低下し、蒸発源が点状であれば$(\cos\theta)^3$

第1章 無機膜の製造プロセス技術

に比例して低下することが知られている[9]。これは一般に余弦則と呼ばれ,膜の厚みも同様に余弦則に従い,$d = d_0 \cos^{n+1}\theta$ (ここでd:角θ離れた点での膜厚み,d_0:蒸発源直上の点での膜厚み)で示される。膜厚みが均一な膜を得るには,θを小さくすることであり,それは蒸発源と基板間の距離を長くすることであるが,成膜速度が減少する。この両者のバランスを取ることが肝要である。

薄膜作製法の最も基本的な真空蒸発法について,真空の役割,成膜の素過程,薄膜成長様式,反応性蒸着による化合物薄膜の製作などについて述べた。半導体分野でエピタキシャル成長に用いられている超高真空でのMBE法は,真空蒸着法の発展であり,半導体のみでなく金属などのエピ成長法としても利用されている。このように真空蒸着法は,現在も活躍しており,以下の項で述べる様々なPVD法の基本であり,薄膜形成分野での貢献は大きいものがある。

文　献

1) Powell, Oxley and Blocher Jr.：Vapor Deposition, John Wiley and Sons (1967)
2) 上條榮治：表面技術, **43**, 1119 (1992)
3) 日本学術振興会薄膜第131委員会編：「薄膜ハンドブック」, オーム社 (1983)
4) E. Bauer, H. Poppa：*Thin Solid Films*, **12**, 167 (1972)
5) 金原　粲監修：「薄膜工学」, 丸善 (2005)
6) G. Le Lay, M. Manneville, R. Kern：*Surf. Science*, **72**, 405 (1978)
7) S. Yoshida：*J. Vac. Sci. Technol.*, **16**, 990 (1979)
8) G. Gunther：*Z. Naturforshung*, **13a**, 1018 (1958)
9) L. Holland：Vacuum Deposition of Thin Films, John Wiley (1956)

1.2 イオンプレーティング法

上條榮治*

1.2.1 原理

イオンプレーティング法は，真空蒸着装置内に低圧ガスを導入し，直流あるいは高周波の電界を印加したり，エネルギービームを照射することでプラズマを誘起し，導入ガスや蒸発された粒子を励起・イオン化する機構を持つ，プラズマを利用した蒸着法である[1]。

この方法によれば，蒸発粒子や導入ガスのイオンが含まれるので，基板に印加するバイアス電界を制御することで基板に到達するイオンの運動エネルギーを自由に制御でき，この運動エネルギーの大きさによって，いろいろな現象が起きる。すなわち，数eV～数百eVのエネルギー範囲のイオンは，基板表面に堆積し薄膜を形成する。数百eV～数千eVのエネルギー範囲では，基板表面の原子がはじき出されるスパッタ領域に入る。更にエネルギーが数十KeV以上になると，イオンは基板中に浸入しイオン注入域となる。この様子を模式的に図1に示した[2]。

イオンを物理的に加速して基板に衝突させるので，基板との密着性の向上，導入ガスの励起・イオン化による化学反応性の向上により基板温度の低温化も可能になるなど多くの特徴があり，幅広い分野で応用が進んでいる。

また，プラズマ中の不活性ガスイオンにより基板表面をスパッタして清浄化するスパッタクリーニングは，薄膜形成前に清浄な表面をつくる前処理としても広く利用されている。

1.2.2 各種の装置

現在，多様なイオンプレーティング装置が存在するが，歴史的な発展過程を示す装置と，実用的に使われている代表的な装置を図2に示し概要を述べる[2]。

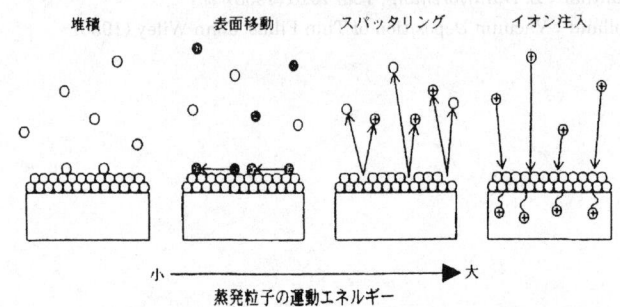

図1　基板表面に到達した粒子の挙動と運動エネルギーの関連

＊　Eiji Kamijo　龍谷大学　名誉教授　RECフェロー

第1章 無機膜の製造プロセス技術

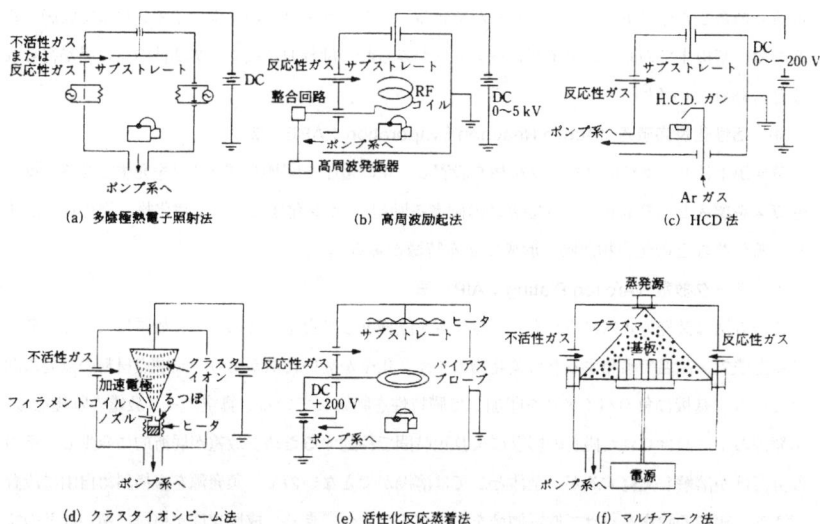

図2 多様なイオンプレーティング装置の概要

(a) 多陰極熱電子照射法

1964年にアメリカのMattoxにより考案された直流（DC）法を基本にし、その欠点を補う方法である。すなわち、蒸発源の近くに複数の熱陰極を設け、発生する熱電子を蒸発粒子に衝突させてプラズマを維持しイオン化を促進させている。基板に負のバイアスを印加できること、イオン化率が小さいこと、比較的高いガス圧の下で行われるため成膜速度が遅いがつき周り性が良いことなどの特徴があった[3]。

(b) 高周波励起（RF）法

蒸発源の直上に高周波コイルを設置し、高周波電場を印加して放電させ、蒸発粒子をイオン化するもので、比較的イオン化率が高いことが特徴である。この方法の特徴は、$10^{-2} \sim 10^{-3}$ Paのガス圧でも放電維持が容易で、反応性ガスを導入すると反応性イオンプレーティングが容易にできることである[4]。

(c) HCD（Hollow Cathode Discharge）法

蒸発源には一般に高電圧、低電流の電子銃が用いられるが、低電圧、高電流を印加した中空陰極放電（HCD）電子銃が用いられる。比較的イオン化率が高く、成膜速度が速い特徴がある[5]。

(d) クラスターイオンビーム（Ion Cluster Beam：ICB）法

クヌードセンセルのノズルから蒸発物を吹き出し断熱膨張させると$10^2 \sim 10^3$個ほどの原子が

9

ゆるく結合した原子集団，クラスターができる。このクラスターの一部をイオン化して成膜するもので，基板上での原子のマイグレーションがみられ，付着力が高く，結晶性の良い膜が得られると言われている[6]。

(e) 活性化反応蒸着（Active Reaction Evaporation：ARE）法

蒸発源上にリング状のプローブ電極を設置し，正の電圧を印加しプラズマを発生させる。反応性ガスを導入し，蒸発粒子と反応ガスの両者を励起・イオン化することで窒化物，炭化物，酸化物，硫化物などの化合物薄膜を形成できる特徴がある[7]。

(f) アーク放電（Arc Ion Plating：AIP）法

この方法は蒸発方式に特徴がある。蒸発源を陰極として真空中でのアーク放電によって蒸発させる方法で，高温で蒸発するため蒸発物のイオン化率が高い特徴があり，高融点材料の蒸発に向いている。基板に負のバイアスを印加して膜特性を制御している。真空アーク放電の陰極点は，蒸発源の下に設けられた磁石の影響により短時間で移動するため，放電が局所的に発生し，その部分だけが溶解し蒸発するが，全体としては溶湯ができないので，蒸発源を縦横斜め自由に設置できる，複数の陰極を設けて放電領域を広くすることができる，成膜速度が格段に速いなどの特徴があり，幅広く利用されている。しかし，ドロップレットと呼ばれる溶融微粒子が付着する欠点がある[8]。

ここに述べた他にも幾つかの装置があるが，それぞれに一長一短があり，目的に合わせて使い分ける必要がある。

1.2.3 特徴

イオンプレーティングに共通した特徴を，他の方法と比較してまとめておく。

①成膜直前にアルゴン等の不活性ガスイオンを用いてArボンバードにより基板表面を清浄にすることができ，その後真空を破らずに清浄な基板表面に成膜できる。

②蒸発粒子のイオン化と基板バイアスの制御により，膜の密着性を高め，膜の特性をある程度任意に制御できる。

③薄膜形成中でもイオン化された蒸発粒子や不活性ガスによりスパッタリングが継続して行われている。すなわち，付着とスパッタリングが同時に進行しており，初期には基板界面にイオンミキシング層をつくり密着性向上に寄与し，その後は薄膜の緻密化と特性向上（結晶化，結晶配向性，非熱平衡相の合成など）に顕著な効果が認められている[8]。

④蒸発粒子のイオン化と反応性ガスの励起・イオン化により，窒化物，炭化物，酸化物などの化合物薄膜が容易に合成できる。

⑤基本的に固体原料を蒸発させることから，多元系で複雑組成の合金薄膜や化合物薄膜の組成を精密に制御して形成するのが難しい。

10

第1章　無機膜の製造プロセス技術

文　　献

1) D. Mattox：*Electrochem. Technol.*, **2**, 295 (1964)
2) 表面技術協会編：「PVDCVD被膜の基礎と応用」, 槇書店 (1994)
3) 大塚寿次：金属表面技術, **35**, 25 (1984)
4) 村山洋一, 松本政之, 柏木邦宏：応用物理, **47**, 485 (1978)
5) 小宮宗次：金属表面技術, **29**, 166 (1978)
6) A. Takagi, I. Yamada,：*Jap. Appl. Phys.*, **12**, 315 (1973)
7) R. F. Bunshah, A. C. Raghram：*J. Vac. Sci. Technol.*, **9**, 1385 (1972)
8) 上條榮治監修：「プラズマ・イオンビーム応用とナノテクノロジー」, シーエムシー出版 (2002)

1.3 スパッタリング法

上條榮治*

1.3.1 原理

ターゲットと呼ばれる固体表面に高エネルギー粒子が衝突すると、ターゲットを構成している原子が衝突過程(カスケード)を通じ、表面からはじき出される。このように、原子が固体表面よりはじき出されることをスパッタリングと呼ぶ。この現象の発見は非常に古く、1856年に英国のGroveにより放電管内壁に電極Alが付着する現象から発見されたが[1]、スパッタリング現象を利用して薄膜を形成する技術はそれほど古くはない。

スパッタリング現象を理解するのに最も重要なことは、スパッタリング率、つまりターゲットに入射した高エネルギー粒子1個あたり何個の原子がターゲットからはじき出されるかの値(atoms/ion)である。スパッタリング率は、直接成膜速度に関係し、入射粒子のエネルギー、質量、入射角、ターゲットの質量、結合エネルギーなど多くのパラメーターに依存し、多くの理論値や実験値が報告されている。400eVのArイオンによるスパッタリング率の原子番号依存性の関係を図1に示す[2]。貴金属はスパッタ率が高く、Al、C、Mg、Caなどはスパッタ率が低い。ターゲット構成元素の電子配列において"d殻"が満たされるにつれてスパッタ率は大きくなり、閉殻のCu、Ag、Auで最大になる。

スパッタリングではじき出された粒子のエネルギーは、一般に平均して5～10eVと熱的に蒸発された真空蒸着粒子の持つエネルギー(0.1eV程度)に比較して格段に大きい。Krイオンの衝撃でCu表面からはじき出された原子のエネルギー分布を求めた結果を図2に示す[3]。スパッタ

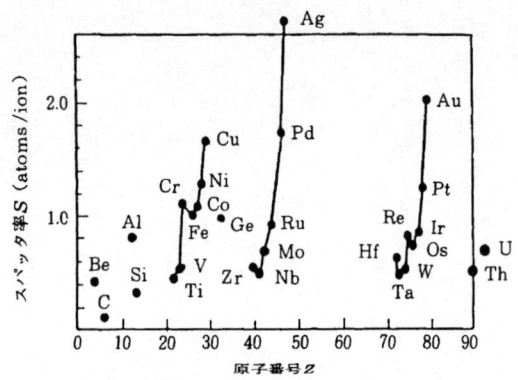

図1 Arイオン(400eV)によるスパッタリング率の原子番号依存性

---

* Eiji Kamijo 龍谷大学 名誉教授 RECフェロー

第1章 無機膜の製造プロセス技術

粒子のエネルギーは入射イオンのエネルギーに関係なく，2～3eVに最確値を持ち，高エネルギー側にテールを持って分布し，平均値は3～10eVであり，入射粒子のエネルギーはスパッタ率に関係することがわかる。このエネルギーの大きさが薄膜の密着性や特性に大きく寄与している。

ターゲットに高エネルギー粒子が衝突するとスパッタ粒子とともに，二次電子あるいは反射粒子が

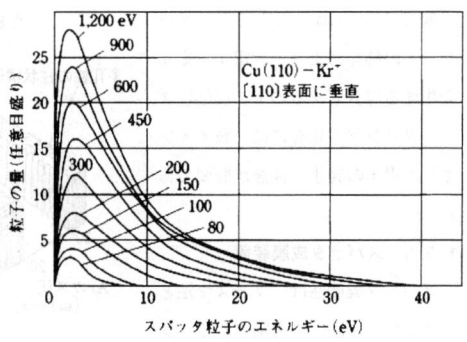

図2 Krイオンの衝撃でCu表面からスパッタされた原子のエネルギー分布

放出される。二次電子は，基板とターゲットの電位差により加速され，基板を衝撃し加熱する。一方，ターゲットに入射した高エネルギーイオンは，ターゲット表面で弾性的に反射され，大半は中性粒子になるが，エネルギーが高いため，成膜過程で薄膜中に混入し，また膜の結晶構造を壊すこともある[4]。

1.3.2 成膜過程

数eVのエネルギーを持ったスパッタ粒子は，10^{-1}Pa台の雰囲気ガス分子と衝突を繰り返しながらエネルギーを失いつつ，最終的に基板に到達し，熱平衡に達する。この熱平衡化過程は，基本的には剛体球モデルを用いた気体分子運動論で説明できる。特に，ターゲットと基板間の距離，ガス圧に大きく依存するので，これらのパラメーターを充分に把握しておくことが重要である。

膜の成長過程は，真空蒸着の節で述べた基本的な薄膜成長過程が当てはまるが，スパッタ膜の初期成長においては，蒸着法に比較して，島密度が高く，連続膜になり易いなどが報告されている[5]。また，膜の微構造は，繊維構造，柱状構造が明確であり，これらはスパッタ法における①高エネルギースパッタ粒子の衝撃，②ガスとの衝突，③イオン，二次電子の衝突等の要因のためである。ガス圧と基板温度による膜構造の変化の様子を図3に示した[6]。

スパッタ粒子の持つエネルギーは，膜質に良い影響を与えるが，逆にダメージを与えることもある。Arは最も一般的なスパッタガスとして用いられているが，膜中にArガスが数原子％も混入することがある[7]。これは，ターゲット表面で反跳された高エネルギーの中性Arが注入される，いわゆる釘打ち効果（Peening Effect）と考えられ，膜の内部応力の増加など様々な問題を引き起こす場合もあるので，注意が必要である。スパッタガスとして酸素等の反応性ガスを用いると負イオンが生成し，膜に大きなダメージを与えることもあるし，また逆エッチングが起こり

13

成膜できない場合もある[8]。ターゲットの種類により二次電子を多く発生する場合もあるので,反応性スパッタリングの場合には,負イオンや二次電子の発生に注意が肝要である。

1.3.3 スパッタ成膜装置

スパッタ成膜法は,プラズマ法とイオンビーム法に二大別される。プラズマ法は,冷陰極グロー放電を利用したもので,歴史的にも古く,

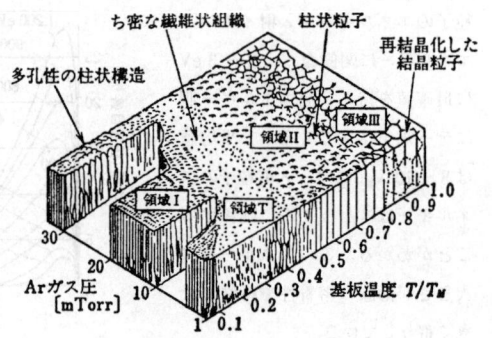

図3 スパッタ膜の雰囲気ガス圧と基板温度による構造変化

様々な方式が提案され,改良が進んでいるが,基本的には①2極スパッタ,②3極あるいは4極スパッタ,③マグネトロンスパッタである。また,基板にかけるバイアス電圧は直流あるいは高周波であり,直流パルスも利用されるようになった。

一方,イオンビーム法は,独立にエネルギーが制御されたイオンビームを用いて,希望の特性を持つ薄膜を得ようとするもので,制御性が良い反面,高価でメインテナンスに課題がある。

これらの方式をまとめて表1に示し,順に各方式の概要を述べる。

(1) 2極スパッタ法および3極/4極スパッタ法

一番単純な方式で,基本的な構成は,真空装置内に平行に設置した基板とターゲットおよびガス導入装置のみである。初期に高融点金属の成膜に用いられたが,成膜速度が遅い,放電が不安定,基板が過熱される等の問題があり,3極あるいは4極と改良されてきた。すなわち,放電電極を別に設け,プラズマを安定化させ,基板にDCあるいはRfのバイアス電圧を印加することで,プラズマ生成とスパッタ成膜を独立に制御できるようになった。しかし,電極が汚染する,均一成膜ができないなど新たな課題があり,あまり利用されていない。

(2) マグネトロンスパッタ法

ターゲットの裏に磁石を並べ,ターゲット表面に漏洩磁界を作り電界と磁界が直交する状態でグロー放電すると,電子は電磁力を受けてサイクロイド運動をする。すなわち,磁力線に電子が巻き付き,その結果電離効率が上がりターゲット表面近傍でのプラズマ密度が高くなる。したがって,比較的低い圧力(10^{-1}Pa)で低電圧(500V),大電流密度($10 \sim 100$mA/cm^2)の放電が可能であり,成膜速度も0.5〜5μm/minと速くできる。電子衝撃も少ないので基板温度も低く抑えられる特徴があるので,現在非常に普及している[9]。

一方,平行磁界成分が得られるターゲット表面が優先的にスパッタされるため,①ターゲット

第1章 無機膜の製造プロセス技術

表1 各種のスパッタリング装置の特徴と概略図

スパッタ方式		電源	動作圧力	特徴	装置概略図
プラズマ方式	2極・3極・4極スパッタリング	DC/RF	$10 \sim 10^{-1}$Pa	簡単な構造 基板温度上昇 成膜速度遅い 大面積成膜可能	
	マグネトロンスパッタリング	DC/RF パルス	$10^{-2} \sim 10^{-1}$Pa	磁場の利用 磁性材ターゲットは不利 低温・高速成膜 ターゲットの利用効率が悪い	
	アンバランスドマグネトロンスパッタリング	DC/RF	$10^{-2} \sim 10^{-1}$Pa	磁場を意図的に拡大 プラズマが基板を包む 密着性・緻密性向上	
イオンビーム方式	イオンビームスパッタリング	DC	$10^{-4} \sim 10^{-2}$Pa	スパッタ条件の独立制御 高真空 プラズマフリーの成膜 装置が高価	
	ECRスパッタリング	マイクロ波	$10^{-3} \sim 10^{-1}$Pa	高真空 高密度プラズマ 低温スパッタ 非熱平衡相薄膜の合成	

の利用効率が30%程度と悪い、②強磁性体ターゲットでは、表面に漏洩磁界をつくり出せないので2極スパッタ法と同様に、成膜速度が遅い、という欠点がある。

この欠点を改良した方式として、ターゲット近傍の磁場バランスを故意にアンバランスにしプラズマ域を基板まで広げたアンバランスドマグネトロンスパッタ法が開発された[10]。この改良により更に緻密で密着性の良い薄膜が合成できるようになった。

(3) 反応性スパッタ法

金属ターゲットを用いて、Ar等のスパッタガスに酸素、窒素あるいは炭化水素を混ぜて導入し、ターゲットまたは基板上で反応させて化合物薄膜を作製する方法で、金属ターゲットから容易に化合物薄膜が作製できるので普及している。ただし、反応性ガスの分圧(混合比)や供給電力の制御が重要となる。これら条件を精密に制御することで、ターゲットの表面が金属の状態でスパッタする金属モードと、化合物の状態でスパッタする化合物モードのいずれかで成膜でき、成膜速度や膜質が大きく影響される[11]。

(4) イオンビームスパッタ法

イオン源から引き出されたイオンビームでターゲットを衝撃してスパッタリング成膜する手法である。ターゲットのスパッタリングはArイオンで行い、成膜と同時に別のイオン源から反応

性ガスイオンを基板面に照射するIBAD (ion Beam Assisted Deposition) 法がある[12]。スパッタあるいはアシストイオンビームのエネルギーを精密に制御できる特徴がある反面,イオン源のメインテナンスに多大の労力を要する課題がある。

(5) ECRスパッタ法

電子サイクロトロン共鳴 (Electron Cyclotron Resonance：ECR) 法によってプラズマを発生させ,スパッタリングする方法である。磁場 (875Gauss) とマイクロ波 (2.45GHz) の相互作用によって電子がサイクロトロン運動し,効率的に電離を行うので10^{-3}～10^{-2}Paの低圧下で安定なプラズマが得られる特徴がある。この高密度プラズマから引き出されたイオンは,負にバイアスされたターゲットに衝突してスパッタリングする。スパッタ粒子は,プラズマ流中でイオン化し,基板に成膜される[13]。

ECRスパッタ法は,高真空で高イオン密度での成膜法であり,低温で高品質の膜が形成できる。更に基板にバイアス電圧を印加し,イオンビームアシストと同様な非熱平衡相薄膜の合成に有利な手法である[14]。反面,大面積化が容易でない面もある。

スパッタリング法は,固体原料から容易に緻密な化合物薄膜が得られること,排ガス処理も容易で環境にも優しいことから,数ある成膜法の中でも非常に普及している手法であり,プラズマ制御技術,電源技術などの周辺技術の進歩により,成膜速度や膜質の改善が進み益々発展する様相をみせている。

文　献

1) W. R. Grove : *Philosophical Magazine*, **5**, 203 (1853)
2) G. Carter et al. : "Ion Bombardment of Solid" Heineman Educational Books London (1968)
3) R. V. Stuart, G. K. Wehner : *J. Appl. Phys.*, **35**, 1819 (1964)
4) D. W. Hoffman, J. A. Thornton : *J. Vac. Sci. Technol.*, **17**, 380 (1980)
5) J. A. Thornton : *J. Vac. Sci. Technol.*, **11**, 666 (1974)
6) T. Abe, T. Yamashina : *Thin Solid Films*, **30**, 19 (1975)
7) J. A. Thornton, D. W. Hoffman : *J. Vac. Sci. Technol.*, **A3**, 519 (1983)
8) K. Tominaga, I. Mori : *Vacuum*, **59**, 574 (2000)
9) P. J. Kelly, R. D. Arnell : *Vacuum*, **56**, 159 (2000)
10) M. Zlatanovic, R. Belsevac, A. Kunosic : *Surf. Coat. Technol.*, **90**, 143 (1997)
11) I. Safi : *Surf. Coat. Technol.*, **127**, 203 (2000)
12) イオンビーム応用技術編集委員会編,「イオンビーム応用技術」,シーエムシー出版 (1989)

第 1 章 無機膜の製造プロセス技術

13) M. Matsuoka, K. Hoshino, K. Ono : *J. Appl. Phys.*, **76**, 1768 (1994)
14) Y. Tani, Y. Aoi, E. Kamijo : *Appl. Phys. Lett.*, **73**, 1652 (1998)

1.4 PVD法で得られる薄膜の特徴

上條榮治*

　真空蒸着法による薄膜の成膜過程は，種々の基板上において，供給される膜物質の気相から固相への相変化を伴う結晶成長過程であり，熱力学的に説明ができる。しかし，イオンプレーティング法，スパッタリング法などのプラズマプロセスでの成膜過程は，イオンや励起粒子の存在や電界の作用もあり，これらが薄膜特性に大きな影響を与えているが，複雑な系であり明快な説明が充分にできていない。

　真空蒸着法は，高真空の環境下で蒸発・凝縮の素過程を通じての成膜であり，イオンプレーティングやスパッタリングは，プラズマプロセスを用いた成膜法であり，膜形成の初期段階から大きな相違がある。例えば，真空蒸着と高周波イオンプレーティングにより，NaCl(001)基板上に金を成膜し，その初期過程を電子顕微鏡で解析した研究がある。ごく薄い成膜初期の段階から，イオンプレーティング膜は真空蒸着膜に比べて粒子が細かく高密度に分布し，結晶性も良いことが示されている。イオン化した粒子の存在が薄膜形成の初期段階から顕著に見られる[1]。

　基板に直流のバイアス電圧を加えたときには，基板に垂直方向に柱状晶が発達し，結晶性が良く，単結晶パターンを示す場合もある。一方，交流電界を印加した場合には断面は粒状晶ですべらかな面を呈し，多結晶パターンを示している。

　基板は，成膜中はガスイオンや蒸発物のイオンなどの衝撃を受けており，その環境中で凝結し成膜されるのであるから，膜構造に大きな変化が起こる。この膜の形態をAisenberg, Charmichaelらにより取り纏められた結果がある[2,3]。膜の断面を見て，膜面の滑らかさを0～100までに分類し，その値で膜構造を判断する方法で，Figure of Merit of Morphology (FOM) と呼ばれている。図1にFOMの概念を示した。表面が一番にすべらかで密度が高いFOM100の膜を得るには，イオンや励起粒子の存在，比較的遅い成膜速度，より高真空下での成膜が必要であると結論できる。

1.4.1 薄膜形成におけるイオン照射の効果

　既に述べたように，真空中で基板上に衝突した原子は，付着あるいは再蒸発を繰り返す。付着した原子は，マイグレーションして他の原子と衝突・合体して核を形成する。核の発生と成長が進行し，ある段階で

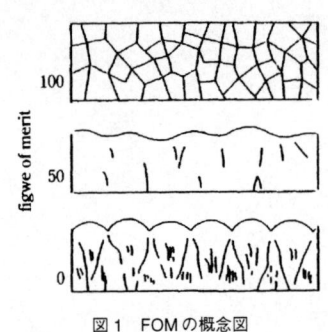

図1　FOMの概念図

---

*　Eiji Kamijo　龍谷大学　名誉教授　RECフェロー

第1章　無機膜の製造プロセス技術

核の密度は飽和する。飽和核密度に達した核は成長して島を形成し，更にそれぞれの島が合体を始める。島が大きくなり，ついに一様な連続膜になる。欠陥の少ない膜を作製するには，島が合体するときに欠陥が導入されないことが重要で，島が溶融状態か再結晶温度を超えた状態で合体する必要がある。このことは，島が小さい段階で合体することであり，エピタキシャル成長には，初期の段階から一定の方位を持った島の形成が必要である。

表1　薄膜成長表面にイオンビームを照射する効果

(1) 高エネルギーイオンを照射する場合（1 KeV 以上）
　1) 界面イオンミキシングによる密着力の向上
　　　メタライジングへの応用
　2) 格子損傷による拡散の促進
(2) 低エネルギーイオンを照射する場合（500eV 以下）
　1) 薄膜の結晶化の促進
　2) 薄膜の結晶成長方位の制御
　3) 非熱平衡反応によるダイヤモンド，
　　　立方晶 BN などの薄膜の合成
　4) 薄膜の内部応力の緩和，制御など
(3) いずれも基板温度が低温で効果がある

　PVD 法においては，原子・分子のイオンあるいは励起粒子が存在し，薄膜の形成過程に様々な照射効果を与えている。例えば，イオンが基板表面に衝突すると，基板表面原子のマイグレーションエネルギーに変換され，低基板温度でも良質の薄膜が形成できる。また，衝突により発生した格子欠陥は，蒸気の凝縮サイトとして核の形成を促進し，核密度を増大させる。また付着原子の合体や化合物合成の促進，付着した不純物原子の脱離を促進し，不純物の少ない薄膜の形成に役立つ。特に，成長中の薄膜表面にイオンを照射することで表1に示した様々な効果が期待される[4]。基板と薄膜とのイオンミキシングによる密着性の向上，結晶化促進，結晶成長方位の制御，非熱平衡相薄膜の創製などである。このイオン照射の効果は，イオンのエネルギーに大きく依存するので，薄膜材料や基板材料の組合せに応じて照射条件を選ぶ必要がある。

　表2は，基板へのイオン照射による原子変位を起こす閾値エネルギーを示した[5]。ダイヤモンド基板の場合，水素イオン照射では120eV，Ar イオン照射では49eVのエネルギーでダイヤモンドの原子が格子位置から変位しはじめる。通常用いるイオン種と基板材料の組合せでは，おおよそ十数eV〜数十eVの範囲である。これ以上のエネルギーのイオンを照射すると，格子欠陥が形成され凝縮核のサイトとして働く。更に高エネルギーとなるとスパッタリングあるいはイオン注入となり，大きな欠陥の生成や膜が堆積しないこともある。

表2　基板の原子変位を誘起する入射イオンのエネルギー閾値（eV）

照射イオン	基板			
（原子番号）	ダイヤモンド	Si	Ge	GaAs
H(1)	120	160	510	130〜200eV
He(4)	47	48	140	35〜55
C(6)	35	25	56	14〜23
Ar(18)	49	22	30	7.6〜12

PVD法の最大の特徴は,反応性ガスと蒸発粒子の化学反応を利用した化合物薄膜の作製が容易であることであり,様々な化合物薄膜が工業的に実用化されている。主なものを表3にあげておく。

表3 反応性PVD法により作製された化合物薄膜の応用例

酸化物薄膜 (O_2)	In_2O_3	透明,導電性	導電膜,赤外カットフィルタ
	ZnO	圧電性	SWA素子,紫外線カットフィルタ
	Al_2O_3	透明,硬度(大)	レンズ,ミラー等の表面コーティング
	Cr_2O_3	〃	〃
	SiO	〃	〃 誘電体
	SiO_2	〃	〃 〃
	TiO	〃	〃 〃
	TiO_2	〃	〃 〃
	SiO_2	耐食性	赤外カットフィルタ,抵抗素子
窒化物薄膜 (N_2, NH_3)	TiN	金色,硬度(大)	工具,エミッタ,装飾関係
	TaN	〃	〃
	ZrN	〃	〃 〃
	AlN	圧電性,絶縁性	SWA素子,絶縁膜
	GaN	〃	〃 ,LED
	Si_3N_4		半導体デバイス
	BN	硬度(大)	ボート
	InN		
炭化物薄膜 (CH_4, C_2H_2)	TiC	硬度(大)	工具関係,エミッタ材
	TaC	〃	〃
	SiC	〃	半導体デバイス基板,LED
合金薄膜 (Ar)	Au-Cr	耐摩耗性(大)	装飾
	Al-Ni	〃	ミラー
	Ni-Cr	〃	抵抗素子

文献

1) D. J. Donohoe, J. L. Robins : *J. Cryst. Growth*, **17**, 70 (1972)
2) S. Aisenberg, R. W. Chabot : *J. Vac. Sci. Technol.*, **10**, 104 (1973)
3) C. T. Wan, D. L. Chambers, D. C. Camichael : Proc. 4 th ICUM, 231 (1974)
4) 上條榮治監修:「プラズマ・イオンビーム応用とナノテクノロジー」,シーエムシー出版 (2002)
5) 権田俊一監修:「薄膜作製応用ハンドブック」,NTS社 (2003)
6) 表面技術協会編:「PVDCVD被膜の基礎と応用」,槇書店 (1998)

2　CVD 法

上條榮治*

　CVD（Chemical Vapor Deposition）法は，化学的気相成長法あるいは化学的気相堆積法と呼ばれる成膜法で，堆積させようとする物質の構成元素を含むガス状の化合物を原料ソースとして，水素，窒素あるいはアルゴンなどの不活性ガスをキャリアーガスと共に基板領域に供給し，化学反応によって基板表面に薄膜を成長させる方法である。CVD法では，原料ガスや反応ガスならびにプロセス条件を様々に組合せることにより，基板近傍での化学反応の制御により，金属，半導体，絶縁体，有機高分子など様々な薄膜を堆積できる。PVD法に比較してマイルドな条件で成膜できるため，基板へのダメージが少ない，選択的された特定の場所のみに成膜できるなどの特徴があるため，集積回路製造プロセスで広範に利用されている。

　CVD法は，化学反応の活性化エネルギーの供給の仕方により分類されており，熱エネルギーによる場合を熱CVD法あるいは単にCVD法，プラズマを利用した場合はプラズマCVD法，レーザなどの光エネルギーを利用した場合には光CVD法と分類され，それぞれに与えられたエネルギーで解離・生成された化学的活性種（反応前駆体あるいはプリカーサー）が薄膜堆積に寄与する。最近，触媒反応を利用した Cat-CVD 法が開発され注目されている。

　本節では，CVDの基本原理を含め，代表的なCVDのプロセス技術とその特徴について述べる。詳細は，文献1～4）を参考にして頂きたい。

2.1　熱 CVD

　熱CVD法は，化学反応を進行させる駆動力が主として熱励起された活性種による化学反応を利用した CVD プロセスをいう。気相の圧力は，通常10Pa程度の減圧から大気圧までである。
　CVD 法による成膜過程は，図1に示すように五つの素過程で捉えることができる[2]。すなわち，

　①反応ガスあるいは反応前駆体の基板表面への輸送（気相拡散）
　②基板表面への吸着，表面拡散
　③表面反応，核の形成，膜の成長
　④反応副生成物の脱離
　⑤脱離副生成物の系外拡散（気相拡散）

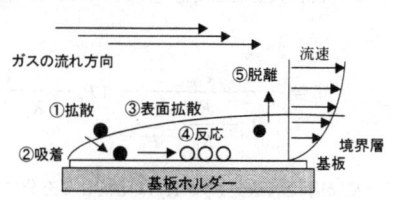

図1　CVDの素過程を示す模式図

＊　Eiji Kamijo　龍谷大学　名誉教授　RECフェロー

である。この中で，最も遅い素過程が全体の反応を律速する。主な素過程を考えてみよう。

2.1.1 基板表面への物質輸送（気相拡散）

PVD法では，真空度が高くガス圧が低いため気相における平均自由行程が充分に長く（N_2，室温，10^{-3}Paでおおよそ6.5m），原料の輸送過程で他の分子・原子との衝突はなく基板に到着する。一方，CVD法ではガス圧力が高く，原料の化学種は基板表面に拡散供給される。この場合，基板表面では一連の素反応が進行し，表面より充分に離れた気相とは組成の異なる滞留層，拡散層あるいは境界層と呼ばれる不均一層が形成される。一般には，ガス圧が高くガス流速が速い場合には，境界層の厚みが小さくなる。この境界層での原料ガスの拡散あるいは反応副生成物の系外拡散が全反応を律則している場合には，のちに述べるようにガス流速Vを速めることで，境界層の厚さは$V^{-0.5}$に比例し，その結果成膜速度は速くなる。

2.1.2 吸着過程

基板表面への吸着・反応過程について，次のような反応を考えてみる。

$$A\text{（気体）} \longleftrightarrow A^{ad}\text{（吸着状態）} \tag{1}$$

$$A^{ad} + B\text{（気体）} \longleftrightarrow S\text{（固体）} \tag{2}$$

これは気体Aのみが吸着し，吸着気体Aと気体Bが反応するもので，$SiCl_4$からH_2還元によるSiの成膜や，H_2，GaClとAsとの反応によるGaAsの成膜がこのケースに属する。

Langmuir型の吸着を仮定すると，気体Aの吸着平衡定数K_Aと気体Aの分圧P_Aを用いて，基板表面の気体Aの被覆率をθとすると，表面反応速度vは次式で示される。

$$\theta = K_A P_A (1-\theta) \tag{3}$$

$$v = \kappa_{ad} P_B (1-\theta) - \kappa_d \theta \tag{4}$$

ここでκ_{ad}，κ_dはそれぞれ吸着速度常数，脱離速度常数である。反応式の平衡定数K_Pは，気体Aと気体Bの分圧をそれぞれP_A，P_Bとすると，(5)式で記述できる。

$$K_p = 1/P_A \cdot P_B \tag{5}$$

この関係式を表面反応速度式(4)に代入し整理すると(6)式となる。ただし，$K_A = \kappa_{ad}/\kappa_d$である。

$$v = \frac{\kappa_{ad}}{1 + \dfrac{K_A}{K_P} \cdot \dfrac{1}{P_B}} \left(P_B - \frac{1}{K_P \cdot P_B}\right) \tag{6}$$

K_Aが小さく$K_P \cdot P_B$がK_Aに比較して充分に大きい場合には，表面反応速度vはP_Bに比例して大きくなる。吸着が強いと速度は遅くなる。今までの議論では，Bや副生成物は吸着しないと仮定したが，これらの物質が吸着した場合には，物質の吸着平衡定数と分圧に関連した項を追加することになり，表面反応速度は更に遅くなる。

2.1.3 反応過程

成膜速度の温度依存性からアレニウスプロットにより，反応の活性化エネルギーを求めることができる。

$$v = A \cdot \exp(-Ea/R \cdot T) \tag{7}$$

ここで，v は成膜速度，A は頻度因子，Ea は活性化エネルギー，R は気体定数，T は絶対温度である。反応過程が律速の場合は，活性化エネルギーはおおよそ数十～100Kcal/mol程度である。

塩化物を原料とするⅢ-Ⅴ族化合物半導体GaAsのエピタキシャル成長での反応は，下の化学式(8)で記述され，一般に塩化物の水素還元過程が律速している。

$$GaCl + 1/4As_4 + 1/2H_2 \longleftrightarrow GaAs + HCl \tag{8}$$

この反応系の自由エネルギー変化（ΔG）は，低温域では負であるが温度上昇と共に負の値で小さくなり，1,150K近くで正に転じる。すなわち，高温ではGaAsの析出反応は進みにくくなる。一方，$SiCl_4$ を原料ガスにしてSiを成膜する場合は，1,800K以上にならないと(9)式で示すSi析出反応の自由エネルギー変化は負にならない。実際にSiエピタキシャル成長は，1,300K以上の高温で行われている。

$$SiCl_4 + 2H_2 \longleftrightarrow Si + 4HCl \tag{9}$$

一般的には，金属Mのハロゲン化物原料を用いて，水素の還元作用によりMを析出させる場合には，そのハロゲン化物原料の標準生成自由エネルギー ΔG_{MCl2}（$M + Cl_2 = MCl_2$）と副生成物であるハロゲン化水素の標準生成自由生成エネルギー ΔG_{HCl}（$H_2 + Cl_2 = 2HCl$）を比較して，$\Delta G_{MCl2} > \Delta G_{HCl}$ であればMまで還元される。この関係から成膜温度を決める指針が得られる。

反応系に H_2 ガスを多量に供給し H_2 の活量を大きくし，副生成物のHClを速やかに反応系外に輸送してHClの活量を小さくすることが反応を進めるのに効果的である。副生成物のHClを速やかに反応系外に輸送できない場合には，HClによるエッチング反応が進行し，成膜速度が遅くなるので注意が必要である。

2.1.4 熱分解反応

熱分解反応は，熱CVDで最も良く利用される反応であり，水素化合物，有機金属化合物などで，蒸気圧が高く，室温近傍でガス状，しかも熱分解しやすい原料が用いられる。また，不可逆反応であり，一方的に析出反応が進行する特徴がある。熱CVDに用いられる代表的な原料ガスと反応の形態を表1に示した。

比較的低温で成膜でき，原料の分解温度以上では成膜速度は原料ガスの輸送が律速で，温度依存性は少ない。気相での組成比と析出層の組成比が良い対応を示し，組成制御性が良いことが特徴である。他方，成長速度や膜厚みの均一性を向上させるためには，反応管内部でのガスの対流やよどみ部分を無くし，スムースな層流となるように工夫することが肝要で，流量を増加させる

機能性無機膜の製造と応用

表1 熱分解反応に用いられる原料ガスと反応の例

化合物の種類	原料ガスの例	反応例	析出温度
水素化物	SiH_4, AsH_3, PH_3, B_2H_6	$SiH_4 \rightarrow Si + 2H_2$	500℃
アルキル化合物	$Ga(CH_3)_3$, $Al(CH_3)_3$ $Si(CH_3)_4$	$Ga(CH_3)_3 + AsH_3 \rightarrow GaAs + 3CH_4$	550℃
アルコキシ化合物	$Si(OC_2H_5)_4$, $Ta(OC_2H_5)_5$ $Ti(O-i-C_3H_7)_4$	$Si(OC_2H_5)_4 \rightarrow SiO_2 + R$ (R:アルキル化合物)	600℃
カルボニル化合物	$W(CO)_6$, $Ni(CO)_4$	$W(CO)_6 \rightarrow W + 6CO$	300℃

か,減圧状態のときに対流の少ないストレートな流れが得られることが確認されている[5]。

基板表面に形成される流速の遅い境界層では,原料ガスの基板表面への拡散,熱分解副生成物である炭化水素の系外への拡散が生じている。この境界層が厚いと急峻なヘテロ積層構造ができない,副生成物の炭化水素の炭素が膜中に残るなどの悪影響が残る。従って,この境界層を薄くすることが課題である。

ガス流の中に平板を置いた場合,その表面に形成される境界層厚みは,(10)式で与えられる。

$$\delta = \sqrt{VX/u} \qquad (10)$$

ここで,δ:境界層の厚み,V:ガスの運動粘度($=\eta/\rho$),η:ガスの粘度 ρ:ガスの密度,X:平板の端からの距離,u:ガスの流速

例えば,700℃の水素気流($\eta/\rho = 8\,cm^2/s$)中で,流速10m/sec,$X = 1cm$とすると,境界層の厚みは1mmとなる。流速を速くすると$u^{-0.5}$に比例し境界層の厚みは薄くなる。常圧で流速を速くすると,乱流になる限界があるので,減圧して成膜することが有効である。

最近は,圧力を$0.1 \sim 10^{-2}Pa$でキャリアーガスを用いずに原料ガスのみを加熱した基板上に吹き付けて成膜する,UHV-CVD(Ultra High Vacuum CVD)が注目されている[6]。この圧力域ではガス分子同士の衝突が抑制されるので気相での反応が無く,基板上のみで分解反応が進むことから,気相反応による微粉末の生成による欠陥が無いことから,SiGe半導体の成膜に利用されている[7]。

文　　献

1) 日本学術振興会薄膜131委員会編:「薄膜ハンドブック」,オーム社 (1988)
2) 権田俊一監修:「薄膜作製応用ハンドブック」,エヌ・ティー・エス (2003)

第 1 章　無機膜の製造プロセス技術

3) 金原　粲監修：「薄膜工学」, 丸善 (2005)
4) 応用物理学会編：「応用物理ハンドブック」, 丸善 (1990)
5) R. Takahashi, K. Sugawara, Y. Nakazawa, Y. Koga : Proceeding. of 2nd International Conference on CVD, 695 (1970)
6) 酒井純朗：応用物理, **69**, 825 (2000)
7) 上澤好彦　他：応用物理, **69**, 1450 (2000)

2.2 プラズマCVD

上條榮治*

　CVD法において，原料ガスの励起・分解や化学反応の制御にプラズマを積極的に利用した成膜法を，熱CVD法とは区別して，プラズマCVD（Plasma enhanced CVD）法と呼ばれる。この方法では，電子衝突や光エネルギーにより励起されて化学的に活性な励起種が高効率で生成されるため，熱CVD法に比べてプロセス温度を格段に低温化できる特徴がある。また，非熱平衡状態で化学反応が進むため，熱CVD法では得られない特異な構造や物性の薄膜が合成できる特徴もあり，この特徴を生かして様々な機能性薄膜の合成に利用されている[1]。

　低圧（$10^{-2} \sim 10^2$Pa）のガスに電場を印加すると，ごくわずか気相中に存在する自由電子が電場で加速されて安定に存在するガス分子に衝突し，低圧・弱電離プラズマを生成する。電子が電場から得たエネルギーは，ガス分子を励起し化学的に活性なイオンや中性ラジカルなどの化学種を生成する。種々のプラズマのガス圧力（P），電子温度（T_e），ガス温度（T_g）および電子密度（n_e）を表1に示した。電子密度の値から電離度はわずかであり，ほとんどが中性ラジカルであることが予想される。また，図1はプラズマ中のガス分子温度および電子温度の圧力依存性を示

表1　各種プラズマの気体圧力，電子温度，ガス温度および電子密度

	放電圧力P(Pa)	電子温度T_e(K)	ガス温度T_g(K)	電子密度n_e(cm^{-3})
アーク	$>10^4$	$\sim 10^4$	$\sim 10^4$	$>10^{14}$
直流グロー放電	$10^2 \sim 10^4$	$\sim 10^4$	7×10^2	$10^9 \sim 10^{12}$
高周波放電	$10^{-1} \sim 10^3$	$\sim 10^4$	7×10^2	$10^8 \sim 10^{10}$
マイクロ波放電	$10^{-2} \sim 10^2$	$\sim 5 \times 10^4$	$\sim 10^3$	$10^{11} \sim 10^{13}$

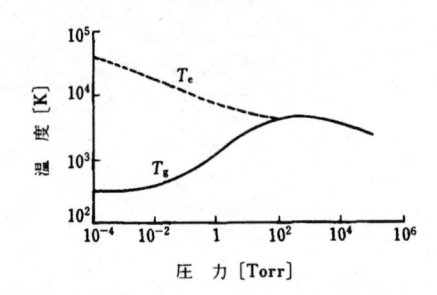

図1　プラズマ中の気体分子温度および電子温度の圧力依存性

＊　Eiji Kamijo　龍谷大学　名誉教授　RECフェロー

第1章　無機膜の製造プロセス技術

した[2]。通常の薄膜形成には，空間的に広がりが大きく均一で安定なプラズマとなる低圧グロー放電プラズマが用いられる。

このグロー放電プラズマ中の電子温度（T_e）は，$10^4 \sim 10^5$Kであるが，ガスや中性化学種のガス温度（T_g）は10^3K程度であり，電子温度とガス温度の間で熱平衡が成り立っていないことから，非熱平衡プラズマあるいは低温プラズマと呼ばれている。

典型的なプラズマCVD装置の概略図を図2に示す[3]。平行平板電極（容量結合）型CVD装置が基本であり，直流電力が供給されている。直流放電の場合には，電極表面への正イオン照射や励起分子・原子からの紫外線照射によって発生する二次電子により，プラズマが安定に維持されているが，絶縁体や半導体薄膜を成膜する場合には，放電が維持できなくなる。この解決策として，高周波電力を利用する誘導結合型CVD装置が一般的に用いられ，比較的低圧で外部磁場なしで高密度プラズマが得られる特徴がある。

高周波電界に軽い電子は追従するが，重いイオンは追従しにくいため，電極に直列接続されている直流ブロッキングコンデンサーに負電荷が蓄積され，結果として高周波電力が供給された電極（カソード）は接地電位に対して負電位，すなわち負の自己バイアスを生ずる。自己バイアス電圧は，数十〜100V程度である。通常，基板は接地電位の電極側にセットされる。

(a) 平行平板電極(容量結合励起)方式

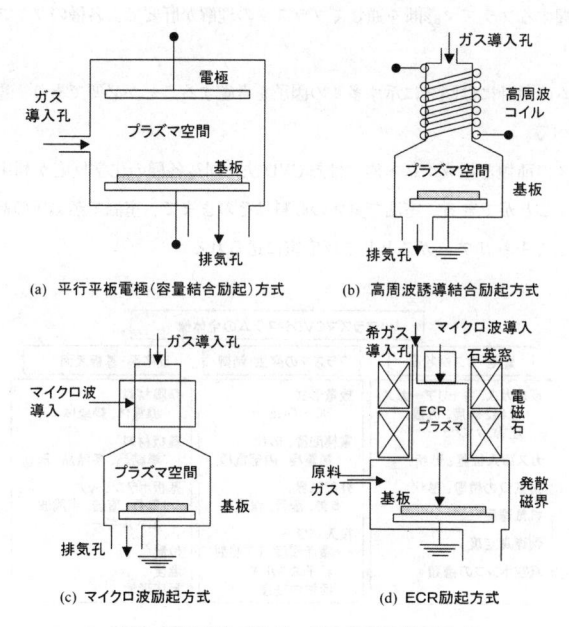

(b) 高周波誘導結合励起方式

(c) マイクロ波励起方式

(d) ECR励起方式

図2　基本的なプラズマCVD装置の概念図

機能性無機膜の製造と応用

マイクロ波プラズマCVD装置は，電子サイクロトロン共鳴（ECR）プラズマ源を利用したものが主である。マイクロ波の周波数が2.45GHzの場合には，875Gの磁束密度で電子は共鳴吸収により運動エネルギーが増大し，電子サイクロトロン共鳴（ECR）現象を起こす。これにより低圧で高密度のプラズマが生成できる特徴があり，より低温での薄膜形成に利用されている。ECRプラズマ源に希ガスを導入しプラズマを発生させ，発散磁場でプラズマ中の電子を反応容器中に引き出し，基板近傍に導入された原料ガスを解離・成膜するのが一般的である。

プラズマCVD法において，高品質の薄膜を形成するには，堆積中の薄膜表面へのイオン照射のエネルギー，照射量を制御することが重要である。また，プラズマ中では，多様な反応活性種が生成され，これらが成膜に関係するため，堆積の素過程は熱CVD法に比較して格段と複雑になる。一般に，成膜の律速過程は，反応活性種の生成と基板表面への拡散過程であり，基板温度は大きなプロセスパラメータではないが，基板との密着性，膜構造，膜質は反応活性種の基板表面での反応で決まるので，基板温度の設定は重要である。

プラズマの発生・制御には，ガス圧力，放電電力，周波数，結合方式，パルス変調，基板バイアス，磁場の印加など多くの因子が関係しており，さらに薄膜堆積に寄与しているプラズマ構成粒子（ラジカル，イオン，励起原子・分子および電子など）の組成および粒子のエネルギー分布を定量的に把握するプラズマ診断を通じてプラズマの理解が肝要で，各種のプラズマ診断法が提案されている[4]。

全体システムの設計には図3に示す多くの因子を考慮することが必要であり，重要な因子について以下に述べる。

(a) 原料ガスの種類と組成：基本的には熱CVD法と同じ各種の化学反応が利用され，様々な原料ガスを選ぶことができる。室温で気体の原料はそのままで，室温で蒸気圧の高い液体あるいは固体は気化してキャリアーガスと共に反応室に送られる。

真空・ガス供給系	プラズマの発生・制御	反応系・基板表面
反応ガス、キャリアーガス 種類、純度、流量、圧力、バブラー	放電形式 DC〜GHz	薄膜材料 導電体、絶縁体
ガス導入位置、形状	電極配置、形状 無電極、内部電極	基板材料 単結晶、多結晶、形状
排気口の位置、形状	外部磁界 有無、配置、強度	基板ポテンシャル 正負、直流、高周波 エネルギー
排気速度	投入パワー 電流密度、UV照射 粒子エネルギー 活性中性種	位置 温度 反応形態
到達真空度		
真空ポンプの種類		

プラズマCVDシステムの全体像

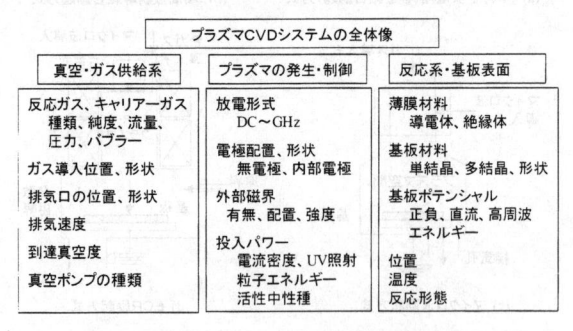

図3 プラズマCVDシステムの全体に関与する因子

第 1 章　無機膜の製造プロセス技術

　(b) 圧力：直流グロー放電の場合は 1 ～ 10^2 Pa の減圧下で行われる。高周波グロー放電の場合は 10^{-1} ～ 10^3 Pa．ECR プラズマの場合には，10^{-2} ～ 10^2 Pa の範囲のガス圧の下で成膜が行われる。

　(c) 温度：熱 CVD 法では反応ガスを 1,000℃程度に加熱し熱分解反応などで成膜するが，プラズマ CVD では，通常 300℃前後の温度で成膜が行われる。例えば，原料ガスとして SiH_4 と N_2O を用いて SiO_2 膜を成膜するのに，熱 CVD 法では 400～800℃であるが，プラズマ CVD 法では 200～300℃，後に述べる光 CVD 法では 100℃程度である。さらに，原料ガスとプラズマの発生方式などの工夫で，室温付近での成膜も可能であるが，膜の特性は異なる。

　(d) 装置および反応容器の構造：プラズマの発生には先に述べた各種の方式が利用でき，現在は高周波放電とマイクロ波放電が多く利用されている。反応容器も円筒型，水平型，垂直型など様々で，最近はプラズマ発生領域と成膜反応領域を区分したリモート型が，膜質の向上を目指して利用される傾向にある。ガスの導入位置，導入方式，排ガスの排出口の位置，大きさなど，大面積で均一な被膜を作製するため，様々な工夫がなされている。

文　　献

1) 日本学術振興会プラズマ材料科学 153 委員会編：「プラズマ材料科学ハンドブック」，オーム社 (1992)
2) R. F. Baddour, R. S. Timmins : The Application of Plasmas to chemical Processing, 8, Pergamon Press (1967)
3) 上條榮治監修：「プラズマ・イオンビーム応用とナノテクノロジー」，シーエムシー出版 (2002)
4) 堤井信力：「プラズマ基礎工学」，内田老鶴圃 (1995)

2.3 光CVD法

上條榮治*

　光CVD法は，光化学反応を積極的に利用した手法であり，原料ガスの化学反応に必要なエネルギーを光エネルギーの形で与え，反応温度を低温化する特徴がある。

　光化学反応の歴史は古く，写真化学の研究などで長い歴史をもっているが，材料加工・創製のような大規模なプロセスに応用されるようになったのは，レーザ光のような高強度光源が容易に入手できるようになったためで，1970年代以降である[1]。

　光が物質に与える効果は光の波長，すなわち光エネルギーによって大きく異なり，赤外領域の波長で生じる反応は，基本的に熱反応と考えられる。一方，紫外域の波長での反応は，分子の電子状態の励起により，直接に結合を切断するか，あるいは励起状態を創り出し，生成する活性種と分子との反応を起こさせる光化学反応で，半導体製造プロセスの低温化の要請で著しく発展してきた。紫外域の光源としてエキシマレーザが利用されている。

　光CVD法の特徴は，まずプラズマCVD法に比べて励起エネルギーが低く，反応系内に高エネルギーのイオンや電子が存在せず，ラジカルと基板表面との表面化学反応が主体で，イオン照射による損傷のない低温CVD技術として期待されることである。第二の特徴は，光の直進性を利用して光を任意の部分に導き，その場所のみに成膜することも可能である。第三の特徴は，光エネルギーを選択することにより，特定の反応ガスのみを励起して，特定の活性種を選択的に生成させることができる特徴がある。例えば，Si_2H_6とCF_6の混合ガスに低圧水銀灯から紫外光（波長254nm，184nm）を連続照射しながら，プラズマをOn-Offする。プラズマがOnの時は両者が分解しSi-C層が析出する。Offの時は，CF_6は分解せずにSi_2H_6のみが光分解してSi層が析出することとなりSiC/Siの超格子膜が，ガスの入れ替えなしで実現できる[2]。

　この様な特徴を生かし，反応ガスの光吸収特性とレーザ波長の組合せを選び，レーザ照射条件（強度，繰り返し周波数），レーザ照射部位（基板上に集光，基板に平行に照射する）などを選択することで，多様な組織・構造の薄膜を成膜できる。

　低圧水銀ランプを用いた光CVD装置の概要を図1に示した。光源は，低圧水銀ランプ（184.9nm，253.7nm）のほか，重水ランプ（150～300nm），エキシマレーザ（XeCl：308nm，KrF：249nm，ArF：193nm），アルゴンレーザ（257nm）などが用いられている。基本構成は熱CVD装置と変わらないが，光を照射する窓が必要で，窓材は波長に対して吸収の少ないものを用いる。紫外光には合成石英，赤外光にはKCl，KBrやGeが用いられる。さらに遠紫外光にはLiF，CaF_2

---

　* Eiji Kamijo　龍谷大学　名誉教授　RECフェロー

第1章　無機膜の製造プロセス技術

やMgF$_2$を用いるほか，差動排気を利用して窓無し装置も考案されている。

窓有り装置で実用的に最大の課題は，CVD反応により窓内面に析出が起こり，窓の透過性が悪くなり，最後には光エネルギーを照射できなくなることである。窓面に反応ガスが到達しないようにパージガスを吹き付けたり，差動排気したり，窓面を冷却したりするなど様々な工夫がなされている。

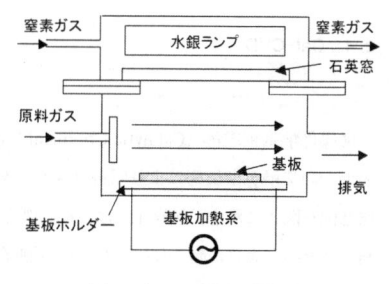

図1　光CVD装置の概念図

レーザ光の入射方向は，基板に対して平行の場合と基板表面を直接照射する場合があり，レーザ光の光路に沿って気相反応が起こり，多くの場合微粉末が生成する。微粉末が膜面に取り込まれないように速やかに反応系外に排気することが肝要である。

原料ガスを表面に吸着させた後に光を照射して表面光化学反応により解離・析出させる手法で，原子層あるいは分子層を1層ごとに成長させる，単原子層エピタキシー（ALE）あるいは分子層エピタキシー（MLE）と呼ばれる試みが化合物半導体の分野で行われている[3]。また，冷却基板表面上にSi$_2$H$_6$分子を飽和吸着させた後に，ArFエキシマレーザ光を照射し解離・析出によりSi単原子層膜を実現した報告もある[4]。

文　献

1) C. P. Christensen, K. M. Lakin：*Appl. Phys. Lett.*, **32**, 254 (1978)
2) M. Kawasaki, Y. Matsuzaki, K. Fueki, K. Nakajima, Y. Yoshida, H. Koinuma：*Nature*, **331**, 153 (1988)
3) J. Nishizawa, H. Abe, T. Kurabayashi：*J. Electrochem. Soc.*, **132**, 1197 (1985)
4) T. Tanaka, T. Fukuda, Y. Nagasawa, S. Miyazaki, M. Hirose：*Appl. Phys. Lett.*, **56**, 1445 (1990)

2.4 Cat-CVD

大平圭介[*1], 松村英樹[*2]

触媒化学気相堆積 (Catalytic Chemical Vapor Deposition；Cat-CVD) 法は，加熱した触媒体表面での接触分解反応により原料ガスを分解し，薄膜を堆積する手法である．Cat-CVD装置の概念図を図1に示す．触媒体には，1. 高融点金属である，2. 原料ガスが解離吸着しやすい，3. 原料ガスとの合金化が起こりにくく，かつ触媒体自身が不純物として膜中に混入せずに堆積種が熱脱離する温度領域がある，といった特性を満たす物質が使用され，無機膜であるアモルファスシリコン (a-Si)，窒化シリコン (SiN_x) 等の作製には，1600℃以上に加熱したタングステン (W) を用いることが多い．そのような高温が必要な理由は，解離吸着したラジカル種を熱脱離させるためである．Cat-CVD法は，その製膜機構ゆえ，汎用の熱CVD法，プラズマCVD法と比較し，以下のような特長を備えている．

1. 基板冷却機構の利用により，低温堆積 (< 100℃) が可能となる．
2. 触媒体表面における接触分解反応を利用しているため，ガスの利用効率が高い (Wを用いたシランガス (SiH_4) の利用効率は約80%[1])．
3. 高速堆積が可能である．
4. 緻密な膜が作製できる．
5. 触媒体を張りめぐらす領域を拡大させるだけで，容易に大面積化が可能である．
6. プラズマによる基板への損傷が回避できる．

本稿においては，特に1の特長を生かした，SiN_x膜による有機EL素子の封止膜への応用について紹介する．また，Cat-CVD法の問題点に，触媒体の変質 (触媒体材料とガスの分解種の合金化) による，堆積速度の変化および触媒体の断線が挙げら

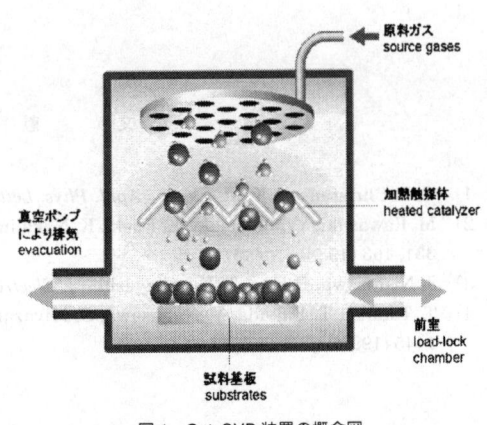

図1 Cat-CVD装置の概念図

* 1　Keisuke Ohdaira　北陸先端科学技術大学院大学　マテリアルサイエンス研究科　助手
* 2　Hideki Matsumura　北陸先端科学技術大学院大学　マテリアルサイエンス研究科　教授

第1章 無機膜の製造プロセス技術

れるが，製膜条件の工夫により，その抑制を可能にした例についても紹介する。

現在，有機EL素子の封止には，乾燥剤を内蔵した缶構造の金属やガラスキャップが用いられているが，薄型化・軽量化のためには，薄膜による封止技術が必須である。Cat-CVD法で，シラン（SiH_4），アンモニア（NH_3）および水素（H_2）を原料ガスとして作製されるSiN_x膜は，緻密であるため高いバリア性が期待でき，また低温堆積が可能であることから，素子および基板への熱による損傷を回避できるという特長がある。しかし，下地の凹凸によるクラックが膜中に入りやすく，これが水蒸気透過抑制効果を不十分なものにしてしまう。

図2(a)に，アルミニウム（Al）により意図的に凹凸をつけた基板上に堆積したSiN_x膜の断面SEM像を示す。製膜時の原料ガス流量はそれぞれ，SiH_4：10sccm，NH_3：20sccm，H_2：200sccmである。Alの凸部近傍よりクラックが発生し，一度発生してしまうと，SiN_x膜をいくら厚く堆積しても，上部へのクラックの成長を止められないことが見てとれる。この問題を解決するために検討されたのが，酸窒化シリコン（SiO_xN_y）膜の挿入によるSiN_x/SiO_xN_y多層構造の適用である。SiO_xN_y膜は，SiN_xの製膜条件に，酸素を適量（～10sccm）添加することで作製可能である。単体でのバリア特性は高くないが，SiN_x膜との内部応力の違いにより，上部へのクラック成長を断ち切れる可能性がある。図2(b)に，SiN_x/SiO_xN_y二層構造の断面SEM像を示す。図2(a)と同様，下層のSiN_x膜内にクラックが発生しているが，SiO_xN_y膜により，上部へのクラック進行が抑制できていることが分かる。この多層構造を実際の有機EL封止に応用した結果が図3である。恒温恒湿環境下（60℃，90%）において1000時間（実時間換算で約50000時間）特性が保持されており，SiN_x/SiO_xN_y構造のバリア膜としての高いポテンシャルが

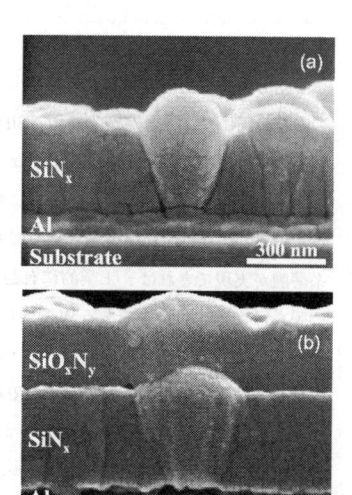

図2 (a) SiN_x膜および(b) SiO_xN_y/SiN_x積層膜により封止を行った構造の断面SEM像

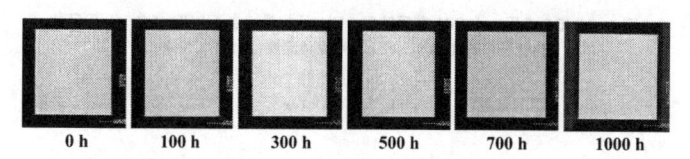

図3 SiN_x/SiO_xN_y積層膜封止（300nm×7層）を行った有機EL素子の，恒温恒湿環境下（60℃，90%）における発光の時間経過

33

示されたと言える[2]。

しかし，特殊高圧ガスであるSiH$_4$の利用は，常に爆発，火災の危険が伴う上，漏洩検知器等の安全設備にコストがかかるため，SiH$_4$を用いない製膜機構も求められている。有機シリコン化合物の一種であるhexamethyl-disilazane（HMDS；分子式 NH(Si(CH$_3$)$_3$)$_2$）は，通常半導体プロセスのフォトリソグラフィー工程において，基板とレジストの密着性を向上するために用いられている，爆発性のない安全な材料である。このHMDSを用いて，水蒸気バリア特性の高いSiN$_x$系薄膜が実現できれば，工業的に有益であると考えられる。ところが，実際にHMDSを用いて製膜を行うと，触媒体であるWの炭化が起こる。この触媒体変質の問題は，製膜条件を詳細に検討した結果，NH$_3$ガスの添加により解決できることが明らかとなった。図4に，NH$_3$を同時に供給して製膜した際の，触媒体のXRDパターンを示す。NH$_3$を150sccm以上供給して製膜を行うと，製膜後も単体のWからのピークのみが検出され，炭化が完全に抑止できていることが分かる[3]。この方法を用いてPETフィルム上にSiN$_x$単層膜を100nm堆積した際の水蒸気透過率は，堆積前の5.7g/cm^2·dayから0.5g/cm^2·dayまで低減される。この値は，先に述べたSiH$_4$およびNH$_3$を用いて作製されたSiN$_x$膜を用いた際の値（0.2g/cm^2·day）とほぼ同等であり，今後，SiO$_x$N$_y$膜との多層構造を適用することにより，さらなるバリア性の向上が実現できると期待される。

この他にも，a-Si膜やSiN$_x$膜を用いた太陽電池や薄膜トランジスタ等の電子デバイス応用など，幅広い分野での研究が行われている。

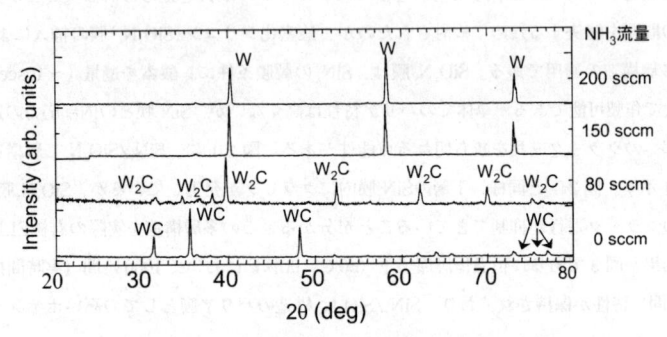

図4 HMDSを用いたSiN$_x$製膜時の，NH$_3$添加量によるXRDパターンの変化
HMDSの流用は0.5sccm，触媒体温度は1900℃である。

第1章 無機膜の製造プロセス技術

文　献

1) N. Honda, A. Masuda, and H. Matsumura, *J. Non-Cryst. Solids*, **266-269**, 100 (2000)
2) 小川洋平, 小柳津拓哉, 大平圭介, 松村英樹, 第53回応用物理学関係連合講演会講演予稿集 (2006)
3) 鶴巻和彦, 梅本宏信, 松村英樹, 第66回応用物理学会学術講演会講演予稿集 (2005)

2.5 MOCVD 法

上條榮治*

　MOCVD (Metal-Organic CVD) 法とは，Ⅲ-Ⅴ族，Ⅱ-Ⅵ族をはじめ多様な化合物半導体のエピタキシャル薄膜の成長に広く用いられている方法であり，原料ガスに少なくとも一つの有機金属ガスを用いた気相熱分解による単結晶成長法である[1]。

　有機金属とは，少なくとも一組の金属－炭素結合を有する化合物の総称で，周期表Ⅱ族からⅥ族のアルキル化合物が主に用いられてきた。原料としての要求条件は，室温付近で気体，液体または固体で蒸気圧が常温で数百mmHg以下の適度な値を持ち，加熱により容易に分解することである。代表的な物質として，Ⅱ族，Ⅲ族ではトリメチルガリウム，トリメチルアルミニウム，トリメチルインジウム，ジメチルジンクなどがある。またⅤ族，Ⅵ族では，アルシン，ホスフィン，硫化水素，セレン化水素などの水素化合物がある。これらの原料はいずれも毒性がきわめて強く，大気に触れると自然発火するので，取り扱いならびに排ガス処理も含め万全の安全対策が必要である。各種化合物半導体の成膜に利用されているガスの組合せの例を表1に示した[2]。これらの有機金属化合物ならびに水素化合物は，室温近くでは安定であるが，結晶成長温度近くではいずれも容易に分解し，化合物半導体の薄膜結晶が得られる。

表1　化合物半導体の結晶成長に用いられる原料ガスの組合せ例

結晶	原料ガス	結晶	原料ガス
Ⅲ-Ⅴ族		Ⅱ-Ⅵ族	
GaAs	$(CH_3)_3Ga-AsH_3$	ZnS	$(C_2H_5)_2Zn-H_2S$
GaP	$(CH_3)_3Ga-PH_3$	ZnSe	$(C_2H_5)_2Zn-H_2Se$
GaAsP	$(CH_3)_3Ga-AsH_3-PH_3$	ZnTe	$(C_2H_5)_2Zn-(CH_3)_2Te$
GaSb	$(C_2H_5)_3Ga-(CH_3)_3Sb$	CdS	$(CH_3)_2Cd-H_2S$
GaAsSb	$(CH_3)_3Ga-AsH_3-(CH_3)_3Sb$	CdSe	$(CH_3)_2Cd-H_2Se$
AlAs	$(CH_3)_3Al-AsH_3$	CdTe	$(CH_3)_2Cd-(CH_3)_2Te$
GaAlAs	$(CH_3)_3Ga-(CH_3)_3Al-AsH_3$	Ⅳ-Ⅵ族	
GaN	$(CH_3)_3Ga-NH_3$	PbTe	$(CH_3)_4Pb-(CH_3)_2Te$
	$(C_2H_5)_3Ga-NH_3$		$(C_2H_5)_4Pb-(CH_3)_2Te$
AlN	$(CH_3)_3Al-NH_3$	PbS	$(CH_3)_4Pb-H_2S$
InAs	$(C_2H_5)_3In-AsH_3$	PbSe	$(CH_3)_4Pb-H_2Se$
InP	$(C_2H_5)_3In-PH_3$	SnTe	$(C_2H_5)_4Sn-(CH_3)_2Te$
GaInAs	$(C_2H_5)_3In-(CH_3)_3Ga-AsH_3$	PbSnTe	$(CH_3)_4Pb-(C_2H_5)_4Sn-(CH_3)_2Te$
InSb	$(C_2H_5)_3In-(C_2H_5)_3Sb$	SnS	$(C_2H_5)_4Sn-H_2S$
InAsSb	$(C_2H_5)_3In-(C_2H_5)_3Sb-AsH_3$	SnSe	$(C_2H_5)_4Sn-H_2Se$

＊　Eiji Kamijo　龍谷大学　名誉教授　RECフェロー

第1章 無機膜の製造プロセス技術

　装置の基本構成は，熱CVDと変わらないが，ガス供給系，反応系と排気系に多大な工夫と配慮がなされている．ガス供給系では，水素ガスをキャリアーガスとし，その中に$10^{-3}\sim10^{-6}$の分圧で有機金属ガスあるいは水素化合物ガスを含ませ，精密に制御して反応室の基板面で層流になるように送る．反応室では，水素ガス中に含まれる微量の原料ガスを基板上においてのみ熱分解させるため，高周波誘導加熱方式で基板サセプタ(支持台)のみを局所加熱する方式がとられている．排ガス中には，未反応のガスも含まれる可能性もあるので，有害物質を吸着剤などで除去した後，スクラバーを通して大気中に放出される．

　化合物半導体の代表であるGaAsの成長速度は，広い温度範囲(550〜850℃)で，Ⅲ族原料の供給量に比例し，Ⅴ族原料の濃度にはよらず，成長温度依存性も少ない[3]．このことから，Ⅲ族原料の基板表面への物質輸送が律速であることが知られており，基板表面上での境界層の厚みを小さくすることが重要である．

文　　　献

1) H. M. Manasevit : *Appl. Phys. Lett.*, **12** (4), 156 (1968)
2) V. S. Ban : *J. Jpn. Assoc. Crystal Growth*, **5**, 119 (1978)
3) R. D. Dupui, P. D. Dapkus : *Appl. Phys. Lett.*, **31** (7), 466 (1977)

2.6 CVDで得られる薄膜の特徴

上條榮治*

　CVD法で得られる薄膜の特性は，反応条件に大きく左右される。CVD法の反応は複雑で，多くの場合，個々の装置の型式，形，大きさなど装置により決定されてしまうので，装置ごとに最適条件を決めてゆかねばならない。

　しかし，一般的なCVD法で得られる薄膜の特性・構造は，成膜温度と過飽和度に大きく依存するので，この関連性を充分に把握しておく必要がある。図1にこの関係を示した[1]。過飽和度は，CVD反応の駆動力に相当し，反応の自由エネルギー変化ΔGに大きく依存するものである。

　温度が低く過飽和度が高い場合には，気相中での均一核生成により薄膜よりも粉末が生成してしまう。温度が高く過飽和度が低くなるにつれて，非晶質から順に微粒多結晶，柱状晶，そして単結晶へと原子は規則正しく配列するようになる。プラズマCVD法で得られる膜には，一般に多量の水素を含む場合があり，結晶化しやすい物質でも非晶質膜となることが多い。

　CVD法で得られる薄膜は多種多様で，その用途も多岐にわたる。表1に薄膜の種類と用途の関連を示した。半導体分野では，CVD法は工業的に重要な方法となっており，SiおよびSiO$_2$，Si$_3$N$_4$などパッシベーション膜，配線膜および化合物半導体のエピタキシャル成長など多くの分野で利用されている。しかし，表面改質，表面硬化，表面保護あるいは機能性薄膜分野では，多種多様な物質がCVD法で製作されているが，低温化と排ガス処理の問題などから，PVD法への移行が進みつつあるようである。

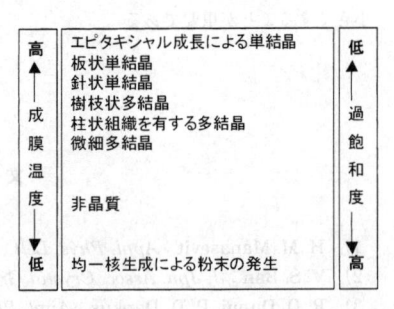

高 ← 成膜温度 → 低		低 ← 過飽和度 → 高
	エピタキシャル成長による単結晶	
	板状単結晶	
	針状単結晶	
	樹枝状多結晶	
	柱状組織を有する多結晶	
	微細多結晶	
	非晶質	
	均一核生成による粉末の発生	

図1　薄膜の構造に及ぼす成膜温度と過飽和度の関係

表1　CVD法で得られる薄膜の種類

---
① Si半導体および半導体関連
　Si，SiO$_2$，Si$_3$N$_4$，SiC，W
② 化合物半導体
　GaAs，GaAsP，InAsP，InPなど
③ 保護膜および硬質膜
　SiO$_2$，Al$_2$O$_3$，Si$_3$N$_4$，AlN，TiN，TiC，ZrC，TiB$_2$，ZrB$_2$，ダイヤモンド，DLC，c-BNなど
④ 機能性薄膜
　SnO$_2$，Fe$_2$O$_3$，In$_2$O$_3$，TiO$_2$，BaTiO$_3$，ZnO，MgO，MgF$_2$，各種フェライト
⑤ 超伝導性薄膜
　NbC$_x$N$_y$，YBCO
　Bi系酸化物超伝導体，Tl系酸化物超伝導体

---

*　Eiji Kamijo　龍谷大学　名誉教授　RECフェロー

第1章 無機膜の製造プロセス技術

表面硬化の分野では,ナノコンポジット,傾斜組成化,積層化などの複合化への移行が急激に進んでいる。TiC/C,TiC/SiC,TiC/Al$_2$O$_3$系の複合薄膜[2]や,SiC/C,TiC/C,SiC/TiCからなる傾斜組成薄膜[3]などの検討が行われている。

ダイヤモンド,立方晶BNなど非平衡相の薄膜は,電子密度が大きく,電子エネルギーも大きいマイクロ波プラズマCVD法により検討されており,詳細は本紙の他の節を参照されたい。

文　　献

1) J. M. Blocher, Jr.：*J. Vac. Sci. Technol.*, **11**, 680 (1974)
2) 金,佐々木,平井,鈴木：粉体および粉末冶金, **39**, 291 (1992) 他.
3) 河合,寺本,平野,野村：日本セラミックス協会学術論文誌, **100**, 1117 (1992) 他.

3 PLD法

青井芳史[*]

3.1 はじめに

　PLD法とは，Pulsed Laser Deposition（パルスレーザー堆積）法の略であり，レーザーアブレーション（Laser Ablation）法とも呼ばれる。レーザーアブレーションとは，レーザー光を固体に照射した場合，レーザー光の照射強度があるしきい値以上になると，固体表面で，電子，熱的，光化学的および力学(機械)的エネルギーに変換され，その結果，中性原子，分子，正負のイオン，ラジカル，クラスタ，電子，光(光子)が爆発的に放出されるプロセスのことをいう。このとき，放出される粒子を基板上に堆積させ薄膜を得る方法がPLD法である。PLD法は，真空蒸着法の一つであり，蒸発源をレーザー光を使って蒸発させるというものである。

　PLD法による成膜過程は，ターゲットにレーザーが照射されて化学種が励起されプルームが発生するまでのアブレーション過程，プルームが基板に到達するまでの気相動力学過程，プルームが基板に到達して結晶化するまでの薄膜形成過程に分けられる。

　PLD装置の模式図を図1に示す。PLD装置は，真空チャンバ，基板加熱装置，集光レンズ，基板，ターゲット，レーザー源から構成されており，他の気相法による薄膜合成装置に比べて装置自身の構成は非常にシンプルである。レーザーには，安定性と波長が短く高エネルギーを有するという観点からArF (193 nm)，KrF (248 nm)，XeCl (308 nm) のエキシマレーザーが主流である。PLD法の原理は以下の通りである。パルスレーザーを集光レンズにより〜10Jcm^{-2}のエネルギー密度にまで集光し，窓を通して真空チャンバ内に設置されたターゲットに照射する。レーザー光は固体表面上で電子，熱的，光化学的および力学(機械)的エネルギーに変換され，

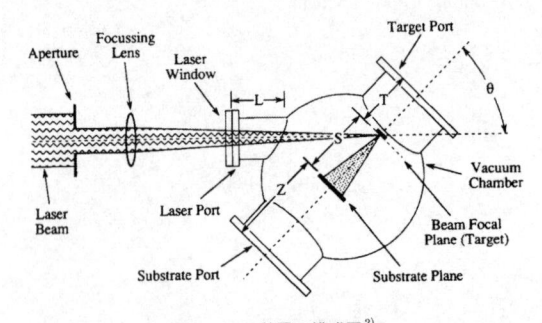

図1　PLD装置の模式図[2)]

---

* Yoshifumi Aoi　龍谷大学　理工学部　物質化学科　講師

第1章 無機膜の製造プロセス技術

ターゲットから10～100eVのエネルギーを持つ中性原子，分子，正負のイオン，ラジカル，クラスタなどの粒子が爆発的に放出され，プルームと呼ばれる発光柱が形成され，対向する基板上に堆積し薄膜が形成される。

PLD法の特徴を以下に挙げる[1]。
(1) レーザー光を吸収する物質であれば，高融点のものでも比較的容易に薄膜化が可能である。
(2) 固体原料を気化するエネルギーを成膜室外部からレーザー光により導入するので，抵抗加熱ヒーターや電子ビーム用フィラメントを成膜室内に設置する必要が無く汚染の少ない薄膜が得られる。
(3) それほど高い真空度を必要としないため，成膜室内の反応ガス分圧を比較的高くすることが可能で反応性成膜が可能である。
(4) 短パルスレーザーを用いターゲットの極表面層のみを瞬時に剥離することができるため，ターゲット内での元素の拡散を無視することができ，その組成がそのまま蒸発種の組成に転写され，ターゲットと堆積膜との組成ずれが起こりにくい。
(5) 短時間にアブレーション粒子が，集団で基板に到達してパルス的に膜成長が起こるので，膜成長をデジタル的に制御することが可能である。

このような特徴を活かし，PLD法は，多成分系の高融点金属酸化物である高温超伝導酸化物薄膜の合成に非常に良く使用されている。
一方でPLD法には，付随的にサブミクロンオーダーの粒子状付着物質（ドロップレット）が生成する，薄膜の大面積化が困難であるといった欠点が挙げられる。
微粒子（ドロップレット）の付着は，焼結体ターゲットを高密度化することにより低減化されることが知られている（図2）。また，図3に示すように，基板をプルームと平行にして微粒子の付着を少なくするoff-axis法などが試みられている[3]。一方の大面積化に対しては，ターゲッ

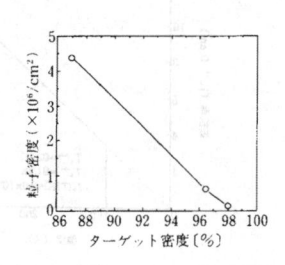

図2 ターゲット密度と表面微粒子密度の相関関係[3] 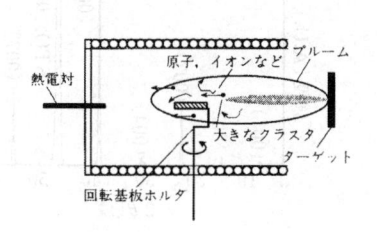　　図3 off-axis法の概念図[3]

41

ト上のレーザー照射部の走査や,成膜中心を基板中心よりずらして基板回転することなどにより大面積薄膜の作製が試みられている。

3.2 PLD法によるY系超伝導体薄膜の合成

Y系超伝導体は,超伝導臨界温度がはじめて液体窒素温度を超えた超伝導物質であり,$YBa_2Cu_3O_{7-x}$という組成を持ち,YBCOと略記される。PLD法によるYBCOの一般的な合成条件は,基板温度700〜730℃,酸素ガス圧0.2〜0.4Torrでターゲットには化学量論比に配合されたY_2O_3,$BaCO_3$,CuOを空気中で焼成して作られた焼結体が用いられる。レーザー源としてはエキシマレーザーがよく用いられる。図4に,YBCOターゲットを用いたPLD法の成膜中の概念図を示す。このようにして得られたc軸配向性エピタキシャル膜のX線回折図を図5に,抵抗-温度特性を図6に示す。図6に示すように,常伝導状態での抵抗が温度低下とともに直線的に原点に向かっており,このことは良質な超伝導体膜であることを示している[1]。

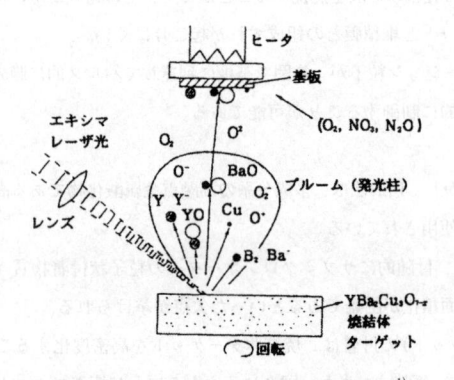

図4 PLD法によるYBCO薄膜合成の概念図[1]

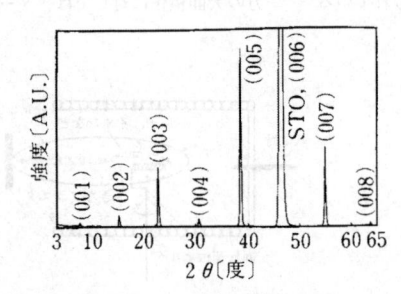

図5 SrTiO$_3$(STO)基板上のc軸配向YBCO薄膜のX線回折図[3]   図6 YBCO薄膜の抵抗-温度曲線[3]

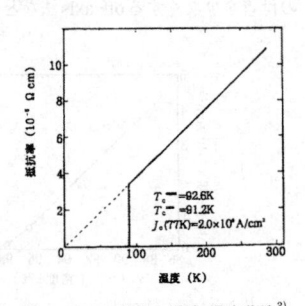

第1章　無機膜の製造プロセス技術

　PLD法による超伝導デバイスの作製も報告されており，図7には面内方位の異なるバイクリスタル基板上に堆積した1対の粒界ジョセフソン接合を有するYBCO系dc-SQUID（超伝導量子干渉素子）の模式図を示す[1]。

　このほかにも，Bi系，Tl系，Hg系などの各種高温超伝導酸化物薄膜がPLD法により作製されている。

3.3　レーザー MBE 法

　短時間にアブレーション粒子が，集団で基板に到達してパルス的に膜成長が起こるので，膜成長をデジタル的に制御することが可能である，というPLD法の特徴を活かし，PLD法と分子線エピタキシー法を組み合わせたレーザーMBE法による酸化物薄膜の原子層オーダーでの膜厚制御が報告されている。レーザーMBE装置の概略図を図8に示す。サファイア単結晶をターゲットに用いたサファイア薄膜のレーザーMBEについて報告されている例について紹介する[3]。基板温度は20～420℃，1×10^{-4}Torrの酸素ガス雰囲気下で，サファイア（1012）基板上にサファイア薄膜をホモエピタキシャル成長させている。図9には，一例として種々の酸素分圧下においてホモエピタキシャル成長させたサファイアのRHEED強度変化を示す。この図より，酸素分圧の高い時には2次元エピタキシャル成長に対応する明瞭なRHEED強度変化が観察されてい

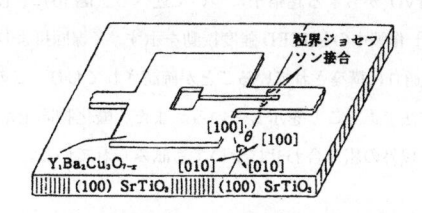

図7　PLD法により作製された粒界接合型dc-SQUID素子の模式図[1]

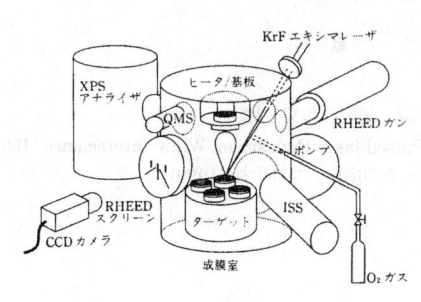

図8　レーザー MBE 装置の模式図[3]

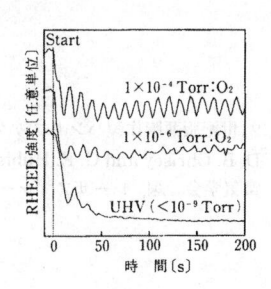

図9　種々の酸素分圧下でのサファイアのRHEED強度変化[3]

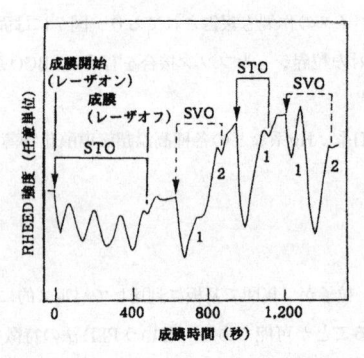

図10 人工超格子作製時のRHEED強度振動[1]

るが,酸素分圧が低くなるにつれて2次元エピタキシャル成長が抑制されて3次元島状成長が支配的になっていることが分かる.これは,成長時の酸素欠損によりテラス上2次元核の形成が抑制されていることを示唆している.

レーザーMBE法による原子層制御を応用した酸化物人工超格子の作製が試みられている.RHEED振動を数えながら分子層レベルで制御したlayer-by-layerプロセスによる超格子の作製について,$SrTiO_3$と$SrVO_3$からなる超格子について述べる.図10に,[$SrVO_3$(2単位格子)]/[$SrTiO_3$(1単位格子)]作製中のRHEED強度振動を示す.X線回折より,作製された薄膜の分子層の変調構造は設計通りに構築されていることが確認されており,この方法が人工超格子を作製するための優れた方法であることを示している.また,酸化物同士だけではなく,CeO_2とSiといった酸化物とそれ以外の組み合わせについても試みられている.

文　献

1) 21世紀版薄膜作製ハンドブック,第2編　薄膜の作製と加工
2) D. B. Chrisey and G. K. Hubler ed., Pulsed laser Deposition, Wiley Interscience (1994)
3) 電気学会　編,レーザアブレーションとその応用,コロナ社 (1999)

4 LPD法

青井芳史*

4.1 はじめに

ここでは,水溶液を用いて,高エネルギーを必要としない穏和な条件で,種々の基板上に,各種の機能性を有する,主として酸化物薄膜あるいは酸化物前駆体薄膜を析出させるユニークな成膜法である液相析出法（LPD法：Liquid Phase Deposition）について紹介する。

機能性薄膜の成膜法としては,大別して蒸着法,スパッターに代表される物理的成膜法とCVD,ゾル―ゲル法,電気めっき等に代表される化学的成膜法に分けられる。後者の成膜法の内,溶液を用いる湿式法が大きなエネルギーを必要とせず,環境負荷が少ないことから,最近,環境・エネルギー問題の高まりと共に注目を集めるようになってきており,ソフト溶液プロセスとも呼ばれている。

このような湿式法の一つである液相析出法(LPD法)は,処理溶液中に基板を浸漬させるだけで,水溶液中から酸化物もしくはオキシ水酸化物を,以下の2種類の水溶液反応を用いて基板上に均一に薄膜を成長させる成膜法である。

金属フルオロ錯体（TiF_6^{2-}, SiF_6^{2-}等）の加水分解平衡反応

$$MF_x^{(x-2n)-} + nH_2O \rightleftharpoons MO_n + xF^- + 2nH^+ \quad (1)$$

金属Al,ホウ酸等の添加による平衡反応シフト

$$H_3BO_3 + 4HF \longrightarrow BF_4^- + H_3O^+ + 2H_2O \quad (2)$$
$$Al + 6HF \longrightarrow H_3AlF_6 + 3/2H_2 \quad (2)$$

前者(1)を析出反応,後者(2)を駆動反応と呼ぶ。

液相析出法では,両反応の組み合わせにより基板上へ金属酸化物薄膜が成膜される。水溶液中での短い平均自由行程の中での物質移動であるため,薄膜は,表面積,表面形状に拘わらず溶液と接した表面に均一に析出する特徴を有する成膜法である。乾式法(気相法)に代表される物理成膜法と異なり,高電圧,真空等の高価な装置も必要とせず,その成膜工程は非常にシンプルで(図1),必要とするものは反応容器のみである。

水溶液からの析出は,常温で,基板を選ばず,ガラス,セラミックス,金属,プラスチックス

---

* Yoshifumi Aoi 龍谷大学 理工学部 物質化学科 講師

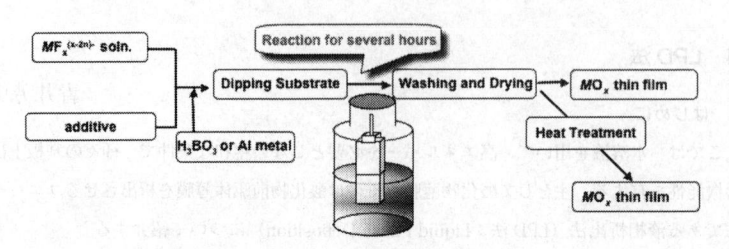

図1 液相析出法の成膜工程

等様々な材料，板状，粉体，繊維等の基板形状に拘わらず均一に析出する。また，水溶液が均一で且つ多成分系であることから溶液混合により，多成分系酸化物薄膜，複合材料薄膜等の複合化も比較的容易である。

水溶液中での金属フルオロ錯体の加水分解反応を利用して，酸化物薄膜を基板上に直接合成するLPD法は，日本板硝子㈱のグループによりSiO_2薄膜の合成に関する報告がなされて以来，盛んに研究がなされている[1]。最近では，電子デバイスの絶縁層形成への適用に関する研究が台湾の研究グループを中心に精力的になされている[2]。SiO_2薄膜は基本的には以下のような原理より析出させる。処理液としては，二酸化ケイ素を飽和溶解したケイフッ化水素酸水溶液を用いる。この水溶液中では，式(3)のような加水分解平衡状態にあると考えられ，この平衡反応が右側つまりSiO_2析出側にシフトすることにより，処理液中に浸漬した基板上にSiO_2薄膜が析出する。平衡反応をシフトさせるために，処理液中に，フッ化物イオンと容易に反応して安定なフルオロ錯体を形成する物質を添加する。これには，式(4)に示す反応でフッ化物イオンを捕捉する金属Al，ホウ酸が用いられる。

$$H_2SiF_6 + 2H_2O \rightleftharpoons SiO_2 + 6HF \quad (3)$$

$$H_3BO_3 + 4HF \longrightarrow BF_4^- + H_3O^+ + 2H_2O \quad (4)$$

$$Al + 6HF \longrightarrow H_3AlF_6 + 3/2H_2 \quad (4)$$

また，温度により平衡反応をシフトさせSiO_2薄膜を析出させることも可能である。このLPD法によるSiO_2薄膜の特性およびその応用研究に関しては，日本板硝子㈱の研究グループにより詳しく調べられており，以下にその一部を簡単に紹介する[3]。

LPD法によるSiO_2薄膜は，室温付近の水溶液中という非常にマイルドな条件からの析出であるにもかかわらず，非常に良質な物が得られている。膜構造は非常に緻密であり，ケミカルエッチングレートでその緻密性を評価すると，室温付近で成膜したSiO_2薄膜についてはCVD法，スパッタ法並であり，また，析出後の熱処理により熱酸化膜，石英ガラス並にその緻密性は向上す

第1章　無機膜の製造プロセス技術

る。このような，LPD法によるSiO$_2$薄膜の優れた緻密性を生かし，ソーダライムガラスのアルカリバリヤー膜として表示デバイス用ガラスに実用化されている。

LPD法の析出反応において，基板表面に存在するOHが関与していることが知られている。すなわち，析出の初期過程において基板表面のOH基と溶液中の金属錯体イオン種とが脱水縮合反応を生じることにより析出が始まる。このことはつまり，疎水性表面への析出が生じにくいことを示しており，この性質を利用した選択成膜法という方法が開発され，半導体集積回路分野における積層構造作製時の電極埋設に利用され，プロセスの簡素化に応用されている。その工程の概念図を図2に示す。

最近，液相析出法の表面形状に拘わらず溶液と接した表面に均一に析出するという特徴を活かし，ナノメートルオーダー，もしくはサブマイクロメートルオーダーの構造を有するテンプレートを用い，金属酸化物を析出し3次元規則構造体を作製するという試みがなされている。すなわち，自己組織的に3次元に規則配列させたサブマイクロメートルオーダーの球状ポリスチレン(以下PS)ラテックス粒子をテンプレートとし，液相析出法によりテンプレートに形成された間隙をTiO$_2$で充填することによりPS複合薄膜を得る。また，この複合薄膜を熱処理することによりPSが除去され，空孔が規則的に配列した3次元多孔質TiO$_2$薄膜を合成することが可能である。工程および得られる3次元多孔質TiO$_2$薄膜のSEM像を図3に示す[4]。

またテンプレートとして，単一のポリスチレン粒子を用い，中空球状の金属酸化物粒子を作製することも行われている[5]。

酸化ケイ素，酸化チタン以外についても種々の金属酸化物薄膜について合成が試みられている。酸化バナジウム薄膜の合成には，五酸化バナジウム粉末をフッ化水素酸水溶液に溶解したものを反応母液として用い，この溶液中にフッ素イオン捕捉剤として金属アルミニウムを添加し，

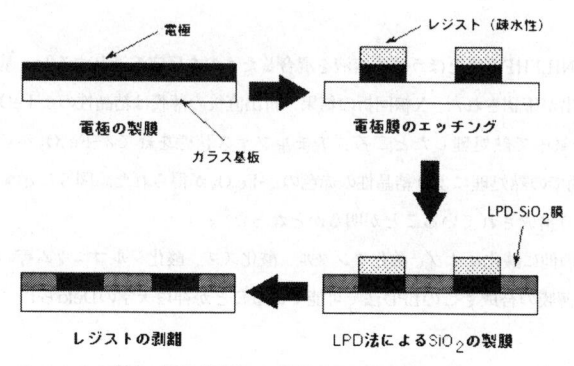

図2　選択成膜法による積層構造作製成膜工程

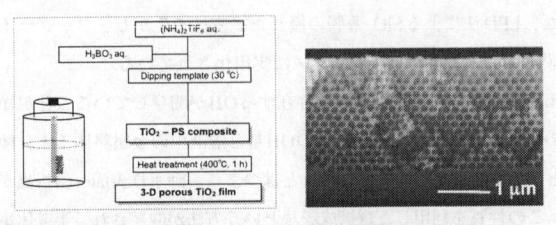

図3 液相析出法による3次元規則多孔質TiO₂薄膜

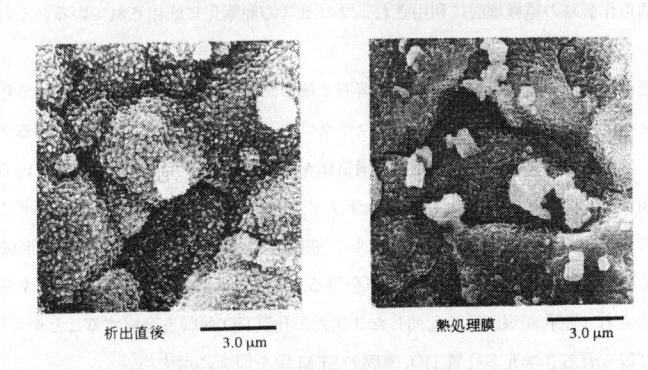

図4 アルミナセラミック基板上に合成された酸化バナジウム薄膜

基板を浸漬後数十時間静置反応させることにより得られている[6]。得られる薄膜は透光性のある茶褐色であり，X線回折，IR，ESR測定より，アモルファスで4価のバナジウムイオンから構成されていることが明らかとなった。この薄膜は空気中での熱処理により結晶化と共にバナジウムイオンの酸化が生じV_2O_5となった。一方，窒素雰囲気中での熱処理においてはVO_2薄膜が得られている。

α-FeOOH/NH₄FHF溶液とほう酸水溶液を混合したものを反応溶液とすると，基板上に橙色透明の薄膜の析出が確認された。X線回折の結果，析出直後の薄膜は結晶性のβ-FeOOHであった。この薄膜を空気中で熱処理したところ，アモルファス状態を経てα-Fe₂O₃への転移が生じ，600℃，1時間での熱処理により結晶性の赤色のα-Fe₂O₃が得られた。図5に示すように薄膜は微細な粒子より構成されていることが明らかとなった[7]。

上述した例の他に酸化ニオブ，酸化タンタル，酸化スズ，酸化ジルコニウム等の薄膜等の種々の金属酸化物薄膜の合成もこのLPD法で可能であることが神戸大学のDekiらにより見出されている。

LPD法は，水溶液という均一凝集系からの製膜法であるため，多成分化が容易であるという特

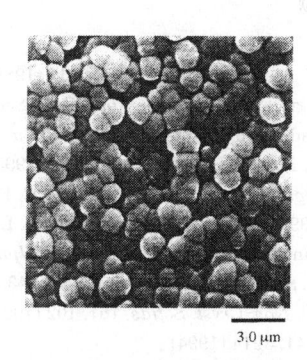

第1章　無機膜の製造プロセス技術

図5　得られた酸化鉄薄膜のSEM像 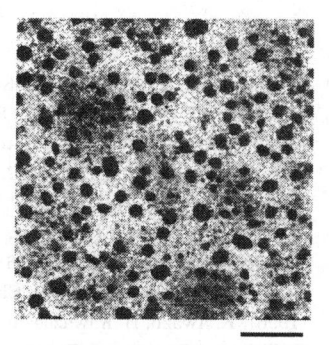　　図6　得られた金微粒子分散酸化チタン薄膜のTEM像

微を有する。以下に，LPD法による多成分系複合酸化物薄膜の合成の試みについて紹介する。

　酸化チタン薄膜合成の際の反応溶液である$(NH_4)_2TiF_6$とH_3BO_3の混合水溶液中に$HAuCl_4$水溶液を添加混合し製膜することにより薄膜中にAuが取り込まれる[8]。薄膜中のAu/Ti比は，反応溶液中に添加する$HAuCl_4$量を調節することにより容易に制御可能である。析出直後の薄膜は無色であったが，熱処理により紫色に変化し，金超微粒子の存在が示唆された。XPSスペクトル測定より，析出直後の薄膜中では金はAu^{III}イオンとして存在しており，熱処理によりこれが還元されて金属Auの超微粒子として分散していることが確認されている。500℃での熱処理膜のTEM写真を図6に示す。これより，薄膜中でAuは直径十数nmの微粒子として酸化チタンマトリックス中に均一に分散していることが分かる。得られた薄膜の可視吸収スペクトルを測定したところ，200℃以上での熱処理膜において600nm付近に金微粒子の表面プラズモン共鳴に帰属される吸収バンドが観察された。この吸収バンドは，熱処理温度の上昇に伴い長波長側に大きくシフトした。

4.2　まとめ

　従来，製膜法としては，乾式法，中でも物理的製膜法が主として用いられることが多かったが，それらに無い長所を有する湿式成膜法にも関心が移りだした。中でも，液相析出法(LPD法)は，その多様性に今後注目すべきであろう。板状基盤のみならず粉体，繊維等の多様な基盤表面上に，多様な酸化物薄膜を製膜することにより，多層構造を有する新しい材料の設計，表面修飾に依る機能性賦与への展開も考えられる。最近では，薄膜析出領域のパターニングや3次元構造体の作製等も活発に試みられてきており，今後の展開が期待される。

文　献

1) H. Nagayama, H. Honda, and H. Kawahara, *J. Electrochem. Soc.*, **135**, 2013 (1988); A. Hishinima, T. Goda, M. Kitaoka, S. Hayashi, and H. Kawahara, *Appl. Surf. Sci.*, **48/49**, 405 (1991); T. Homma, T. Katoh, Y. Yamada, and Y. Murao, *J. Electrochem. Soc.*, **140**, 2410 (1993); C. F. Yeh and C. L. Chen, *J. Electrochem. Soc.*, **142**, 3579 (1995); C. F. Yeh, C. L. Chen, W. Lur, and P. W. Yen, *Appl. Phys. Lett.*, **66**, 938 (1995); C. F. Yeh and S. S. Lin, *J. Non-Cryst. Solids*, **187**, 81 (1995); C. F. Yeh, S. S. Lin, and W. Lur, *J. Electrochem. Soc.*, **143**, 2658 (1996); S. Nitta and Y. Kimura, *J. Soc. Mat. Sci. Jpn.*, **43**, 1437 (1994); C. T. Huang, P. H. Chang, and J. S. Shie, *J. Electrochem. Soc.*, **143**, 2044 (1996); K. Awazu, H. Kawazoe, and K. Seki, *J. Non-Cryst. Solids*, **151**, 102 (1992); J. S. Chou and S. C. Lee, *J. Electrochem. Soc.*, **141**, 3214 (1994)
2) C. F. Yeh, S. S. Lin, and T. Y. Hong, *IEEE. Electron Device Lett.*, **16**, 316 (1995); C. F. Yeh, S. S. Lin, and T. Y. Hong, *Microelectronic Engineering*, **28**, 101 (1996); W. S. Lu and J. G. Hwu, *IEEE. Trans. Electron Device Lett.*, **17**, 172 (1996); J. S. Chou and S. C. Lee, *IEEE Trans. Electron Devices*, **43**, 599 (1996); T. Homma and Y. Murao, *Thin Solid Films*, **249**, 15 (1994); T. Homma, *J. Non-Cryst. Solids*, **187**, 49 (1995); T. Homma, *Thin Solid Films*, **278**, 28 (1996); Y. P. Shen and J. G. Hwu, *IEEE. Photonics Technology Lett.*, **8**, 420 (1996)
3) 河原秀夫, 溶融塩, **33**, 7 (1990); 竹村和夫, セラミックス, **26**, 201 (1991); 河原秀夫, 電気化学および工業物理化学, **60**, 866 (1992); 阪井康人, 表面技術, **49**, 35 (1998) 等
4) Y. Aoi, S. Kobayashi, E. Kamijo, S. Deki, *J. Mater. Sci.*, **40**, 5561 (2005)
5) Y. Aoi, H. Kambayashi, E. Kamijo, S. Deki, *J. Mater. Res.*, **18**, 2836 (2003)
6) S. Deki, Y. Aoi, Y. Miyake, A. Gotoh, and A. Kajinami, *Mater. Res. Bull.*, **31**, 1399 (1996)
7) S. Deki, Y. Aoi, J. Okibe, H. Yanagimoto, A. Kajinami, and M. Mizuhata, *J. Mater. Chem.*, **7**, 1769 (1997)
8) S. Deki, Y. Aoi, H. Yanagimoto, and A. Kajinami, *J. Mater. Chem.*, **6**, 1879 (1997)

5 ソフト溶液プロセス

青井芳史[*]

5.1 はじめに

材料開発の歴史は、プロセスの高温化あるいは高エネルギー化の流れともいえる。しかし、深刻化する地球環境問題や資源問題という制約条件を考慮すると、エネルギー多消費型のハードプロセスに今後の材料の進歩・発展を頼る事は不可能になってきた。この様な観点から、材料のサステナブルマテリアルテクノロジー(持続的社会のための材料技術)、即ちソフトプロセス化学の開発が必要で、「温和な条件下で進行する反応を利用する材料合成の化学」というコンセプトに基づいて研究開発が行われている。

ソフト溶液プロセスとは、環境負荷の少ない水溶液系のプロセスによりセラミックスや複合材料といった高機能材料を作製することである。地球環境の生物系や生態系は水溶液系を基本に構成されていることから、水溶液系を用いるプロセスは環境や生態系に与える負荷の少ないソフトなプロセスであるといえる。ソフト溶液プロセスは、①基板と水溶液を界面で反応させ、②焼成や焼結を必要としないなどの特徴がある。基板と水溶液の界面において反応を起こさせる際に熱、電気、光(電磁波)などにより励起する必要があり、熱で励起させる場合、水熱反応、電気の場合、電気化学反応、光の場合、光化学反応などと呼ばれる。ソフト溶液プロセスは、原系(反応系)と生成系との間の小さなエネルギー差を利用したプロセスであるので、一般的に良く利用されるCVDやPVDといった気相法による製膜プロセスに比べてエネルギー消費の小さいプロセスであるといえる。

本節では、ソフト溶液プロセスの代表的な例である、水熱電気化学法、フェライトめっき法、電気化学的ソフト溶液プロセスによるセラミックス薄膜の合成を例にとり概説する。

5.2 水熱電気化学法[1)]

水熱電気化学法による水溶液からのBaTiO$_3$薄膜の直接合成法が吉村らにより報告されている。これは、オートクレーブ中に水酸化バリウム水溶液を入れ水熱条件である100℃以上に保ち、その溶液中においてアノードとして金属チタン基板を、カソードとして白金電極を用い直流電解することにより作製されている(図1)。図2に、各温度で合成されたBaTiO$_3$のX線回折図を示す。100℃以上の温度において結晶性のBaTiO$_3$薄膜がTi基板上に生成していることがわかる。このBaTiO$_3$の生成メカニズムは、以下のようなものが考えられている。

---

[*] Yoshifumi Aoi 龍谷大学 理工学部 物質化学科 講師

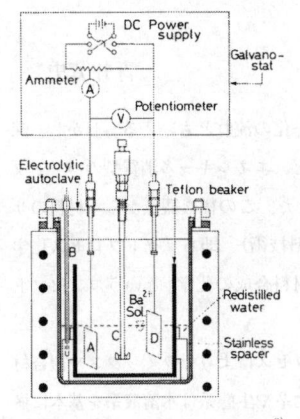

図1 水熱電気化学法の反応装置[2]

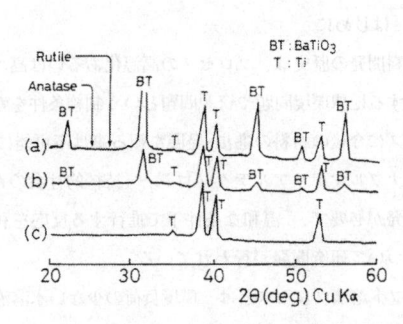

図2 水熱電気化学法により得られたBaTiO₃薄膜のX線回折図[2]
(a) 200℃, (b) 100℃, (c) 室温

$$Ti^0 \rightarrow Ti^{4+} + 4e^-$$
$$Ti^{4+} + 6OH^- \rightarrow Ti(OH)_6^{2-}$$
$$Ba^{2+} + Ti(OH)_6^{2-} \rightarrow BaTiO_3 + 3H_2O$$

すなわち,基材である金属チタン上で,基材より溶出したチタンから生成した水酸化チタンと溶液中のバリウムイオンが反応してBaTiO₃が生成する。

また,同様の水熱電気化学法によりリチウムイオン電池などに利用されるイオン導電体であるLiCoO₂も合成されている[3]。この場合,基板には金属コバルトを用い,80〜200℃の水酸化リチウム水溶液中で電解により合成されている。図3に示すように,BaTiO₃の場合と同様に,結晶性のLiCoO₂が合成されている。図4には,得られているLiCoO₂薄膜の断面SEM像を示す。薄膜の成長速度は合成温度により上昇し,合成温度の上昇により,結晶粒サイズも大きくなることが分かっている。このLiCoO₂の合成機構についてもBaTiO₃の場合と同様に溶解-析出機構であり,以下のようなものが提案されている。

$$Co + 3OH^- \rightarrow H_{1-n}CoO_2^- + H_2O + nH^+ + (2+n)e^-$$
$$H_{1-n}CoO_2^- + Li^+ \rightarrow LiCoO_2 + (1-n)H^+ + (1-n)e^-$$

5.3 フェライトめっき法[4]

ソフト溶液プロセスとしてよく知られているものの一つにフェライトめっき法がある。これ

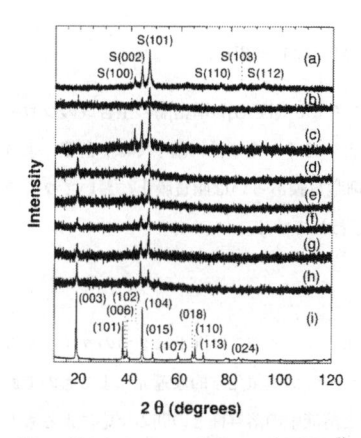

第1章 無機膜の製造プロセス技術

図3 得られた LiCoO$_2$ 薄膜のX線回折図[3]

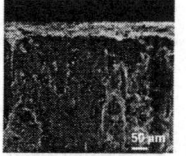

図4 得られた LiCoO$_2$ 薄膜の断面 SEM 像[3]

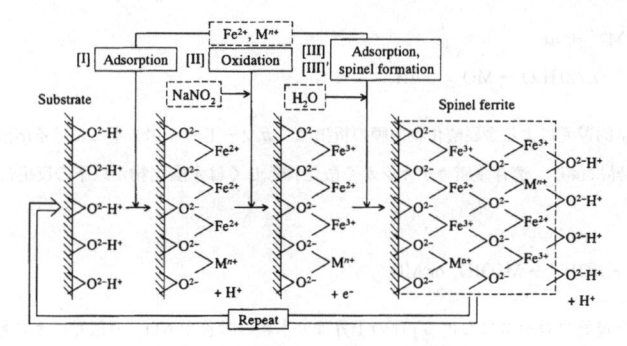

図5 フェライトめっき法の原理[4]

は，室温～100℃の水溶液中において，熱処理無しに結晶性のスピネル型フェライト（(MFe)$_3$O$_4$）薄膜を合成するものである。図5に，フェライトめっき法の原理を示す。プロセスは4段階で起こると説明されている。まず，プロセスIにおいて，Fe^{2+}と他の金属イオンM^{n+}を含む反応溶液中に浸漬した基板上にイオンの吸着が起こる。次にプロセスIIにおいて，NaNO$_2$やO$_2$のような酸化剤，もしくは電流を通じることにより一部のFe^{2+}がFe^{3+}に酸化される。その後，さらに溶液中のFe^{2+}，M^{n+}の吸着が起こり（プロセスIII），以下の加水分解反応によりフェライト層が形成される（プロセスIII'）。このプロセスIからIII'の過程が繰り返されることによりフェライト薄膜が形成される。

$$xFe^{2+} + yFe^{3+} + zM^{n+} + 4H_2O \rightarrow (Fe^{2+}\cdot Fe^{3+}\cdot M^{n+})_3O_4 + 8H^+$$

このフェライトめっき法は走磁性細菌によるマグネタイト（Fe_3O_4）単結晶の生合成のプロセスに類似しており，まさにソフト溶液プロセスであるといえる。走磁性細菌中では，酵素により$NaNO_2$によるFe^{2+}からFe^{3+}の酸化が行われている。細胞質膜あるいは脂質膜上においてフェライトめっき法と同様の方法でマグネタイトの合成が行われている。

5.4 電気化学的ソフト溶液プロセス[5]

電気化学的ソフト溶液プロセスによる金属酸化物（セラミックス）の析出は2つのタイプが考えられる。一つは電気化学的な酸化によるもので，もう一つは電気化学的な還元によるものである。電気化学的酸化による金属酸化物析出は金属電極と溶液中の溶存種との間の反応によるものであり，この場合，以下のような反応により電極構成金属の金属酸化物薄膜が得られる。

$$M \rightarrow M^{n+} + ne^-$$
$$M^{n+} + (n/2)H_2O \rightarrow MO_{n/2} + nH^+$$

電気化学的還元による金属酸化物薄膜の析出は，カソードバイアス下における溶液／基板界面のpHの上昇により，溶存金属カチオンから酸化物もしくは水酸化物が以下の反応により生成する。

$$M^{n+} + nOH^- \rightarrow M(OH)_n \text{ or } MO_{n/2}$$

電気化学還元プロセスにおけるpHの上昇は，水素の吸着やNO_3^-の還元により起こる。

$$H_2O + e^- \rightarrow OH^- + H_{abs}$$
$$NO_3^- + 7H_2O + 8e^- \rightarrow NH_4^+ + 10OH^-$$

NO_3^-に還元は，析出プロセスにおいて電極界面におけるpHの上昇に広く利用されている。

ペロブスカイトやスピネル型の種々の複合酸化物が，電気化学的ソフト溶液プロセスにより合成されている。通常，電気化学的ソフト溶液プロセスによりこれらの酸化物の前駆体が作製され，結晶化には熱処理が必要となる。反応は以下のような過程により起こる（図6）。

$$M^{m+} + xA^{y+} + nOH^- \rightarrow A_xM(OH)_n \text{ or } AMO_{n/2} + (m + xy - n)e^-$$

A^{y+}は，直接析出はしないが，M^{m+}の電気化学的な還元析出の過程において共析出するカチオンである。この方法により，固体酸化物形燃料電池における触媒，カソード材料として利用され

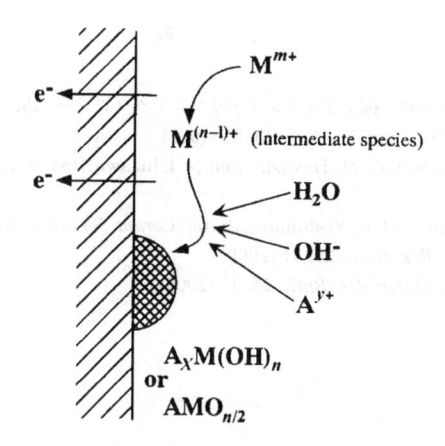

第 1 章 無機膜の製造プロセス技術

図 6 電気化学的ソフト溶液プロセスの概念図[5]

るペロブスカイト型酸化物であるLaMnO$_3$およびLa$_{1-x}$Sr$_x$MnO$_3$の合成例が報告されている。ただしこの場合，ペロブスカイト型酸化物を得るためには700℃以上での熱処理が必要である。しかしながら，この温度は一般的なセラミックス合成プロセスで必要とされる1000℃以上という温度に比較すると低温であるといえる。これ以外にも，電気化学的ソフト溶液プロセスにより，Fe$_{3-x}$Li$_x$O$_4$やCo$_{3-x}$Li$_x$O$_4$といったスピネル型酸化物や，ZnO薄膜等の合成が報告されている。

5.5 まとめ

本稿では，水溶液を利用したソフト溶液プロセスについて述べた。ソフト溶液プロセスは，水溶液から高機能材料を直接あるいは間接に作製する概念および手法で，水熱合成法と界面化学あるいは電気化学の融合化によりセラミックス薄膜の成膜技術，あるいは液相析出プロセスによる成膜技術を中心にした。

ソフト溶液プロセスは，まだ研究開発の初期段階で，作製できる材料もまた機能も限られている。また，溶液と基板との界面反応を含むため複雑で，観察・解析においても気相法に比較して困難な点が多い。しかし，ソフト溶液プロセスは環境負荷や排出エネルギーなどが少ない事から，環境調和型の材料プロセスとして今後必ずや必要となるであろう。

文　献

1) 工藤徹一, 御園生誠　編:グリーンマテリアルテクノロジー, 講談社サイエンティフィク (2002); 吉村昌弘:セラミックス, **33**, 91 (1998)
2) M. Yoshimura, S. Yoo, M. Hayashi, and N. Ishizawa, *Jpn. J. Appl. Phys.*, **28**, L2007 (1989)
3) S. Song, K. Han, and M. Yoshimura, *J. Am. Ceram. Soc.*, **83**, 2839 (2000)
4) M. Abe, *Mater. Res. Bull.*, **25**, 51 (2000)
5) Y. Matsumoto, *Mater. Res. Bull.*, **25**, 47 (2000)

6 ゾル-ゲル法

横尾俊信＊

6.1 はじめに

ゾル-ゲル法[1,2]とは，金属アルコキシドなどの金属有機化合物や金属塩の加水分解・重縮合により生成する酸化物前駆体粒子を含むゾルを調製し，さらにゲル化により固体状態となったものを熱処理により直接ガラス・セラミックスを製造する方法であり，基本的に低温合成法である。図1にその基本工程図を示す。また，図2に示すように加水分解・重縮合反応を精密に制御することにより，得られる生成物の形態（バルク，薄膜，ファイバー）を制御することができるという特長を有する。ゾル-ゲル法でコーティング膜を得る場合，まずゾルを調製し，次いでそれを基板に施してゲル膜とした後，熱処理によってガラスあるいはセラミックコーティング膜とする。ゾル-ゲル法によるコーティング膜の作製方法の主要な特長を列挙すると以下のようになる[1~5]。

(a) 原料を蒸留や再結晶により容易に精製できるので高純度のコーティング膜が得られる。
(b) 原料を粘度の低い液体状態で混合するので原子あるいは分子レベルでの均質化が可能である。これは複合酸化物の調製に特に有利であり，化学量論性の高い化合物が得られる。
(c) ゲル状態を経るので多孔性の膜となる。焼成すれば，多孔性は消失して緻密な膜になる。
(d) 焼成温度が通常のセラミックスの焼結に較べて数百〜千℃も低い。
(e) 複合化が極めて容易である（有機-無機，金属-無機，無機-無機コンポジット）。
(f) 光学的に透明な膜が得られる。
(g) 真空設備などを必要とせず，装置が簡便である。
(h) 大面積のもの，複雑な形状のものでもコーティングが可能である。
(i) 片面，部分，両面同時コーティングが可能である。

ゾル-ゲル法による機能性薄膜の作製に関する研究はShröder(1969)まで遡るが，ゾル-ゲル法の応用においても最も適用例の多い分野である。その第一の理由は，真空プロセスを含まない低

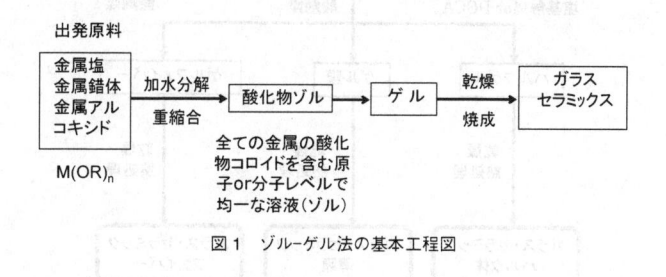

図1　ゾル-ゲル法の基本工程図

＊　Toshinobu Yoko　京都大学　化学研究所　教授

コストプロセスであるため，他の薄膜作製法と十分に対抗できるということによる．本稿ではまず，ゾル-ゲル法の概略を簡単に述べ，次に機能性薄膜への応用について簡単に紹介する．

6.2 ゾル-ゲル法の基礎化学[1,2]

図2にゾル-ゲル法によるガラス・セラミクスバルク体，薄膜，ファイバーの合成のフローチャートを示す．出発原料には金属アルコキシド，金属(オキシ)ハライド，金属有機化合物などが用いられるが，その中でも金属アルコキシドを用いる場合が最も多い．その理由は，ハライドなどの不揮発性成分を除去する必要がないこと，そして何よりも加水分解・重縮合過程の制御が容易であるためである．金属アルコキシドではアルコキシ基の種類を変えることにより加水分解の反応速度をある程度制御することができる．例えば，アルキル基が長いほど，また枝別れが多いほど，立体障害により加水分解に対する安定度が増す．β-ジケトン類などのキレート剤でアルコキシドを化学修飾することにより原料の安定性を制御する方法も有効である．このようにすると，複合酸化物を取り扱うときに問題となる種類の異なる金属アルコキシドの加水分解速度の違いの影響を解消することができる．加水分解反応，重縮合反応は，形式的には次のように表される．

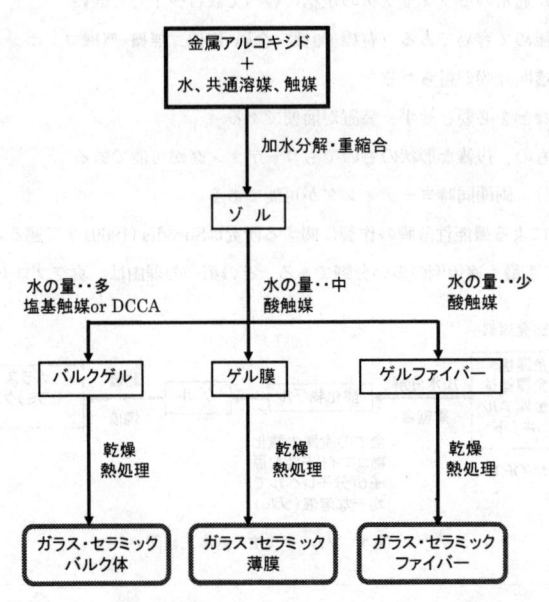

図2 ゾル-ゲル法によるガラス・セラミクスバルク体，薄膜，ファイバーの合成のフローチャート

第 1 章　無機膜の製造プロセス技術

$$M(OR)_n + nH_2O \xrightarrow{\text{加水分解}} M(OH)_n + nROH \qquad (1)$$

$$M(OH)_n \xrightarrow{\text{重縮合}} MO_{n/2} + n/2H_2O \qquad (2)$$

金属アルコキシド$M(OR)_n$の完全加水分解並びにその重縮合による酸化物生成に必要な水の化学量論比はそれぞれn並びに$n/2$であるが，現実的な反応ではこの比よりかなり多量の水の添加が必要である。シリコンのアルコキシドを例にとると，バルクを作製する場合は10倍以上，コーティング膜を得たい場合は2〜5倍程度，ゲルファイバーを紡糸したい場合は2倍程度という具合である。

また，加水分解に酸触媒を用いる場合，アルコキシドに対する水の量が少ないとゾル中に生成する酸化物粒子は線状であり，水の量が多いと三次元的に発達した粒子が生成する。後者はコーティングには不適当である。線状ポリマーよりも多少発達したポリマーが生成するように水の量を調節し，局部的な加水分解の進行を防ぐために溶媒で希釈の程度を高くしたゾルが，コーティングに適している。コーティング用のゾルの組成は，酸化物の種類に強く依存し，それぞれの場合で適切な組成を見いだす必要がある。

一般に，金属アルコキシドは水との親和性に欠けるので均一に混合するにはアルコールなどの共通溶媒の存在が必要である。また，反応性の高い金属アルコキシドに直接水を添加すると局部的に加水分解が起こって沈殿が生ずることがあるので，これを防ぐために金属アルコキシド及び水の両方をそれぞれアルコールなどの共通溶媒で希釈することが多い。その結果，実際の反応は上式から予想されるよりも複雑になる。

6.3　コーティング方法[1〜5]

基板をゾルでコーティングするいくつかの代表的な方法を表1に示し，以下にそれらの原理，特徴などを簡単に述べる。

6.3.1　ディップコーティング法

ディップコーティング法により製膜するには，調製したゾル中に基板を浸漬し，引き上げれば

表1　各種コーティング法とその特徴[1〜5]

方　　法	長　　所	短　　所
ディップコーティング	大面積，両面，局所	設備大規模，低生産性
スピンコーティング	短時間，LSI工程	大面積には不向き（＜30cm）
スプレーコーティング	大面積，大量生産	小規模生産には不向き
キャピラリーコーティング	高生産性，多層膜	設備大規模
パイロゾルプロセス	高品質膜	設備大規模，基板加熱

よい.また,ゾルの入った容器を降下させてもあるいはゾルをドレインしてもよい.均一なコーティング膜を得るためには,引き上げ速度を一定にし,引き上げ中に振動が伝わらないように注意する必要がある.原理的に一度に両面コーティングをすることができるのが最大の特長であるが,部分コーティングも可能である.

膜厚を決定するパラメータについてOrgaz & Capel[6]は次のような半経験式を提案している.

$$t_0 = WK\sigma(\rho_s/\rho_0)(\eta V/g\rho_s)^{1/2} \tag{3}$$

ここで,Kは定数,ρ_s,ρ_0はそれぞれゾルおよび熱処理後の薄膜の密度,σはゾルの表面張力,Wは熱処理前後の膜の重量比,ηはゾルの粘度,gは重力加速度,Vは引き上げ速度である.すなわち,膜厚はη,V,ρ_sの平方根およびσに比例して増加する.この関係が成立することが実験的にも確かめられている.厚い膜を得るには引き上げ速度を速くしたり,増粘剤を添加してゾルの粘度を増す方法もあるが,1回のコーティング操作で得られる膜厚を0.1〜0.3μm以下にし,浸漬→引き上げ→乾燥→焼成を多数回繰り返す方が良質の薄膜が得られる.

6.3.2 スピンコーティング法

基板を一定速度で回転させ,その中心部分にコーティング溶液を供給し,遠心力で基板全体に広げてゲル膜を得る.スピンコーティングは,①粘性流動により支配されるスピンオフ工程,②蒸発により支配される工程の二つの段階に分けることができる.その結果,最終的なゲル膜の厚さh_fは(4)式のように表される.

$$h_f = x\left(\frac{e}{2(1-x)K}\right)^{1/3} \tag{4}$$

ここでxはゾル中の酸化物濃度である.また,eとKは,ωを回転速度,ηを溶液の粘度,ρ_sを溶液の密度として以下に定義される蒸発及び流れ定数である.

$$e = C\sqrt{\omega} \quad \& \quad K = \rho_s\omega^2/3\eta$$

この方法の特長は,比較的簡単な装置でしかも短時間で比較的大面積の質のよい膜が形成できる点である.ただし,溶媒の蒸発,ゲル膜の乾燥過程に関する詳細な理解が不可欠である.

6.3.3 スプレーコーティング法

5%以下の不均一性で100nm程度の膜厚を得る最も効率のよい湿式コーティング法はスプレーコーティングであろう.スプレーガンのノズルからコーティング液を噴霧し,その下を例えばベルトコンベアに乗った水平に置かれた基板が一定速度で移動することによりコーティングされる.乾燥は赤外線ランプにより250℃程度に加熱して行う.蒸気圧の高いアルコール系などの溶媒は,

第1章 無機膜の製造プロセス技術

ゲル化が早まるため均質なコーティングを与えない。できるだけ蒸気圧の低い溶媒(例えば，グリコール系)の使用が好ましい。この方法の特徴は，大面積のコーティングを高い生産性で行えることである。

6.3.4 キャピラリーコーティング法

この方法はメニスカスコーティング法とも呼ばれ，大きなサイズの高反射率の多層誘電体鏡や回折素子の作製に開発された技術である。基板はコーティング面を下に水平にして上部に切れ目のあるスロット管の約200μm上に置く。スロットからコーティング液をしみ出させると基板との間でメニスカスが形成されるが，そのスロット管を基板に平行に一定速度(5～15 mm/s)で動かすとコーティング膜が形成される。乾燥そして場合によっては焼成の後，同様にコーティングを繰り返せば多層膜コーティングが得られる。

6.3.5 パイロゾル プロセス[5]

反応性化学プロセス法の一種であり，低温CVDとも呼ばれる。主として液晶ディスプレイのITOコーティングに用いられている。化合物を構成する元素を含む溶液を超音波噴霧器によりエアロゾルとし，それをキャリヤーガスにより加熱した基板表面へと導き，熱分解により酸化物膜を形成させる方法である。均質な膜を得るにはエアロゾルの液滴の大きさと基板表面の温度の制御が重要である。すなわち，液滴は基板に到着する前に完全に蒸発している必要があるが，たとえ微粒子でも粉末化していると均質なコーティング膜は得られない。原料には常温，空気中あるいは水蒸気中で安定で，600℃以下の温度で分解するような有機金属(アセチルアセトナート，アルコキシドなど)を用いる。遷移金属酸化物薄膜によるガラス基板あるいはステンレス鋼板の着色コーティング，TiO_2光触媒コーティングなどに利用されている。

6.4 基板とコーティング膜の接着[3]

基板としてはある程度耐熱性のあるものならばガラス，セラミック，金属基板を問わず使用可能である。その際，基板の前処理は極めて重要である。洗剤，酸あるいはアルカリ等による入念な洗浄が必要である。金属表面にはOH基の付加が必要なことがある。コーティング膜と基板との間の接着は，脱水あるいは脱アルコール縮合によりM-O-M'メタロキサン結合の生成により行われるものと考えられる。この場合，100kg/cm^{2}以上の接着強度が得られる。

多層コーティングを行う場合，焼成過程を省略して多数回コーティングを繰り返すと部分的に剥離が起こることがある。この現象は，ゲル表面に未分解アルコキシ基が残存することによって表面が疎水性になるためであると考えられる。これを防ぐためには，ゲル膜をコーティングの毎に焼成する，水蒸気暴露する，オゾン雰囲気中での紫外線照射等が有効である。

ゾル中に強力な水素結合形成能を有するポリビニルピロリドン(PVP)を添加することにより

1回のスピンコーティングにより2.2μmの厚さのクラックのない透明なセラミック厚膜が得られると報告されている[7]。

6.5 マイクロパターニング（微細加工）

ゲル状態では，ある種の溶媒によりエッチングが可能であり，これによりパターニングが可能となる。軟らかいゲルの状態で金型（スタンパー）を押し当ててパターニングを行い，その後焼成してガラス薄膜製のROM用光ディスクを作製する試みがある[8]。光硬化性の高分子で化学修飾したアルコキシドを用いたパターニングの方法も考案されている[9]。また，炭酸ガスレーザによる部分加熱あるいはエキシマーレーザによるゲル膜の部分アブレーションによるパターニングが可能である[5]。この他にも，β-ジケトンで化学修飾されたアルコキシドを用いて得たゲル膜に紫外線照射することにより，$\pi \to \pi^*$遷移でキレート結合が切断され，M-O結合が形成する。非照射部分は溶媒に溶解するので微細加工が可能となる[10]。これらは導波路の作製に応用できる。

6.6 機能性コーティング膜[3~5]

コーティング膜には，表面改質による基板の保護（passive coating）と薄膜の機能性そのものの利用（active coating）の2つに大別されるが，さらに機能性の種類により分類すると，例えば，(1)光学機能，(2)電磁気機能，(3)化学的，機械的保護機能，(4)触媒機能，となる。以下，紙面の都合でいくつかに限って簡単に紹介する。

(1) 光学機能膜

ゾル-ゲル法によるコーティング膜の応用として歴史的にも古く最も重要な分野の一つであり，最も多くの研究例，実用例がある。

①着色および装飾コーティング

遷移金属酸化物セラミックあるいは遷移金属をドープしたシリカガラス薄膜を基板表面に形成することにより$d \to d$遷移による光吸収に由来する着色コーティング膜を得ることができる[11]。光の干渉を利用して着色させることができる[12]。TiO_2のように屈折率が大きく，透明なコーティング膜は光の干渉により厚さによって異なる色を示す。この膜の色は反射と透過では異なり，互いに補色の関係にある。板ガラス上にTiO_2ゲル膜をコーティングした後，エッチングにより部分的に厚さを変えて模様などをデザインすれば，装飾ガラスとして利用できる[13]。

着色コーティング膜でも紫外線をカットするが，可視領域ではほぼ無色透明でかつ紫外線をカットするコーティング膜としてTiO_2-CeO_2[14]などの薄膜がゾル-ゲル法により作製されている。

②反射コーティング膜

反射コーティング膜は鏡の一種であり，熱線を反射するヒートミラー，可視光を反射するコー

第1章 無機膜の製造プロセス技術

ルドミラー，特定の波長のみを反射する選択反射ミラーなどに分類される[15]。

ゾル-ゲル法でコーティングされたITO膜によるヒートミラーによりハロゲンランプなどの高輝度光源からの熱線の放射を防ぐことができる[16]。一般の窓ガラス用には金属コロイドを含むTiO$_2$-SiO$_2$コーティング膜により太陽光の熱線および紫外線を同時にカットすることができる。

Nd:YAGレーザーの基本波(1.06μm)のみを選択的に反射するレーザー核融合用の直径30cmの選択反射ミラーがFlochら[17]により作製されている。スピンコーティングによりAl$_2$O$_3$とSiO$_2$を交互に16層ずつコーティングすることにより1.06μmの波長で99%の反射率を示す膜が得られている。他の方法ではこのように大型の多層膜をコーティングすることは容易ではない。

自動車のヘッドアップディスプレイ(HUD)の選択反射膜への技術的に高度な応用もなされている[13]。コンバイナーと呼ばれるコーティング膜を車のフロントガラスの内側に部分的に形成し，光学系(高輝度蛍光表示管)からの情報をこの膜で反射させることにより，前方の視界を遮ることなくその情報を読みとることができる。コンバイナーに要求されることは透過率が70%，反射率が20～30%確保できることである。

③無反射コーティング膜

通常のガラス表面では約4%の光が反射されるので眩しい。ディスプレイあるいは絵画用などのカバーガラスの反射防止(AR)コーティングに対する需要が高まっている。反射膜には，単層膜と多層膜とがある。まず，単層膜について述べる。

屈折率n_sの基板の表面に厚さd，屈折率n_dの単層膜をコーティングした場合の反射について考える。簡単のため垂直入射を考え，空気-膜および膜-基板界面で反射される光の位相が半波長異なるときのエネルギー反射率Rは

$$R = (n_s n_0 - n_d^2)^2/(n_s n_d + n_d^2)^2 \tag{5}$$

となる。ここでn_0は空気の屈折率($\fallingdotseq 1$)である。無反射のとき$R=0$であるから，このような条件を満たすのは$n_d=(n_s n_0)^{1/2}=(n_s)^{1/2}$の場合である。基板にSiO$_2$ガラス($n_s=1.548$)を使用するとすれば，$n_d=1.207$となる。しかしながら，機械的強度があり，しかも化学的に安定な固体でこのような小さな値を持つ物質は見当たらない。そこで，多孔性ゾル-ゲル膜の利用が考案された。緻密な膜の屈折率，気孔率をそれぞれn_d，Pとすれば，多孔性の膜の屈折率n_pは

$$n_p^2 = (n_d^2-1)(1-P)+1 \tag{6}$$

と表され，気孔率Pを変えることにより任意の屈折率の膜を得ることができる[18]。

しかしながら，多孔性単層膜は，場合によっては機械的強度，製造コストが問題になる。ガラス基板上に厚さおよび屈折率の異なる多層膜を形成することによっても反射防止条件を実現する

ことができる。層の数を増やすほど反射防止条件を達成するのは容易になり，その波長領域も広がる。ゾル-ゲル法では，多層膜の形成は他の方法に比べてかなり容易であり，しかも両面コーティングが可能である。基板：中間屈折率層（$n=1.8, d=90$nm）：高屈折率層（$n=2.2, d=50$nm）：低屈折率層（$n=1.5, d=90$nm）という3層の構成で可視光領域において0.5%以下の低反射が実現されている[13]。ただし，各層の屈折率，膜厚の制御を厳密に行う必要があるが，そのためにはゾルの安定性の制御が非常に重要になる。

④蛍光，ホールバーニングコーティング膜[19]

ゾルの段階で有機色素をドープすることにより分子レベルで均質に分散したゲル薄膜を得ることができる。このような有機-無機ハイブリッド材料は今後高機能性材料の重要な一翼を担うことは疑う余地がない。

⑤オプトエレクトロニクスおよび非線形光学用コーティング膜[19]

オプトエレクトロニクスおよび非線形光学への薄膜の応用はデバイス化の容易さの点から今後益々盛んになるであろう。その中で，ゾル-ゲル法によるコーティング膜の応用研究も増加の一途を辿ると予想される。複合体ではドーパントとして有機物，無機物（半導体）超微粒子，金属超微粒子など多くのバリエーションがあり，また遷移金属酸化物薄膜それ自体も興味深い研究対象である。

(2) 電磁気機能[3〜5]

エレクトロニクスへのゾル-ゲル法の応用も今後大いに発展が期待される分野である。強誘電体膜，圧電体膜，透明電子伝導体膜，超伝導体膜，イオン伝導体膜，EC（エレクトロクロミズム）膜，磁性体膜など種々の機能性薄膜の作製が試みられている。エレクトロニクス用酸化物薄膜にはペロブスカイト型化合物を筆頭に複合酸化物が用いられることが多いが，ゾル-ゲル法はそれら複合酸化物薄膜の調製に非常に有効である。$Pb(Zr,Ti)O_3(PZT)$，$(Pb,La)(Zr,Ti)O_3(PLZT)$などの強誘電体薄膜は，大容量キャパシター，不揮発メモリーとして現在非常に注目されている。特に，Dey and Zuleeg[20]はPZT不揮発メモリーをGaAs JFETプレーナVLSI技術と組み合わせることにゾル-ゲル法が有利であることを示した。幸塚らはPVP添加ゾルから一度のスピンコーティング操作によりミクロンレベルの厚さの強誘電体厚膜の合成を報告している[7]。PZTファミリーへのゾル-ゲル法の適用の利点は，ローコストの実現，組成制御の容易さ，さらにはデバイス製造工程への導入の容易さなどにあると言え，今後の進展が期待される。また，例えば，EC膜はディスプレーとして有望視されているが，大型のものの作製にゾル-ゲル法は最適である。このような観点からWO_3, V_2O_5 EC膜の作製がゾル-ゲル法により試みられている。

(3) 化学的および機械的保護機能膜

コーティング膜は基板の耐酸化性，化学的耐久性の向上に著しく有効である。基板とコーティ

第1章 無機膜の製造プロセス技術

ング膜との間の拡散バリアー（特にアルカリに対する）として用いられることもある。SiO_2コーティング膜をアンモニア中で熱処理してSi-O-Nパッシベーション膜として利用する試みもある。基板表面にZrO_2膜をコーティングすることにより耐アルカリ性を向上させることができる[21]。また、表面に傷を付けたSiO_2ガラス棒に更にSiO_2コーティング膜を施すことにより機械的強度が向上することが報告されている。これは、コーティングにより表面にある傷が埋められたためと考えられる。

ポリフルオロアルキル基でSiO_2コーティング膜を修飾すると撥水性を有するコーティング膜となる[22]。これは自動車やその他の交通車両の撥水性窓ガラスとして応用されている。

(4) 触媒機能コーティング膜

チタンイソプロポキシドを加水分解して調製したゾルから作製したTiO_2コーティング膜を光電気化学用電極として使用し、単結晶TiO_2をも凌駕する高エネルギー変換効率の電極として作用する。効率が高い理由として、表面の多孔性が考えられている[23]。また、TiO_2コーティング膜は光を吸収して有機物を酸化分解するので、自己浄化、抗菌作用のあるタイルや壁[24]、水の浄化を目的とした水差しの内張りなど[25]として注目されている。

6.7 まとめ

ゾル-ゲル薄膜の工業化の最大のメリットは、何といっても高価な真空装置を用いない安価なプロセスであるということである。特に、大面積そして容器の外側・内側を問わず、複雑な形状の基板のコーティングには威力を発揮する。さらに、ゾル-ゲル法に特徴的なメリットは、多孔性という状態を利用できること、有機物・無機物を問わず多くの物質とのハイブリッド化が容易なことである。

適当なポリマーとハイブリッド化することにより微細パターニングが可能となる。また、機能性物質とのハイブリッド化により、新規な機能性薄膜を創出することが可能となる。この分野は大きな可能性を秘めており、今後の発展が大いに期待される。

一方、多孔性に関しても、光触媒、センサー、湿式太陽電池用電極などとしての応用が大いに期待される。多孔性膜を得ることは、他の薄膜形成法では不可能に近く、ゾル-ゲル薄膜の優位性を強調できる分野である。

光学薄膜、透明導電膜への応用はゾル-ゲル薄膜化技術において極めて重要な位置を占めているといって過言ではない。スケールの大小を問わず、選択反射膜（熱線反射膜を含む）、無反射膜はいろいろな方面で実用化されている。本格的なマルチメディア時代には重要な光学デバイスとなる光学導波路の作製にもゾル-ゲル薄膜は大きな可能性を有している。

強誘電体膜、絶縁体膜などのLSI集積回路への応用も盛んに行われている。酸化物磁性体が磁

機能性無機膜の製造と応用

気ディスクに用いられており，従来スパッタあるいはMBEが主流であったが，コスト面からゾル-ゲル薄膜化が重要な研究課題となってきている．

文　献

1) 作花済夫，"ゾル-ゲル法の科学"，アグネ承風社 (1988)
2) C. J. Brinker and G.W. Scherer, "Sol-Gel Science", Academic Press (1990)
3) S. Sakka and T. Yoko, "Sol-Gel Derived Coating Films and Applications", in Structure and Bonding, 77, Chemistry, Spectroscopy and Applications of Sol-Gel Glasses, ed. R. Reisfeld and C. K. Jørgensen, Springer Verlag, Berlin, 89-118 (1992)
4) 作花済夫，"ゾル-ゲル法の応用"，アグネ承風社 (1997)
5) M. A. Aegerter and M. Mennig (eds), "Sol-Gel Technologies for Glass Producers and Users", Kluwer Academic Publishers (2004)
6) F. Orgaz and F. Capel, *J. Mater. Sci.*, **22**, 1291 (1987)
7) S. Takenaka and H. Kozuka, *Appl. Phys. Lett.*, **79**, 3485-87 (2004)
8) N. Tohge, A. Matsuda, T. Minami, Y. Matsuno, S. Katayama and Y. Ikeda, *J. Non-Cryst. Solids*, **100**, 501 (1988)
9) H. Krug, N. Merl and H. Schmidt, *J. Non-Cryst. Solids*, **147&148**, 447 (1992)
10) N. Tohge, K. Shinmou and T. Minami, *J. Sol-Gel Sci. Tech.*, **2**, 581 (1994)
11) 山本雄一，牧田研介，神谷寛一，作花済夫，窯業協会誌，**91**, 222 (1983)
12) S. Sakka, K. Kamiya and T. Yoko, "Inorganic and Organometallic Polymers", M. Zeldin, K. J. Wynne and H. R. Allcok (Ed.), ACS Symposium Series 360, Am. Chem. Soc., 345 Washington DC (1988)
13) 牧田研介，NEW GLASS, **5**, 186 (1990)
14) A. Makishima, M. Asami and K. Wada, *J. Non-Cryst. Solids*, **121**, 310 (1990)
15) H. Dislich and E. Hussman, *Thin Solid Film*, **77**, 129 (1981)
16) N. J. Arfsten, R. Kaufmann and H. Dislich, "Ultrastructure Processing of Ceramics, Glasses and Composites", 189 L. L. Hench and J. D. Mackenzie (Ed.), John Wiley & Sons (1984)
17) H. G. Floch, J. J. Priotton and I. M. Thomas, *SPIE*, vol.1328, 307 Sol-Gel Optics (1990)
18) S. P. Mukherjee and W. H. Lodermilk, *J. Non-Cryst. Solids*, **48**, 177 (1982)
19) R. Reisfeld, "Sol-Gel-Science and Technology", M. A. Aegerter, M. Jafelicci Jr., D. F. Souza and E. D. Zanotto (Ed.), World Scientific, 323 Singapore (1989)
20) S. K. Dey and R. Zuleeg, *Ferroelectrics*, **112**, 309-319 (1990)
21) K. Izumi, H. Tanaka, Y. Uchida, N. Tohge and T. Minami, *J. Non-Cryst. Solids*, **147&148**, 652 (1992)
22) 湯浅，稲葉，忠永，辰巳砂，南，New glass, **10** [1], 19 (1995)

23) T. Yoko, K. Kamiya and S. Sakka, *J. Ceram. Soc. Jpn.*, **96**, 150 (1987); T. Yoko, A. Yuasa, K. Kamiya and S. Sakka, *J. Electrochem. Soc.*, **138**, 2279 (1991)
24) 藤嶋, 橋本, 化学と工業, **49** [6], 764 (1996)
25) K. Kato, A. Tsuzuki, Y. Torii, H. Taoda, T. Kato and Y. Butsugan, *J. Mater. Sci.*, **30**, 837 (1995)

7 マイクロ液体法

上條榮治[*]

　溶液から微細な電子デバイス等を直接的に作製する方法が注目されている。必要なところに必要な分だけ材料を使うことから工業的にも省資源につながり，工程の短縮化，製造エネルギーの削減などが実現できる有力なプロセスの一つとして期待されるからである。

　有機高分子は，溶媒を利用して簡単に液体化できるので液体法の有力候補であり，また無機物質では，ナノ微粒子の分散や前駆体化合物を利用して液体化することで金属，セラミックス薄膜への応用が進められている。このプロセスは，液体や基板が有する表面エネルギーを利用し，液体を所望の位置に精度良くパターニングし，液体の蒸発や温度差によって生ずる液滴内部の微小な輸送能力を利用して溶質の移動を制御し薄膜を形成する新たな手法である[1~3]。

　この新プロセスは，自己組織化のイメージに近い薄膜形成法であり，またナノ粒子を規則的に配列あるいは集積する手法としても興味あるもので，以下この技術の手法を解説し，無機薄膜への応用を中心に紹介する。

7.1 マイクロ液体プロセス

　この方法は，出発原料として希望の機能を持つ液体を用い，薄膜デバイスを作製する液相プロセスで，基板上に直接パターニングして希望のデバイスを作製するプロセスである。原料となる液体は，金属，半導体，セラミックス，有機材料などを含む液体で，基板の所望位置に塗られた後に，何等かの処理により所望の物性を持った固体薄膜に変化する機能を持つものである必要がある。外見的には，溶媒を乾燥させて固体にする塗料と同様であるが，液滴と基板の表面エネルギーの差を利用した自己組織化機能の制御や，溶媒を乾燥する際に液滴内で発生する微小な流れを制御することで精密なパターニングを行うなど，ミクロな分子制御を行い薄膜化する新しいプロセスである。

　このプロセスは，①機能性液体を利用し，②この液体を微小な液滴にし，③その微小液滴を基板の所望位置に精度良く置き，④表面エネルギーを利用した自己組織化機能などを利用して精密なパターニングを行い，⑤その後何等かの手段で固体薄膜化して目的の薄膜デバイスを得るものであり，課題は各プロセスにおける手法と最適条件の設定である。マイクロ液体プロセスの概要を図1に示した。

　これら個々の過程における課題について以下に詳細を述べる。

＊　Eiji Kamijo　龍谷大学　名誉教授　RECフェロー

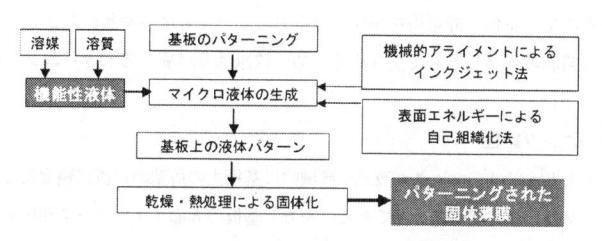

第1章　無機膜の製造プロセス技術

図1　マイクロ液体プロセスの全体概要

(1) 機能性液体の作製過程

有機・高分子材料は直接溶媒に溶け容易に液体になるが、無機物の場合は微粒子分散法や前駆体法が利用される。溶媒の選定は重要で、一般にインクジェットプリンター用のインクは水溶性であるが、このプロセスでの液体は有機溶媒が多く用いられる。

機能性液体をインクジェット法でマイクロ液滴化する場合は、インクの特性とヘッドは相互に深く関連しており、吐出される液滴の体積、重さ、吐出速度、吐出角度などは常に一定であることが望ましい。インクの特性は、低粘度（20mPa・s以下）、高い表面張力（20〜70mN/m）、ノズル出口で付着・固化しないことが要求される。溶媒としては比較的沸点が高く、200℃以上の溶媒が用いられる[3]。

(2) 微小液滴化過程

液滴の生成方法としてインクジェット法は、微小液滴を均一に精度良く生成できる優れた方法である。現在2pL（ピコリットル）程度までの液滴が得られるが、実験的には1fL（フェムトリットル）の微小液滴も報告されている[4]。液滴のサイズが1pLの場合、液滴直径はおおよそ13μm程度になり、1fLの場合には一桁小さい1.3μm程度になる。

これ以上小さい超微小液滴ミストの発生は、図2に示すようなLSMCD（Liquid Source Misted Chemical Deposition）装置が用いられ、超微小液滴は1aL（アトリットル）でその直径は0.1μm程度である。液体はキャリアーガスの力でアトマイズされ、ミストが生成される。このミストは

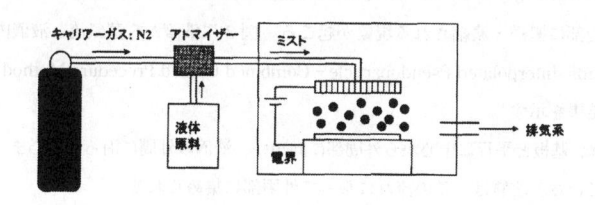

図2　LSMCD装置の概念図

帯電しているので,基板に静電場を印加し静電力によっても堆積を制御できる[5]。

この方法は霧状のミストとして生成するため,描画法とは異なるパターニング法が必要である。

(3) パターニング過程

インクジェット法では,マイクロ液滴を機械的に基板上の所望の位置に精度良く着地させるもので,数十ミクロンの精度が精一杯である。一方,基板の表面エネルギーを利用し,自己組織的なアライメントの駆動力によりサブミクロンの精度でパターニングが可能である。ノズルから吐出された微小液滴は,空中を飛翔し基板に着地する。着地直後には運動エネルギーにより一旦つぶれて扁平になるが,次には液滴の表面エネルギーの力で盛り上がり安定化し,元の直径に近づく。液滴は瞬間的に基板と濡れて広がるわけではない。

基板上に表面エネルギーの大きさが異なる領域を作製しておくと,液滴は系全体のエネルギーを下げるために,エネルギーの高いところを選択してそこに収まろうとする。この力が駆動力となり,液滴の自己組織的なアライメントによるパターニングが起こる。

表面エネルギーによる液滴のパターニングは,基板に親液性部位と疎液性部位を設けておけば,スピンコート法でもディップ法でもパターニングされる。しかし,微小液滴は表面エネルギーが大きく,パターニングに対して大きな駆動力を持っているため,アライメント精度,パターン精度,厚み精度などが良いメリットがある。

(4) 乾燥による固体膜の形成過程

微小液滴の蒸発速度は,一般の液体に比べて圧倒的に速いことが予想される。200℃程度の蒸発温度を持つ溶媒の微小液滴は,わずか数分で蒸発する。この蒸発速度の速さは,微小液滴の長所であるが,大きな困難な課題でもある。

機能性液体には溶媒だけではなく,溶質が含まれており,溶媒が蒸発するときに溶質が激しく輸送される現象が確認されている。一般的に,基板上の溶液が乾燥するときに次の条件が満たされると,円形の水垢ができる。①溶液と基板の接触角が0でなく,②溶液と基板との接触線がピン留めされ動かなく,③溶媒が蒸発する。液滴の周辺が基板にピン留めされているため,周辺部の乾燥に伴う体積変化を補うため,中央部から周辺に向かう微小な流れが生じ,この流れに乗って溶質が周辺部に搬送・濃縮される現象が起こる。図3に液滴から蒸気流と液滴内部の流れをCIP-CUP(Cubic Interpolated Pseudoparticle - Combined Unified Procedure Method)法でシミュレートした結果を示す[3]。

液滴内には,基板と平行に中心から外周部に向かい,液滴の外周に沿って中心まで循環する対流が起こっている。溶質は,この流れに乗って外周部に集められる。

溶液が基板にピン留めされていない場合は,溶液が乾燥しながら収縮し,希釈溶液であればあ

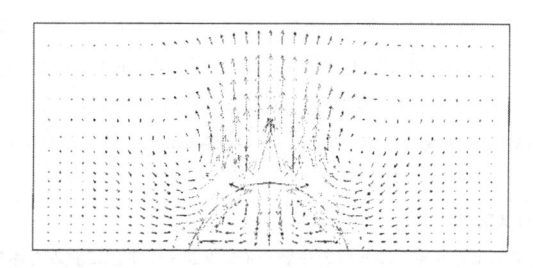

第1章 無機膜の製造プロセス技術

図3 液滴からの蒸気流と液滴内部の流れのシミュレーション結果

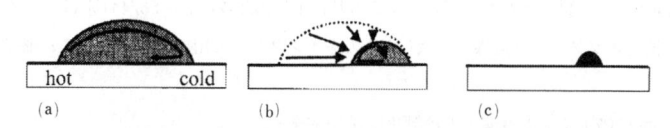

図4 ピン留めがない場合の液滴内でのミクロ対流と液滴の収縮を示す概念図

るほど溶液と溶質は限りなく一点に集まる。基板と液体との接触角が大きいときに起こり易く，この様子を模式的に図4に示した[3]。

溶媒の蒸発条件と基板の条件を制御することで，薄膜の形態を制御できることが示された。

7.2 無機系薄膜への応用

無機物を液体化するのに二つの方法がある。すなわち，溶媒に溶解可能な前駆体（塩）を利用する方法とナノ微粒子を溶媒に分散させて溶液化する微粒子法である。金属では，微粒子法が主流で，Au，Ag，Cu，Pt，Pd等のインクが報告されている[6]。セラミックスは，ゾル液や有機金属化合物を前駆体とする方法が主流で，いろいろなセラミックスの液体が比較的容易に入手できる。半導体は，不純物を極端に嫌うことから液体化は難しいが，微粒子法での報告がある[7]。

(1) 金属薄膜

Ag配線：ガス中蒸発法で作製されたAg微粒子を有機溶媒（テトラデカン）に60wt%分散させ，粘度20mPa・sの金属インクを用いた。あらかじめITO透明導電性薄膜が形成されたガラス基板上にAgの配線を試みている。ある幅に細線を形成するには，基板の表面状態，表面エネルギーの大きさ，描画法，乾燥条件などに工夫が必要である。

全く親液性の表面では，金属インクは基板上全面に濡れ広がり，細線は形成できない。一方，撥液性の表面では，インクは基板上に定着せず移動してしまう。最適条件として，基板とインクの接触角を30～60°の範囲に調整した。液滴と液滴の重なり具合も重要で，重なりがないと連続

71

した線にならないし，重なりが大きいと膨らみ（バルジ）が発生してしまう．これは，吸液性を持つ紙などの場合と異なり非吸液性の基板に直接描画するときに観察される一般的な現象である．

2 pLの液滴でパターニングし，乾燥後に300℃で30分熱処理することで，バルク銀に近い2 $\mu\Omega$cmの抵抗値をもつ線幅50 μm，厚み2 μmの細線を得ている．この方法で作製したAg配線を図5に示した[2]．

(2) セラミックス薄膜

Si基板上にPZTのエピタキシャル膜の作製をインクジェット法で試みた報告がある[8]．基板は，$SrRuO_3(100)/CeO_2/Y-ZrO_2/Si(100)$構造を有する$SrRuO_3(100)$電極をPLD（Pulse Laser Deposition）法で作製したものを用いた．この基板上にPZT(Zr/Ti＝56/44)原料を液体とし，通常のゾル液をエタノール系溶媒で希釈したものをインクとして用い，均一連続膜と細線の作製を試みた．

SRO表面とPZTインク液滴との接触角は0°で完全に親液性であり，厚みにむらのある薄膜しか得られなかった．SRO表面に次項で述べる自己組織化単分子SAM（Self Assembled Monolayer）膜で適度の撥液性（接触角をおおよそ30°）を与えることで，平滑な表面が得られている．

インク液塗布後に200℃で10分，続いて400℃で10分仮焼成を行うのを一工程とし，これを数回繰り返した後，600～700℃で10分間ランプ急速加熱して本焼結を行った．この様にして得られたPZT薄膜のX線回折パターンを図6に示した．PZT(200)のロッキング

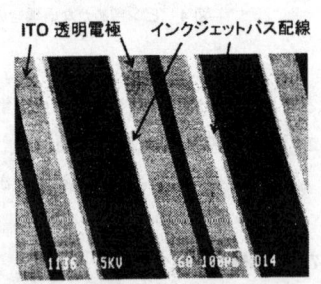

図5 Ag微粒子分散インクを用いインクジェット法で直描したバス配線

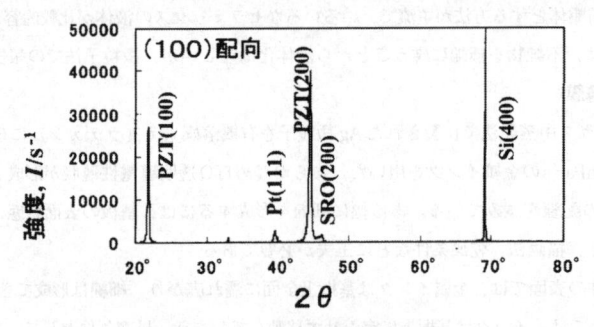

図6 インクジェット法で成膜したPZT薄膜のXRDパターン
結晶性の良さと(100)面の配向が確認できる

第1章 無機膜の製造プロセス技術

カーブの半値幅は1.0°で良好な結晶性と配向性を持った膜が形成されていることが分かる[2]。

7.3 インクジェット法以外の方法

液滴をパターニングするには，インクジェット法で直接描画する方法と，基板や液滴の表面エネルギーを制御して高精度にパターニングを行う方法がある。パターニングの精度は前者で数十ミクロンのオーダー，後者でサブミクロンのオーダーである。ここでは，インクジェット法を用いずに主に表面エネルギーの制御で溶液を基板上の選択された領域のみに堆積させ，サブミクロンオーダーの薄膜パターンを形成する手法について紹介する。

(1) 基板の表面エネルギーを制御したパターニング

基板としてSiウエハーを考えると，その表面は一般に自然酸化膜SiO_2で覆われている。この自然酸化膜を紫外線照射でクリーニングし，OH基を表面に出す。その上に代表的なSAMである FAS(1H,1H,2H,2H-Perfluorodecyltriethoxysilane)を簡単なCVD（基板をFAS蒸気に曝す）法で蒸着させた。基板上にFAS膜が形成されると水との接触角が110°と高く，表面エネルギーが低く高い撥液性の面が得られる。この面に波長172nmのVUV光を選択的に照射すると，照射部のみSAMが取り除かれ，水との接触角が23°と低く，表面エネルギーの高い領域が選択的に形成できる。図7にこの様子を模式的に示した[2]。図中に水滴の接触角の写真も挿入した。

(2) **Pt薄膜の領域選択形成**

Pt金属の前駆体として$H_2PtCl_6·6H_2O$を用いた。これを3Naクエン酸塩水溶液に溶かし，還元剤として$NaBH_4$を加えると，平均粒径1.8nmのクエン酸で表面が保護された単分散Ptナノ粒子が水溶液の状態で得られる。Ptナノ粒子を含む水溶液インクをLSMCD装置により超微小液滴ミストを発生させた。あらかじめ帯状の親水性領域と撥水性領域を形成したSi基板上に，ミストを堆積させた。ミストは，表面エネルギーの大きい領域（親液性領域）のみに選択的に堆積し，

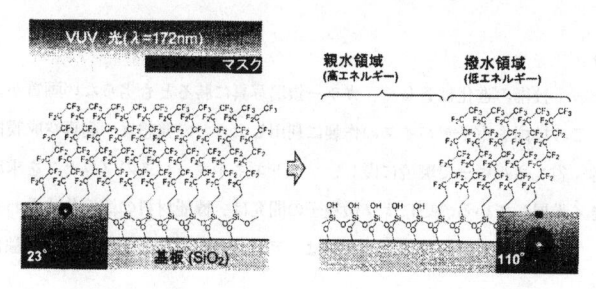

図7 SAMにより基板上に親液一撥液パターンを形成する手法を説明する模式図と水の接触角変化

表1 SBT原料液体の成分比率

成 分 名	含有量 (mass%)
2-エチルヘキサン酸タンタル	30～40
2-エチルヘキサン酸ビスマス	25～30
2-エチルヘキサン酸ストロンチウム	6～7
n-オクタン	25～30
2-エチルヘキサン酸	2～3

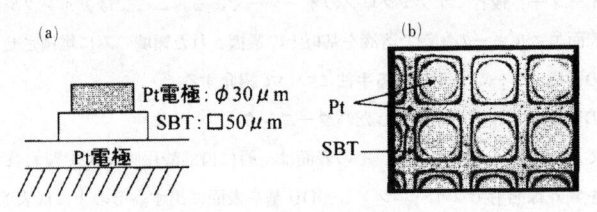

図8 (a)薄膜の形状と素子の模式的な断面と
(b)SBT(SrBi$_2$Ta$_2$O$_9$)薄膜を領域選択形成した表面写真

Pt薄膜パターンが直接形成できている。

(3) セラミックス薄膜の領域選択形成

同様の手法で，SBT(SrBi$_2$TaO$_9$)薄膜とITO(In-SnO$_2$)薄膜を領域選択的に形成した。基板はPt/TiO$_2$/SiO$_2$/Siを用い，レジストを利用して親液部と撥液部をパターン形成した。表1に示した組成でSBT原料液を調整し，LSMCD装置でミスト化して基板上に堆積させ，アニーリングにより結晶化させた。

Pt上部電極を形成し強誘電体キャパシターを形成した。図8にSBTを50μm角の領域に選択形成した例を示した。残留分極Pr＝7.5μC/cm^{2}を持つ良好なキャパシター特性を示している[2]。

平均直径0.2μm程の超微小液滴ミストを利用することで，0.5μmのラインアンドスペースのパターンが明瞭に形成できることが確認されている[2]。

7.4 まとめ

インクジェット技術の進化は著しく，カラー銀塩写真に勝るとも劣らない画質がえられる様になっている。この技術を電子デバイスの作製に利用しようとの発想は，高真空成膜技術の欠点を補い，省資源，省エネルギーで環境に優しいソフトエネルギーパスのプロセスを求める動きとも相俟って大きく進展している。更にナノ微粒子の開発は，機能材料の溶液化すなわちインク化に大きく貢献しており，マイクロ液体プロセスは，デジタル印刷技術とナノテクの融合から生まれたともいえる。

溶液法で基板表面全体に均一な厚みの薄膜を作製することは容易であるが，電子回路などのサ

第 1 章 無機膜の製造プロセス技術

ブミクロンのパターンを作製することは容易でない。また,超微粒子を三次元で規則的に配列し,しかもパターン化された薄膜は,各種の新しい薄膜機能デバイスとして期待されている。ここで紹介したマイクロ液体プロセスは,自然現象を積極的に利用した新しい方法で,高精度な薄膜デバイスを省資源・省エネルギーで作製できる新技術で,21世紀の基盤技術に発展することが予想される。

文　献

1) 下田達也：まてりあ, **44**, 4 (2005) 324-332.
2) 下田達也：まてりあ, **44**, 5 (2005) 411-418.
3) 下田達也：まてりあ, **44**, 6 (2005) 510-517.
4) 村田和広：マテリアルステージ, **2** (2002) 23.
5) D. O. Lee, P. Roman, P. Mumbauer, R. Grant, M. Horn, J. Ruzyllo：Liquid Source Misted Chemical Deposition (LSMCD) of Thin Dielectric Films, Technical Literature, Primaxx-2F^{TM}, Primaxx Inc., Allentown, PA.
6) 大久保　聡：日経エレクトロニクス, 6/17 (2002) 67-78.
7) B. Ridly, B. Nivi, J. Jacobson：*Science*, **286** (1999) 746.
8) 岩下節也, 橋本貴志, 樋口天光, 石田正哉, 下田達也：第64回応用物理学会学術講演会予稿集, (2003) 502.

第2章　無機膜の製造装置技術

1　最新のフィルムコンデンサ用巻取蒸着装置

林　信博[*1]，横井　伸[*2]

1.1　はじめに

　資源，環境問題への対応が迫られるなか，ガソリンと電気モータを併用するハイブリッドカーは，価格面や性能面で自動車における環境対策の当面の柱とみられ，市場は増加傾向と予測されている。

　ハイブリッドカーの動力回路には，フィルムコンデンサーが使われており，当社巻取蒸着装置が，生産に寄与している。

1.2　フィルムコンデンサーの動向

1.2.1　ハイブリッドカーの動向

　自動車の次世代エネルギー開発は，日本を中心とした各国の自動車メーカーによって急ピッチに進められている。

　ハイブリッドカーを始めとして，電気自動車，天然ガス車，燃料電池車等，様々なクリーンカーが提案され，ようやく実用の段階になってきている。

　将来的には，燃料電池車が本命視されているが，普及にはまだ暫く時間がかかる状況にある。

　クリーンカーの本格的な普及は，現在，ハイブリッドカーがその主役の地位にある。
1997年のプリウス発売から始まり，累計生産台数は20万台を突破した。
2005年には年間生産台数50万台，2007年には，100万台を目指す勢いである。

1.2.2　ハイブリッドカーとフィルムコンデンサーの関わり

　ハイブリッドカーは，エンジンとモーターの2系統の動力を持っている。

　負荷に応じて動力を選定し，又，減速時は，発電機で発電した電力を電池に蓄える機構を持っている。

　発電された電力は，交流である為，電池に蓄える為には直流化する必要がある。

　この直流化回路に平滑コンデンサーが使われている。

[*1]　Nobuhiro Hayashi　㈱アルバック　産業機器事業部　第二技術部
[*2]　Shin Yokoi　㈱アルバック　産業機器事業部　第二技術部

機能性無機膜の製造と応用

従来，本用途にはアルミ電解コンデンサーが使われていたが，回路の低電流高電圧化が図られ，耐電圧性能の高いフィルムコンデンサーが採用されるようになって来ている。

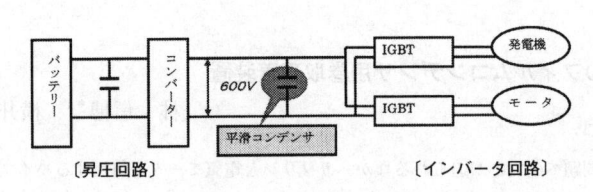

図1 ハイブリッドカー回路概略図

1.2.3 蒸着フィルム生産に求められる新しい技術

ハイブリッドカー用のフィルムコンデンサーは，従来に無い生産技術が応用されている。

(1) OPP極薄フィルム蒸着技術

HEV用コンデンサーに使われるOPP（2軸延伸ポリプロピレン）フィルムは，厚み4μmが最薄だったが，3μmのフィルムが市場に投入され，よりコンパクトなコンデンサーを作ることができるようになった。

HEV用コンデンサーは，3μmのフィルムを使うことによって，省スペース，大容量を実現している。

フィルムコンデンサーは，アルミ，亜鉛等の金属を蒸着したフィルムを巻き回して対向電極を形成している。

蒸着装置の生産速度は，フィルムの耐熱と，蒸着金属の熱負荷のバランスによって決まる。蒸着金属からの熱負荷をいかに効率よく放熱し，フィルムに熱負荷を与えないかが鍵になる。

(2) ヒューズ機能

フィルムコンデンサーは一般的に2枚の蒸着フィルムを巻き回して，金属膜を対向電極，フィルムを誘電体として，コンデンサーを形成している。

1対の電極でコンデンサーを作ると，局所的な短絡等が起こった時のダメージが致命的になってしまう。

これを避ける為に，HEV用コンデンサーにはヒューズ機能が付加されている。

蒸着膜にパターンを形成，対向電極を分割し，局所的な短絡等の被害を最小限に抑えて致命的な故障に繋がらないようになっている。

パターンは，蒸着フィルムの金属をレーザーで除去する方法も取られているが，生産性には限界がある。

第2章 無機膜の製造装置技術

当社の蒸着装置は，マスキング機構を備え，蒸着と同時にパターンを形成することに成功した。

1.3 巻取成膜装置（図2～図3，表1）

真空中で長尺基材を巻き取りながら成膜する装置の用途は広く，各方面で，活躍している。コンデンサー用フィルム以外にも，磁気テープ，FPC，電磁遮蔽，反射防止等の電気部品，包装材，転写材，装飾材の生産に寄与している。

当社では，用途に応じた装置をシリーズ化し，きめ細かな対応をしている。

標準装置以外にも，多様化するニーズに応える為，特殊用途用の特型装置も提供している。

1958年にコンデンサー用1号機を製作してから今までに，300台を超える装置を世に送り出している。

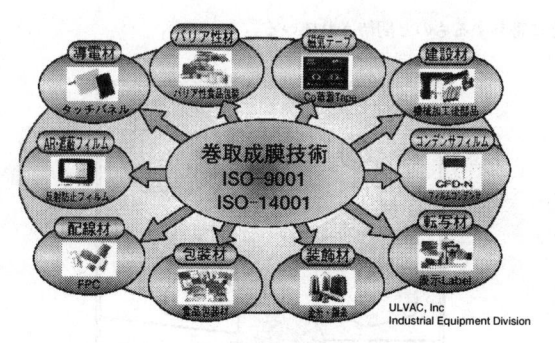

図2 ULVAC巻取成膜装置とその用途

表1 ULVAC巻取成膜装置型式と用途

Process	System model	Film structure	Application	Evaporation source
PVD evaporation	EWA	Al single layer	Package, decoration	Resistance/induction heating
		Al.Au.Ag.Cu. single layer each	Package, decoration	Induction heating
	EWE	Al.Zn single layer each .Alloy	Capacitor	Resistance/induction heating
	EWH	Co.CoOx single layer each	Magnetic tape	E/B heating
	EWJ	Al.Cr.Cu.Ni.Ti single layer each	Multiple purposes	E/B heating
		AlOx.SiOx.ZrO2 single layer each	Package .others	E/B heating
	EWK	SiOx single layer	Package	Special resistance heating
Sputtering	SPW	Cr.Cu.ITO.SiOx.	Functional film	Sputtering cathode
		TiOx.MgO single / stacked layer		
CVD	CWD	DLC single layer	Protection film	

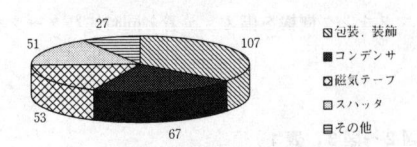

図3 ULVAC巻取成膜装置用途別納入台数

1.4 コンデンサー用蒸着装置(図4〜図5)

フィルムコンデンサーは基材の薄膜製造技術の進歩とともに、小型化が図られてきた。蒸着装置も基材の薄膜化に合わせた性能向上を求められる。

当社では、ポリプロピレン（OPP）、ポリエステル（PET）等の極薄プラスチックフィルムに、高速でアルミ、亜鉛等の金属を従来の2倍以上の搬送速度で蒸着する装置を開発した。また、同時に高精度のパターン蒸着にも成功し、ハイブリットカーなどの高電圧電装系等に用いるコンデンサの量産化に寄与するものと期待されている。

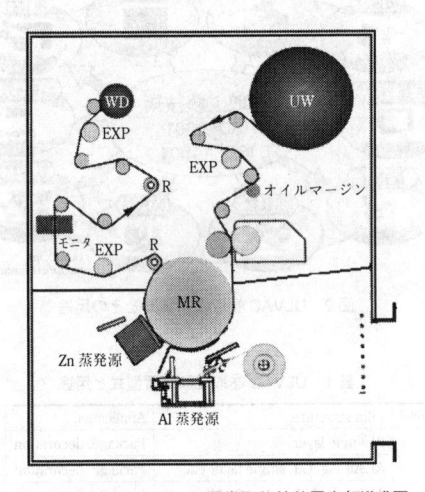

図4 ULVACコンデンサ用巻取蒸着装置内部構成図

1.4.1 高生産性を実現

プラスチックフィルムにアルミ、亜鉛等の金属を連続的に蒸着するコンデンサ用巻取式真空蒸着装置では、蒸着する速度、膜厚により熱負け（フィルム面に金属蒸気が蒸着された時の熱、金属溶融面及び周辺からの放射熱によりシワができる）が発生し問題となっていた。従来の技術では $1.5\mu m$ 厚さのPETフィルムで $1.5\Omega/\square$ [注1] を得るためには、約250m/minの蒸着速度が限界

第 2 章　無機膜の製造装置技術

であったが，このたびアルバックは500m/min 以上で熱負けなく蒸着可能とした．さらにまた，約 3 μm 厚さの OPP フィルムは今市場に出始めたばかりの極薄フィルムであるが，2Ω/□，500m/min 以上で蒸着可能とした．

　同時に，パターン蒸着も同速度で形成可能な技術を確立し，自己保安機能[注2]付きのフィルムコンデンサの生産に大いに寄与できる．

注1)　Ω/□：シート抵抗
注2)　自己保安機能：ヒューズ機能

写真　巻取式真空蒸着装置　EWE-060

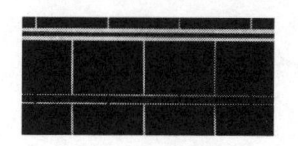

図 5　パターン蒸着例写真

機能性無機膜の製造と応用

1.4.2 高速成膜のポイント

　プラスチックフィルムにアルミ，亜鉛等の金属を連続的に蒸着する場合，冷却されたローラにフィルムを密着させ蒸着しているが，熱負けの原因は冷却ローラとフィルムの密着性の不完全により発生する。熱負け防止は，蒸着された金属の潜熱，蒸発源からの放射熱をフィルムからいかに冷却ローラが奪うかによる。このため，フィルムは冷却ローラに充分密着させる必要がある。このたびアルバックは，特殊なエレクトロン照射装置を用い，蒸着前にフィルムに照射することにより，従来では不可能であった，高速成膜を実現した。また，パターン蒸着は印刷技術を応用し，オイルをフィルムに転写することで，蒸着と同速度の高速で0.2mmの線幅を高精度に実現する機構を開発した。

1.4.3 本技術の応用分野

　ハイブリッドカー用コンデンサ，エアコン，洗濯機，電子レンジに使用されるAC機器・インバータ機器への応用，極薄な各種プラスチックフィルムへの高速蒸着が可能になり，超小型化の面実装用途への展開も可能となり，携帯電話，パソコン，モバイルなどの機器への応用も期待できる。

1.4.4 今後の予定

　既に，実験装置は運転中で，サンプリングを開始している。また，装置販売も開始しており，フィルム幅670mmの装置で販売価格は約2.4億円。初年度5台，次年度10台を予定している。

2 反応性プラズマ蒸着装置

牛神善博*

2.1 はじめに

反応性プラズマ蒸着法(Reactive Plasma Deposition：RPD と略称)はアーク放電による高密度プラズマビームを，ハース直上に収束させて蒸発材料に照射し，材料を昇華あるいは蒸発させ，蒸発物質をイオン化することで反応性を高めた成膜法である。この方法は，高いイオン化率を達成できることから，緻密で面方位が揃った膜構造，高平坦度の膜表面など，特徴ある膜を形成することができる。さらに，雰囲気ガスと広範囲に反応させることができ目的にあった特性の膜を作ることができる。本稿では，当社のRPD装置の特徴と成膜事例について紹介する。

2.2 RPD装置の原理と構成

図1に当社のRPD装置の原理を示す。

当社のRPD装置は，圧力勾配型プラズマガン[1](浦本ガン)で発生させた高密度プラズマビームと，当社独自のプラズマビームコントローラの組合せでRPD法の成膜特性と実用性を向上させたシステムである。

圧力勾配型プラズマガンの構造を図2に示す。複合陰極(TaパイプとLaB_6円板)，ガイド磁石およびオリフィスで構成され，酸素ガスなどの反応性ガスの逆流を防止して長時間(600〜

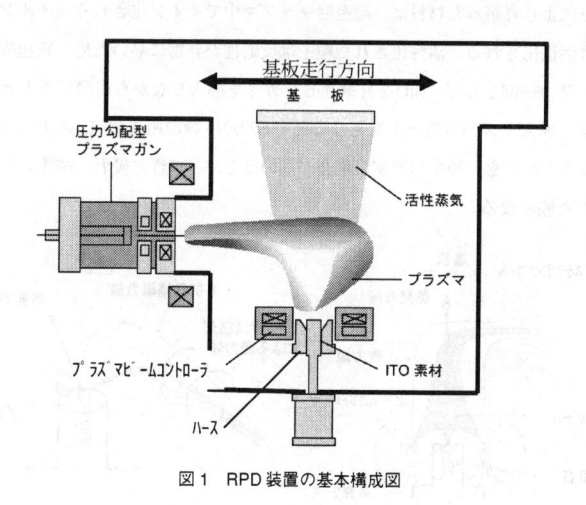

図1 RPD装置の基本構成図

---

* Yoshihiro Ushigami 住友重機械工業㈱ 量子機器事業部 成膜装置部 部長

1000時間)にわたって安定した低電圧・大電流の直流アーク放電が可能で，高密度($10^{12}cm^{-3}$)のプラズマを発生する。

圧力勾配型プラズマガンのプラズマビームは，図3(b)に示すようにコイルや磁石などの外部磁場と，ビーム電流に誘起された磁場が重畳して捩れが生じる。このためプラズマビームは，蒸発材料に斜め方向から変動しながら入射する結果となり，プラズマの分布や粒子の蒸発方向に偏りと変動が生じ，膜厚分布や膜質分布にムラが発生し，実用化の障害になっていた。

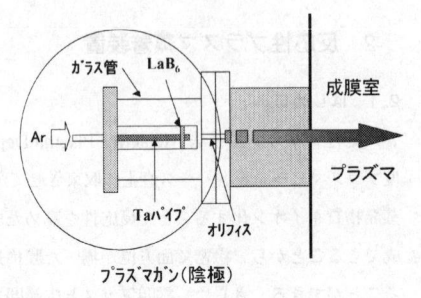

図2 圧力勾配型プラズマガンの構造

当社が開発したプラズマビームコントローラ(ハース外周部の環状永久磁石と電磁石を組み合わせた装置[2])は図3(a)に示すようにハース上にカプス状磁場を形成し，プラズマビームをこのカプス磁場によりハース直上に収束させ，ハースに入射させる。この結果，ハースを中心とする対称な蒸発分布を安定して形成することが可能となり，実用的なRPD法を実現した。

2.3 RPD装置の成膜プロセス

ビーム加熱により昇華した材料は，高密度プラズマ中でイオン化される。イオン化率は非常に高く，粒子は活性化される。活性化された粒子は反応性が非常に高いため，膜組成のコントロールができる。その一例として，SiOを昇華させ，ガスを導入しながら成膜したときの膜の組成比を図4に示す。導入ガスの流量比を変えることでSiOxNy膜の組成比（xおよびyの値）をコントロールすることができ，膜中の窒素の割合が高いほどバリア性に優れ，酸素の割合が高いほど透明性に優れた膜となる。

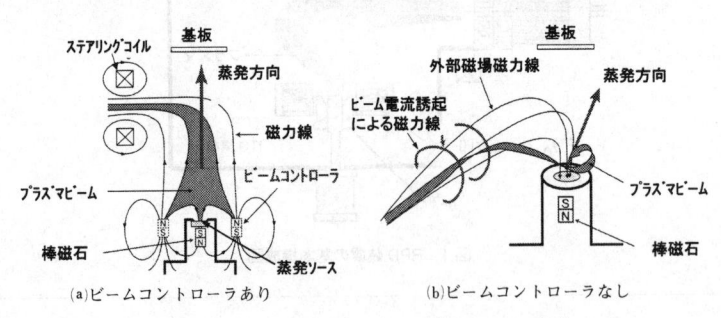

図3 ビームコントローラによるプラズマビーム制御[4]
(a)ビームコントローラあり
(b)ビームコントローラなし

第2章　無機膜の製造装置技術

飛来している粒子は、ガス粒子等との衝突でエネルギーを減らし、一部は中性粒子となって基板に到達、堆積して成膜される。基板に到達する粒子の平均エネルギーはおよそ10～20eVであり、成膜室の圧力等の成膜条件によりコントロールできる。このエネルギー領域は、膜表面でのマイグレーションに有効である。RPD法では、スパッタリング法のように高電圧の印加がないため、100eVを超えるような高いエネルギー粒子はプロセス中に存在しない。すなわちRPD法は、低温でかつ、素子の特性を損なわない（低ダメージ）で高品位の膜を形成することができる。

2.4 RPD装置による膜の特徴

基板を搬送させながらITO成膜を行った結果、200℃のガラス基板上に抵抗率$1.2 \times 10^{-4} \Omega \cdot cm^3$）、樹脂基板などでは耐熱性の制約から低温での成膜を要求されるが、t 0.5mmのポリカーボネート樹脂基板上では抵抗率$2.1 \times 10^{-4} \Omega cm$の低抵抗膜が得られている。

ITO膜表面のSEM像とAFMを図5に示す。スパッタリングのITO膜と同様のサブストラクチャーを持つが、平坦性は優れている。この平坦性は、ITO膜が配向性に優れ面方位が揃っているため、結晶粒同士の成長速度の差異が少ないためであると考えられている。

また、AFMに示す様にITOの無加熱成膜ではRa＜0.2nmの極めて平坦な非結晶膜を得ることが出来る。さらに、アニールすることにより平坦さを維持して結晶化することができ、低屈折率のITO膜が得られる。

SiOxNy膜の封止性能をポリカーボネートシート上に成膜し、モコン法（JIS-K7129B、測定環境：40℃C90%RH）にて評価した。測定限界の$0.02g/m^2 \cdot day$以下の値を示した。RPD法を適用したSiOxNy膜は、低温・低ダメージの条件下で①高緻密性、②高平坦性、③高封止性を達成できるものである。

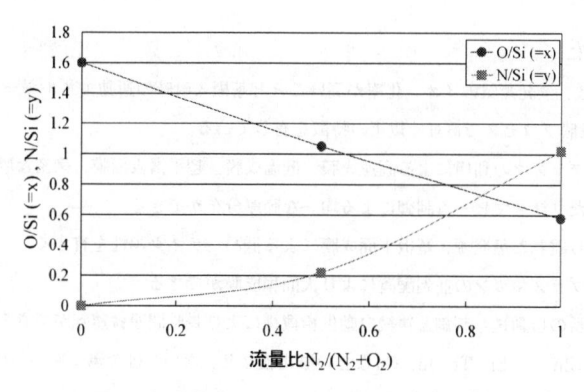

図4　ガス流量比を変えたときのSiOxNy組成の変化

機能性無機膜の製造と応用

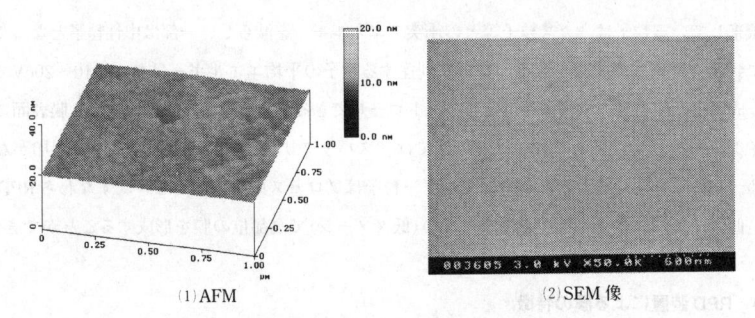

(1) AFM (2) SEM像

図5　基板無加熱成膜におけるITO薄膜のSEM像とAFM

2.5　RPD成膜装置の構造

RPD成膜装置では，成膜室に圧力勾配型プラズマガンとプラズマビームコントローラ（以下ガンユニットと呼ぶ）を並列に配置することによって，大型基板の成膜に対応することができる。要求される膜質にもよるが，基板サイズが400mm幅までは1組のガンユニット，400〜1100mm幅までは2組，1100mm以上では4組以上を幅方向に並べて構成する。

また，電磁石を調整することにより，蒸発粒子の飛行方向分布を制御することができ，その作用で膜厚分布を均一化することができる。

円柱タブレット形状の蒸発材料は，自動送り機構により材料の昇華速度に合わせて一定速度で供給され，昇華面が常に同じ高さに保たれる。その結果，安定した成膜速度で長時間成膜運転が可能である。

装置のラインナップとしては，写真1に示すインライン式装置から，クラスタ式システムまで，用途に合わせて対応できる。

2.6　おわりに

RPD装置は，蒸発蒸気のイオン化率が高いことと基板入射時の運動エネルギーが低いことを特徴とする成膜プロセスであり，以下の特徴を有している。

1）高密度プラズマの利用による高速成膜，低温成膜，超平滑表面膜，緻密な膜ができる
2）安定したプラズマビーム制御による均一な膜厚分布ができる
3）基板から離れた蒸発源，基板下面成膜による低パーティクル性を有する
4）複数のプラズマガンの並列配置により大面積成膜ができる
5）蒸発材料の自動送り制御と連続自動供給機構により長時間連続運転ができる

本成膜法はZn[5,6]，Si，Ti，Al，Cuなどの酸化物など，ないしは金属に適応の可能性があり，適応分野が拡がることが期待されている。

第 2 章　無機膜の製造装置技術

写真 1　インライン式 RPD 装置

文　献

1) 浦本上進：真空, **25**, 660 (1982)
2) 田中勝, 牧野博之, 筑後了治, 酒見俊之, 粟井清：真空, **44**, 435 (2001)
3) 酒見俊之, 牛神善博, 粟井清：表面技術, **50**, 782 (1999)
4) 伊丹哲, 牛神善博, 三好陽, 酒見俊之：月刊ディスプレイ, **8**, 48 (2003)
5) 山本哲也, 酒見俊之, 粟井清, 白方祥, 碇哲雄, 中田時夫, 仁木栄, 矢野哲夫：月刊ディスプレイ, **10**, 70 (2004)
6) 山本哲也, 酒見俊之, 長田実, 粟井清, 岸本誠一, 牧野久雄, 山田高寛：機械の研究, **57**, No.11, 1142 (2005)

3 プラズマ CVD 装置

寺山暢之*

3.1 はじめに

摺動部品への適用が広がりつつある DLC（ダイヤモンドライクカーボン）膜は，低摩擦，耐摩耗性，耐凝着性，低相手攻撃性，耐食性等の優れた特性を有している。そして要求されるコーティング性能は，厚膜，高密着性，低温処理，低コストである。摺動部品の構成は軸と軸受けの組み合わせが多い。必要なコーティング箇所は，いうまでもなく摺動にて接触する部分であり，軸の場合は外面，軸受けの場合は内面である。通常，コーティングの容易さから軸に処理する場合が多い。しかし，過酷な用途に使用される部品においては，耐久性と信頼性そして低摩擦を確保する目的で，軸と軸受けの両者に DLC コーティングを施すことが検討されている。

本節では外面コーティング目的で開発した PIG プラズマ CVD 装置[1]，内面コーティング目的で開発した HCD プラズマ CVD 装置およびそれぞれの成膜特性について紹介する。

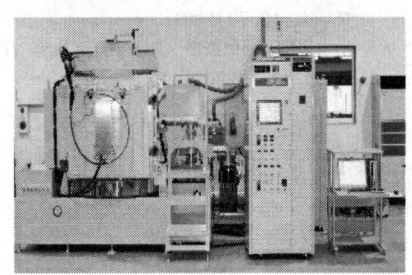

3.2 PIG プラズマ CVD 装置と成膜特性

3.2.1 PIG プラズマ CVD 装置の構成

図1は PIG プラズマ CVD 装置の概略図を示す。本装置は PIG（Penning Ionization Gauge）タイプのプラズマガンと成膜室で構成されており，成膜室の中央に閉じ込められた高密度プラズマの周囲に基板が配置される。膜厚分布の確保および立体物への均一成膜を目的として，基板はプラズマを中心として自公転する。放電用の Ar ガスはプラズマガンに導入し，コーティング用の C_2H_2，TMS（テトラメチルシラン：$Si(CH_3)_4$）ガスは成膜室へ導入している。

電離に寄与する電子を有効利用する目的で，カソードフィラメントに対向して成膜室に反射電

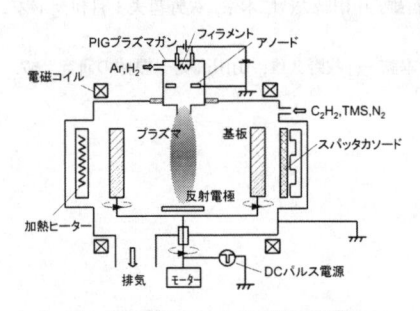

図1　PIG プラズマ CVD 装置の概略図　　図2　PIG プラズマ CVD 装置の外観

---

*　Nobuyuki Terayama　神港精機㈱　装置事業部　技術部　第二開発課　課長代理

第 2 章　無機膜の製造装置技術

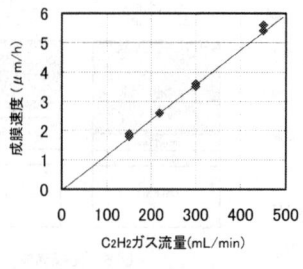

図 3　C$_2$H$_2$ ガス流量と成膜速度の関係

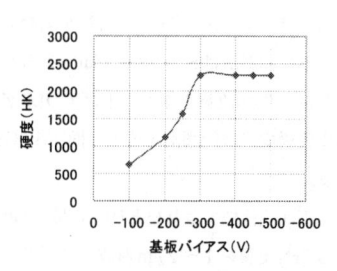

図 4　硬度の基板バイアス依存性

極を設けている。反射電極は絶縁されている。これによりカソードフィラメントから放出された熱電子（電離に寄与する電子）はプラズマガンと反射電極との空間で往復振動を行ない，ガスを効率的にイオン化させる。成膜室の外周に一対の電磁コイルがあり，プラズマガンと反射電極の軸方向に 1～10mT のミラー磁場を形成して，低電圧-大電流放電（50V・60A）を発生させている。基板には周波数 50～250kHz の DC パルス電圧を印加し，プラズマ中のイオンをコーティング面に加速させて，イオン衝撃によって膜質制御を行なう。皮膜と基材との密着性を確保する目的で，マグネトロンカソードが設けられており，メタル中間層として Ti, Cr, CrN をスパッタ法で形成する。DLC コーティング圧力は 0.05～0.5Pa の範囲で行なう。

図 2 は装置の一例を示す。成膜は全自動でパソコンによるレシピ設定とロギングデータ管理を行ない，皮膜品質の安定化を図っている。消耗品である PIG ガンフィラメントは成膜途中に断線した場合，自動的に予備フィラメントに替わり，一連の工程を大気開放せずに終了できるシステムを採用しており，生産に支障がきたさない。フィラメント寿命は DLC 膜厚 3μm 成膜で 20 バッチ程度である。

3.2.2　成膜特性

本装置では DLC の成膜速度と皮膜硬度は独立して制御可能である。成膜速度は PIG プラズマガンの出力と C$_2$H$_2$ ガス流量により決まる。一方，皮膜硬度は基板に印加される DC パルス電圧で調整する。図 3 はプラズマガン出力 2.5kW 時の C$_2$H$_2$ ガス流量と成膜速度の関係を示す。成膜速度はガス流量に比例し，最大 5.5μm/h が得られる。図 4 は成膜速度 3μm/h の条件下で作製した DLC について，硬度の基板バイアス依存性を示したものである。硬度は基板バイアスが高くなるに従い上昇し，-300V 以上で飽和し，ヌープ硬度 2300HK が得られる。

3.2.3　皮膜構成

図 5 に皮膜構成を示す。一般摺動部品仕様と高面圧仕様の 2 種類があり，それぞれ用途に応じて使い分けられる。一般摺動部品仕様は基材に Cr あるいは Ti のメタル中間層をスパッタ法で形

89

機能性無機膜の製造と応用

成し，引き続いてC_2H_2とTMSの流量を調整して傾斜層を形成する．傾斜層はSiを10〜25at%含有した層である．その後，TMS流量を徐々に下げてDLC層を形成する．本皮膜構成では無潤滑環境下で面圧1.3GPaまで耐えられる．

一方，高面圧仕様では基材とDLCの間に硬度1600HKを有するCrN皮膜を1〜2μm形成している．硬い皮膜の上にDLCコーティングを行なうことで，負荷によるDLCの変形が抑えられて面圧3.5GPaまで耐えられる．下地が柔らかいと硬いDLCをコーティングしても，高面圧下で皮膜が崩壊してしまう．図6にCrN/DLC複合皮膜の断面SEM像を示す．

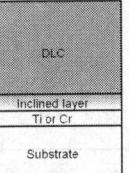

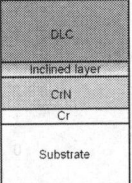

図5 皮膜構成

SCM415浸炭鋼にDLCを3μm形成してロックウェル圧痕試験を行なった結果を図7に示す．圧痕周囲にクラックの発生が認められるが，大きな剥離はなく良好な密着性が得られている．またボールオンディスク試験による剥離荷重は3000N以上である．密着性はメタル中間層および傾斜層のコーティング条件に依存し，スパッタ圧力，中間層膜厚，傾斜層組成の最適化を行なうことで高密着が得られる．

本装置ではC_2H_2ガスを用いてDLCコーティングを行なうため，皮膜の中に水素が含まれる．水素含有量はコーティング条件に依存し，20〜35at%の範囲にある．水素含有量と皮膜硬度，内部応力は相関があり，水素含有量が少ない皮膜ほど硬く，内部応力も大きい．したがって硬い皮膜ほど内部応力が高くなり剥離しやすくなる．DLCを密着性良く基材にコーティングするには，硬度と膜厚のバランスが必要で，硬度1500HK程度の皮膜であれば鉄系基材に膜厚20μmまでコーティング可能である．

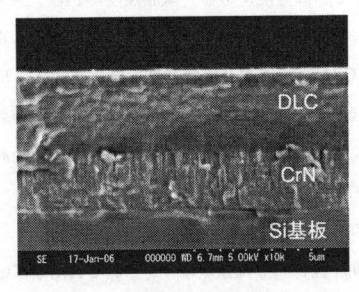

図6 複合皮膜の断面SEM像

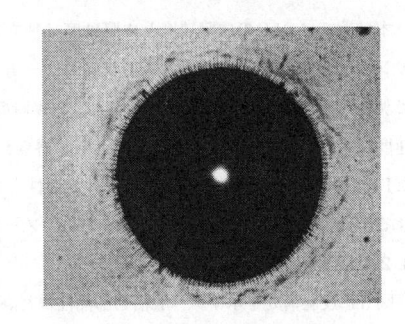

図7 ロックウェル圧痕試験

第 2 章　無機膜の製造装置技術

図 8　HCD プラズマ CVD 装置の概略図

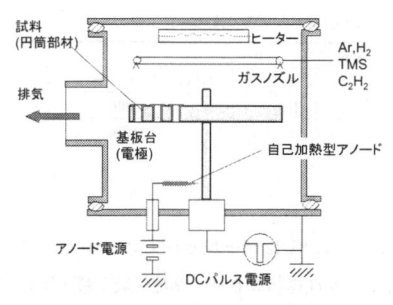

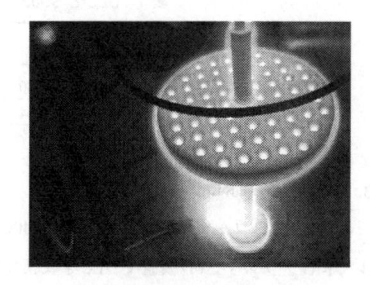

図 9　成膜時の放電状況

3.3　HCD プラズマ CVD 装置と成膜特性

3.3.1　HCD プラズマ CVD 装置の構成

本装置はホローカソード放電（Hollow Cathode Discharge：HCD）を利用して，円筒部材の内面に効率よく DLC 成膜を行なうものである。図 8 は装置の概略図を示す。試料（円筒部材）は基板台にあけられた穴に挿入する。基板台に周波数100kHzのDCパルスを印加し，チャンバー圧力を調整することで，高密度のホローカソード放電が円筒部材の内面に形成される。ホローカソード放電が発生する圧力 P（Pa）は，円筒部材の内径 d（mm）と次式の関係がある。

$$P = k \cdot d^{-2} \quad (k：係数)$$

係数 k はガス種によって異なり，1000～20000の値をとる。円筒部材の内径が小さくなるほど，ホローカソード放電が発生する圧力は高くなる。コーティング可能な円筒部材の内径はΦ5mm以上で，成膜時の圧力は1～100Paの範囲である。

自己加熱型アノードはチャンバー内壁に発生する陽極グローを抑えるもので，内部部品の溶融防止と絶縁膜堆積による放電異常を抑制するものである。アースに対して50～80Vの正電圧をアノードに印加することで，基板パルス電流の80％がアノードに流れ込み，陽極グローは消失する。アノードに流入する電子電流によりアノードは加熱され，カーボン膜が付着しても常に導電性が維持できる。そのため，チャンバー内壁が絶縁膜に覆われてもアノードが消失することがないため，コーティングプロセスは安定する。

3.3.2　成膜特性

円筒部材として内径Φ9mm長さ20mmのステンレスパイプを用いた場合，コーティング時間60分で膜厚4μmのDLCが得られる。処理温度は200℃以下で，硬度は1800HKであった。図9はDLC成膜時の放電状況を示す。複数個のパイプ内面にホローカソード放電が均一に形成されている様子がうかがえる。パイプ単体の膜厚分布は±6.5％であり，均一なコーティングが出来ている。

表1 DLCとSUJ2ボール，DLCボールの摺動評価

	摩擦係数	摩耗深さ（μm)		
		DLCプレート	ボール	DLCプレート＋ボール
SUJ2ボール	0.184	0.30	1.69	1.99
DLCボール	0.053	0.04	0.81	0.85

3.3.3 トライボロジー特性

表1はDLCコーティングされたSUS440CプレートにSUJ2ボールとDLCボール（SUJ2ボールにPIGプラズマCVD装置でDLCを成膜したもの）を往復摺動させ，摩擦係数と最大摩耗深さを調べた結果を示している。DLCプレートとSUJ2ボールの組み合わせでは，$\mu=0.184$，DLCプレートの摩耗深さが0.3μmである。一方，DLCプレートとDLCボールの組み合わせでは，$\mu=0.053$，DLCプレートの摩耗深さが0.04μmであり，摩擦係数は1/3に低減でき，摩耗深さは1/8に抑えることができる。ボール側の摩耗深さをみると，SUJ2ボールでは1.69μm摩耗したのに対してDLCボールでは0.81μmであり，およそ50％に下がっている。これらの結果からDLC同士の摺動は低摩擦であり，かつ高耐摩耗を実現できる。

3.4 おわりに

DLCは各種方法で成膜されているが，コーティング性能は装置依存性が高く，用途および要求される皮膜仕様によって最適な手法と装置が選択される。当社では多様化するDLCのニーズに向けて，用途に合った装置を提供すべく，ハードの改善とコーティングソフトの構築を進めたい。

文　献

1) 鈴木秀人，池永　勝，事例で学ぶDLC成膜技術，日刊工業新聞社，P125 (2003)

4 HCDイオンプレーティング装置

4.1 はじめに

安岡　学*

イオンプレーティングは1964年、NASAのD. M. Mattox[1]により命名された方法であり、金色のTiNの硬質被覆膜は切削工具、金型や装飾等に適用されて現在広く普及している。

これらは1972年、UCLAのR. F. Bunshah[2]がTiCを発表して以来進められてきた研究や開発の成果である。これらの成膜手法はPVD（物理蒸着法：Physical Vapor Deposition）の一種であり、窒化物や炭化物の硬質被覆膜を金属とガスを反応させて成膜することが特徴である。これらのガス反応により硬い物質を合成させること、また切削などの過酷な環境下で使用可能にするため、硬質被覆膜と下地母材との強固な付着性が必要となる。これはイオンプレーティングの特色であるイオンボンバード効果によってもたらされ、各種のイオン化促進機構[3]が開発されてきた。また蒸発源の原理区分として溶解、アークならびにスパッタリングという3種のイオンプレーティング手法が開発されてきた。

本稿では溶解法の代表としてHCDイオンプレーティング法について紹介する。

4.2 圧力勾配型HCDガン[4]

HCDイオンプレーティングの蒸発原理ならびにイオン化促進機構はHCDガンと呼ばれるプラズマガン（電子銃）によってもたらされる。このHCDガンは図1に示すように一般にはArを作動ガスとして用い、中空陰極放電（HCD）から電子を引出すのに圧力勾配ならびに電界・磁界を用いる。このため圧力勾配型HCDガンあるいは設計者の名前で浦本ガンとも呼ばれる[4]。

圧力勾配型HCDガンは電子放出に二次熱電子放出特性が非常に高いLaB$_6$（ランタンヘキサボライド）を使用しており高密度の電子流とその作用によるArイオンを放出する。

図2に示すようにプラズマガンの電気特性は数十cm離れた場所でも高いイオン電流が得られ、このイオンやラジカル

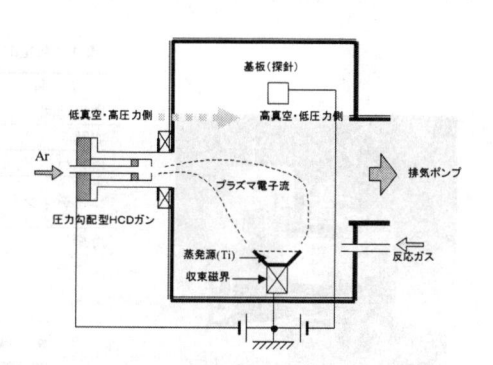

図1　圧力勾配型HCDガンを使用した溶解型イオンプレーティング模式図

---

*　Manabu Yasuoka　㈱不二越　機械工具事業部　チーフエンジニア

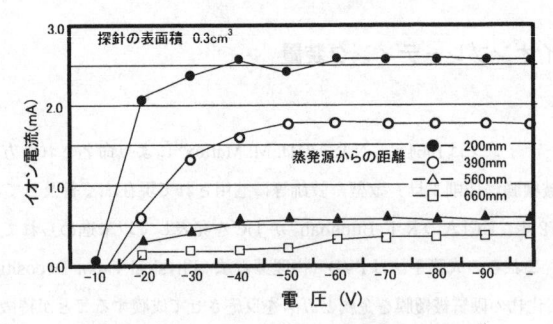

図2 圧力勾配型HCDガンによる電気特性（探針法）[5]

の作用が金属ならびに反応ガスのイオン化及び反応を促進することとなる。

4.3 HCDイオンプレーティング装置

図3はHCDイオンプレーティング装置（SS-2-8）の外観である。この装置は圧力勾配型HCDガンを最も効率の良い中心に配置し，被処理物はHCDガンの外周に配置する構造（通常8軸）となっている。表1にはこの装置による標準的な操作条件を示した。

4.4 イオンプレーティング装置の操作

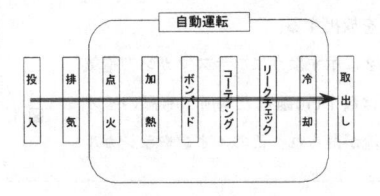

図4はイオンプレーティングの各工程を示す。加熱は電子照射によるダイレクト加熱方式であ

表1 典型的なHCDイオンプレーティング（TiN）条件

工　程	時間(分)	主要条件
排気時間	20	
加熱	90	ガン120A
ボンバード	20	ガン150A
コーティング	60	ガン180A　バイアス100V $6 \sim 7 \times 10^{-2}$Pa
冷却	50	

図3 HCDイオンプレーティング装置（SS-2-8）

図4 イオンプレーティングの工程

第 2 章　無機膜の製造装置技術

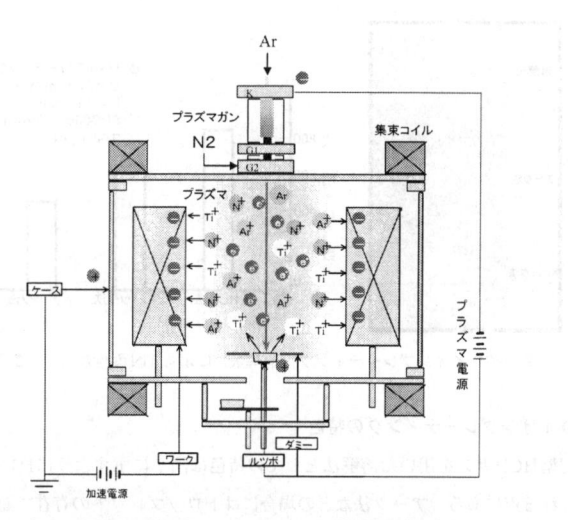

図 5　HCD イオンプレーティング装置模式図

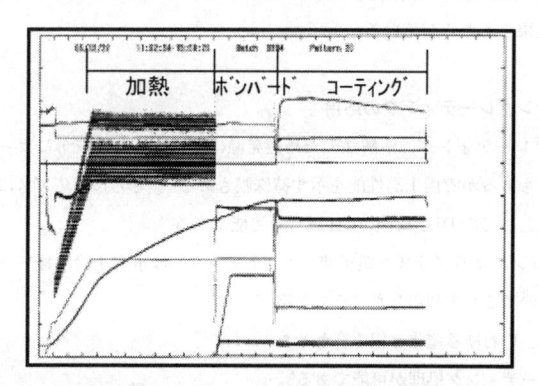

図 6　HCD イオンプレーティング装置の自動運転結果の PC 出力例
　　　（自動的に工程毎のパラメータ出力を逐次出力し，記録）

るため非常に効率的な昇温が可能であり，特にドリルやエンドミルなどの切削工具やパンチ類などの工具では被処理物の要部の温度管理が容易で安定した下地処理としてのボンバードも安定して行える特色を持つ。図 5 は原料を溶解させ，反応ガスを導入しバイアスを印加する HCD イオンプレーティング装置における成膜工程の模式図である。この装置では図 4 にある各工程に含まれる実用化に対する操作ノウハウは PC による全自動運転に内包されているので，極めて安定した成膜装置になった。図 6 に自動運転の出力例を示した。

機能性無機膜の製造と応用

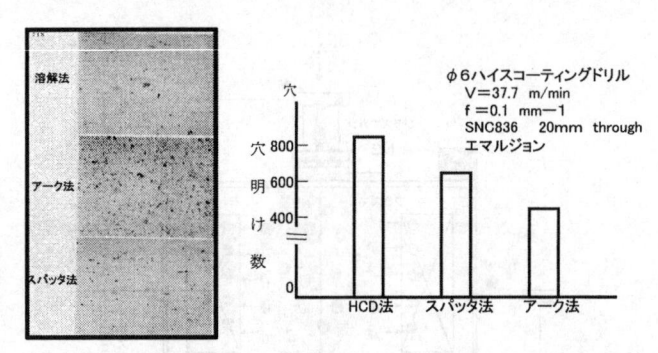

図7 HCDイオンプレーティング（溶解法）によるTiN面性状とTiN工具性能[5]

4.5 HCDイオンプレーティングの特色

圧力勾配型HCDガンを用いた溶解法としての特色は図7に示すように良い表面粗さ及び緻密な膜が得られる点にある。アーク法などの場合にはドロップレットの存在で面粗さは悪くなる傾向がでる。また，比較的高い圧縮残留応力を付加できる。この二点は結果として工具性能に大きく作用し，好結果をもたらしている。

4.6 HCDイオンプレーティングの応用

HCDイオンプレーティングは溶解法のため蒸発源に使用する合金成分によっては不均質な被覆膜になる欠点もあるが実用上高性能を示す特殊膜もある[6]。さらに反応ガスに炭化水素系を使用し，PCVD法としてのDLC成膜（CH膜）も可能である[7]。

また，HCDガンによるプラズマ電子流（ホットアーク）は事実上冷陰極アークと同等の電流密度が得られるのでこれを利用したプラズマ窒化が可能となり，いわゆる窒化と組み合わせたハイブリッドコーティング処理が可能である[8]。

HCDイオンプレーティング装置には標準装置（SS-2-8）の他，球状の中型装置（SS-3-8），横型の長尺装置及び3つのルツボチェンジャーを持つハイブリッド装置（SH-2-8）がある。図8にデザインに特徴がある中型装置ならびに表2に代表的な膜特性を示した。

図8 HCD中型イオンプレーティング装置

第2章　無機膜の製造装置技術

表2　代表的な硬質被覆膜の代用特性

特性値	TiN	CrN	VN
硬さ(HV50)	1500～1800	1400～1800	1300～1600
スクラッチ(N)	50～70	20～40	30～50
圧痕	良好	良好	良好
膜厚(μm)	2.0～3.0	2.0～3.0	2.0～3.0

4.7　おわりに

　HCDイオンプレーティング装置は高性能なHCDガンの採用で通常のイオンプレーティングと比較して高品質な硬質被覆膜が得られ，操業上の安定性は非常に高い。また，前述のようなアプリケーションに関しても操作領域が広く制御しやすいためまだまだ広い応用が期待される。

　本稿で紹介した標準装置は受託加工ばかりでなく工具メーカーでの実操業で実証された高いパフォーマンスを持つ装置といえよう。

文　献

1) D. M. Mattox：*Electrohem.Tech.*, **2**, 295 (1964)
2) R. F. Bunshah and A. C. Raghuram：*J. Vac. Sci. Technol.*, **9** (6), 1385 (1972)
3) 不二越熱処理研究会：「知りたい熱処理」, 233, ジャパンマシニスト (2001)
4) 浦本上進：真空, **27** (2), 20 (1987)
5) 安岡：「プラズマ・イオンビーム応用とナノテクノロジー」, 101, シーエムシー出版 (2002)
6) 不二越工具カタログ
7) T. Sato and M. Yasuoka *et al.*：*Surface & Coatings Technology,* **169**-**170**, 45-48 (2003)
8) 安岡：サーモ・スタディ2000 (群馬・岡山), 7-1 (2000)

5 アークイオンプレーティング装置

玉垣 浩*

5.1 アークイオンプレーティング（AIP）法の概要

アークイオンプレーティング（Arc Ion Plating，以下 AIP）法[1〜4]は，真空アーク放電を利用して固体材料を蒸発させるイオンプレーティング法の一種である。蒸発した皮膜材料のイオン化率が高く，密着性に優れた皮膜が形成できるため，過去20年程度の間に切削工具分野を中心に硬質耐摩耗皮膜コーティングの量産手段として急速に応用が広まり，AIP法で成膜したTiAlN皮膜[5,6]はいまや切削工具用コーティングの代名詞にもなっている。

さらに最近では，製品の高機能化や高付加価値化のニーズの高まりに対応して，切削工具に加えて各種金型から自動車・機械部品の摺動耐摩耗処理に至るまで用途が拡大してきており，表1に示すように多様な皮膜，用途にAIP装置は適用されている。

5.2 AIP法による皮膜形成の原理

AIP法で皮膜材料の蒸発に利用する真空アーク放電は，高真空中または数十Pa以下のガス雰囲気の真空チャンバー内で，アーク蒸発源の陰極に取付けたターゲット（皮膜材料）と陽極の間で，数十〜数百Aの電流，15〜30Vの電圧で発生する。このとき陰極のターゲット表面にアーク電流が集中したアークスポットと言われる電流集中領域を生じるのが真空アークの特徴である。図1はこのアークスポットの状態をモデル的に表している。アークスポットの大きさは10μm程度以下と言われており，この微小領域に大電流が集中して4000〜10000°Kという高温となり，

表1 AIP法の応用事例

用途	膜種	目的
切削工具	TiN，TiCN TiAlN[5,6]，TiN/AlN 多層[17] TiAlSiN[10]，TiAlCrN[11]	寿命向上 高速切削
金型	TiN，CrN，TiAlN他	寿命向上
ピストンリング[18]	CrN，CrON	耐摩耗性・耐焼付性向上 燃費改善
バルブシム[19]	TiN	フリクション低減，燃費改善
シュー[14] コンロッドキャップ[20]	Cr-N	焼付防止
電解コンデンサ用アルミ箔[7]	TiN	機能向上
ドアノブ等の建具，水道金具	ZrN，ZrCN	装飾

---

* Hiroshi Tamagaki ㈱神戸製鋼所 機械エンジニアリングカンパニー 開発部 PVDグループ グループ長

第2章 無機膜の製造装置技術

ターゲット材料を瞬時に蒸気化するとともに，その大部分はイオン化される。アークスポットはターゲット表面をランダムにかつ高速で移動するので，アークスポットが局所的に高温になるにも係らず，冷却されたターゲットは固体の状態に保たれる。このため，真空アーク放電では見かけ上，昇華のように固体ターゲットから蒸気を発生させることができる。

一方，アークスポットでは同時にターゲット材の微小な溶滴（以下マクロパーティクル）が放出される。このAIP法の副産物は皮膜の表面粗度の観点からはデメリットとなるため，マクロパーティクルの発生を抑える蒸発源[7,8]や，磁気フィルターによりプラズマを選択的にガイドしてマクロパーティクルを除去する蒸発源（フィルタードアーク）[9]の研究開発も盛んに行われている。

AIP法で皮膜形成を行う装置の基本構成を図2[1]に示す。コーティングを行う真空チャンバ内には，平板状のターゲットを取付けた真空アーク蒸発源と，皮膜を形成する基板が設置される。基板には負のバイアス電圧が印加され，到達するイオンを適切なエネルギーに加速しており，堆積する皮膜の特性を制御している。真空チャンバには，プロセスガスの導入ラインが設けてあり，例えば，Tiを蒸発させながらN_2ガスを導入することでTiNを形成する反応性のコーティングが可能になっている。

蒸発材料のターゲット材は導電性を有する固体材料であれば良く，ターゲットを交換することで様々な材料を蒸発でき，坩堝式では困難なW，Mo等の高融点金属やグラファイトも蒸発できる[5]。またターゲットにTiAlなどの合金を使用して，TiAlNのような合金系の皮膜形成も殆どターゲット組成からのずれなく可能[5]であり，耐摩耗性皮膜の組成の合金化（例えば，TiAlSiN，TiAlCrN，TiAlCrSiN）[10~12]が進む中で主力の成膜手法となっている。また，AIP法には，蒸発源

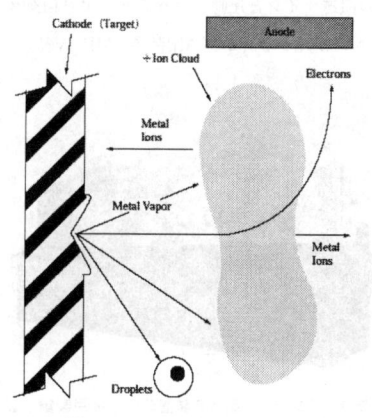

図1 アークスポットのモデル

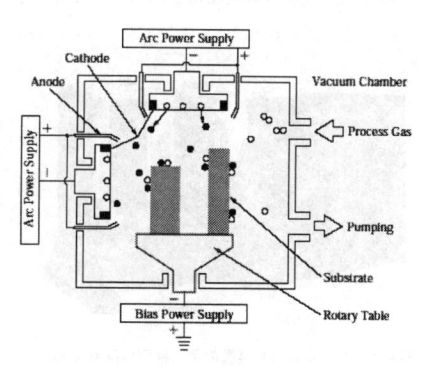

図2 AIP装置の基本構成

の取付け自由度が高く、ワークに対して最適な位置に配置が可能、蒸気のイオン化率が高いため皮膜が緻密で密着性の高い、さらには、成膜速度が速く、かつ安定していると言う工業的応用に適した特徴を有しており、以下に紹介するように用途に応じた各種形態のAIP装置が実用化されている。

5.3 最近のAIP装置の例
5.3.1 汎用バッチ型AIP装置[7,13]

工業的に切削工具、機械部品、金型、装飾品等の多くの用途で使用されているバッチ型AIP装置の例を写真1に示す。生産用の装置では、平板ターゲットのアーク蒸発源を真空チャンバーの側壁に縦方向に複数配置することで成膜ゾーン内の縦方向の膜厚均一性を確保すると共に、装置内には遊星回転機構を有する基板テーブルを設置し、多量の工具等のワークを搭載して均一なコーティング処理が可能なように設計されている。アーク蒸発源の蒸発量は安定であり、一旦パラメータを設定すると再現性の良いコーティングを行うことができるので、工業的な生産運転はコンピュータ制御により初期排気からコーティング完了まで全自動で行うことができる。

従来欠点といわれたマクロパーティクルに関しても、近年では、装置の基板加熱能力強化やガスを用いたボンバード機構の採用などのプロセス面での改良と、アーク蒸発源の改良による発生の抑制の両面からの対策により、皮膜中の混入量は1/10程度に低減されており、多くの用途では実用上の問題は無くなりつつある。

5.3.2 インライン型AIP装置[14]

バッチ方式AIP装置に対し、初期真空排気、予熱、ボンバード、コーティング、冷却の一連の各工程をそれぞれ専用のチャンバで行い、更に前後の搬送ラインと連動させることにより自動車部品や工具などの大量連続生産用として実用化したものがインライン式AIP装置（AIP-IV65）で

写真1　バッチ型AIP装置の例（神戸製鋼所製AIP-S70）

写真2　インライン型AIP装置の例（神戸製鋼所製AIP-IV65）

第2章 無機膜の製造装置技術

ある。写真2にその外観図を示す。この装置構成では，コーティングを行う処理室は常時真空に保持されるため放出ガスの影響がなく，高い生産性に加え高品質の皮膜形成が再現性よく行える。全自動の制御システムが採用され，前工程，後工程との連動により，夜間を含めた完全無人運転にも対応している。

5.3.3 厚膜コーティング用AIP装置[7, 13]

通常のAIP法で形成される被膜厚さは数μm程度であるが，ピストンリングのように用途によっては数十μmの厚膜コーティングが要求される。このような用途には，円筒状のターゲットを用いた蒸発源を真空チャンバの中心に配置し，その周囲に配置したワークに，内側から外側に向かってコーティングを行うAIP装置(写真3)も実用化されている。この方式では，平板ターゲットと比較してターゲットの歩留りを大幅に向上させると同時に，蒸発材料が中心から周囲のワークに向かって全方位に放出されるので，蒸気の捕捉率を向上でき，処理コストの低減に大きく寄与する。また，円筒状のターゲットは寿命も長く，長時間の安定したアーク放電を維持することができるため，ターゲット交換頻度も減少し容易なメンテナンス性も実現している。

5.3.4 箔コーティング用AIP装置(AIPロールコータ)[7]

その他特殊用途として金属箔へのコーティング用にロールツーロール方式のAIP装置(AIP-W500)も実用化されている。この装置では金属箔への連続コーティングを行うため，ロール状に巻いた厚さ数十μmの箔を真空チャンバー内で巻き出し，加熱脱ガス後コーティングロール上でAIPコーティングした後に再び巻き取る機能を保有したAIP装置であり，幅500mmの金属箔の両面に1〜5m/分の搬送速度でコーティングを行うことが可能である。応用例としては電解コンデンサーの性能向上用に電極材料のアルミ箔へのTiN皮膜形成に活用されている。

5.3.5 複合型AIP装置[13]

近年の皮膜に対する要求の多様化に伴い，すべての要求性能を単一プロセスで満足することが

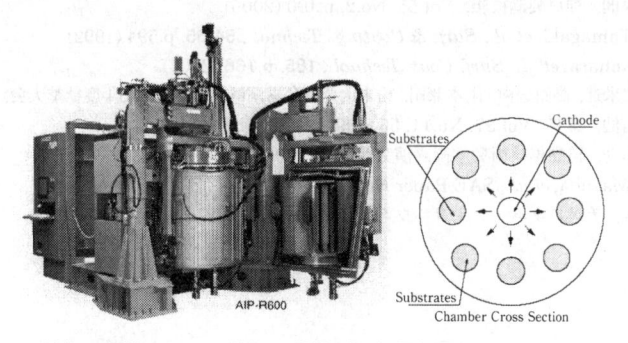

写真3　厚膜コーティング用AIP装置の例(神戸製鋼所製 AIP-R600)

101

困難になってきている。このような要求に応える目的で複数の成膜法を複合化させた装置も実用段階に入った。AIP法とスパッタ法は、両方とも固体ターゲットを用いているため、組合せ時の装置構成も無理が無く、例えば耐摩耗性の皮膜をAIP法で形成した上に連続してスパッタ法で潤滑性皮膜（DLC）や耐熱性皮膜（αアルミナ）を形成するなどの複合皮膜形成も可能である[15]。

また、AIP法での成膜時に同時にスパッタ蒸発源から別元素を蒸発させ、AIP皮膜中にスパッタ元素を添加物として混合させたり、あるいは、ナノ構造を有する積層皮膜を形成することも可能である[16]。さらには、ひとつの蒸発源をAIP、スパッタ両方のプロセスで動作させる装置も提案されている。

文　献

1) 玉垣他, 神戸製鋼技報, Vol.39, No.1 (1989)
2) J. E. Daalder, *J. Phys. D.*, **16**, p.17 (1983)
3) P. C. Johnson, *Phys. of thin films*, **14**, p.129 (1989)
4) J. E. Daalder, *J. Phys. D.*, **11**, p.1667 (1987)
5) 玉垣他, 神戸製鋼技報, Vol.41, No.4, p.103 (1991)
6) T. Ikeda, *et al., Thin Solid Filme*, **195**, p99 (1991)
7) 高原他, 神戸製鋼技報, Vol.50, No.2, p.53 (2000)
8) K. Akari, *et al., Surf. Coat. Technol.*, **43/44**, p.312 (1990)
9) I. I. Aksenov, *et al., Sov. J. Plasma Phys.*, Vol.4, p.425 (1978)
10) Y. Tanaka, *et al., Surf. Coat. Technol.*, **146/147**, p.215 (2001)
11) K. Yamamoto, *et al., Surf. Coat. Technol.*, **174/175**, p.620 (2003)
12) K. Yamamoto, *et al., Surf. Coat. Technol.*, **200**, p.1383 (2005)
13) 高原他, 神戸製鋼技報, Vol.55, No.2, p.100 (2005)
14) H. Tamagaki, *et al., Surf. & Coatings Technol.*, **54/55**, p.594 (1992)
15) T. Kohara, *et al., Surf. Coat. Technol.*, **185**, p.166 (2004)
16) 久次米進, 高原一樹, 山本兼司, 粉末冶金協会講演概要集, 平成16年度秋季大会, p.65 (2004)
17) 中山他, 真空, Vol.37, No.11, 55 (1994)
18) 山本他, 自動車技術会学術講演会前刷集, p.934, 1993-10
19) M. Masuda, *et al.*, SAE Paper No.97002 (1997)
20) 松原, チタニウム・ジルコニウム, Vol.39, No.4 (1991)

6 スパッタ装置

岩井啓二[*]

6.1 はじめに

　スパッタ技術は，真空技術の中でも古くて新しい技術であり，最も均一で安定的に，広幅の基材にも成膜できるコーティング技術として，様々な成膜分野で利用が広がっている。とりわけ最近はフィルムや金属箔などの連続シート材の表面に，金属膜や合金膜，窒化膜や酸化膜などのセラミックス薄膜等を均一にコーティングする方法として，応用されてきている技術と言えよう。

　反射防止膜，高輝度薄膜，タッチパネルのような透明導電膜，電磁シールド膜，CCLのような配線用薄膜といった最近の機能性薄膜のコーティング技術として真空蒸着法に取って替わって利用されるようになってきている。

　スパッタ成膜法は真空蒸着法に比べて，成膜速度が一桁も二桁も低い成膜技術である。しかしながら，膜質の安定性，広幅に渡って均一な膜厚を保証しうること，又流れ方向に対しても比較的安定で，同じ材料のターゲットでの成膜の場合は，事前に膜厚とターゲットの状態と投入電力のデータを蓄積し，それらを再投入することで，かなり安定した再現性のある制御が可能で，真空蒸着のように，蒸発坩堝の蒸発条件として蒸発材料の溶解状態，溶解材料の表面の物理的状態が複雑に影響することに反して，溶融をさせないで成膜するスパッタの場合は，原材料としてのターゲット材だけをとって見ても，事前に準備しておけるので，コントロール性，管理性を容易にしていると想像できる。

　真空蒸着法では基材の幅は2000mm程度が限界で，ここまで広くなると，蒸発源の温度コントロールは並大抵ではない。蒸発材料は溶解すれば，常に水のような流動性と，鏡のような均一な平面を保ってくれるわけではなく，溶解材料そのもの，溶解した材料の表面状態や蒸発状態によって，ますます表面状態は温度に左右されて変化する。溶解した材料の表面には不純物が浮遊してくる。浮遊物は蒸発速度を妨げるだけでなく，不純物の蒸発を助けることにもなり，成膜された膜質にまで悪影響を与えてしまう。

　材料は蒸発によって温度が低下することで，蒸発速度が一定に保てなくなる。こうしたことが，均一で，広幅の成膜を要望する使用者に様々な制限を付ける。以上のように蒸着法での広幅と長尺の基材へのコーティングに限界が出ることをご理解して戴けると思う。

　一方スパッタ法が最近色々な成膜に試みられている理由は，速度が遅いと言うデメリット以上にメリットが多いことにある。

　①幅の広さでは建材用ガラスのコーティング装置のように，3mを超えるものも可能である。

---

[*]　Keiji Iwai　ヒラノ光音㈱　常務取締役

②広い幅に対しても成膜の均一性は図りやすい。

③材料の融点に関わらず，成膜させることが可能。従来，絶縁物のターゲット材では，スパッタ源としてRF電源を使用していたものも，最近では，ターゲット材料への金属原子等のドーピングで若干の導通を持たせ，RF電源を使用しないでも，MF電源やDC電源でのスパッタができ，成膜速度の向上を図っている。

④絶縁材料を使用しないで，金属ターゲットを使って，反応性スパッタとして酸化膜や窒化膜も容易に成膜しうる。

⑤膜厚，膜速度のコントロールが投入電力や走行速度のコントロールで簡単に制御ができる。

⑥建材用ガラスや液晶パネル，太陽電池パネルといったように，所謂断続的に基板を真空装置の中に，ロードロック式でガラス基板を導入して，順次コーティングしていく方式のように，コーティング部をパート的に運転したり停止したりすることもスパッタ源は自由自在である。蒸着法はこんな芸当はできない。加熱溶解した材料の蒸発を止めるのは，その上部に設置したシャッターで遮蔽するしか無い。この間も蒸発を止めることはほぼできないと判断した方が良いため，シャッターの裏側に蒸発物が必要以上に付着させてしまうことになる。これらが二次被害をもたらす。

こうしたことは，言い換えれば，

⑦装置停止時のメンテ作業に，スパッタ装置では，蒸着のように坩堝等の蒸発源の加熱が無いので，スパッタ成膜停止後でも，直ぐに装置をオープンして，メンテナンス作業に取り掛れる。

⑧成膜された膜は，蒸着に比べて接着強度は強い。

等々のメリットが最近の利用度向上に拍車をかけていると言える。こうした作業性の良さや様々な材料，被膜特性が，経験の浅い人にもスパッタ成膜への参入をし易くしている。

6.2 スパッタ技術の概要

スパッタに関する基本的な説明は避けるが，良くも悪くもスパッタの持つ高エネルギー粒子のエネルギーを利用することも，避けることも必要である。

つまり，スパッタの利用度はこのエネルギーをどのようにコントロールするかにある。とりわけ，フィルムのような高分子膜の上に成膜する場合は，フィルムの厚さにもよるが，基本的に高分子材料の耐熱性や伸縮性，密着性等々の特性に注意が必要である。

スパッタ装置では，ターゲットと称される電極側と基板側の2つの電極間に，Arガスのような気体が封入されており，この電極間に電圧が序々に加わる内に電極間で発光を生じた状態を起こし始め，電圧の増加に伴って，安定した放電が続く。放電は，ガスの種類，ガス圧力，ターゲッ

第2章 無機膜の製造装置技術

トの種類,投入電力に依存する。

ターゲットの前面では,プラズマ中のイオンの空間電荷による陰極降下が発生し,透明な空間が生じる。この空間でイオンが加速され,ターゲットに衝突してターゲット材料を弾き出す。この弾き出されたターゲットの材料の原子が基板側に付着することで,成膜が成立する。この現象がスパッタである。

1つのイオンが弾き出す原子数をスパッタ率と称し,ターゲットの材料,イオンの種類,イオンの加速エネルギーによって異なる。このことから重いイオンほど,スパッタ率は高くなることが知られている。

しかしながら,通常イオン化させるガスとして使用するガスの種類ではArガスが多い。実際にArガス以外の希ガスとして,Arよりも質量の大きいXe(キセノン)やKr(クリプトン)等の重いガスとのスパッタ率の差はさほどでもなく,Arガスが他のガスに比べて安価に手に入ることも使われる理由と言える。

ターゲットの種類の違いで,成膜のレイトが左右されることは知られている。生産にあっては,現実に良く使用しているターゲットなどで,成膜速度は事前に判っているから,ターゲットの種類がたとえ変わったとしても,生産速度のおよその予想は付くと言われるのも,上記のスパッタ率の違いを知っておくことで想定が付くと言う訳である。

現在市販の書物では大概これらの数値は出ているので参考にされると良い。

さて,実機のスパッタ装置では,スパッタ効率を高める為に,マグネトロン型のカソードを装備していることが多い。これは既に多くの書物に紹介されている通り,ターゲットの裏側に強い磁石を組み合わせ,ターゲット上には断面として,半円状の磁力線が出て来るように,ターゲットの下で組み合わされた磁石が鉄材のような強磁性材のヨークで繋がり,磁気的に閉じられた状態にして組込まれている構造である。半円状の磁力線のトンネルがターゲットの上面で閉じられ,トラックができる。このトラック内で強いプラズマが形成され,プラズマ密度が上昇し,スパッタ率も向上する。マグネトロンカソードによってプラズマの生成が高真空下でも可能になり,2×10^{-1}Pa台以下でスパッタさせることもでき,基板へのガス温度の影響も小さくできる。このようにマグネットを内蔵したスパッタ源をマグネトロンカソードと称している。

連続シート材料のフィルムや金属材料の表面にスパッタする装置では,このカソードが矩形状になっていて,フィルム幅よりは幾分大きな幅のカソードを装備している。又,真空蒸着と異なり,成膜速度を向上させる手段として基材の流れ方向に,いくつものカソードを直列に並べている。

ところで,スパッタは,真空蒸着のような熱が架からないのかと言うと,そんなこともなく,実際に前述のように様々なエネルギーの粒子が,直接的,間接的に作用し,フィルム等の基板に

加熱作用を与えることが知られている。

真空蒸着装置では，蒸着材料の溶解による輻射熱が大きい。勿論，溶解する為の手段による複合的な熱発生もあるが，概ねは溶解した材料からの輻射熱と言える。高融点の材料では，溶融時の輻射熱の基材に与える影響は計り知れない。とりわけフィルムのような熱に弱い材料では，冷却媒体を循環させた大きなドラム状のロールにフィルムを巻きつかせ，冷却作用として，フィルムの裏面から行い，表面の輻射熱や蒸着物の熱伝導によるフィルムへのダメージを軽減している。

フィルムがこの冷却ロールから，ゴミ等々の付着物などで，密着が妨げられて浮き上がると，たちまち熱で変形，シワ，果ては溶けてしまって穴が開くこともある。こうしたことはスパッタにおいても発生がゼロではない。

温度的には，スパッタ中でも最大300℃前後がかかると思われるので，蒸着のような突然の蒸着物の付着での熱変換で，フィルムに穴を開けるというようなトラブルはないが，スパッタの場合も，単なる温度でなく高エネルギーの作用も受ける為に，材料の高分子，低分子の膜にもその影響を極力受けないことの考慮が必要となってくる。温度が低いからとて，蒸着のように成膜時での基材の通過速度が速くないことで，その場に晒される時間は長くなるので，これらに対する配慮が必要である。

勿論，エネルギー粒子が存在することが利点でもあり，真空蒸着で，積極的に成膜中の基板側にイオン照射等のエネルギー粒子を与えない限りは，成膜中の基板表面上での拡散を起こさせ，高密度薄膜を得る為に，基板温度(文献によれば，蒸着させる金属の融点の30％程度の温度)に上げる必要があるが，基板材料が要求する温度に耐えるものであれば問題は無いが，我々が取り扱っている高分子フィルムなどでは，耐熱性は言うまでも無く低い為，期待はできない。スパッタの場合は，スパッタ原子が基板に到達する時の加速エネルギーでの接着，そのエネルギー粒子での表面拡散，積層された膜内部でのバルク拡散までが起こると推定され，高密度な膜が形成されると言われている。

6.3 スパッタ装置の排気系

スパッタ成膜においては，特に基材の表面の残留ガスも成膜中の表面の拡散を妨げる為，積極的に排出することが必要である。しかしながら，そうは言っても完全な真空を作ることはできない。大型の真空装置になればなるほどこのことに悩まされる。

真空装置の壁面に付着するガスも基本的には拡散で飛散し，基材表面にも同様な条件を与えることになる為，同じと考えるべきである。大きな装置に対してもそれに対応した排気系を持つ必要があるが，それとて許容できる残留ガスとしての圧力は，ある閾値を超えてまで引くことは無

第 2 章　無機膜の製造装置技術

い。

　実際に常温状態でのスパッタ成膜中の残留ガスの妨げについて調べた実験結果から，真空装置の到達真空度としては，$10^{-4}Pa \sim 10^{-5}Pa$ 以下に保てるかが，排気系の閾値と見るべきで，それ以上の排気系の準備が必要であると思われる。このことは，幾らでも排気ポンプを付ければよいと言うのでなく，装置に付ける排気ポンプの量つまりコストとの兼ね合いでもあることを意味している。

　高分子フィルムを基板としてスパッタ装置を考える場合，フィルムからの出ガスの問題は，排気装置を考える上で重要なことである。

　殊に，上述のようなスパッタ装置においては，装置からの出ガスも含めて，フィルム基板の近傍での不要なガスは，膜質を左右するだけでなく，成膜速度にも大きな影響を与えることを想定して頂けるだろう。

　連続シート状の材料の上に成膜する装置を「走行系スパッタ装置」と称している。国内の装置は概ね材料として，Al材やSUS-304，316L等のステンレス系の錆びない材料を使用している。これは湿気の多い日本の気候にも左右されているところがある。海外の装置では，所謂，鉄材で内外面塗装仕上げのものもある。その為か，真空装置単体での到達真空度にも基本的な概念の違いもあって，海外装置の到達真空度は良くない。

　このことは前述の通り，特にスパッタ装置のような $10^{-1}Pa$ レベルで操作するものにとっては，残留ガスの影響が大きいことに気付くであろう。

　又，連続的に繰り出されるフィルム基材の真空内での運転では，元々フィルム自身の表層や内部に含む水分など，水の分子の放出は非常に多い。フィルムロールを連続して巻き出すと，最初にフィルム表面の付着水分が放出され真空装置内のガス圧が一気に上昇する。この為排気能力がたちまち不足する事態となる。

　更にスパッタ成膜中の熱で，フィルムが加熱され，そのフィルム特有の吸着水分や内部水分が更に放出される。この時のガスの方が膜質に大きく影響するので，事前に可能な限り水分の除去が必要で，装置構造，排気系の姿が変わる。

　半導体やガラスなどのスパッタ装置では，ロードロック式で，言わばバッチ処理の連続として考えればよいから，基板投入時には，基板加熱も含め，付着や吸着水分と共に，ロード室の真空引きを実施し，スパッタ室と区分することができる。つまり基板投入室のロード室の真空引きとスパッタ室でのそれとは排気ポンプの構成が違う組み合わせになっているものがあっても理にかなっているが，フィルム走行装置では，これらを同時に処理されねばならないので，ポンプ系の組み合わせも異なる。特に水分が，フィルムの巻き出し時点やスパッタ時の加熱によるフィルムからの放出の多いことに着目した排気系の用意が必要である。

機能性無機膜の製造と応用

又、装置としても単に排気ポンプを並べるのでなく、最も多い所と発生させるべき空間と成膜を妨害しないガス圧空間に仕切ることが必要になる。

フィルムはこれらの分離空間を通過しても、ガス圧や発生ガスと必要ガスと混ざらない工夫が必要になる。フィルム走行装置では、水分だけを吸着させる冷却パイプを、水分発生空間に積極的に設置しているのもこの為である。

この冷却パイプは、水の分子以外のガス分子を吸着させるほど低温でもなく、フィルムの交換時に真空装置を大気にブレークする前に、短時間にデフロストして吸着水分の放出の目的でコイルを加熱、あるいは真空の再立ち上げ時に、到達真空に達する迄に、再冷却するクールダウン時間も出来るだけ短縮化し、運転再開時間までの短縮を図るなどで、実稼働時間の確保に工夫を凝らしている。

6.4　機能性成膜利用分野とその装置

基板材料がガラス等の断続した材料から、フィルム化への動きが増加している。前述の通り、タッチパネルやCCL基板、太陽電池などの分野、日照調整用フィルム、電磁シールドフィルム、ガスバリアーフィルム、反射防止や高輝度フィルムなど、機能性フィルム膜が多く出てきている。液晶パネルの現在の流れは第8世代と言われるような基板サイズが2mを超えるような大きなサイズの方向に動いている。基板の搬送にも細心の注意が必要なほどに薄くなったとは言え、ほとんどの基板材料は、破損し易いガラスである。

しかしながら、携帯電話レベルの小さいサイズとは言えフィルム液晶の発表や、電子ペーパーの出現はこうしたディスプレイの分野も、あっという間の時間後にフィルム化の波が押し寄せてくるかも知れない。

ガラスの機能の良いところはまだまだ多いが、軽量化、コストダウン、リサイクル化等が進むことや広幅化、連続化への進展でフィルム基板への要望が益々増大するだろうと予想される。こうした動きの中で、スパッタ装置への要求は増大してくることは容易に想定できる。

こうした要求に対する従来の装置構成は、一つのチャンバーの中に組み込まれたRoll to Rollタイプとして、フィルム搬送機構が中心で、その周囲に排気系やスパッタ源が配置された構成の装置が多く、走行系がチャンバーから引き出され、フィルム通しやメンテナンスを実施することができるようになっている。

ほとんどのフィルム走行装置では、フィルムの耐熱性を考慮して冷却ロールの周囲にスパッタ源が配置されている（図1参照）。

スパッタ源も取り出しは可能であるが、フィルムの巻きだし機構も全て一つのチャンバー内に収容されている為、フィルムからの出ガスの処理を遮断することはかなり構造的に難しくなる。

第 2 章　無機膜の製造装置技術

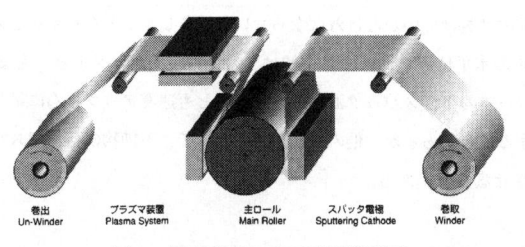

巻出　　プラズマ装置　　主ロール　　スパッタ電極　　巻取
Un-Winder　Plasma System　Main Roller　Sputtering Cathode　Winder

図 1　水平走行式スパッタ装置模式図

　ほとんどの場合は諦めるか，前述のガスによる成膜妨害を避けるために，一旦ガス出しの時間を取って，ガス出しの為の走行を実施後，成膜を行うことがある。

　中央の主ロール（Main Roll）をキャンロールと称し，周辺のスパッタ源では，互いのガスの混合を問題視する場合は，キャンロールを複数本にして分離するか，スパッタ源同士に差動排気機構を持たせた，分離壁で隔離するなどが必要になる。

　チャンバー数が1つの場合は，キャンロールを複数本にすることにも限界がある。生産速度のアップと共にスパッタ源の数が周囲に配置する為に，実際の装置でキャンロール径が2mにもなる大きい装置も出現している。

　また，最近では，フィルムからの出ガスの処理に重点が置かれたスタイルとして，真空チャンバー内に機能別に分離して収納することで，フィルムから出るガスによるスパッタ圧力や成膜の膜質を安定させる目的で採用している。

　フィルムが走行するにつられてガスが行き来するのでこれらの防止の為にシール機構の装備が必要である。

　さて，フィルム走行装置では，速度アップの為に単純にスパッタ源を増加することがあると上述しているが，実際にスパッタをしてみると，スパッタする度に，フィルム基材の必要なところ意外の不要な部分に付着することも考慮に入れねばならない。これが，コンタミとなり成膜面に悪影響をもたらす。

　殊に，本来はスパッタ源が垂直に付けられていて，ゴミの落下がターゲット面や，基材の上には直接影響しない配置が望ましい。スパッタ中は比較的起こりにくいこうした落下物も，一旦長尺の材料の処理が終わってスパッタを停止した時や長時間運転で，不要部分のところに付着した膜が，停止による温度変化での収縮や多くの付着物の収縮で，剥がれて落下することでのトラブルの発生がある。これらの剥がれた膜は，とりわけ小さい薄状のチリが真空槽の大気開放時に撹拌され，次の材料投入時には，今度は真空引きでの空気の撹拌で，思わぬところに付着した薄膜不要物がフィルムにくっ付くことになる。従って，スパッタ停止や堆積物の変化での一連のトラ

109

ブル原因となる構成は避けていかなければならない。こうしたことを考えるとスパッタ源の配置は、キャンロールの水平位置2台か、若干傾けての4台設置がベストといえる。

特に、キャンロールの下にスパッタ源を配置することも速度アップの為に是非も無いという場合があって設置することがあるが、他の側面配置に比べて、不純物の落下でスパッタ中も異常放電の原因で停止させることがある。

6.5 縦型（鉛直）走行式スパッタ装置の概要

こうしたトラブルを避けるために、フィルム走行装置でもスパッタ源を垂直に配置することができないだろうか。

ガラス基板やDVD、CDといった基板を扱うスパッタ源（CVD装置も含めて）では、基板を鉛直に立てて搬送している。従ってこれらの基板に向かうスパッタ源、CVD源にしても鉛直方向に配置されている。

これらは、長時間の放電、停止の繰り返し運転での、不要部への成膜の伸縮による剥離物からトラブル誘引を極力避けたい為の知恵から生まれている。

それでは、フィルムも鉛直に走行できないのだろうかとして考え出された装置が「縦型走行式装置（基本特許、関連特許を取得や多数出願されている）」として現在既に複数台が稼動中である。

中には、全長10mを超える直線での縦型走行で、落下させずに搬送させ、CVDやスパッタの成膜が行われている。

フィルムが地球の重力方向の縦方向、つまり鉛直方向に走行している装置で、目から鱗の画期的な技術の一つと言えよう。

「縦型（鉛直）走行式スパッタ装置（サイドスパッタ装置）」と称されている。

この装置は、文字通りフィルムは従来の水平走行ではなく、その水平に直角な方向、地球の重力に向かう縦（鉛直）方向にフィルムを立てて、巻出しから巻取りまで走行させている装置である。従って、装置はフィルム基材の駆動ロール、方向を変えるガイドロールを含む全てのロールの中心軸が地球の重力に向かう方向に設計、製作されている。従来のコーターで、水平走行が当たり前の感覚の中で、図1のような水平走行式スパッタ装置と図2のようにフィルムを縦型（鉛直)方向にして走行させていることを、添付のイラストで比較すればよく理解して頂けると思う。

このことで、スパッタ源はキャンロールの周辺に自由に設置ができ、このスパッタ源を扉に設置することで、メンテナンスも容易にできることが想定し得る。

何mも直線的で且つ鉛直に走行している実機の装置では、フィルムが耐熱性の有る材料との制限があるものの、フィルムの両側から同時に又は2ラインを平行同時に走行させて、同時に成

第2章　無機膜の製造装置技術

膜している。

　ターゲットが扉に設置されているので，ターゲット交換やマスク，防着板等の清掃もし易い。装置の据付面積は水平搬送のタイプよりも小さくてすむ。

　このことは高価なクリーンルームの占有スペースが大幅に減少させることができる。

　ターゲットの取り付くカソード等の電極類は，フィルムの出入りする場所以外は，水平走行のような場所の制限は無く，キャンロールの周辺では，どこに設置しても電極は鉛直方向に設置される。

　又，電極がキャンロール周辺に設置されているので，扉を開ければフィルムを支持するロール群に直ぐに手が届き，フィルム通しをはじめ，これらのメンテナンスもし易くなる。

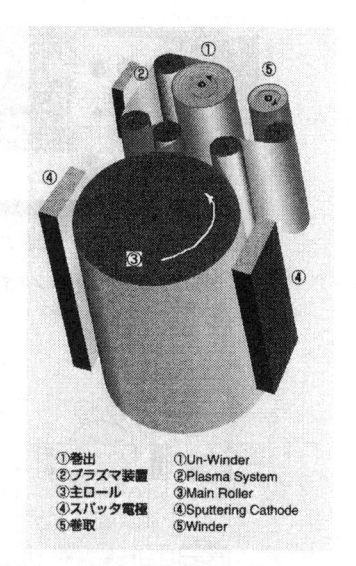

①巻出　　　　　①Un-Winder
②プラズマ装置　②Plasma System
③主ロール　　　③Main Roller
④スパッタ電極　④Sputtering Cathode
⑤巻取　　　　　⑤Winder

図2　縦型走行(サイド)式スパッタ装置模式図

6.6　おわりに

　新しい成膜製品が必要になっても，従来のように，固定基板に成膜して条件出しをしても，実機では，フィルムが走行するという条件が付加される。この基板が移動することでの成膜条件は，ターゲット側からすると角度が刻々変わるので成膜条件が異なり膜質に影響する。

　実機でもガラス基板のように水平(鉛直)方向に移動し，ターゲットとは，単なる角度の依存であれば成膜の原子がその方向に，角度を変えて順次積層されるわけであるが，フィルム走行では，熱の問題も含め，ロールに接触して移動していくため，ターゲット材料共，複雑な位置関係にある。

　こうした意味でも，大型の生産機でいきなり新しく計画した膜を試作する訳には行かない場合に，最適なテスト装置があると便利である。

　図3として写真に示す装置は，実機にその儘データをスライドさせることができ，A4サイズ幅のサンプルを製作できるように計画された装置で，試作担当者からは，便利で安定した装置との評価である。

　図4は図3の装置のイラスト図で，巻きだし，巻き取り軸が成膜室と上下で分離されていて，成膜に極力，影響の少ない配慮がなされている。

　図5は，光学系などの酸化膜や窒化膜を精密に多層成膜ができるように準備された装置の系統図である。生産機は勿論，図3の試作機にも搭載されている。

111

機能性無機膜の製造と応用

図3 サンプル作成用スパッタ装置（MIC-350S）

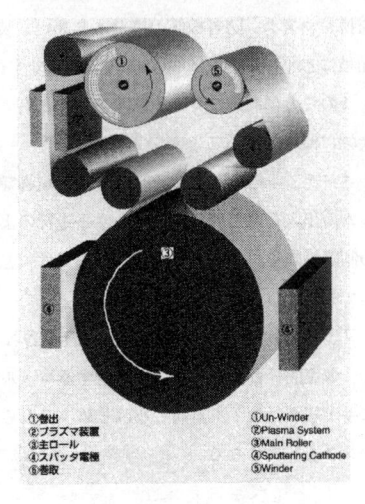

図4 MIC-350S 模式図

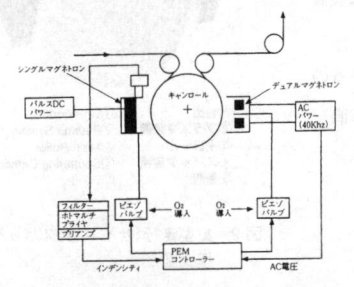

図5 走行式光学多層反応性スパッタリングの成膜系模式図

　使用されている「PEMコントローラー」とは，スパッタ中のプラズマ光の波長を分析し，各ターゲット特有の原子のプラズマ放電波長をフィルターで選択し，反応性ガスの量によって光の輝度強度が変わることに着目し，その強度をコントロールするようにガス量を調整することで，微妙な屈折率を必要とする光学膜等の成膜に適したコントローラーである。

　スパッタの技術は，こうした優れたコントローラーと共に，スパッタ電源等においても，ピンホールの原因の一つでもある異常放電を事前に抑え，成膜時の欠陥を防止している。また，こうした異常状態を確認しロギングすることで成膜中の履歴をデータ化し，以降の成膜にこれらの原因を繰り返さない分析を実施することが出来，製品の不良率の改善も図っている。

　基板材料にフィルムを使用する分野が増加していく中で，従来のロードロックタイプの考え方から，連続して，何時間も一定の成膜技術の実現に向けて，スパッタ源，電源，走行制御技術も目覚しい進展を続けている。今後もこうしたフィルム化の波は，従来の速度をはるかに超えた速度で進んでいくことだろう。

7 アンバランスドマグネトロンスパッタ装置

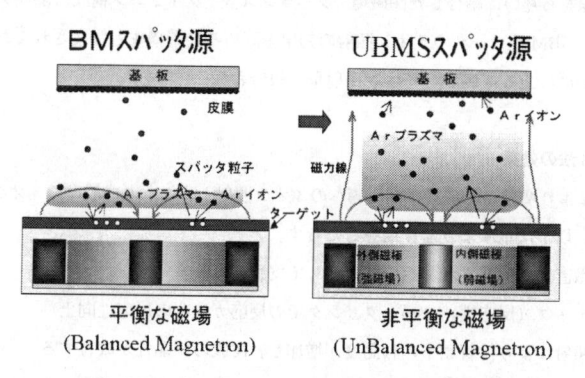

7.1 アンバランスドマグネトロンスパッタ (UBMS) 法の概要

玉垣 浩[*]

アンバランスドマグネトロン (UBM：Unbalanced Magnetron) スパッタ法は，マグネトロンスパッタカソードの磁場バランスを意図的に崩すことで，成膜中の基板へのイオン照射量を増やし，皮膜の特性改善を目指した技術である。いわばスパッタにイオンプレーティング的特性を付与する考え方であり，1980年台半ばにWindowsらにより「アンバランスドマグネトロン」と言う用語と共に提唱され[1,2]，以後主に硬質皮膜形成への適用を意図して，スパッタ蒸発源の開発とイオン照射による皮膜特性の改善（イオンアシスト）効果について研究されてきた[3〜6]。

近年ではDLC膜等の耐摩耗性皮膜の有力な成膜技術として急速に実用化が進んでいる。また，適切なイオン照射には緻密化など皮膜の本質的な特性を改善する効果があることから，硬質皮膜にとどまらず皮膜の機能性を利用する用途への適用検討も開始されている。

7.2 UBMS法の原理と特徴

スパッタリング法は，原理的に多様な皮膜を形成可能であり，半導体・電子機能分野から装飾用まで広範囲の産業分野で応用されているコーティング法である。スパッタリング法のほとんどは，ターゲット裏側に配置した磁石による磁場を利用してターゲット前面にスパッタガス (Ar) の高密度プラズマを生成するマグネトロンスパッタ蒸発源（図1）を利用している。

図1 アンバランスドマグネトロンスパッタの原理図

---

[*] Hiroshi Tamagaki ㈱神戸製鋼所 機械エンジニアリングカンパニー 開発部 PVDグループ グループ長

通常のマグネトロンスパッタカソード（左）では，外側磁極と内側磁極の間で磁場が閉じる（バランスする）ように設計する．本稿ではこれをBM（Balanced Magnetron）型と呼ぶことにする．BM型スパッタ蒸発源では発生したArプラズマはターゲット近傍に収束し，基板方向への拡散はほとんどない．これは半導体向けなどイオン照射を抑える必要がある用途にとっては，好ましい状態であると考えられてきた．

一方，UBMスパッタカソード（右）では，外側磁極と内側磁極のバランスを意図的に崩し，非平衡状態として，図示のように外側磁極からの磁力線の一部が基板側まで伸びる形状とする．このため，ターゲット近傍に収束していたArプラズマが磁力線に沿って基板近傍まで拡散し，基板上の皮膜は，堆積する原子とともにArイオンの照射を受けながら成長することになる．このときに，イオン照射量とエネルギーを適正に制御することで緻密化など皮膜特性の改善を狙うのがUBMS法である．図2にBM型とUBM型スパッタ蒸発源を用いた場合の基板上でのイオン電流密度の測定例を示すが，UBM型ではBM型に比べ3倍近いイオン電流密度が得られている[7]．さらに工業用のUBMS装置では，2台の対向するUBMS蒸発源の磁場をお互いに結合したり[8]，あるいは，4台のUBMSカソードの磁場を隣合う蒸発源間で漏洩磁力線をお互いに結合した閉磁場アンバランスドマグネトロン構成によりプラズマの閉じ込めを計り，UBMスパッタのイオン照射の効果を高める装置構成も提案されており[9,10]，成膜中の数mA/cm^{2}に上る成膜中のイオン照射量が報告されている．

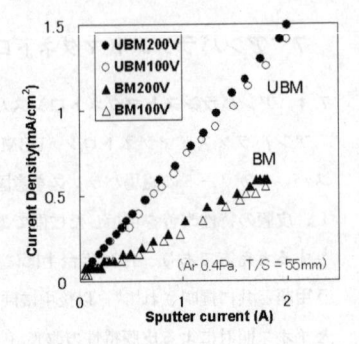

図2 BM型，UBM型スパッタ蒸発源からのイオン照射量比較

7.3 UBMS法の効果

UBMS法により増強した成長中の皮膜へのイオン照射，すなわち成膜時のイオンアシストは，具体的には，以下に示すような作用をもたらす．

・皮膜の緻密化が促進され，その結果として皮膜の高硬度化する．
・リアクティブ（反応性）スパッタリングでの反応ガスとの反応性向上
・イオン照射により付着原子の移動度が増加し，皮膜の結晶性が改善する．
・成膜時の適度なイオンボンバードメントにより，皮膜表面が平坦化する．
・成膜時のイオン照射による結晶の微細化（過度な場合，皮膜欠陥の増大）
・成膜時のイオン照射による皮膜への適度な応力付与（過度な場合，剥離・欠陥の原因）
・イオン照射による基板の加熱（過度な場合，基板の過熱）

第 2 章　無機膜の製造装置技術

これらの作用には功罪両面があるため，ポジティブな側面を活用し得る皮膜や成膜対象物に対して適用して行くこと，あるいは，イオン照射量やイオンエネルギーを適切な状態になるように制御を行うことが重要になる。

例えば UBMS 法を DLC（Diamond like carbon）成膜に適用した場合，通常のスパッタ（BM法）と比較して膜硬度が広範囲にコントロールが可能である[7]。UBMS 法では基板バイアスを$-50\sim 200$V まで変化させた時の DLC 膜硬度はビッカース硬度で $10\sim 35$Gpa の範囲で変化するが，この際 DLC 皮膜の密度が 1.8g/cm^3 から 2.5g/cm^3 に上昇するとともに，低硬度皮膜では島状に分布するグラファイトクラスタが高硬度皮膜では微細化されるなどイオン照射に伴う皮膜構造上の変化が報告されている[11]。

あるいは，CrN 成膜での硬度上昇[12]，切削工具等に用いられるアルミナ膜の成膜で UBMS による反応性成膜により α 型結晶構造のアルミナの高速成膜を実現[13]しており，ハードコーティング用途での UBMS 法の有効性は疑う余地が無い。

一方で，機能性を要求される皮膜形成においては，皮膜欠陥や熱負荷の増大等への懸念から，イオン照射には否定的な考え方が一般的であった。しかしながら，適度なイオン照射に伴う皮膜の緻密化や結晶性・反応性の改善は，機能性の皮膜でも膜種・用途によっては膜質向上が期待でき，この観点での検討もされている。例えば，透明導電膜の ITO 成膜では直流スパッタにより，400℃ の基板温度でガラス基板上に $1.3\times 10^{-4}\Omega$cm の低抵抗が実現できるとの報告[14]や，室温～100℃ 程度の低い基板温度域で皮膜の低抵抗化が可能で，樹脂フィルム上に $3.5\times 10^{-4}\Omega$cm の抵抗率・10Ω/□ のシート抵抗の皮膜の形成の報告[15]もある。また，皮膜の緻密さが必要とされる水蒸気・酸素透過バリア膜への適用でも SiO$_x$，SiON 皮膜によりモコン法の計測限界を超える高バリア特性が報告[15]されるなど，機能性を求められる領域での UBMS 法の有効性の確認も広がりつつある。

7.4　アンバランスドマグネトロンスパッタリング装置の例

UBMS 装置の例として，バッチ式 UBMS 装置の外観を写真 1 に，またその基本構成を図 3 に示す。この装置では，真空チャンバに角型 UBM スパッタ蒸発源 4 式が搭載し，中央に配置された遊星回転テーブル上に配置したワークにバイアス電圧を印加しながら，外周からコーティングを行う構成となっている。加えて，硬質皮膜形成用に基板の加熱機構，密着性改善用のガスボンバード機構などアークイオンプレーティング（AIP，第 5 節参照）装置と共通の機構が装備されており，主に切削工具や機械部品等の立体形状物上への，主に DLC 等の硬質・摺動性皮膜の成膜用に使用する。本装置では，4 台のスパッタ蒸発源に異なる蒸発材料を取り付けることで，例えば，基板材種に応じて適切な材種の中間層を形成することで DLC 皮膜の密着性を向上させた

115

機能性無機膜の製造と応用

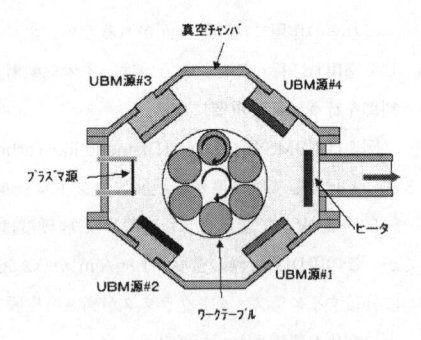

写真1 UBMS装置の例（神戸製鋼所製UBMS504）　　図3 UBMS装置の基本構成

り，DLC皮膜中に金属元素を分散させ皮膜特性を最適化するなど，多様な構成の皮膜に対応が可能である。

また，最近では成膜プロセスの複合化ニーズに応え，AIP法の成膜とUBMS法の成膜を交互，あるいは同時に行うことが可能なAIP/UBMSハイブリッド型装置も商品化されている[15]。

また，汎用バッチ機以外に，ガラス基板など平板状基板を連続的に処理するインライン方式の装置や，樹脂フィルム等のシート状の基材に成膜を行うためのロールコータも実用化されている。写真2にロールコータの外観写真を示す。ロールコータは，ロール状に巻いたフィルム基板を連続的に巻戻し，巻取りながら成膜が可能な装置で，フィルムは搬送される間で，加熱脱ガス，必要により実施するプラズマまたはイオン照射，およびUBMS法による皮膜形成が連続的に行えるように設計されている。成膜に用いるUBMSカソードは，DC（直流），パルスDC，あるいは

写真2 UBMSロールコータの例（神戸製鋼所製 UBMS-W300）

116

第2章 無機膜の製造装置技術

DMS(デュアルマグネトロンスパッタリング)方式の各方式の電源とも組合せが可能であり，膜種や用途に応じて適切な駆動方式を選択している[15]。

文　献

1) B. Windows, et al.: *J. Vac. Sci. Technol.*, **A4** (2), p.196 (1986)
2) B. Windows, et al.: *J. Vac. Sci. Technol.*, **A4** (3), p.453 (1986)
3) Matthews, et al.: *Surf. Coat. Technol.*, **61**, p.121 (1993)
4) Window and G. L. Harding: *J.Vac. Sci. Thecnol.*, **A8**, p.1277 (1990)
5) S. Kadlec et al.: *Surf. Coat. Technol.*, **39/40**, p.487 (1989)
6) S. D Seo et al.: *J. Vac. Sci. Technol.*, **A13**, p.2856 (1995)
7) 赤理他，神戸製鋼技報, Vol.50, No.2, p.58 (2000)
8) S. L. Rohde et al.: *J. Vac. Sci. Technol.*, **A9** (3), p.1178 (1991)
9) D. G. Teer, *Surf. Coat. Technol.*, **35**, p.901 (1988)
10) W-D Munz, *Surf. Coat. Technol.*, **48**, p.81 (1991)
11) 鈴木他編，事例で学ぶDLC成膜技術，日刊工業新聞社, p.38 (2003)
12) Olaya et al., *Thin Solid Films*, **474**, p.119 (2005)
13) T. Kohara et al., *Surface & Coatings Technol.*, **185**, p.166 (2004)
14) Shin et al.: *Thin Solid Films*, **341**, p.225 (1999)
15) 高原他，神戸製鋼技報, Vol.55, No.2, p.100 (2005)

8 パルスマグネトロンスパッタ装置

鈴木巧一[*]

8.1 はじめに

SiO_2, Al_2O_3, TiO_2, Nb_2O_5, Si_3N_4などの酸化膜や窒化膜が高速(従来のマグネトロスパッタの10倍前後)で得られ,長期のプロセス安定性,大面積均一性にも優れたパルスマグネトロンスパッタ装置は,建築や自動車用窓ガラスへのソーラーコントロール膜,LowE膜,反射防止膜,ディスプレイ用の反射防止膜,金属板への装飾膜,プラスチックフォイルへのバリヤー膜,レーザーミラーや各種光学部品への反射防止膜や多層干渉膜などに幅広く使われている。パルススパッタには,サイン波の電源を用いる場合(厳密にはパルスと呼びにくいが,広義で)と矩形波を用いる場合があり,その使われる周波数が10〜100kHzであるためにMedium Frequency(MF,中周波)Sputteringと呼ばれたり,二つのカソードを並べて使うことが多いためにデュアルマグネトロンスパッタリング(Dual Magnetron Sputtering),DMS,またはツインマグ(Twin Mag)と呼ばれることもある。中周波が用いられるのは,これくらいの周波数でカソードへの印加電圧の極性を切り替えたり,On/Offしたりすることで,アーキングの主たる原因である絶縁性生成物上のチャージアップを消去し,アーキングの発生を抑制でき,高速化を達成できるからである。

ここでは,この分野で最先端技術の開発をリードするFEP(フラウンホーファー電子ビーム・プラズマ技術研究所)のパルススパッタ技術について,その原理,特徴,装置,関連技術について紹介する。

8.2 パルスマグネトロンスパッタの原理

8.2.1 サイン波パルスマグネトロンスパッタ

図1にサイン波電源を用いたDMSの原理を示す。50 kHz前後の中周波のサイン波を2本のカソードに正負交互に電圧印加してスパッタする技術であり,2つのカソードが互いにアノードの役割も果たし,反応性スパッタ時にターゲットのエロージョン部やその周辺に形成される絶縁性生成物上のチャージを除去し,アー

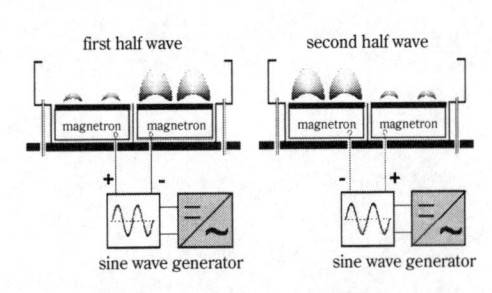

図1 サイン波を用いたDMSの原理

---

[*] Koichi Suzuki ㈱サーフテックトランスナショナル 代表取締役

第2章　無機膜の製造装置技術

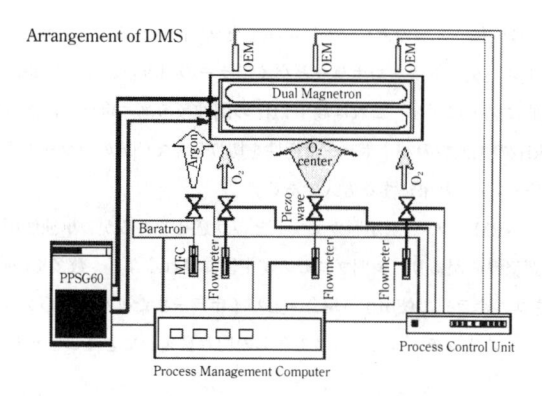

図2　FEPの典型的なパルススパッタ集積技術パッケージの構成

キングを防ぐことで高電力の投入を可能にする。また，成膜速度の速い遷移領域での安定な反応性スパッタを可能にするプロセス制御技術（プラズマ発光検出制御やインピーダンス制御）との組み合わせで，他にない高速成膜（動的成膜速度：SiO_2で80〜100nm.m/min，TiO_2で50nm.m/min）を生産レベルで達成している。FEPは，その後，他に先駆けて，矩形波パルスを用いた高速パルススパッタ技術を開発，実用化し，進化を続けている。

8.2.2　矩形波パルススパッタ

FEPが提供する技術は，ハードとソフトを一体化させたものであり，ユーザーが既存または新規の真空成膜装置と組み合わせることで直ちに特定の膜材料を高速で成膜可能とするものである。典型的な技術パッケージの構成を図2に示す。デュアルマグネトロンカソード，パルス電源，プロセスコントロールユニット（PCU），プロセスマネジメントコンピューター（PMC）から構成されている。

(1)　**矩形波パルス電源技術**

FEPの電源には，上記のサイン波電源に加えて，矩形波電源としてUBS-C2（40kW）とi-pulse60（60kW）があり，ユニポーラ，バイポーラ，そして両者を組み合わせたパルスパケットモード（図3）での操作が可能である。ユニポーラモードとは，プラズマを単純にOn/Offすることで得られる断続プラズマであり，バ

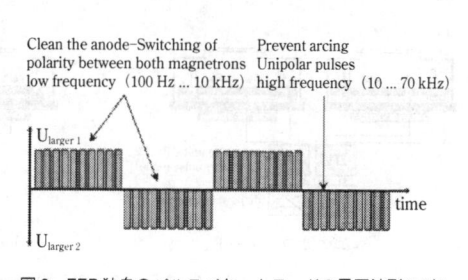

図3　FEP独自のパルスパケットモードの電圧波形モデル

119

イポラーはサイン波同様，二つのカソードに電圧を交互に印加することで得られる交互放電プラズマである。パルスパケットはユニポラーとバイポラーの組み合わせ（中間モード）であるが，その波形を模式的に図3に示す。これは数十kHzの周波数のユニポラーによりアーキングを防ぎ，一桁低い数kHzの周波数のバイポラーで極性を切り替えて両方のカソードを交互にスパッタ（アノードのクリーニング効果）する方式である。

図4に，デュアルRMカソード（矩形カソードという意味であるが，単独使用，裏面磁石移動による磁場強度調整機能があり，長期プロセス安定性に優れるなど，数多くの特徴を有する）に対し，UBS-C2をユニポラーで使用する場合(a)とバイポラーまたはパルスパケットで使用する場合(b)の結線を示す。スイッチ一つでパルスモードの切り替えができることがFEPの技術の特徴である。

矩形波電源は，この他，アノードにも電圧印加してスパッタクリーニングするアクティブアノードモードや瞬間的に高電力のショートパルスを印加（金属薄膜形成に有効）するモードも利用可能である。特に，大電力ショートパルススパッタは瞬間的に高密度のプラズマでの成膜となるため，通常とは異なる膜構造が得られるという点で興味深く，世界的にも研究開発が活発化している。

パルス電源を選択するに当たって重要なことは，先の技術パッケージのような形で実際に生産に使われた実績があるか否かである。パルスプラズマは高周波の発生源でもあり，電源はプロセスに起因する様々な条件の下での使用に耐えねばならないからである。

8.2.3 パルススパッタ用カソード技術

FEPは様々なパルススパッタ用カソードを有しており，日々改良が試みられている。

(1) 長尺プレーナーカソード

大面積対応のインラインコーターやウエブコーター向けには，DMSカソード（2本1組）と，単独でも使用可能なRMカソードがある。RMカソードの特徴は，図5に示すように，カソード裏側の磁石をターゲットに垂直な方向にターゲットエロージョンの進行に合わせて移動できるこ

(a)ユニポラーモード　　　　　(b)バイポラーまたはパルスパケットモード

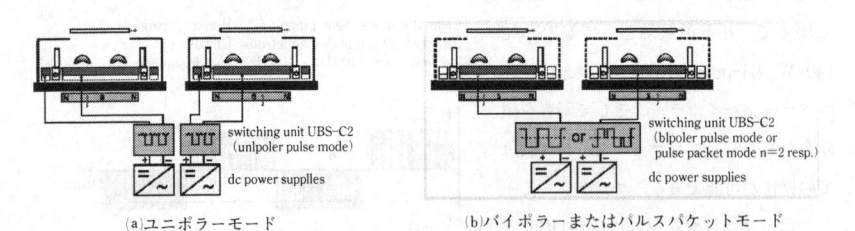

図4　UBS-C2をデュアルRMカソードに適用する場合の結線

第 2 章　無機膜の製造装置技術

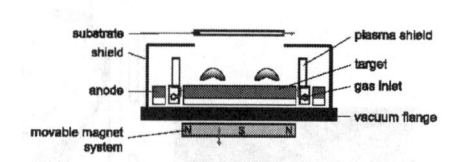

図 5　パルススパッタ用 RM カソードの基本構成　　図 6　ウエブコーター用デュアル RM999 の外観

とであり，これにより，エロージョンプロファイルを一定形状に保つことができ，長時間の安定したプロセスと高いターゲット利用率が得られる。また，単独使用にはアノードが必要であるために，ターゲットからの膜物質の付着を避けるためにプラズマシールド板の後ろに隠すなどの工夫もなされている。これにより，2～3 回のターゲット交換ぐらいの時間，クリーニングなしで使用することができる。図 6 はウエブコーターのメインドラムの曲率を合わせて角度を付けてデュアルにした RM999（ターゲット長さが 999mm）の真空チャンバー内側の外観である。

(2)　丸型カソード

基板対向式スパッタ装置用カソード（図 7）である。円形リング状の外側と内側のカソード（ターゲット）が電気的に独立しており，双方への投入電力の調節により，20cm 径の基板に対し，基板静止で±3%，基板自転で±1.5%の膜厚均一性が得られる。この二つのカソード（デュアルカソード）に，上記同様，パルス電源を接続することで，バイポーラー，ユニポーラー，パルスパケットモードでの絶縁性酸化膜などの高速スパッタが可能となる。その原理と構造は図 8 に示されるが，コンセプトは上記の RM カソードと同じである。

図 7　DRM400 の概観

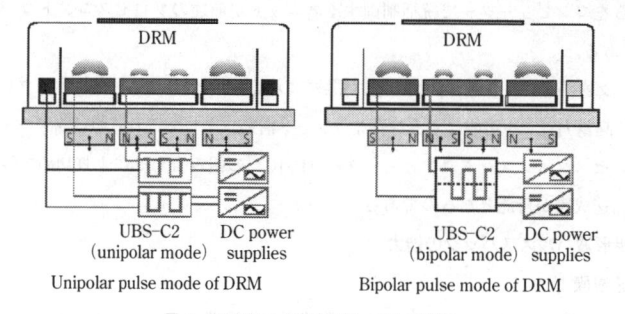

Unipolar pulse mode of DRM　　　Bipolar pulse mode of DRM

図 8　DRM400 の原理図とパルス波形

121

図9は，磁性膜の2元同時パルススパッタ用に開発，実用化されたDMC-4カソードの外観と原理図を示す．DRM400同様，電気的に独立した外側と内側の異なったターゲット材料を取り付けたカソードから構成され，従来の丸型プレーナーカソードと交換することで，2種類の膜材料（例えば磁性膜）を交互または同時にスパッタすることが可能であり，混合膜，超多層膜，傾斜膜の形成が可能である．外側のターゲット面をコニカル状に傾斜させることで，外側と内側のターゲットからの膜厚分布を基板サイズ90mm径の範囲で同一に保てる工夫がなされている．

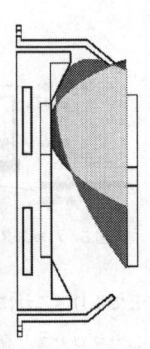

(a)ターゲット表面構造　(b)カソード原理図
図9　基板対向式2元パルススパッタ源DMC-4

8.2.4　プロセス制御技術

反応性スパッタにおいてもう一つ重要なことは遷移領域でのプロセス制御である．つまり，代表的な光学材料であるTiO_2，Nb_2O_5，Al_2O_3，SiO_2などを金属ターゲットからの反応性スパッタで形成するとき，その成膜速度や屈折率，膜質は，反応性ガス（ここではO_2）の分圧に極めて敏感になる．最高の速度で高品質のストイキオメトリックな膜を形成するためには，ターゲット表面がメタリックで基板表面で酸化膜が形成されるような，いわゆる遷移領域での成膜が望ましい．そのようなプロセス制御の代表が，プラズマ中の特定のスペクトルの発光強度を一定に保つように高速のスイッチングバルブで反応性ガス分圧を制御する方法であり，FEPではこれをOED（Optical Emission Detector）制御と呼んでいる．また，放電のI-V特性からこれをガス分圧にフィードバック制御する方法（インピーダンス制御）もあり，材料により，使い分けられている．これらをコンピューターで統括制御するユニットが前述のプロセスコントロールユニット（PCU）である．

アーキングを防ぐパルス電源技術，遷移領域での精密なスパッタを可能にするプロセス制御技術，そして高電力投入を可能にする特殊なカソード構造，そしてこれらのパラメーターを総合管理するプロセスマネジメントコンピューター（PMC）の組み合わせにより初めて後述のようなレベルの高速成膜が可能となるのである．

8.2.5　矩形波パルススパッタの能力

(1)　高速成膜

表1にMFと矩形波パルスの場合の動的成膜速度の実績値を示す．サイン波よりも矩形波パル

第2章　無機膜の製造装置技術

スでさらに成膜速度がアップすることが確認されている。

(2) プロセスの安定性と膜厚均一性

FEP技術の強みは，プロセスの長期安定性と膜厚均一性である。例えば，建築窓ガラス用インラインスパッタ生産機でのTiO₂膜厚分布は2.6m幅で±1%以内に収まっている。

表1　MF及び矩形波パルススパッタの動的成膜速度

process	deposition rate [nm·m/min]	power mode
SiO₂	80 ... 100	mf/pulsed
Si₃N₄	60 ... 80	mf/pulsed
TiO₂	40 ... 60	mf/pulsed
TiN	60	mf/pulsed
Al₂O₃	60	mf/pulsed

(3) 膜構造制御

矩形波パルスの利点は，サイン波と異なり，パルスモードの切り替え，パルスOn/Off比の調節，非対称パルスなどのプラズマ状態，つまり膜構造に影響を与えるパラメーターが多いことである。例えば，バイポーラーモードにおけるデュアルマグネトロンのプラズマ分布を高速度カメラで捕らえた様子を図10に示す。二つのカソード間でプラズマが交互に形成されていることを示すが，プラズマが基板側（下方）にシフトしていることがわかる。これは基板が成膜中に激しくイオン衝撃を受けていること示している。他方，ユニポーラーモードの場合はこのようなプラズマシフトは無く，ターゲット近傍に局在したままである。図11は，Si上に形成したTiO₂膜構造のパルスモードによる違いを示す。ユニポーラーでは，アナターゼ型の多結晶膜が得られるのに対し，バイポーラーではルチルが形成される。これは，イオン衝撃による基板の温度上昇と膜成長過程へのエネルギー付与によるものと考えられる。また，同一条件でガラス基板に成膜した場合は，ユニポーラーでアモルファス，バイポーラーでルチルが得られることも確認されている。

(4) 低温基板対応

前述のように，バイポーラーモードの場合は，サイン波でも矩形波でも基板へのイオンボン衝撃のために基板の温度上昇が激しいという制約がある。これに対し，ユニポーラーモードはプラズマがターゲット近傍に局在するために，イオン衝撃が少なく，基板の温度上昇も少ない。これはプラスチック基板には極めて有効である。ユニポーラーでアクリル板にも基板冷却無しで問題なく4層タイプ反射防止膜などを形成できることも確認されている。

(5) DRM400による光学傾斜膜形成

表2はDRM400を搭載した基板対向式スパッタ装置における代表的な材

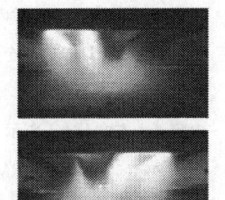

図10　高速度カメラで撮影されたデュアルカソードの放電の様子
　　左：ユニポーラー，右（上下）：バイポーラー

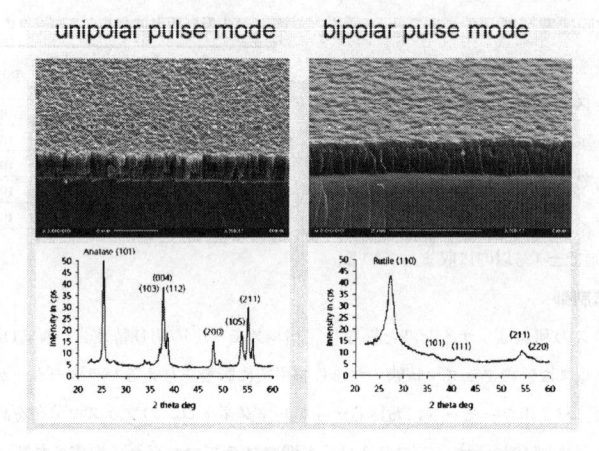

図11 Si基板上TiO₂膜の構造のパルスモードによる違い

料の静的成膜速度を示す。SiO₂ではRFスパッタに比べ20倍ほどの速度が得られる。この装置のもっとも興味深い用途は，傾斜膜応用による光学干渉多層膜である。つまり，Siをターゲットとすると，$Ar+O_2$雰囲気でSiO_2 ($n=1.46$)，$Ar+O_2+N_2$でSiO_xN_y ($n=1.46〜2.0$)，$Ar+N_2$でSi_3N_4 ($n=2.0$)を形成できるので，雰囲気ガス組成を変えるだけで，屈折率を連続的に変えることができ，いわゆる光学的傾斜膜を作製することができる。その1例として，図12にこの方法で得られた$SiO_2/Si_3N_4/SiO_xN_y$/基板の構成の反射防止膜の反射スペクトル（再現試験）を示す。これを近赤外カット膜，ダイクロイック膜，ルーゲートフィルターに応用することもできる。特に，ルーゲートフィルターは理論的には極めて興味深い膜であるが工業レベルでの作製は困難とされてきた。しかし，DRM400を用いることでそれが工業的に実現可能となった。図13aは，その膜設計（nの膜深さ方向分布）を示し，それをプロセスパラメーターに変換し，DRM400で，オンラインの光学測定無しで，プロセス制御のみで得られたルーゲートフィルターの反射スペクトルを図13bに，その膜断面のSEM像を図13cに示す。2時間ほどにわたる成膜にも関わらずモニター無しで理論値

表2 DRM400搭載基板対向式スパッタにおける静的成膜速度

Type of layer	Deposition rate[nm/s]	Powering
Metals		
Al	20	DC
Cu	25	DC
Alloys		
Ni/Al	10	DC
Multilayer		
CrNiCo/Cr	5	DC
Compounds		
Al_2O_3	2.5	MF pulse
AlN	2	MF pulse
SiO_2	4	MF pulse
	0.2	RF
Si_3N_4	2	MF pulse
TiO_2	2	MF pulse

第2章　無機膜の製造装置技術

に良く一致したルーゲートフィルターが容易に得られることは脅威と言える。このような膜が現実得られることが衆知となれば，各種光学デバイス設計コンセプトが変わり，様々な応用も広がるものと期待される。

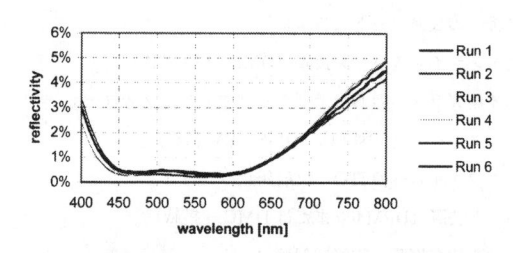

図12　傾斜膜応用反射防止膜の反射スペクトル(再現試験結果)

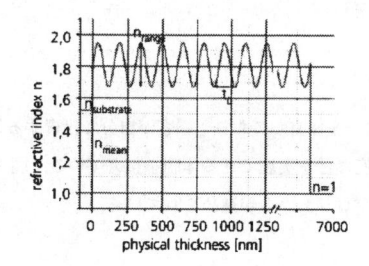

図13a　ルーゲートフィルターの屈折率の深さ方向分布

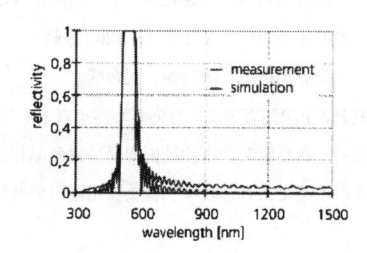

図13b　図13aの膜設計で作製したルーゲートフィルターの反射スペクトルの計算値との比較

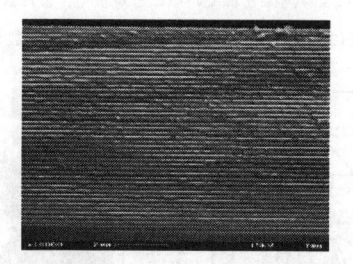

図13c　ルーゲートフィルターの断面構造のSEM像

125

機能性無機膜の製造と応用

8.3 パルスマグネトロンスパッタ装置例

FEPのパルスマグネトロンスパッタ技術パッケージ（カソード＋電源＋プロセス制御＋コンピューター）を搭載したスパッタ装置には以下のようなものがある；

・平板用水平搬送型スパッタ装置（DMS搭載）
　－建築，自動車用ガラスへのLowE，ソーラーコントロール，反射防止コート
　－ステンレス板への装飾コート（TiNなど）
・平板用縦型搬送インラインスパッタ装置（DMS，RM搭載）
　－ディスプレイ用ガラスへのITO，ブラックマトリックスコート
・プラスチックウエブコーター（図14）（DMS，RM搭載）
　－プラスチックフィルムへのITO，反射防止コートなど
・基板対向式スパッタ装置（DRM400またはDMC-4搭載）
　－光学部品への光学多層膜，磁気記録膜コート
・カルーセル型スパッタ装置（DMS搭載）
　－切削工具への超硬膜コート（Al_2O_3，TiNなど）
・研究用2元スパッタ装置（RM200搭載）
　－擬似超格子，傾斜膜，混合膜

FEPは上記装置全てに対応したパイロットコーターを保有しており，顧客が自分で投資することなく，商品開発，生産技術開発，量産試作，生産などを実施できる体制を整えている．図14はその1例であり，日々，様々な用途の研究開発プロジェクトが進められている．

8.4 矩形波パルスプラズマの基板エッチングへの応用

金属板へのコーティングにおいて実用上重要なことは密着性の確保である．金属表面はその前の加工プロセスで油性物質により汚染されていることが多く，また表面が酸化されているために，それらの存在は膜の密着性に大きな影響を及ぼす．特に，厚目（数百nm以上）の窒化膜（例え

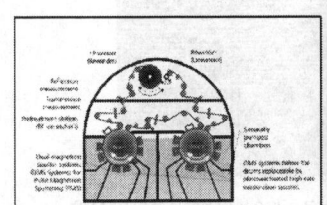

図14　FEPの650mmフィルム幅対応パイロットウエブコーターco-Flex600
　　　（2メインドラムに6台DMS900搭載（雰囲気分離））

第2章 無機膜の製造装置技術

ばTiN)などを成膜する場合は，膜は強い内部応力を有するために，よほど基板と膜の密着性に注意を払わないと耐久性に問題を引き起こすことになる。密着性を改善する手段として，通常は前洗浄，基板加熱，プラズマ処理，下地コート(金属などの緩衝層)などが用いられる。しかし，FEPの開発した高速エッチング装置は，表面の汚れも酸化層も短時間(数秒)で取り除き，このような成膜直前の前処理工程無しでも，十分な密着性を提供してくれる。図15(a)にFEPが開発した高速パルスエッチングデバイスの原理を示す。基板側がカソードになり，プラズマの密度を高めるために基板裏面に永久磁石が置かれ，基板表面の側にはアノードボックスが配置される。基板に対して相対的に断続的に正の電位(前述のユニポラーパルス)が負荷され，基板表面に高密度のマグネトロン放電が生じ，基板表面がアーキングも無しで高速でスパッタエッチされる。図15(b)は，すでに生産に使われ大きな威力を発揮している1.3m幅の対応のアノードボックスの外観を示す。

8.5 おわりに

FEP矩形波パルススパッタリング技術は，10年以上の生産使用実績とともに，その高速性(特に絶縁性酸化膜)，プロセスの長期安定性，組成制御性，基板熱負荷制御性，膜構造制御性など，数多くの強みを有しているがために，今後も様々な用途に使われていくと期待される。

FEPの特徴は，公的な研究機関ではあるが，"ハードウエアを伴った技術"を提供するところにある。材料開発一般にいえる事であるが，特に真空を利用した表面処理技術の開発には，長い時間と多額の設備投資と人件費を要し，その工業化には地道な組織的努力が必要とされる。戦後の国策として，中小企業への工業化技術提供を狙いとして設立されたドイツのフラウンホーファー研究組織に属するFEPは，数多くのパイロット設備を有し，新しい表面処理技術の開発に力を注いできている。遺憾ながら，日本国内では，そのような研究機関は，設立の必要性が認識され始めているものの，今のところは存在しておらず，実現はまだ先の話と思われる。それま

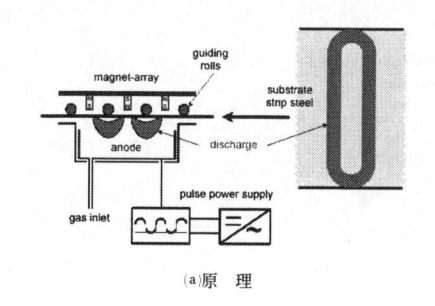

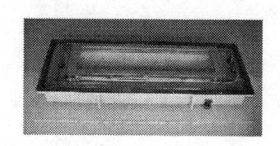

(a)原　理　　　　　　　　(b)アノードボックス外観

図15　高速パルスエッチング装置

機能性無機膜の製造と応用

での間，有用な技術が多数開発されつつあるFEPなどドイツの研究所に常日頃アクセスしておき必要に応じて活用することは日本のメーカーにとって極めて価値があることと考える。当社はその支援・調整を行っている。

9 プラズマイオン注入法を用いた成膜装置の開発

西村芳実*

9.1 はじめに

プラズマイオン注入・成膜法（plasma immersion ion implantation and deposition：PIIID あるいは plasma-based ion implantation and deposition：PBIID）法[1,2]は，米国で1985年に開発され，次第に全世界に広まり，日本でも1995年頃から研究が始められた．本法は真空容器内に処理基材を配置してプラズマで満たした後，その基材に負の高電圧パルスを印加することにより，プラズマ中のイオン種を誘引加速して基材にイオン注入したりコーティングなどを行う方法である．従来から半導体製造に主に用いられているイオンビームを用いる方法と異なり，三次元的な形状を持つ基材の表面改質が可能で，数十kVの高電圧を印加できるため，イオンプレーティングやプラズマCVD法と比較して，さらに優れた密着性のコーティングが期待されている．

また，従来の質量分離型のイオン注入法と比較して，非常に安価でイオン注入を行うことができる特徴をもつので，この技術を産業化することが嘱望されている．

そのためには大面積プラズマの高密度化と発生技術，パルスモジュレータ，成膜プロセス，シミュレーションなどの研究がなされてきた．特に凹凸のある三次元基材に均一なイオン注入と成膜を実現するため，基材の周囲を均一な高密度プラズマで包囲する課題を解決する必要があった．このため，基材を囲むプラズマ発生方法とプラズマ輸送において，励起用アンテナの複数化，ミラー型マイクロ波プラズマ装置[3]，イオン源の複数化などの工夫がなされた．

筆者らは，この課題を解決するべく，基材ホルダーや処理基材そのものをアンテナとする，RF・高電圧パルス重畳法[4,5]（産業技術総合研究所・関西センターと共同開発），およびバイポーラパルスシステム[6,7]（産業技術総合研究所・中部センターと共同開発）を提案した．

一方，ダイヤモンドライクカーボン（diamond-like carbon：DLC）膜は，数々ある硬質系皮膜の中でも，絶縁性を持ち，化学的に安定で，高硬度で優れた耐摩耗性と低い摩擦係数を有していることが知られている．そのため，地球環境保護・省エネルギーの観点から右肩上がりの需要拡大が見込まれている．DLC膜の代表的な成膜法として，炭化水素系ガスを用いたプラズマCVDやイオン化蒸着法，固体炭素を原料にした真空アーク法やスパッタリング法があり，DLC膜が幅広い分野で利用されるようになった．最近では，高密着で厚膜DLCの実現と大面積化が要求されており，新しい市場が育ちつつある．しかし，従来法によるDLCは，厚さ数μm以上堆積すると，残留応力が高いため，基材から剥離しやすい問題を抱えている[8,9]．その付着力改善のために基材とDLC膜の間に中間層を設けたり，異種元素（例えばSi）のミキシングや多層膜構

---

* Yoshimi Nishimura ㈱栗田製作所 技術開発室 特別技術顧問

造にして残留応力の緩和を図って対応している[10, 11]。

しかし、不純物の問題などのため、DLC組成のみで厚膜を実現する技術開発が望まれていた。一方、化学的に安定であることから、膜に導電性を付与することができれば、電極材料やセンサーに適用したい意向があり、各種基材に高密着成膜することが望まれている。

当社では、産学官の支援を得て、1996年から実用化に取り組み、最適なプラズマ発生方法、高電圧パルス電源の開発、安全な装置の設計[12]、PBIIDのプロセスの研究を積み重ねてきた。

本稿では、開発してきたRF・高電圧パルス重畳法およびバイポーラ方式の概要を述べる。そして、プラズマに炭化水素系ガス種を用いて、イオン注入により基材とDLC膜の界面に傾斜ミキシング層を形成した上に、成膜中にもイオン注入することで膜の応力を緩和したDLC厚膜の作製技術について述べる。さらに、成膜中に正のパルスを印加して電子照射することで、膜中のグラファイト成分を増加させて、優れた電気導電性を持つカーボン膜、および有機金属ガスを用いたセラミック膜についても言及する。

9.2 プラズマイオン注入・成膜法

9.2.1 原理

図1にプラズマイオン注入の概念図を示す。プラズマ中に絶縁して配置した基材に高電圧パルスを印加して基材近傍の電子を排斥したイオンシースを形成し、そのシースに分担する電界でプラズマ端のイオンを誘引加速して基材の表面に衝突させてイオン注入を行う。印加するパルス電圧は、数百V〜数十kVの範囲において任意の値を印加することができるので、プラズマ中のイオンを大量に意図するエネルギーで加速できる。高いエネルギーのイオンは基材に注入され、低

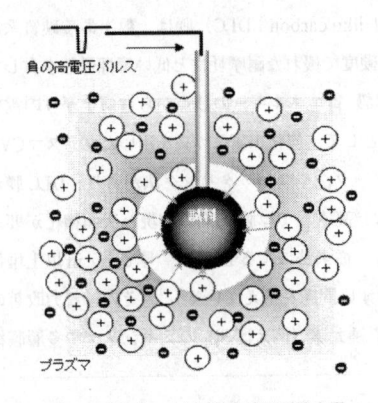

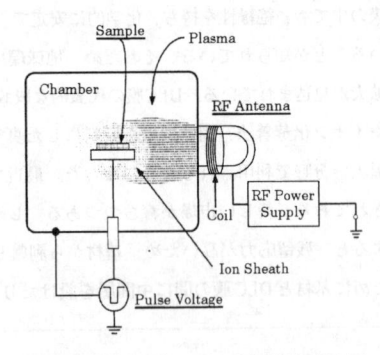

図1 プラズマイオン注入技術の概念図　　図2 従来型プラズマイオン注入装置の概念図

第2章 無機膜の製造装置技術

いエネルギーのイオンは堆積して皮膜を形成する。原理的に全方位から均一に注入・成膜できるにも関わらず、当初は図2に示すようにプラズマを発生させる部分は基材から独立しており、図示するように基材を照射する構造であった。そのため、影になる部分や凹部の内面部位が一様な密度のプラズマで充填することは不可能であり、均一な注入・成膜が実現できなかった。したがって、基材の周囲を均一なプラズマで満たす方法の開発が最大の課題となっていた。

9.2.2 RF・高電圧パルス重畳法

図3は、従来法の課題であるプラズマの影の部分を無くすため、産業技術総合研究所・関西センターと共同で開発した、新しいアイデアのプラズマイオン注入・装置の概念図である。本法は処理基材そのものをプラズマアンテナとして、プラズマ生成用のパルスRF (13.56MHz) とイオン注入用の負の高電圧パルスを、お互いの干渉を避けながら結合し且つ重畳して同一の導入端子から基材に同時あるいは時間差をもって印加する。最大の特徴は、従来の装置のようにプラズマ源やイオン源が不要で、またプラズマを輸送する必要が無いのでプラズマの利用効率が高く、且つ基材の凹部にいたるまでプラズマが励起できる。そのため、凹凸や複雑な形状の基材を均一に表面処理することを可能にした。

これまでに設計・製作してきたRF・高電圧パルス重畳方式のプラズマイオン注入・成膜装置は、過去10年間に20台余の実績がある。図4は、研究用のRF・高電圧パルス重畳方式のプラズマイオン注入・成膜装置で、中央のドラム缶型真空容器は、直径650mm、奥行600mmで、ターボ分子ポンプを用いた自動排気システムを備えている。その左側は高電圧パルス電源、右側にはパルスRF電源と装置制御シーケンスと成膜プロセスの操作盤である。真空容器上部の箱体は重畳整合部で、ここでRF電力と高電圧パルスが相互に結合と重畳がなされて、一本のフィードスルーで処理基材に給電する。RF電源は周波数13.56MHz、パルス幅5～100μs、立ち上がり時間1μs、最大出力1kWである。パルス電源は出力電圧−0.5〜−20kV、パルス幅2～10μs、

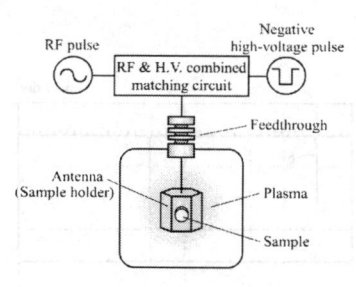

図3 RF・高電圧パルス重畳型プラズマイオン注入・成膜法の概念図

図4 RF・高電圧パルス重畳型プラズマイオン注入・成膜装置

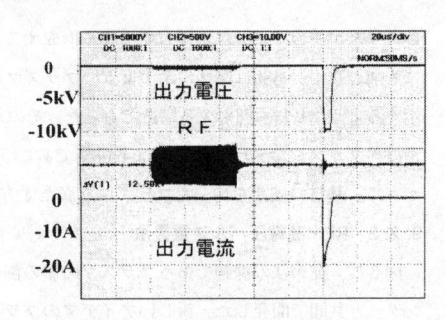

機能性無機膜の製造と応用

立ち上がり時間200ns，最大出力電流60A，最大出力電力4kジュールで，最大4kHzまで繰り返し印加が可能である。図5は，本方式の標準的なRFと高電圧パルスの印加タイミングである。RFパルス（50μs）印加終了後，設定した遅延時間後（50μs）に高電圧パルス（5μs）を印加する。図中の上段はパルス電圧波形であり，中段はRFパルス幅，下段は基材に流れる電流波形である。電流波形には，プラズマイオン注入に特有な突入電流が観測できる。

図5 RFと高電圧パルスの印加タイミング

9.2.3 バイポーラ方式プラズマイオン注入・成膜装置

バイポーラ方式は，正の高電圧パルスを印加してプラズマ放電を起動したのち，グロー放電を安定に維持するための定電流出力制御した正のパルス電源と，負の高電圧パルス電源が一本のフィードスルーを介して処理基材に印加される。この手法によれば，負のパルスによるイオン照射（注入と成膜）とともに，正パルスによる電子照射を成膜プロセスに利用することができる。

すなわち，堆積した膜に電子照射によるアニーリングをリアルタイムに施すことにより膜の構造を制御して性質を変えることが可能になった。図6は，バイポーラパルス方式の正負パルスの印加波形で，aはプラズマ生成用のバースト放電波形で矢印のところで点火されている。そのアフターグロープラズマ中にて，bはイオン注入用の－5kVの負のパルスである。cは電子照射のための＋800Vの正のパルスである。図7は，バイポーラパルス方式の正パルス列の印加モデルで，－5kVの負のパルスを200Hzでイオン注入を行いながら，その間に正のパルスを5kHzで

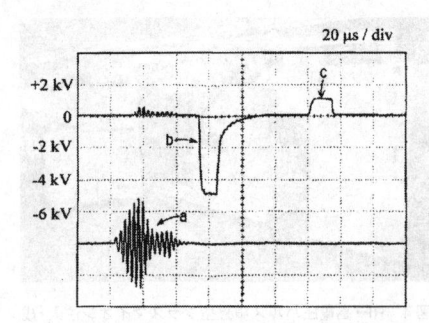

図6 バイポーラパルス方式の正負パルスの印加波形 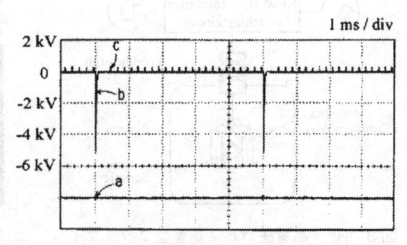   図7 バイポーラパルス方式の正パルスの印加モデル

電子照射を行っている。産業技術総合研究所・中部センターに納入したバイポーラ方式の装置は，正のパルス電源は出力電圧＋5 kV，パルス幅2～50μs，定電流出力最大電流30A，負のパルス電源は出力電圧−0.5～ −20kV，パルス幅2～10μs，立ち上がり時間200ns，最大出力電流60A，いずれの電源も最大出力電力4kジュールで，最大10kHzまで繰り返し印加が可能である。

9.2.4 プラズマイオン注入・成膜装置のガス導入系

プラズマイオン注入・成膜装置は，表面改質のためのガス導入系を示す。いくつものガスを使い分けることで，クリーニング，イオン注入，成膜をプロセス中で真空を破ることなく作業を行うことができる。ガス種は，アルゴン(Ar)，水素(H_2)，窒素(N_2)，メタン(CH_4)，アセチレン(C_2H_2)がマスフローコントローラを経て真空容器に導入される。有機系の液体は気化器を経て，トルエン(C_7H_8)，テトラメチルシラン(tetramethylsilane：TMS)，テトラエトキシシラン(tetraethoxysilane：TEOS)，ヘキサメチルジシロキサン(hexamethyldisiloxane：HMDSO)，テトライソプロポキシチタン(tetra-isopropoxy titanate：TIPT)など，必要に応じて設備する。

文　　献

1) R. J. Adler, and S. T. Picraux, *Nuclear Instruments and Methods in Physics Research*, **B6**, 123 (1985)
2) J. R. Conrad, J. L. Radtke, R. A. Dodd, F. J. Worzala, and N. C. Tran, *J. Appl. Phys.*, **62**, 4591 (1987)
3) T. Watanabe, K. Yamamoto, O. Tsuda, A. Tanaka, and Y. Koga, *Surf. Coat. Technol.*, **156**, 317 (2002)
4) Y. Nishimura, A. Chayahara, Y. Horino, and M. Yatsuzuka, *Surf. Coat. Technol.*, **156**, 50 (2002)
5) 堀野裕治，茶谷原昭義，西村芳実，"表面改質方法および改質装置"，特許第3555928号 (2004)
6) 宮川草児，宮川佳子，斎藤和雄，西村芳実，堀部博志，柴田雅明，"表面改質装置"，特許第3517749号 (2004)
7) S. Miyagawa, S. Nakao, M. Ikeyama, Y. Miyagawa; *Surf. Coat. Technol.*, **156**, 322 (2002)
8) D. R. McKenzie, D. Muller, and B. A. Pailthorpe, *Phys. Rev. Lett.*, **67**, 773 (1991)
9) P. J. Fallon, V. S. Veerasamy, C. A. Davis, J. Robertson, G. A. J. Amaratunga, W. I. Milne, and J. Koskinen, *Phys. Rev. B*, **48**, 4777 (1993)
10) J. G. Deng and M. Braun, *Diam. Relat. Mater.*, **4**, 936 (1995)
11) X. He, W. Li, H. Li, *Materials Sci. Engi.*, **B31**, 269 (1995)

12) 日比美彦, 滝川浩史, 年藤淳吾, 西村芳実, 榊原建樹, プラズマ応用科学, **10**, 102 (2002)

第3章　無機膜の物性評価技術

中山　明[*1], 山田羊治[*2], 青木正彦[*3],
吉田謙一[*4], 横山勝昭[*5], 宮﨑　恵[*6]

1 薄膜の組成と構造

1.1 X線光電子分光分析[1)]

1.1.1 原理

ESCA（Electron Spectroscopy for Chemical Analysis）あるいはXPS（X-ray Photoelectron Spectroscopy）とも呼ばれる電子分光法であり，表面分析法の一つとして利用されている。X線を物質に照射すると光電子が放出されるが，このエネルギーを測定することによって表面の組成や化学結合状態に関する情報を得ることができる。照射するX線のエネルギーを$h\nu$，内殻準位の軌道電子の結合エネルギーをBE，この電子が物質の表面から放出されたときの運動エネルギーをKE，そしてϕをサンプル表面の仕事関数とすると下記の関係式が成り立つ．

$$BE = h\nu - KE - e\phi$$

エネルギー分析器によって光電子の運動エネルギーを測定することによって結合エネルギーを求めて元素の同定や結合状態を知ることができる。X線は通常 $AlK\alpha$ (1487eV)，あるいは $MgK\alpha$ (1254eV) の軟X線が用いられる。X線照射によって発生する光電子の運動エネルギーは 1500eV以下であるため物質中で非弾性散乱によってエネルギーを失う確率が非常に高い。このため表面の数nmから発生した光電子のみを測定している。このことからESCAは極表面の分析に適した手法といえる。

絶縁物を分析するとX線照射によって電子が放出されるためサンプルはプラスに帯電する。この帯電作用によって検出器とサンプルの間に電位が生じてサンプルから放出される電子がサンプルに引き戻されるため正常な測定が行えなくなる。そこで帯電中和の為に様々な手法が利用されている。たとえばプラスの帯電を緩和する為に電子を照射することが行われるが，過剰に電子が

---

* 1　Akira Nakayama　㈱イオン工学研究所　成膜技術部　部長
* 2　Youji Yamada　㈱イオン工学研究所　成膜技術部
* 3　Masahiko Aoki　㈱イオン工学研究所　分析技術部　部長
* 4　Kenichi Yoshida　㈱イオン工学研究所　分析技術部
* 5　Kathuaki Yokoyama　㈱イオン工学研究所　分析技術部
* 6　Megumi Miyazaki　㈱イオン工学研究所　分析技術部

供給されてマイナスに帯電することがある。そこで低エネルギーのプラスの電荷を持ったイオンビームを照射することによってサンプル表面の電位を安定させて測定することができるようになっている。

1.1.2 分析事例

代表的な絶縁物の測定例としてPETフィルムのエネルギースペクトルを図1に紹介する。最適な中和条件によってC-1sのスペクトルが得られており，PETの構造から生じるC－CあるいはC－H，C－OおよびC＝O結合に対応するピークが同定されている。図2には銅の酸化物

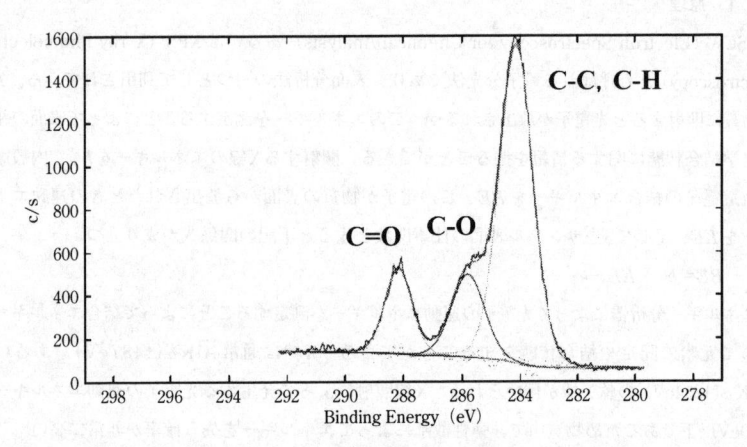

図1 PETのC-1sスペクトル

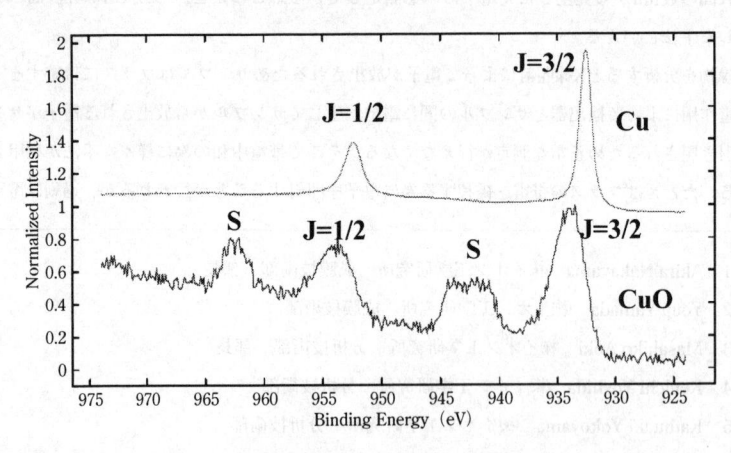

図2 CuとCuOのCu-2pスペクトル

第3章　無機膜の物性評価技術

のエネルギースペクトルを示す。比較のために純銅のエネルギースペクトルを掲載している。酸化物になると結合した原子間での電荷移動によりサテライトピークが生じるため荷電状態を評価することが可能である。

表面分析だけでなく，アルゴンイオンビームを照射することによってサンプル表面をスパッタリングして深さ方向の組成分布を測定することができる。光学薄膜に応用される酸化チタンと酸化シリコンの積層膜の深さ組成分布を図3に示す。酸素の組成についてはシリコンと結合した場合とチタンと結合した場合で化学結合状態が異なる。このことを利用してシリコンと結合した酸素とチタンと結合した酸素を分離することによって積層構造を評価することができる。

アルゴンイオンビームによる深さ分布測定では破壊測定になるが，サンプルを傾けて検出器との角度を調整することによって非破壊で深さ方向の情報を得ることができる。SiC基板のカーボンを分析した例を図4に示す。エネルギースペクトルは光電子取り出し角度を15度から順次大きくして測定した結果である。SiCの非弾性散乱平均自由工程は2.5nm程度であるため，取り出し角度が15度の場合は約2 nm深さの情報を得ることが可能である。低い取り出し角度ではC－HやC－OおよびSiCに相当するピークが検出されているが，取り出し角度が大きくなるにしたがってSiCに該当するピーク強度が強くなり表面にはカーボン汚染に由来する膜が形成されていることが確かめられた。このように角度分解法は非破壊で数nm程度の範囲における深さ組成の変化を調べることができるユニークな手法である。

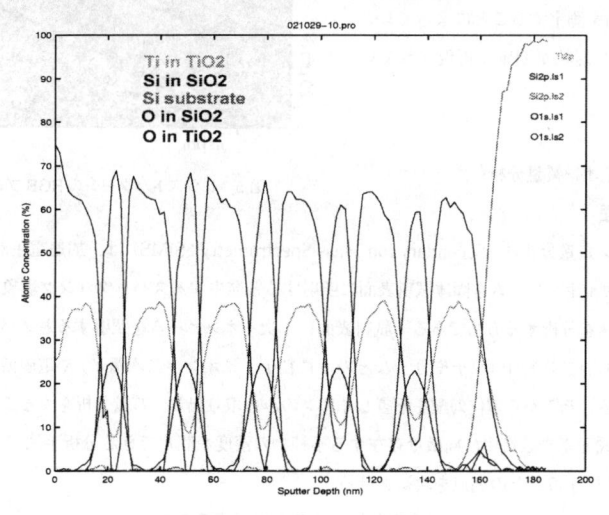

図3　TiO_2とSiO_2の深さ組成分布

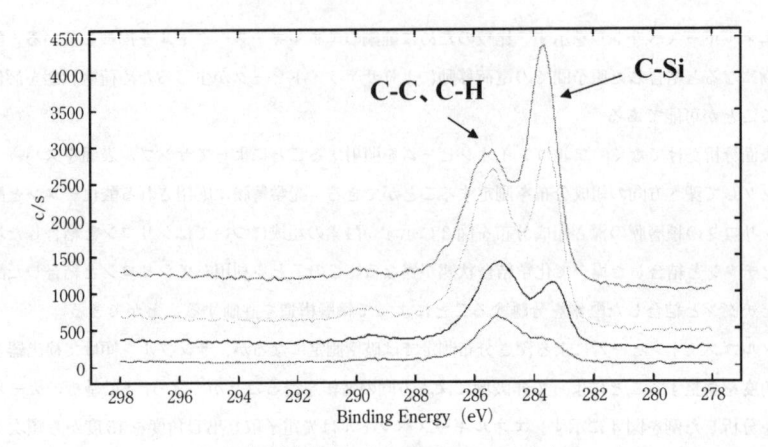

図4 角度分解分析によるSiCのC-1sスペクトル
下から順に15, 20, 30, 45度のスペクトルを示す。

最新の装置ではX線ビームを10μm程度まで絞って走査することができる。これによって元素面分析や化学結合状態面分析が可能である。図5にシリコン基板上のレジストパターンの面分析を行った例を示す。C-1sとSi-2pを測定することによってレジストパターン形状が明確に再現されている。

1.2 二次イオン質量分析[2, 3]

図5 レジストパターンのRGBプロット

1.2.1 原理

二次イオン質量分析法（Secondary Ion Mass Spectrometry；SIMS）は，加速電圧が数百eV～20keVの1次イオンビームを固体試料表面に照射すると発生するスパッタリング現象を利用して元素や化合物を分析する方法である。試料表面に1次イオンビームを照射するとスパッタリング現象が発生し，二次粒子（原子や分子などの中性粒子，イオン，二次電子）や電磁波（X線など）が放出される。そこから電位勾配を配置しイオンのみを取り出し，質量分析をすることにより固体試料の構成元素や試料中に極微量存在する不純物の濃度を測定できる分析手法である。

SIMSで分析することの利点を次にあげる。
・水素からウランまでの全ての元素を分析することが可能である。

138

第 3 章　無機膜の物性評価技術

- ppm ～ ppb（元素により異なる）までの極微量分析が可能である。
- 表面から深さ数十 μm まで連続して微量元素および化合物の濃度分布の測定が可能である。
- 元素および化合物の二次元および三次元での濃度分布の測定が可能である。

反対に問題点としては，次に挙げる事柄がある。

- スパッタリング現象を用いて行う分析なので，試料を破壊する。
- 元素間に感度差があり，また同じ元素についてもそれが含まれている物質（組成）によっても感度が異なる（マトリックス効果）。
- 装置の構成が複雑であり，一定レベルの分析結果を得るまでに高度の技術・知識・経験が必要である。

装置の構成については，1次イオン源が液体金属イオン源（主に Cs^+，Ga^+）とデュオプラズマトロンイオン源（主に O_2^+）がある。分析する試料の母材や不純物等を考慮し最適な設定にする必要がある。質量分析器はSIMSには以下の質量分析器が用いられている。二重収束型質量分析計（セクター）型，四重極型質量分析計（Q-pole），時間飛行型質量分析計（Time of Flight；TOF）の3種類である。セクター型の利点は高質量分解能測定，質量分析器の2次イオン透過率が良いので高感度で測定できることである。欠点としては，絶縁物の測定にかなりの熟練度が必要，装置の問題による1次イオンビームの低加速電圧による分析が行えないことである。Q-poleは電子スプレー法による試料の電気的同時中和が簡便なので絶縁物の測定に向いている，低加速電圧での測定が行えるので極最表面の分析や深さ方向分解能をあげることが可能である。これとは反対に欠点としては，質量分解能が低く検出下限がセクター型と比較し悪い，2次イオン透過率が低く高質量領域では透過率がさらに減少する。TOFはパルス化した1次イオンビームを試料に照射させ，飛び出した2次イオンの走行速度差で質量分離する。高質量分解能測定が容易にでき，他の2種類の質量分析計は同時に1種類のイオンしか分析できないが，TOFは時間差で分離するので少ないイオンで効率的に測定が行える。問題点としては，1次イオンビームがパルス状なので深さ方向分析が難しい。

分析モードとしてはダイナミック SIMS（Dynamic-SIMS；D-SIMS）とスタティック SIMS（Static-SIMS；S-SIMS）の2種類がある。前者は高電流密度の1次イオンビームを用いて，表面から数十 μm までの深さ方向分析やバルクの極微量分析に用いられる。後者は1次イオンビームの電流密度を極力小さくし試料へのダメージを最大限少なくした分析モードである。特にD-SIMSは深さ方向分析では他の分析装置では得られないレベルまで分析できることから，SIMS分析の利用割合では90％近くがD-SIMS分析モードでの利用である。D-SIMSではセクター型とQ-pole SIMSが用いられ，S-SIMSではQ-poleとTOF-SIMSが用いられている。

1.2.2 分析事例

まず基板にイオン注入した試料の分析を用いてSIMSにおける定量化の手法を解説する。図6はシリコン基板にヒ素をイオン注入した試料の深さ方向分析結果(Depth Profile)である。装置はULVAC-PHI社製Q-pole SIMS (ADEPT-1010)を用いた。横軸は分析後に分析によってできたスパッタ痕(クレーター)の深さを測定しスパッタリング速度を求めて深さ方向に変換したものである。縦左軸に注入したヒ素と母材(マトリックス)であるシリコンの測定結果，縦右軸には解析によって算出されたヒ素の定量値を示している。SIMSでの分析結果からの定量化には，まず標準試料が必要である。これは分析対象のマトリックスに分析対象イオンの元素を既知の量だけ含有している試料である。

定量化の式は以下のとおりである。

(濃度)＝(相対感度因子；RSF)×(分析対象イオン強度)／(マトリックスイオン強度)

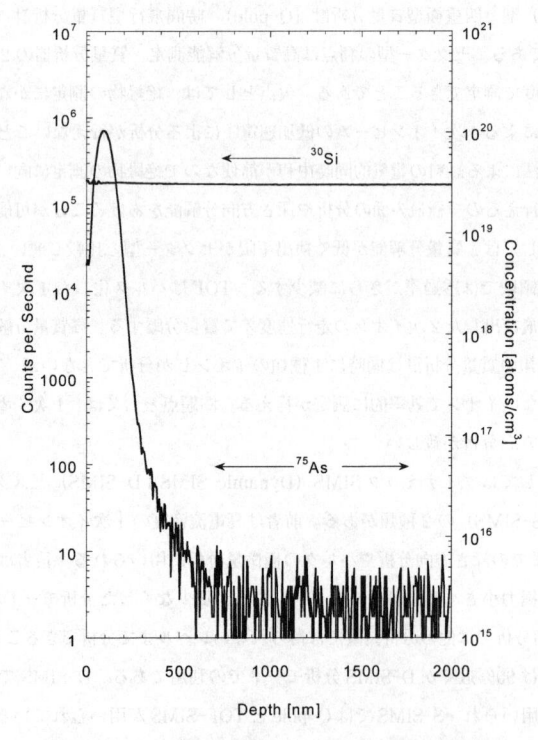

図6 シリコン基板にヒ素を注入した試料のDepth Profile

第3章 無機膜の物性評価技術

　標準試料の分析では濃度は既知なので，分析結果から得られたイオン強度比によってRSFを求めることができる。これと同条件で調べたい試料を分析して得られたRSFから定量化することができる。標準試料の注意点としてマトリックスに対して1％以上の濃度にしないことが必要である。1％以上の濃度になるとマトリックス効果が現れ，正しい定量値を求めることが困難になるためである（図6）。
　AlGaAs/GaAs試料のAlについてのDepth Profileの一部を図7に示す。試料としてはAlGaAsとGaAsを50nmずつ積層に堆積した試料である。ここではSIMS分析の深さ方向分解能について説明する。オージェ分光（AES）や光電子分光（XPS）で用いられる深さ方向分解能の定義（最大値と最小値に対してイオン強度が16～84％変化する間の距離）を用いると今回の分析結果から深さ方向分解能は4nmである。SIMSは1次イオンビームのスパッタリング現象を利用して分析する手法である。スパッタリング現象を用いているために，分析対象によっては深さ方向分

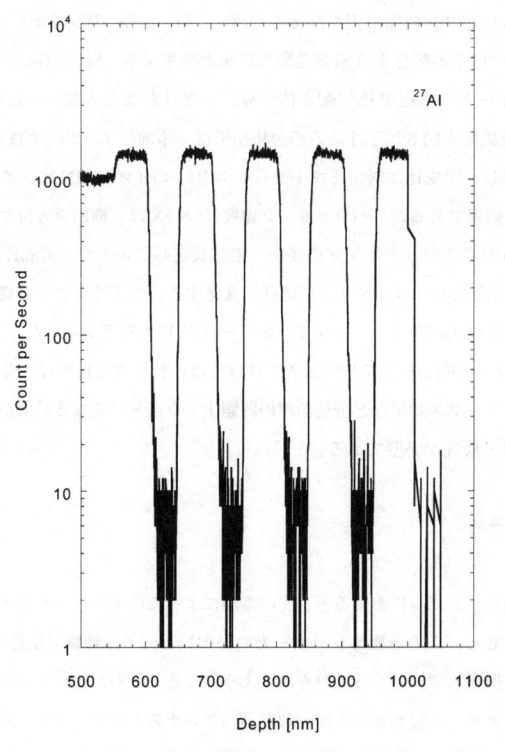

図7　AlGaAs/GaAsのAlのDepth Profile

解能が問題になる。これらを解決し最も良い条件で分析するためには，1次イオンビームの設定と試料台を1次イオンビーム軸に対して回転させると深さ方向分解能が向上する（図7）。

最後に組成比勾配のある$Si_{(1-x)}Ge_x$の分析結果を図8に示す。シリコン結晶に歪みを与えることは，デバイスのキャリア移動度を増大し，性能を改善する技術として良く知られている。歪Siの導入は，GeやⅢ－Ⅴ族化合物のような新た

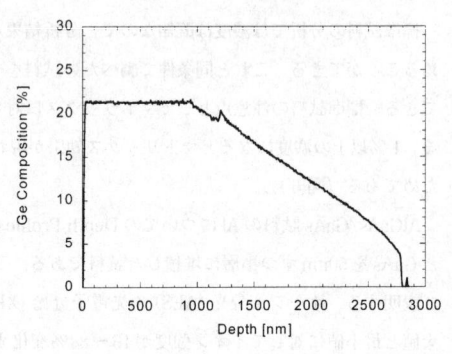

図8　歪SiデバイスのSiデバイスの組成勾配した$Si_{(1-x)}Ge_x$層のDepth Profile

な材料に切り替えるよりも製造プロセスに与える影響が小さいため，より保守的なこの手法が好まれている。そのシリコン結晶に歪を与えるために，$Si_{(1-x)}Ge_x$の混晶がベースに用いられる。$Si_{(1-x)}Ge_x$とSiとの格子不整合よりSi結晶薄膜に歪が発生する。$Si_{(1-x)}Ge_x$の層は基板との界面でも歪が発生しないように組成比勾配を持つ層にしなければならない。この目的で作られた$Si_{(1-x)}Ge_x$層の分析結果を図8に示す。この分析結果は，事前に1～25％程度の濃度の異なるGe単層膜を数点分析し，組成比に対するマトリックスとGeのイオン強度比，スパッタリング速度を求めて解析した結果である。スパッタリング速度については，極微量分析などに用いる試料は母材が均一であるのでスパッタリング速度を一定と仮定しているが，組成比勾配のある$Si_{(1-x)}Ge_x$の試料では分析点毎のスパッタリング速度が変化するので求めておく必要がある。Si基板に対して組成比25％のSiGe膜はスパッタリングレートが10％程度上昇した。

SIMSは極微量深さ方向分析等で他の装置では行えない特殊な分析が行えるが，得られた結果に対しては，マトリックス効果など分析原理の問題上，真値とは異なる結果が得られることがあるので確かな解析・検証が必要である。

1.3　ラマン分光分析[4]

1.3.1　原理

特定の波長の光をサンプルにあてると，光の電場によって原子や分子の電子分布が歪み，原子や分子の分極が生じる。この分極はレーザー光の振動数と同じ振動数で振動する成分に加えて，入射光とは異なる振動数で振動する成分を持つようになる。このためレイリー光と呼ばれる入射光と同じ振動数の光と，入射光よりも振動数が高いアンチストークスラマン散乱光，振動数が低いストークスラマン散乱光が生じる。通常ラマン分光ではストークスラマン散乱光を用いている。

第3章 無機膜の物性評価技術

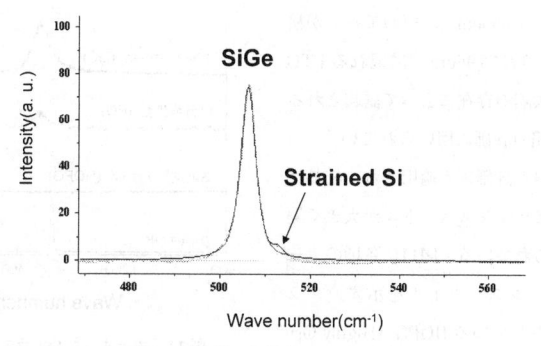

図9 歪シリコンのラマンスペクトル

このラマン散乱光の振動数とレーザー光の振動数の差が格子振動や分子振動の振動数を表すことになる。測定されるラマンスペクトルのピーク位置から結合状態に関する情報が得られ，ラマンスペクトルの半値幅から結晶性に関する情報を得ることができる。ラマン散乱光は非常に微弱であるため回折格子によって分光し，光電子増倍管あるいはCCD検出器によって測定することができる。通常レーザービーム径は100 μm 程度であるが，1 μm 程度まで絞ってサンプルの局所領域の測定が可能である。

1.3.2 分析事例

半導体分野ではラマンスペクトルピーク位置のシフト量から応力を評価するために利用されている。SiGe緩和層の上に歪みシリコン膜を成長させたサンプルを，波長が514.5nmのArレーザー光を用いて測定した結果を図9に示す。単結晶シリコンのピーク位置は520cm^{-1}であるが，506cm^{-1}付近にSiGeのピークと512cm^{-1}付近の肩に現れる歪みシリコン層によるピークが検出されている。この結果から歪みシリコンは引っ張り歪が入りSiGeは歪が緩和していることが確かめられた。

化合物半導体であるSiCのラマンスペクトルを図10に示す。波長が514.5nmのArレーザー光を用いて室温において後方散乱モードで測定されたものである。同じSiCでも4Hと6Hというポリタイプの違いによってスペクトル形状が異なっている。4H-SiCでは776cm^{-1}にFTOモード，964cm^{-1}にFLOモードが検出されている。一方6H-SiCでは768と789cm^{-1}に

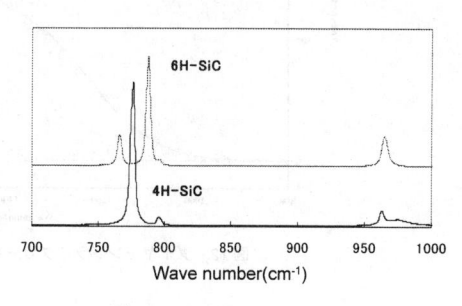

図10 SiCのラマンスペクトル

FTOモードそして965cm^{-1}にFLOモードが検出されている。特に796cm^{-1}に現れるFTOモードは積層欠陥の存在によって誘起されるため，積層欠陥の評価に用いられている。

カーボン材料の評価にも適用され，結晶性の違いによってラマンスペクトルが大きく異なることが知られている。図11に各種のカーボン材料のラマンスペクトルを示す。グラファイト構造をしているHOPG（Highly Oriented Pyrolytic Graphite）では，グラファイト層内の炭素の伸縮振動によるラマンピークが1581cm^{-1}付近に検出されG（Graphite）バンドと呼ばれる。グラファイト構造が乱れて結晶子の大きさが20nm程度となるPG（Pyrolytic Graphite）では1360cm^{-1}付近にピークが現れ，D（Disorder）バンドと呼ばれている。GC（Glassy Carbon）では1590cm^{-1}付近のピーク強度が強くなる。ラマンスペクトルのDバンドとGバンドの面積比から結晶子サイズを経験式によって見積もることができる。さらにsp3結合とsp2結合とから構成されているDLC膜の評価にも利用されている。図12にDLC膜のラマンスペクトルが示されているが，1390cm^{-1}付近のブロードなピークはsp3結合に由来するものではなくsp2結合に由

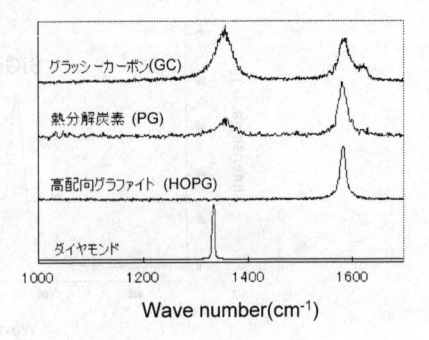

図11 カーボン材料のラマンスペクトル

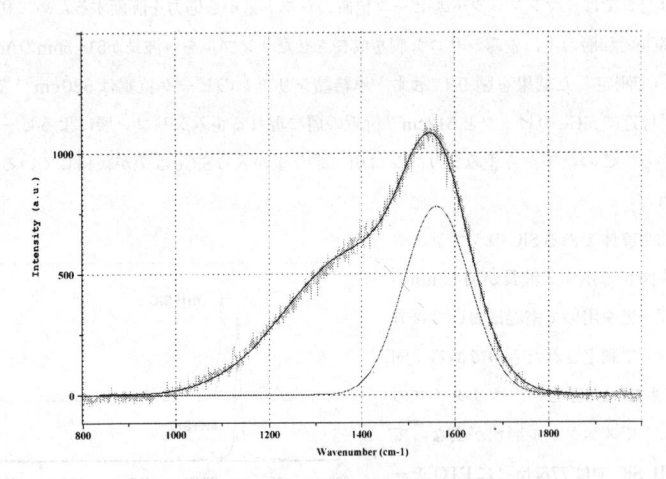

図12 ダイヤモンドライクカーボンのラマンスペクトル

第3章　無機膜の物性評価技術

来するものである。一般的にこのピーク強度が弱いほどsp3性が高い傾向がある。このためラマンスペクトルを二つのガウス関数で分離し、相対強度比からsp3性の傾向が評価されている。

このように半導体やカーボン材料の評価に利用が広がっており、最近では短波長のレーザーを用いて薄膜の評価にも適用されつつある。

1.4 薄膜X線回折[5]

1.4.1 原理

サンプル中の結晶粒子の格子面間隔がdの場合に、ある波長のX線が格子面に対してθの角度で入射すると回折X線が強く散乱されるのは下記の条件を満たすときである。

$$2d \sin \theta = n \lambda$$

この回折線の方向は格子面とθの角度をなし、入射X線とは2θの角度をなしている。この現象により特定の方向の散乱X線強度が強くなり結晶構造を反映した回折パターンが形成される。入射X線波長は既知であるため回折線の現れる位置すなわちθの値から格子定数を求めることができる。さらに複数の回折線が現れる場合は結晶系も同定することが可能である。

通常は集中法と呼ばれる方式で測定が行われる。この場合X線はサンプルの深いところまで進入するためバルクのようなサンプル測定には適しているが、薄膜サンプルの場合は基板からの回折X線を検出するため薄膜だけの情報を引き出すことができない。そこで平行X線を用いて入射角を試料表面すれすれになるように固定してX線の進入が薄膜領域に制限する測定法がある。これは薄膜X線法と呼ばれることがある。この測定では試料面に対する入射角が1度以下の場合もあるため角度位置の調整が重要である。この方式の場合、試料表面のX線の通過距離が長くなり薄膜試料の検出感度を上げることができる。しかし試料面に対して非対称な光学系であるため試料に平行な格子面の解説件は検出されない。さらに配向している場合は試料台を回転させることによって配向を低減させることができる。

1.4.2 分析例

薄膜X線回折の代表的な例としてシリコン基板の上に成膜されたTiN薄膜の回折パターンを図13に示す。SEM写真からわかるように膜厚は1μmである。TiNの構造を反映した回折ピークが3箇所に現れている。さらにX線の入射角度が1度までのときは基板のシリコンの（004）面からのピークは検出されていないが、1度を超えるとシリコンの強いピークが検出されている。もし薄膜に由来する回折ピークと基板の回折ピークが近接する場合には、評価したい回折ピークが基板の回折ピークのバックグラウンドに影響される可能性がある。

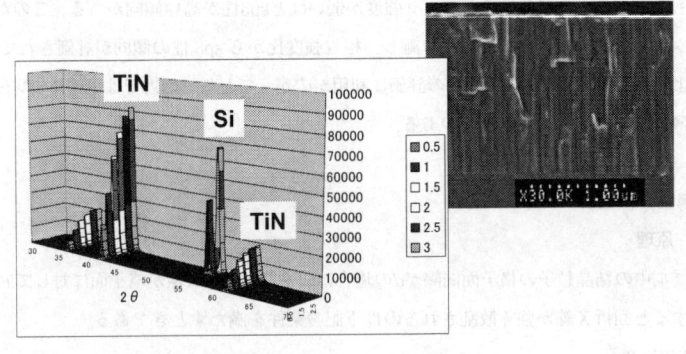

図13　薄膜X線回折によるTiN膜の分析

1.5　透過電子顕微鏡[6]
1.5.1　原理

　高速の電子が固体物質に照射されると，種々の相互作用によって二次的な電子が発生する．物質が非常に薄い場合には相互作用を受けずに透過する透過電子と散乱される電子がある．他に物体からはじき出される二次電子，反射電子，オージェ電子および特性X線などがある．透過電子顕微鏡では透過電子と散乱電子の干渉波が電子レンズによって拡大されて蛍光スクリーン上に像が形成される．一方試料が結晶の場合には電子線はブラッグ反射により一定の角度方向に散乱されるため電子回折像が得られる．この回折像には電子線照射領域の結晶構造に関する情報が含まれているため面指数の指数付けを行うことによって格子定数や結晶系を決めることができる．透過波と回折波のうち，透過電子のみを対物絞りを通過させて結像した場合には試料が存在しないところでは明るく結像される明視野像が得られる．一方一つの回折波のみを用いて結像した場合には試料が存在しない領域が暗くなる暗視野像が得られる．このような観察法で得られる回折コントラストによって刃状転位やらせん転位などの欠陥の同定を行うことができる．

　結晶欠陥や界面の状態などを原子レベルで観察する場合にはHR-TEM（High Resolution-Transmission Electron Microscopy）観察が必要である．HR-TEMは透過波と回折波の干渉によって形成された結晶ポテンシャルの分布を忠実に再現できる手法で格子像や結晶構造像を観察することが可能である．分解能は電子線の波長λと対物レンズの球面収差係数Csによって$d=0.65Cs^{1/4}\lambda^{3/4}$という式で与えられ，日本電子の400kV-TEM（JEM-4000EX）の場合0.165nmという分解能となる．原子配列を電子線の入射方向に投影した像コントラストを得るためには試料厚さが数nm程度であること，最適なフォーカス条件，そして電子線を結晶晶帯軸に平行に入射させることが必要である．ただし観察条件によっては実際とは異なるコントラストが得られる

第3章　無機膜の物性評価技術

ためシミュレーションと比較して実際の構造を決定することが不可欠である。

照射電子線によってサンプル内で励起された特性X線をエネルギー分散型分光器でナノメートル領域の元素分析を行うことができる。さらに電子エネルギー損失分光器でサンプルを透過した電子線のエネルギー分析から元素分析や結合状態分析を行うことができる。

1.5.2　観察事例

単層カーボンナノチューブの観察例を図14に示す。単層のチューブ周辺にはアモルファスカーボンと金属触媒が観察されており，単層ナノチューブの直径は約1.3nmである。このチューブ径はラマン分光分析によっても確かめられている。このような材料の観察では電子線による損傷があるため電子線エネルギーや観察時間に注意が必要である。

パワーデバイスにおいて化合物半導体材料のSiCが注目されているが，その結晶構造の評価は非常に重要でありHR-TEM観察が必要とされる。代表的な例として4H-SiCの結晶構造像を図15に示す。格子面間隔は(0004)面に対応しており0.25nmである。電子線入射方向が［11-20］の場合には4層の長周期構造が観察されている。一方［1-100］の場合では二次元構造が観察されていないが，(11-20)面の格子面間隔が0.158nmであり解像度の限界に近いためである。SiC表面にはステップが形成されるが，このステップは［11-20］方向に存在するためステップ形状を調べるには［1-100］方向から電子線を入射させることが必要である。

半導体レーザー素子形成のために不可欠な超格子構造を観察した例を図16に示す。InP基板上にバッファ層を経てGaInAs/AlInSbの超格子構造を形成したサンプルで，TEM像から界面の急峻な

図14　単層カーボンナノチューブのHR-TEM像

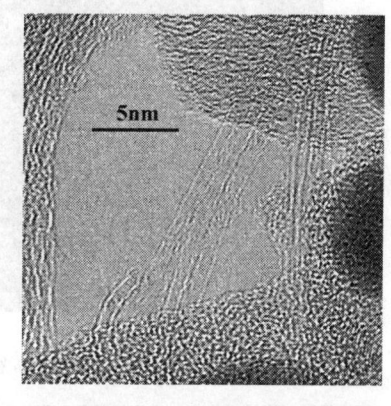

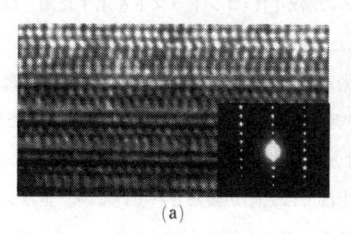

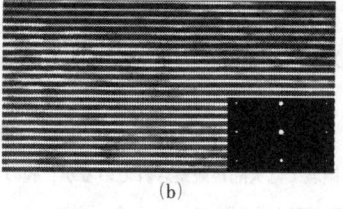

図15　4H-SiCのHR-TEM像
(a)［11-20］入射，(b)［1-100］入射

147

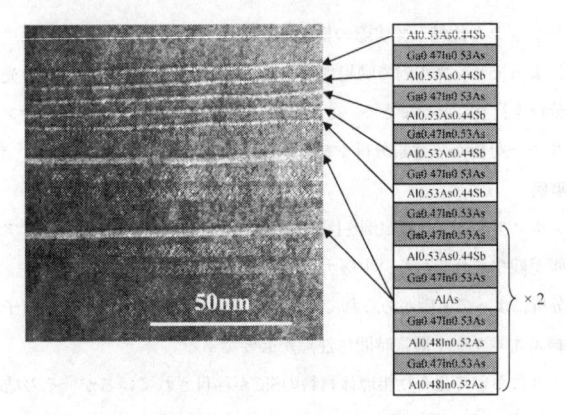

図16 半導体超格子構造のTEM像

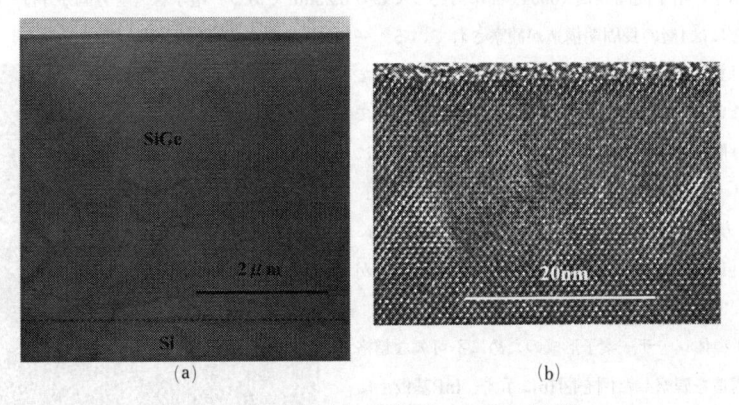

図17 (a)歪緩和SiGe層；(b)歪シリコンのHR-TEM像

　超格子層が形成されていることがわかる。電子線の散乱現象から考えると原子番号が大きいガリウムの層が黒く，原子番号が小さいアルミニウムの層が白いコントラストを示すため，ほぼ設計どおりの構造が形成されていることが確認された。
　CMOS回路の高速化のために歪みシリコン技術が開発されている。これはシリコン層にひずみを加えることによってキャリア移動度の向上が実現できる技術である。歪み緩和されたSiGe層上の歪みシリコン層を観察した。図17(a)に示すとおりSiGe層は約3 μmでありシリコン基板との界面領域では欠陥が観察されているが，膜の上部では欠陥が観察されていない。歪みシリコン層のHR-TEM像を図17(b)に示す。約20nmの歪みシリコン層が形成されていることがわかる。
　TEM観察を可能にするには薄い試料を作製することが必要である。電子線の透過能は元素に

第 3 章 無機膜の物性評価技術

よって異なるがおよそ100nm程度である。HR-TEM観察を行うには10nm程度の均一な薄膜化が不可欠である。生体試料などではミクロトームで超薄切片を作製し，金属，半導体，セラミックスなどの材料系ではイオンミリング法やFIB法によってサンプル加工を実施している。イオンミリング法ではアルゴンイオンビームをサンプルに照射してスパッタリングによって薄膜化する手法である。実際にはイオンミリングにかける前に機械研磨によって $10\,\mu$m程度まで薄くし鏡面研磨することが必要である。一方FIB (Focused Ion Beam) による薄膜試料の作製は観察場所を狙って加工できるため半導体デバイスのような不良箇所の観察に適している。基本的には数 μm程度に収束されたGaイオンビームをラスタースキャンさせて指定領域をスパッタリングしながら薄膜化する手法である。おおよそ100nm程度までの厚さの加工は可能であるが，HR-TEM観察のためにはより薄膜化する必要があるためFIB加工後イオンミリングが必要な場合もある。しかし30kV程度の高い加速電圧でイオンを照射するためサンプルへのダメージが入りやすい欠点がある。

文　　献

1) 日本表面科学会編, X線光電子分光法, 丸善㈱ (1998)
2) 日本表面科学会編, 二次イオン質量分析法, 丸善㈱ (1999)
3) Robert G. Wilson, Fred A. Stevie and Charles W. Magee, Secondary Ion Mass Spectrometry, Wiley-Interscience Publication (1989)
4) Edited by M. J. Pelletier, ANALYTICAL APPLICATIONS OF RAMAN SPECTROSCOPY, Blackwell Science (1999)
5) 理学電機㈱編, X線回折ハンドブック (1999)
6) 日本表面科学会編, 透過型電子顕微鏡, 丸善㈱ (1999)

2 薄膜の密着力および内部応力

2.1 薄膜の密着力

密着力は，薄膜と基板の総互作用の強さを示す。評価法を簡単に説明すれば，外的刺激を与えて，薄膜を剥離させ，その強度を測定することになる。膜が薄くなれば，基板表面，薄膜表面，薄膜内構造，作用探針表面の凹凸の影響が大きくなるため，解析が難しくなる。

一般的な評価方法[1]としては，引き剥がし試験，引っかき試験，押し込み試験，擦傷試験が行われている。引き剥がし試験は，さらにテープ試験，引っ張り試験，引き倒し試験に分類される。テープ試験は試料面に碁盤目状の傷を入れ，テープを貼り付けた後，そのテープを引き剥がし，剥離が生じるかを確認する。評価法としてレベルは低いものの，簡便で密着力の程度を確認するには良い方法である。

次にスクラッチ試験法[2]について説明をする。原理はダイヤモンドコーンで膜／基板の膜側を引っかきながら，連続的に荷重を加えてゆき，膜を破壊する（図1）。膜の破壊・剥離によって発生するアコースティック信号（AE）をとらえる。図2に示すようにAEが急激に立ち上がる荷重を，臨界荷重（L_c）と定義する。なお，臨界荷重そのものは，密着力不足が原因で発生する破壊の最低荷重のことである。このL_cが評価の対象となる。注意点としては，薄膜の厚みが増大することによってもL_cは増大する。また，スクラッチ試験は，膜の密着力だけでなく，硬度・靭性・応力・降伏値に依存するため，機械的強度試験と考えることもできる。

2.2 薄膜の内部応力

薄膜の機能を損なう現象に，膜／基板のそり（ゆがみ）が存在する。これは，薄膜が成長するときに発生する内部応力によるものである。この内部応力には，薄膜の成長過程に生じる真性応

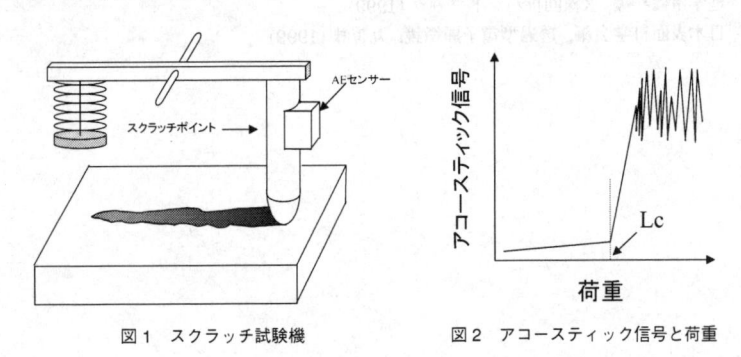

図1 スクラッチ試験機　　図2 アコースティック信号と荷重

第3章 無機膜の物性評価技術

力と熱応力が含まれている。σ_Tを熱応力，σ_iを真性応力として，内部応力は

$$\sigma = \sigma_T + \sigma_i$$

と表される。また応力には引っ張り応力と圧縮応力が存在するが，膜面を内側にして膜／基板が曲がる場合が，引っ張り応力。膜面を外側にして膜／基板が曲がる場合を圧縮応力と呼ぶ（図3参照）。

熱応力は薄膜と基板との熱膨張率の差，作製時温度と冷却時温度の差に比例する。

$$\sigma_T = (\alpha_f - \alpha_s)(T_d - T)E_f/(1 - \nu_f)$$

  α_f：薄膜の熱膨張係数 α_s：基板の熱膨張係数 T_d：薄膜作製時温度

  T：冷却後の温度 E_f：薄膜のヤング率 ν_f：薄膜のポアソン比

σ_Tの符号が正の時，引っ張り応力，負の時，圧縮応力である。

真応力の主な発生原因として，①成膜時に膜の生成する格子欠陥，②成膜時・成膜後の体積変化があげられる。①はスパッタリングでは重要な応力発生原因であり，成膜条件を変化させることによって，引っ張り応力⇔圧縮応力に変化させることが可能である。

真応力の求め方は，内部応力σ−熱応力σ_Tの関係を用いる。したがって，内部応力を求めなければいけないが，内部応力σを表す式を以下に示す。式の導出に関する詳細は参考書[3,4]を参照。

$$\sigma = E_s D^2 \delta / 3l^2(1 - \nu_S)$$

  E_s：基板のヤング率 D：基板の厚さ δ：変位量 l：薄膜の長さ

  ν_S：基板のポアソン比

基板の曲面（変位量δ）を観測する方法としては，光てこを利用する方法，固定電極と基板との間の電気容量変化を測定する方法，ニュートン環の移動量から求める方法，などがある。光てこを用いた方法として，図4に示すように光源を走査して，反射光を検出することによって，曲面の形を求める。

上記以外の測定方法としてX線回折，電子回折法を用いて，結晶格子の歪みを測定し，応力を求める方法[5]がある。この方法で求められた応力値は信頼性が高いことがあげられる。

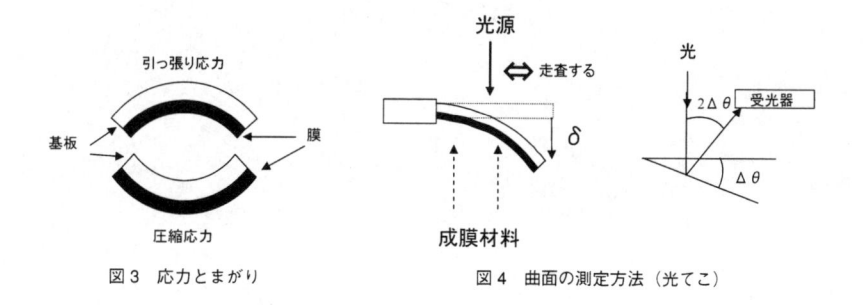

図3　応力とまがり

図4　曲面の測定方法（光てこ）

文　献

1) 薄膜作製応用ハンドブック, p192-197, エヌ・ティー・エス社 (1995)
2) 薄膜の力学的特性評価技術, p577-592, リアライズ社 (1992)
3) 薄膜作製応用ハンドブック, p172-174, エヌ・ティー・エス社 (1995)
4) 薄膜の力学的特性評価技術, p225-235, リアライズ社 (1992)
5) 薄膜の力学的特性評価技術, p258-263, リアライズ社 (1992)

3 薄膜の機械的特性

3.1 硬度

硬度の評価方法は，

①硬い材料で引っかき，その傷を調べる（スクラッチ試験）

②硬い材料を押し付けて，変形を調べる（押し込み硬さ試験）

③硬い材料を衝突させ，反発力を調べる（動的硬さ試験）

に分けられる。

①の方法で最も古く，有名なのがMohsの硬さ評価法である。しかし，これは科学的な硬さではないために，現在は物理的解釈・定量化が可能な②の押し込み硬さ試験にとって変わられることになった。

②の試験方法として，Brinell硬さ試験があげられ，最も普及している硬さ試験法である。ただし，Brinell硬さも材料定数ではないことに注意が必要である。

Brinell硬さをHBとして，

$$HB = 2P/\pi D(D - \sqrt{(D^2 - d^2)})$$

D：圧子の直径　P：荷重　d：圧痕の直径

以下，評価方法について説明をしていく。

図1に示すように，試験片の変形領域は，押し込み領域の数倍になることがわかっている[1]。そのため，薄膜の膜厚は押し込み深さの5～10倍が必要となる。Brinell硬さを求める時に用いる圧子にはビッカース圧子とヌープ圧子（図2）がある。原理が同じであるため，圧子形状が異なっても，硬度の値はわりと近い値を示すが，荷重範囲によっては大きく異なる[1]。薄膜の試験にはヌープ圧子の方が適している。これは，同じ接触面積でも押し込み深さがヌープ圧子の方が浅いからである。

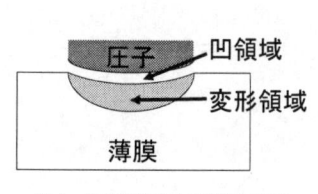

図1　硬さ試験による材料の変形

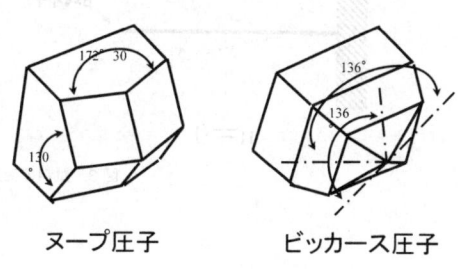

図2　圧子形状

3.2 ヤング率

材料を引っ張る荷重を増やしていくと,材料は伸びる。荷重が小さい間は,荷重と伸びには比例関係が存在し,荷重を取り除くことによって伸びは消失し,材料はもとの長さに戻る。荷重が増せば伸びが戻らなくなり,最後には破断を生ずる。荷重を荷重方向と垂直な材料の面(積)で割った値が応力(σ)である。そして伸びを標点距離でわった値がひずみ(ε)である。荷重と伸びの比例関係が成り立っている範囲で,$\sigma=E\varepsilon$の関係が成り立つ。比例定数Eを弾性率,またはヤング率と呼ぶ。ヤング率は剛性率,ポアソン比とともに重要な弾性定数である。ヤング率の測定法には,静的方法と動的方法がある。静的方法には,EwingやSearleの装置・方法がある。これは,試料に荷重をかけて変形(ひずみ)を測る方法である。動的方法としては振動リード法がある。これは試料を振動させて,共振周波数から求める方法である。ここでは,材料・試料が薄膜であること,過去に報告[2,3]が存在することから,振動リード法の原理を簡単に説明する。

・振動リード法の原理

試料の一端を固定して,他端を振動させると(図3),共振周波数とヤング率Eの関係は,

$$f_n^2 = a_n^4 k^2 E/(4\pi^2 l^4 \rho)$$ となる。

a_n:振動の次数による定数　k^2:試料断面の形状による定数

l:試料の長さ　ρ:密度

したがって,

$$E = 4\pi^2 l^4 \rho f_n^2 / a_n^4 k^2$$ となる。

振動の周波数は発振器に測定器をつなぎ読み取る。振動の変位は,光てこを使用して読み取る。

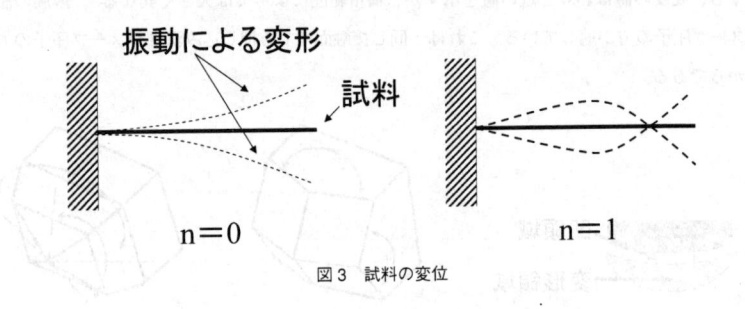

図3　試料の変位

第3章 無機膜の物性評価技術

文　　献

1) ASM Handbook Comitee, Metals Handbook, 8, American Society of Metals, Ohio 69 (1985)
2) K. Uozumi, H. Honda, A. Kinbara : *Thin Solid Films*, **37**, L49 (1976)
3) K. E. Petersen, C. R. Guarnieri : *J. Appl. Phys.*, **50**, 6761 (1979)

4 薄膜の電磁気特性

4.1 電気抵抗測定

　薄膜の電気的性質を特徴づける要素は，微細構造と不純物があげられる。さらに，薄膜のサイズが小さくなれば，表面の影響・量子サイズ効果の影響が加わることになる。ここでは基本的な測定法について説明を行う。

　基本式としては，図1に示すように，薄膜の形状を厚さd，幅W（したがって断面積$S=dW$となる），長さをlとする。薄膜両端に電圧Vを印加すれば，Ωの法則から$V=IR$となる。Iは薄膜を流れる電流である。電気抵抗は長さlに比例し，断面積に反比例する。これより$R=\rho(l/S)=\rho(l/dW)$の関係が成り立ち，ρは電気抵抗率と呼ばれる。ρの逆数$\sigma=1/\rho$が電気伝導率である。$l=W$の場合は，$R_s=\rho/d$となり，R_sは表面抵抗と呼ばれ，単位はΩ／□である。これは膜厚の影響を受けない抵抗の表現である。

　電気抵抗の測定としては，四探針法とvan der Pauwがよく用いられる。

(1) 四探針法

　図2に示すような試料形状のものの表面に探針を接触させる。探針と試料表面の接触不良は，誤差の原因となるため，注意を要する。外側2本の探針に定電流Iを流す。そして内側2本の探針の間に生ずる電圧を測定する。探針の間隔Sが試料サイズより小さければ，表面抵抗$R_s=\alpha(V/I)$が成り立つ。αは形状補正因子[1]と呼ばれるものである。

(2) van der Pauw

　この方法は，任意の形状の薄膜に対しても使用できることに特徴がある。測定としては，図3に示すように試料の4ヵ所に測定用の端子を取り付ける。四探針法と同様に，この接触が不良であったり，この部分での接触抵抗が高かったりした場合には，誤差を伴うため，やはり注意が必要となる。最初にcd間に定電流i_{cd}を流す。この時のab間の電圧V_{ab}を測定する。これより$R_{abcd}=V_{ab}/i_{cd}$を求める。同様に$R_{bcda}=V_{bc}/i_{da}$を求める。これらの値より表面抵抗$R_s=\pi(R_{abcd}+$

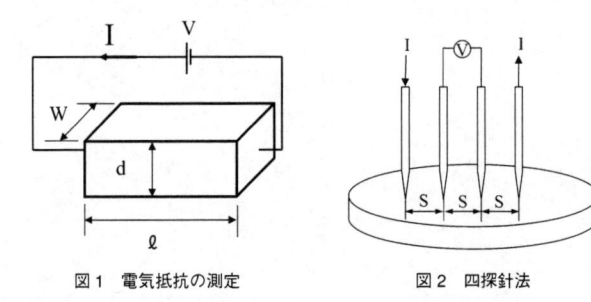

図1　電気抵抗の測定　　　図2　四探針法

第 3 章　無機膜の物性評価技術

図 3　van der Pauw 法

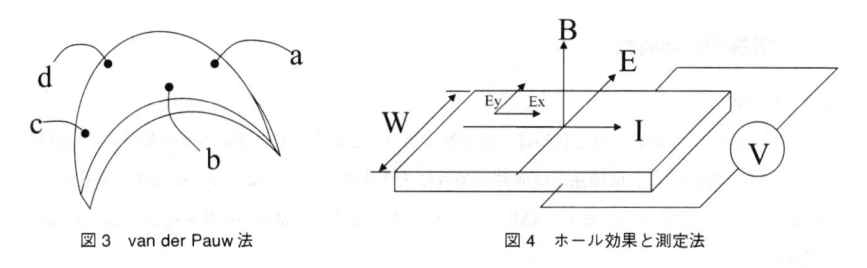

図 4　ホール効果と測定法

$R_{bcda})f/2$ (ln2) を求める。ここで f は形状補正因子[2]である。

4.2　薄膜のホール測定

ホール効果とは，図 4 に示す方向に電流を流し，それと垂直方向に磁場をかけたとき，電流と磁場の方向に垂直な方向に起電力が発生する現象である。電流 I と磁束密度 B，ホール電圧 V とした場合，$V/W=E_y$ (ホール電場) とし，$E_y=RIB$ が成り立つ。R はホール係数と呼ばれる比例定数である。当然，電流方向にも電場があり，それを E_x と表現すれば，$E_y/E_x=\tan\theta$ が定められ，θ はホール角と呼ばれる。電気伝導率 σ とホール係数 R の積はホール移動度と呼ばれ，$\mu_H=\sigma R$ と表される。

測定上の注意点は，ホール電圧が 10^{-9} volt レベルの測定であるため，精度に影響を与える因子（温度など）の管理を徹底することが求められる。

文　献

1) F. M. Smits : *Bell Syst. Tech. J.*, **37**, 711 (1958)
2) L. J. van der Pauw : *Philips Research Reports*, **20**, 220 (1958/1959)

5 薄膜の光学特性

5.1 屈折率

　光学的製品として用いられる材料は，酸化物であり，これら材料の屈折率は重要である。薄膜にしたときの屈折率は，成膜法と成膜時の条件に大きく依存する。なかでも結晶性，気孔率(密度)などが大きく影響する。また，基板の上に存在する薄膜は，基板の影響も考慮しなければならない。

　薄膜を均質等方性の平行平面膜と考えることができる場合，薄膜の光学的特性は屈折率と膜厚で決定される。

　薄膜の中を光（電磁波）が伝搬するとき，その薄膜の屈折率 n は薄膜による光（電磁波）の吸収がない条件で，

$$n = c/v$$

と表される。
ここで，c：真空での光速度，v：媒質中の光速度である。

　図1に示すように，媒質1から媒質2へ光が入射する場合，媒質1中の光，媒質2中の光が，媒質1と2の境界面の法線となす角において，それぞれ ϕ_1，ϕ_2 であれば，

$$n_1 \sin \phi_1 = n_2 \sin \phi_2$$

スネル（Snell）の法則が成り立つ。

　光の速度との関係からは，

$$n_2/n_1 = \sin \phi_1 / \sin \phi_2 = c/v$$

の関係となる。

　屈折率は反射率とフレネルの関係式より求めることができるが，精度は低い。精度の観点からブルースター角測定法，液浸法を用いる[1)]。

　ブルースター角の測定から屈折率を求める方法について述べる（図2参照）。ブルースター角

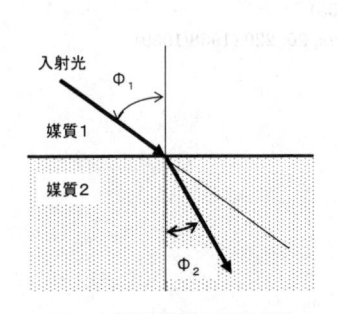

図1　2種類の媒質での光の屈折　　　　図2　ブルースター角

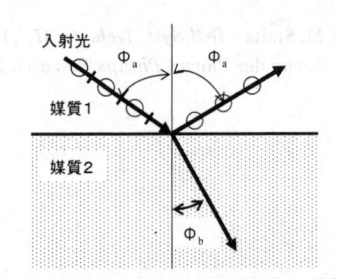

○；光の電場ベクトルが入射面（紙面）に垂直
｜；光の電場ベクトルが入射面に（紙面）に平行

第3章 無機膜の物性評価技術

は入射角（ϕ_a）と屈折角（ϕ_b）の和が$\pi/2$のとき，$\tan\theta = n_2/n_1$の関係が成り立つ角度のことである．

光源はレーザーなどの平行光となるものを用いる．光を偏光子を通して試料に照射し，反射光を検光子を通して測定する．偏光子，検光子の偏光面を入射面に一致させ，測定の角度を変化させていくと，光量が最低になる角度が現れる．この角度がブルースター角であり，上記の式に代入することで屈折率が求まる．

次に液浸法は，一定の屈折率をもつ液体中に測定すべき試料をいれ，顕微鏡で観察しながら，液体の屈折率を変化させる．液体と試料の屈折率が異なれば，試料周辺にBecke線の輝線が見える．屈折率の一致とともにBecke線は消失する．すなわち液体と試料の区別ができなくなる．注意事項として，用いる液体，試料の屈折率には温度依存性があるため，温度管理を行わなければならない．

屈折率には波長依存性が存在する．これはSellmeierの分散式として知られており，

$$n^2 - 1 = S_0 \lambda_0^2 (1 - (\lambda_0/\lambda)^2)$$

である．ここで，S_0とλ_0は定数である．

5.2 透過率

光の強度が，物質中で$\exp(-\alpha X)$に従って減衰するとき，αを吸収係数と呼び，αは消衰係数に比例する．なお，Xは薄膜表面から膜中への距離である．

$$\alpha = (4\pi/\lambda) \cdot k$$

薄膜の透過率（T）は（薄膜を透過した光の強度）/（薄膜に入射した光の強度）である．すなわち，$T = I/I_0$と表記される．この式は吸収係数と薄膜の膜厚（d）を用いても表現することができ，その場合は $T = (1-d)^2 \exp(-\alpha d)$ となる．

吸収係数は，物質固有の係数と散乱を含んでいる．そのため，散乱を小さくすることで透過率Tを大きくし，透明性を向上させることができる．

薄膜は基本的に基板の上に成膜されているため，基板の吸収や基板での反射損失の補正が必要になる（図3参照）．

透過率の測定には，種々の方法がある．それらは，直線透過率，拡散透過率，全透過率に分けられる．直線透過率は，媒体（物質）に入射した光が，その媒体（物質）にほとんど散乱されることなく通過する直線透過のみを光検出器で測定する．拡散透過率は，試料を透過した散乱光も検出器に入射する場合の透過率である．検出器の開口角（θ_0）が大きい場

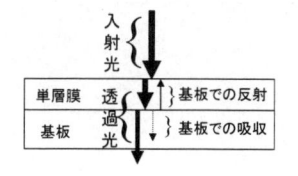

図3 基板上の単層膜の光透過

合．試料と検出器の間の距離が極端に短い場合などである。全透過率は，パイプの中心に光源を入れ，パイプを通ってでてくる光の全てを積分球で集め，検出する方法である。これらの測定法(装置構造)は，他の参考書[2]に詳しく述べられている。

文　　献

1) 山口一郎, 応用物理学シリーズ　応用光学, p91-94 (1998)
2) 戸田尭三, 石田宏司, 光学セラミックスと光ファイバー, 技報堂出版, p80 (1983)

6 薄膜の耐食性

6.1 はじめに

無機薄膜の化学特性を論じる場合,重要なのは耐食性(腐食性)である。金属は腐食によって,水酸化物・塩化物などを経由して,最終的には安定な酸化物となる。しかし,安定な酸化物でも過酷な環境での使用においては,分解して金属へと戻る。最初に金属の腐食,評価について説明をする。

6.2 金属の腐食

金属の腐食の形態は大きく水溶液腐食と気体腐食との2つに分けることができ,このなかで,水溶液腐食はさらに細かく分類[1]されている。

・電気化学的に進行する腐食
  均一腐食(全面腐食)
  局部腐食(孔食,すきま腐食,粒界腐食)
・電気化学的作用と機械的作用の共存状態で進行する腐食
  応力腐食割れ,水素脆性,腐食疲労,擦過腐食

主に,電気化学的に進行する腐食について説明をする。
たとえば,金属Mが水溶液にイオンとして溶出し,金属中に電子を残す場合は,次の反応式で表される。

$$M \rightarrow M^{z+} + Ze^-$$

このような反応は酸化反応であり,電気化学ではアノード反応と呼ばれている。この反応だけが進んだ場合,金属中には電子が蓄積され,その金属はマイナスに帯電する。その結果,溶出した金属のプラスイオンがその金属にひきつけられ,溶出の進行が止まる。腐食という現象が続くためには,金属中に溜まった電子を消費する反応がなければならない。その反応が,たとえば水素発生反応である。

$$2H^+ + 2e^- \rightarrow H_2$$

この式は還元反応であり,電気化学ではカソード反応と呼んでいる反応である。
アノード反応となるかカソード反応となるかは,その反応の平衡電位が局部電池よりも高いか低いかで決まる。
腐食反応とはアノード反応とカソード反応が同時に進行する反応である。
水溶液中のアノード・カソード化学反応をまとめて表記すると,一般に次式で表される。

$$xO_x + mH^+ + ze^- = yRed + nH_2O$$

ここで，O_x は酸化種，Red は還元種である。

腐食についての評価方法，測定手段は，他の専門書[2]に詳細に述べられているので，それを参考にするほうがよいが，ここでは，特に電気化学的手法による評価を説明する。これは，①評価時間が短時間であること，②定量的評価が容易である，という長所があるからである。

腐食電位は，アノード反応とカソード反応の平衡電位の中間にある。電位の変化により電流を発生させる。このときの「電位の変化」を分極と表現する。分極させたときの電位-電流の関係を分極曲線と表現する。腐食の速度・機構を知るためには，アノード反応の分極曲線とカソード反応の分極曲線をそれぞれ知る必要がある。この測定は，試料を適当な基準電極と組み合わせて電池を作ることで測定可能である。なお，外部電源と補助電極を用い，試料に外部から分極させて，測定できる電流はアノード反応とカソード反応との差である。以後，アノード反応，カソード反応の分極曲線を局部分極曲線，外部から試料に分極を与えて得られる分極曲線を外部分極曲線と呼ぶことにする。

外部分極曲線の測定法としては，一定電流のもとに電極電位を求める定電流法と電位を保つ条件のもとで電流を測定する定電位法がある。これらの方法を使って外部分極曲線を求め，腐食電位を求める方法としてターフェル線外挿法[3]について説明する。

n：電極反応に関与する電子数，i：電流密度，α：移動係数 $(0<\alpha<1)$，i_0：交換電流密度，η：過電圧，として，バトラー・ボルマーの式 $i = i_0(\exp(-\alpha n f \eta) - \exp(1-\alpha) n f \eta)$ において，η の絶対値が十分に大きな場合の酸化電流，還元電流の対数をとった式がターフェル式となり，$\eta = a \pm b \ln |i|$ と表記される。＋は酸化反応，－は還元反応である。a，b はターフェル定数と呼ばれるものである。電極反応が遅く，大きな活性化過電圧が必要な系において成り立つものである。図1に示すようにアノード分極曲線，カソード分極曲線は過電圧が大きい範囲では直線となる。それぞれの直線を延長して，交点を求める。この交点に対応する電流が腐食電流であり，電位が腐食電位となる。

ターフェル線外挿法以外にもいくつかの方法が存在する。詳細は他の専門書[4,5]に譲る。

6.3 酸化物の分解

冒頭で述べたように，すべての金属は最終的には酸化物となり安定な構造となる。酸化物・セラ

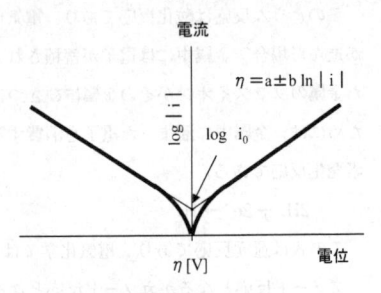

図1 ターフェルプロット

n：電流反応に関与する電子数
i：電流密度
i_0：交換電流密度
α：移動係数（$0<\alpha<1$）
η：過電圧

第3章 無機膜の物性評価技術

ミックスは融点が高く,耐熱性が優れているため,常温では問題とはならないが,多成分系であるため,完全な熱力学的平衡状態になっているとは限らない。すなわち,内部には腐食因子が存在する。

高温などの極限環境で用いる場合は,酸化物が金属へと戻る反応がある。アルミナを例題として説明する[6]。α-Al_2O_3の融点は2015℃であり,この融点以上で

$$Al_2O_3(固) \longrightarrow 2Al(気) + 3O(気)$$

の反応がおきる。一般的には,このような温度での反応は問題とはならないが,高温下真空中で用いる場合には注意が必要である。

文　献

1) 日本化学会編,第5版 化学便覧 応用化学編Ⅰ,p569,丸善㈱ (1995)
2) 防錆・防食技術総覧編集委員会編,防錆・防食技術総覧,p452,㈱産業技術サービスセンター (2000)
3) 逢坂哲彌 小山昇,大坂武男電気化学法―基礎測定マニュアル,p56-57,講談社 (1990)
4) 防錆・防食技術総覧編集委員会編,防錆・防食技術総覧,p503,㈱産業技術サービスセンター (2000)
5) ㈳電気化学協会,新版 電気化学便覧,p900-901,丸善㈱ (1968)
6) 戸田尭三,石田宏司,光学セラミックスと光ファイバー,p91,技報堂出版㈱ (1983)

第4章 無機膜の最新応用技術

1 工具・金型分野への応用

1.1 機械加工への応用

安岡　学＊

　工具・金型分野すなわち機械加工を中心とする無機膜の適用は，まずCVD（Chemical Vapor Deposition）を用いたTiC工具（旋削用チップ）への適用が最初であろう[1]。また，CVDの他，1970年代以降にTD（Thermal Diffusion）プロセス[2]によるVC等の無機膜，いわゆる硬質被覆膜が開発されてきた。しかし，昨今の硬質被覆膜の広範な普及に関しては，総称としてのPVD（Physical Vapor Deposition）特にイオンプレーティング（HCD溶解，アーク及びスパッタ）の実用化が大きい鍵となった[3]。

　1972年，UCLAのR. F. Bunshah[4]がARE（Activated Reactive Evaporation）によりTiC膜を公表して以来，イオンプレーティングによる硬質被覆膜に関する研究が盛んになった。研究開発段階の成膜には，反応性スパッタリングを用いたTiN[5]やHCDガンを使用した蒸着法によるCrN[6]の研究も見られる。これらの硬質被覆膜は主に機械加工に使用される切削工具や金型の素材となる硬質材料の研究開発過程で考案されてきたものである。

　このイオンプレーティングによる硬質被覆膜の普及は切削工具や金型の素材が高度化され，高速度鋼やダイス鋼のような二次炭化物を有する鋼材へ移行したこと，これらの材料の焼戻し温度が500～550℃レベルで，それ以下の温度では軟化しない特性に関連している。CVDやTDの場合には高温で処理され，その後に熱処理するため熱処理変形や硬質被覆膜自身の研削仕上げなどの問題があるのに対し，イオンプレーティングでは工具や金型製品の完成品に硬質被覆膜を適用できるようになったことが広範に普及した大きい要因である。

　硬質材料に求められる特性は耐摩耗性ならびにその靱性が基本となる。この要求ニーズに沿い図1の右上方向が開発方向となり，硬質被覆膜はその要求を高めるための方法となっている。殆どの硬質材料に硬質被覆膜が適用されるのは，耐摩耗性と靱性が必要不可欠ではあるが，素材の硬質材料にない各用途に特有な機能が付加されることによって，その工具の性能を高めることができることを意味している。

＊　Manabu Yasuoka　㈱不二越　機械工具事業部　チーフエンジニア

機能性無機膜の製造と応用

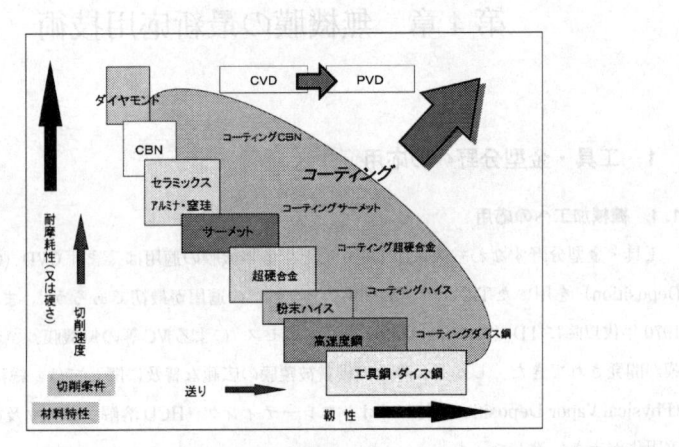

図1 硬質被覆膜の開発方向

表1 各種硬質材料とその性質[7]

分類	組成	結晶構造	ミクロ硬さ〔HV〕	密度〔g/cm³〕	融点〔℃〕	熱伝導率〔W/(m・K)〕	熱膨張係数〔10^{-6}/℃〕
炭化物	B_4C	斜方六方晶	4900〜5000	2.5	2350	29	4.5
	SiC		3000〜3340	3.2	2830	42	4.3〜4.5
	TiC	面心立方晶	2980〜3800	4.9	3180	17.33	7.61
	VC	〃	2800	5.7	2830	4	6.5
	HfC	〃	2700	12.7	3890	6	6.73
	ZrC	〃	2600	6.5	3530	21	6.93
	NbC	〃	2400	7.8	3480	14	6.84
	WC	六方晶	2000〜2400	15.8	2730	29	6.2
	TaC	面心立方晶	1800	14.5	3780	22	6.61
	Mo_2C	六方晶	1800	9.2	2400	7	6.0
	Cr_3C_2	斜方晶	1300	6.7	1800		10.3
窒化物	TiN	面心六方晶	2400	5.4	2930		
	VN	〃	1500	6.1	2050		
	HfN	〃	2000	14.0	2700		
	ZrN	〃	1900	7.3	2980		
	NbN	〃	1400	8.4	2300		
	WN						
	TaN	六方晶	1300	14.1	3090		
	BN	立方晶	4700	3.5	3000*	200	4.8(430℃)
酸化物	Al_2O_3	六方晶	2100	4.0	2030	30	8.6

* 1200〜1500℃でhBN（六方晶）へ変態

166

第4章 無機膜の最新応用技術

1.2 硬質被覆膜の工具への適用

図1に示した耐摩耗性ならびに靱性は,材料特性としては硬質材料に求められる基本的なものであると記した。しかし僅か1μmから数μm程度の硬質被覆膜の耐摩耗性が加工能率を数倍に高めたり,工具寿命を伸ばしたりする現実は不思議といわざるを得ない。

硬質被覆膜は表1に示すような炭化物ならびに窒化物であり,現在これらの硬質材料は成膜可能になっているが原料やコスト面で実用化できたのはその一部であり,これらの要因の他に耐摩耗性が高いだけでなく,加工のメカニズムに関連した機能が発揮されたからである。特に,現在主流となっているPVDの硬質被覆膜は図2に示したような膜組織が柱状晶組織に類するものであり,組織的な見方からすれば未完成の成長過程のものと考えられてきた。しかし,最近の研究では組織学あるいは結晶学的にもナノテクノロジーに属する各種の機能が見いだされ,開発が続けられている。

切削現象は非定常過程の摩擦,摩耗ならびに潤滑すなわちトライボロジーに関係した現象であり,その過程には摩擦熱の問題,熱による反応やその一部の酸化といった問題を含んでいる。昨今話題になっているドライ加工については,この熱輸送を硬質被覆膜が変えることによって生じた変革に他ならない。同時に酸化特性の改善要求に対応してTiAlNやAlCrNといった3元系被覆膜のニーズが高まりを見せている。

硬質被覆膜の機能として基本的なものはトライボロジーの機能であり,硬質であるための摩耗に視点が注がれがちではあるが,実際には摩擦に関係した機能が大きい。例えば被削材が工具刃先に凝着するいわゆる"構成刃先"に関係した現象が硬質被覆膜においては極端に少なくなり,

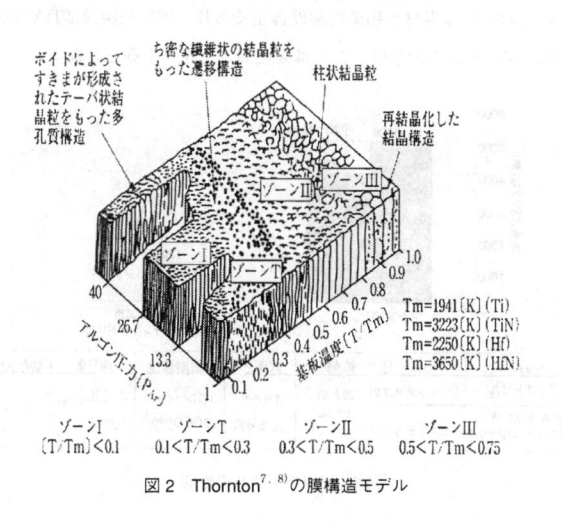

図2 Thornton[7, 8]の膜構造モデル

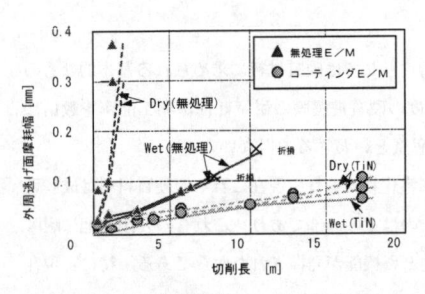

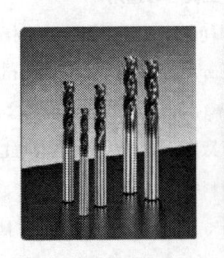

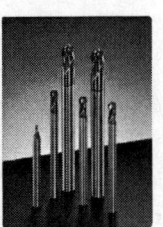

図3 コーティング高速度鋼エンドミル（Gスタンダード）の性能[10]

図4 コーティング超硬ドリルとコーティング

工具刃先掬い面上で切屑の接触長さを短くする現象として現れる[9]。このことは切削時の剪断角を変える効果となり，コーティング工具の高速化による加工の高能率をもたらした一因ともなっている。

図3はコーティング工具が普及した20年前の高速度鋼製エンドミルの切削試験データ例である。切削速度：25m/minで被削材は炭素鋼（S50C）の場合であるが，ドライでもウエットでもコーティングエンドミルが大幅に上回っているだけでなく，ドライがウエットとほぼ同等の性能を示す結果となっている。エンドミルによる機械加工は，この時代から一挙にドライ加工に移り，現在では超硬エンドミルによる高速切削が主流となり，さらに熱発生が大きいとされるドリルにおいてもドライでの高速切削が主流となってきている。図4には代表的なコーティング超硬ドリル（アクアドリル：不二越）及びコーティング超硬ボールエンドミルを示した。また図5にはその性能を示した。この工具は素材が超微粒超硬合金であり，硬質被覆膜はTiAlN系に潤滑性を高める無機膜を付加している。この超硬ドリルは高速加工を達成するとともに，ドリルでは始めて

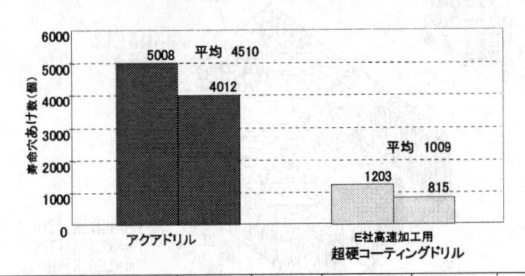

ドリル	ドリル寸法	被削材	穴深さ	切削速度	送り量	切削油剤
アクアドリル	φ6×28×72	炭素鋼 S50C 185 HB	15mm 止まり穴	150m/min 8000min⁻¹	0.15mm/rev 1200 mm/min	ドライ
E社高速加工用 超硬コーティングドリル	φ6×28×70					

図5 アクアドリルの性能

第4章　無機膜の最新応用技術

工業的な意味で一般鋼材のドライ加工を可能にした画期的なドリルとなった。

これらの背景には高速加工を可能にした工作機械の進歩、ならびに素材となる超硬合金の開発とその製造の安定性さらには超硬合金の研削加工機や砥石というような加工技術の進歩も見逃せない。

TiAlNは超硬合金の主成分であるWCと同等以上の硬度を持つが、耐摩耗性以上に高速切削で生ずる熱に対する耐熱性、耐酸化性、放熱特性ならびに先に記した摩擦特性等から生まれる特性が付加されている。これらの金属成分が複数の場合、すなわち合金による硬質被覆膜ではイオンプレーティングのうちアーク法やスパッタ法を用いるのが一般的となっている。PVDによる成膜は比較的低温での処理であり、硬質被覆膜に圧縮の残留応力を持つためフライス加工としてのチップやドリル、エンドミル、高速度鋼の歯切工具ならびにブローチなどの工具に適用されている。

また、銅加工やアルミ加工ではそれら被削材に対する耐凝着性からCrNやDLCが適用され効果をあげている。また、加工法としてもMQL（Minimum Quantity Lubrication）加工[11]などの新しい加工法も生み出され、硬質被覆膜の用途も拡大されつつある。

1.3　硬質被覆膜の金型への適用

金型にはプレス・絞り、鍛造・押出、射出成型あるいはダイキャストといった用途や加工物により多くの種類があり、加工法も様々である。プレス・絞り、押切り等の切断型や鍛造型は耐摩耗や材料強化の面では工具への適用に近い機能が必要となる。図6は打ち抜きプレス金型を示し、図7にはCrN膜を適用した場合の性能を示した。このような適用により2～3倍、時には数倍の寿命向上事例も報告されている。

切削工具に限らず金型の場合も硬質被覆膜による性能向上は、単に摩耗が少ないばかりでなく、バリが出にくいとか表面粗さが向上するというような機能向上を含んでいる。これらの評価特性は摩耗との関連が指摘できるが、面粗さの向上などは評価特性の向上だけでなく、品質向上

図6　CrN被覆の成形金型例　　　　図7　プレス加工の硬質被覆膜の効果[12]

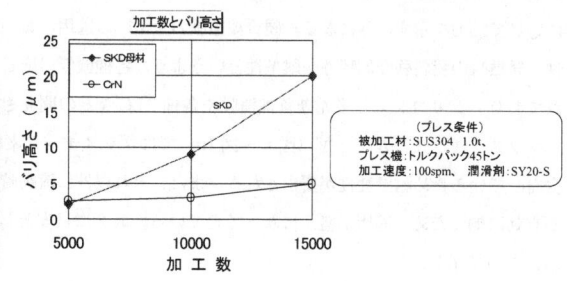

機能性無機膜の製造と応用

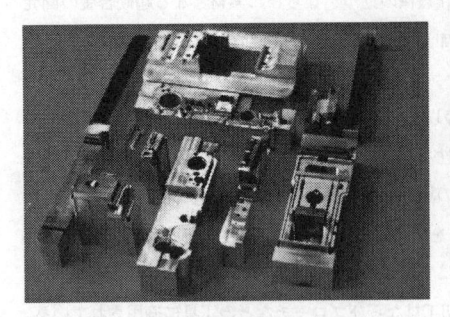

図8 プラスチックモールド金型（TiN）への適用

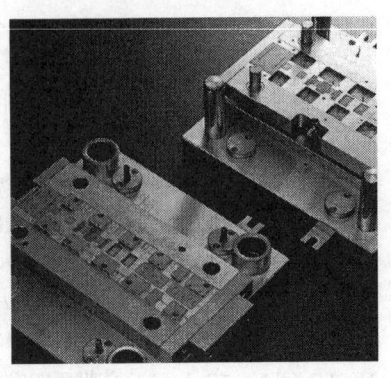

図9 半導体用キャビティ（Crメッキ＋CrN）への適用

図10 携帯電話のケース用金型(TiN，CrN)への適用

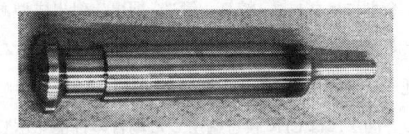

図11 医薬用錠剤を成形する杵（CrN）への適用

にもつながるものである。

　射出成型やダイカストでは対象が耐磨材含有プラスチックやアルミ合金であり，耐摩耗性の他に耐熱性や耐凝着性が必要となる。このように機械加工への適用においては各種の特性が各目的に応じて効力を示すことになる。硬質被覆膜の金型への適用においても切削工具と同様に摩擦特性，発熱時の材料強度的特性や離型性というような各種機能に応じた硬質被覆膜の研究が進められており，シリコン入り多元硬質被覆膜や各種DLCなどの開発も進められている。

　プラスチックモールド金型（図8～図10）ではプラスチック素材に研磨材に近い硬質材料を含有しているため耐摩耗性が要求される。また，それ以外に流動時の濡れ性や離型性などの機能が有効に働くため，適用が盛んになってきている。表2に目安として代表的な硬質被覆膜の各適用について示した。

　このような用途の他にも，例えば，チョコレートの製造でのカカオパウダーや歯磨き粉の製造

170

第4章 無機膜の最新応用技術

表2 各種硬質被覆膜の適用対象

膜種	特徴	用途									
		金型					摺動部品			切削工具			
										鉄系 || 非鉄系	
		プレス	樹脂	鍛造	アルミ	その他	軽負荷	中負荷	重負荷	ドライ	ウエット	ドライ	ウエット
TiN	耐摩耗性 広い適用性	◎		△	△	○	○	○	○		○		△
TiCN	耐摩耗性	◎		△	△	△	○				◎		△
TiAlN	ドライ加工用 耐熱・放射性				△			△		◎	△		
CrN	耐熱性 非凝着性	○	◎	○	△	○		○	◎			△	△
DLC	非凝着性 低摩擦		○		◎		○	△				◎	○

図12 タイル成形用金型（CrN）への適用　　図13 繊維用ノズル（CrN）への適用

過程で撹拌や混練のための耐摩耗工具用途としての適用事例も散見される。医薬用途では錠剤を固める金型やタイル用金型（図11，図12）などにも使用例がある。これらの粉体はHV500を越える硬度を持つ硬質材料でもあり，付着や凝着し易い性質を硬質被覆膜の機能が改善している。離型や濡れだけでも図13に示したような繊維向けのノズルなどの用途でも使用例がある。このような射出成型以外では，アルミダイカストやアルミ押出成型などの金型などにも高温耐凝着性や耐摩耗用途としてのニーズがあり，適用事例も多い。

硬質被覆膜の金型への適用では金型特有の修正工程の問題がある。金型修正が容易で修正後の前処理安定性が確保されることにより，適用がより広がるものと考えられる。これらイオンプレーティングによる硬質被覆膜の主な適用対象を表3にまとめた。

1.4 硬質被覆膜の適用動向

表3にみられるように，これらの硬質被覆膜は切削工具や金型に加え，機械部品にも適用が検討されてきている。特に自動車関連の部品では軽量化や小型で性能向上が要求され，素材の変更

表3 硬質被覆膜の主な適用対象

分類	適用内容
切削工具	旋削用チップ,フライス用チップ,ドリル,エンドミル,タップ,リーマ,フライスカッタ,ホブカッタ,ピニオンカッタ,切断工具,ブローチ,フライカッタ,など
金型	切断型,ローリングダイ,押出ノズル,ダイカスト型,パンチ,トリミングダイ,十字パンチ,冷間鍛造型,キャビティ型,携帯電話金型,射出成型型(レンズ,部品),繊維ノズル,タイル型,錠剤用杵,錠剤用臼,など
部品	シャフト,ピニオンシャフト,カム,カムシャフト,ノズル,インナープレート,エンジンバルブ,繊維糸道,コンプレッサーベーン,油圧部品 など

なども検討されるようになり,硬質被覆膜の適用も幅広くなってきている。

図9に示したような従来の表面処理と組合せたハイブリッド処理[12]や新しい機能を付加した硬質被覆膜の開発も続けられており,今後の各種用途への展開が期待されている。

文献

1) A. Munster and W. Ruppert:*Z. F. El. Chem.*, **57** (7), 564 (1953); *ibid.*, 558 (1953)
2) 新井,藤田:プレス技術, **15**, 2 (1978)
3) 安岡:精密工学会誌, **66** (4), 527 (2000)
4) R. F. Bunshah and A. C. Raghuram:*J. Vac. Sci. Technol.*, **9** (6), 1385 (1972)
5) K. B. Su:修士論文 (M. I. T. 1978)
6) 小宮:博士論文 (東京工業大学 1977) *J. Vac. Sci. Technol.*, **13** (1), 520 (1976)
7) 不二越熱処理研究会:「新・知りたい熱処理」, 232, ジャパンマシニスト (2001)
8) J. A. Thornton and D. W. Hoffman:*J. Vac. Sci. Technol.*, **18**, 203-235 (1981)
9) M. Yasuoka:新素材, **10**, 37 (1993)
   Proceedings of 1st Int. Conf. on Tribology on Manufacturing Process '97, Gifu, 306 (1997)
10) 森内,広野:不二越技報, **41** (2), 9 (1985)
11) 安岡,清都:NACHI-BUSINESS NEWS, **3A3**, 1 (2004); **6A2**, 1 (2005)
12) 安岡:サーモ・スタディ2000, 7-1, 日本熱処理協会 (群馬・岡山) (2000)

2 シリサイド系半導体薄膜の発光／受光デバイスへの応用

中山　明*

2.1 はじめに

21世紀を迎え，半導体技術に支えられたオプトエレクトロニクス素子の進歩により携帯電話や情報端末，さらにはインターネットなど高度情報技術の成果を誰もが手軽に利用できるようになった。今後，ますます発展を遂げるためには，半導体集積回路が電気，光，電磁波を通じてネットワークと直接つながる必要がある。一方，科学技術の進展に伴い，地球環境への負荷が増加し，オゾン層破壊・地球温暖化・海洋汚染・環境ホルモンといった負の遺産を抱え込んだのも事実である[1~3]。半導体デバイスにおいても，資源の乏しさや元素の有害性には目をつむりながら，元素周期律表を駆使して，最高性能の半導体デバイスを作製してきた。LEDや半導体レーザーなどの化合物半導体光デバイスや，太陽電池などのエネルギーデバイスは，大量に生産され，廃棄されるものである。しかし，これらのデバイスはGa, As, In, P, Se, S, Pb, Teなど，資源的に枯渇の問題が危惧される元素や，生態系に有害と考えられる元素が少なくない。

将来，資源循環・環境共生型の社会を創出するためには，地球上に無尽蔵に存在し，かつ安全なO, Si, Al, Fe, Caなどの高クラーク数元素を用いて，環境への負荷を小さくした半導体素子を創ることが出来れば，高度情報技術（IT）社会と資源循環・環境共生型社会を両立することが可能である（図1）。環境半導体とは，クラーク数の上位元素や，採掘可能で地殻資源埋蔵が豊富な

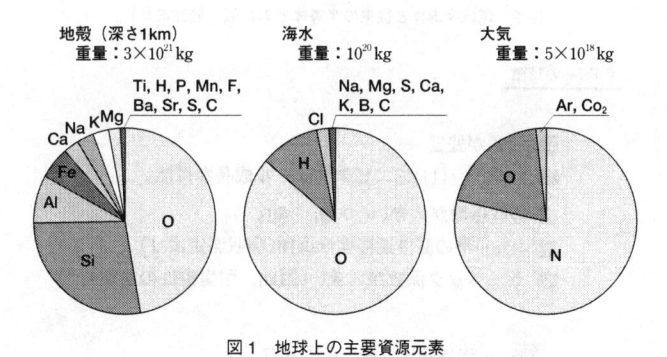

図1　地球上の主要資源元素

---

*　Akira Nakayama　㈱イオン工学研究所　成膜技術部　部長

元素を基本素材にした半導体材料群である[4]。環境半導体の候補としては，高温熱電素子材料として注目されてきたβ-FeSi$_2$，青色発光デバイスへの応用が進んでいるGaN，パワーデバイスへの応用が進められているワイドギャップ半導体SiC，さらには紫外発光素子材料として研究されているAlNなどがある。

また，まだ不明な点が多いがCaSi$_2$はバンドギャップが約1.9eV（λ＝653nm：可視波長）の直接遷移型半導体であり，可視波長半導体レーザーへの応用が期待されている（図2）。

特に，β-FeSi$_2$は，従来の化合物半導体とは異なる多彩な物性を発現し，情報通信用次世代半導体デバイス用材料として非常に魅力的な材料である（図3）。

環境半導体と従来の半導体との比較

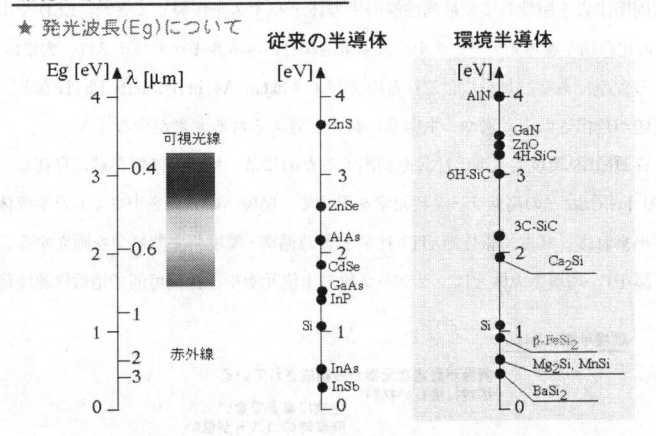

★ 発光波長(Eg)について

図2　環境半導体と従来の半導体との比較（発光波長）

β-FeSi$_2$の特徴

- 資源が豊富
- Si(001), (111)にエピタキシャル成長が可能
- 吸収係数が大きい(10^5cm^{-1}@1eV)
- 1.5μm帯の直接遷移型半導体(吸収測定より)
- ゼーベック係数が大きい(耐熱，耐腐食性の熱電材料)

➡ ・赤外発光、受光デバイス
　・エネルギー変換デバイス（太陽電池、熱電素子）

図3　β-FeSi$_2$の特徴

第4章　無機膜の最新応用技術

情報通信用デバイスとしては，次のような素子が考えられる。

a) 発光・受光デバイス：β-FeSi$_2$はバンドギャップ（Eg＝）0.85eVを持つ直接遷移型半導体でSi(Eg＝1.11eV)より小さい。一方，β-FeSi$_2$の屈折率（n＝5.6）は，Si(n＝3.5)よりも大きいため，Si/β-FeSi$_2$/Siダブルヘテロ構造を持つ，光導波路や光共振器が形成でき，発光波長が1.5μm帯の発光ダイオードやレーザーダイオードの実現が期待できる。この発光波長は石英光ファイバの最低損失波長と一致し，光ファイバー情報システムとの集積化や一体化が可能となる。また，吸収端近傍の高い光吸収係数は，1.5μm帯の低雑音光検知デバイスを製作する上で，非常に有利である。

b) オールシリコン光・電子・(磁気)集積デバイス：Si-LSIの高集積・超微細化に伴い，チップ間の信号伝送遅延が大きな問題となってきた。この問題の解決にオールシリコン光・電子集積デバイスを用いた光配線が提案されている(図4，図5)[5]。図5に示す光導波路として

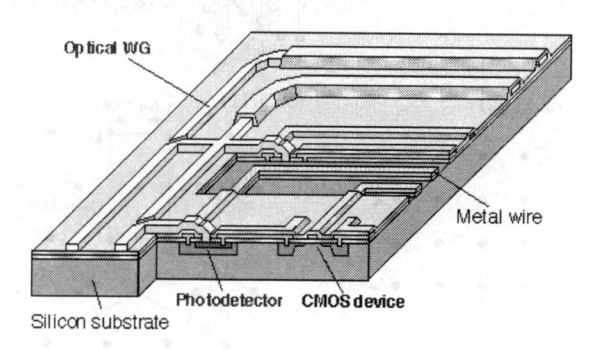

図4　オールシリコン光・電子集積デバイスの概念図

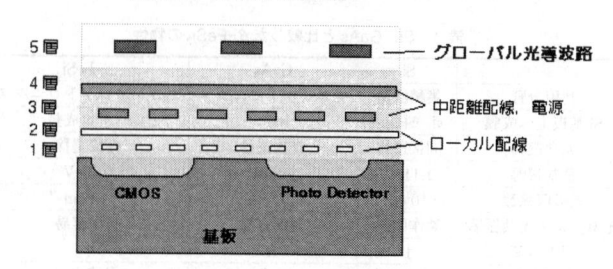

図5　オールシリコン光・電子集積デバイスの断面概念図

β-FeSi₂の高屈折率を利用したフォトニック結晶の利用も京都大学の前田により提案され試作が進められている。

β-FeSi₂発光・受光デバイスは，Si基板との良好な格子整合（格子不整合＜～5.5%）のため（図6），既存のSi-LSIやSiO₂光導波路との一体化が可能であり，理想的な光配線の実現が期待できる。またβ-FeSi₂中のFeと置換した磁性金属原子はスピンを持ち，直接遷移型シリコン系磁性半導体において，正孔（ホール）を介した強磁性秩序の観測が予想される。このことを利用し，β-FeSi₂を用いた磁気デバイスの実現が期待され，オールシリコン光・電子・磁気集積デバイスの製作が可能となる。これまで述べてきたβ-FeSi₂の物性を，現在実用化されているSi，GaAs材料と比較すると表1のようになる[3]。

以下，これらのデバイスを実現するために進められている環境半導体の研究動向および課題，

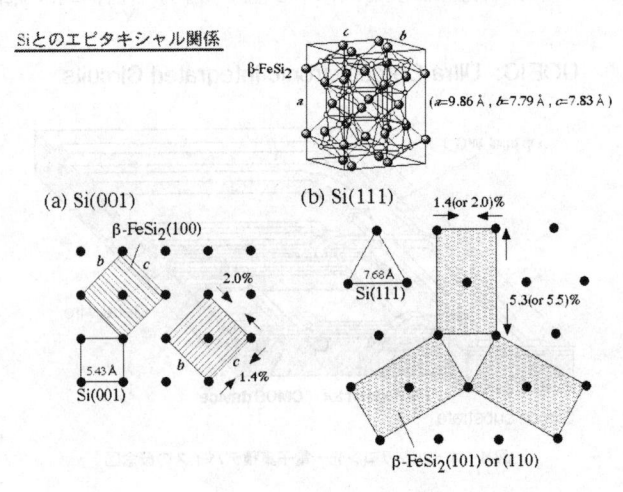

図6 Siとのエピタキシャル関係

表1 Si, GaAsと比較したβ-FeSi₂の物性

	Si	GaAs	β-FeSi₂
利用分野	集積回路	光エレクトロニクス	エコ・エレクトロニクス
Si基板上へ成膜	ホモ成長	困難	ヘテロ成長
光学遷移	間接遷移	直接遷移	直接遷移
禁制帯幅	1.11eV	1.43eV	0.85eV
光吸収係数	$>10^3 cm^{-1}$	$>10^4 cm^{-1}$	$>10^5 cm^{-1}$
光導波路／光共振器	製作困難	製作容易	製作容易
環境負荷	小	大	小
資源寿命	1万年以上	30年	1万年以上

第4章　無機膜の最新応用技術

問題点について述べる。

2.2 シリサイド系半導体薄膜の研究動向および課題，問題点

ここでは，β-FeSi$_2$の薄膜結晶成長技術および情報通信用発光／受光デバイスに関する研究動向についての現状をまとめる。また，情報通信用への応用に対しての課題，問題点についてまとめる。

2.2.1 β-FeSi$_2$薄膜結晶成長技術

β-FeSi$_2$は高融点金属（Fe，Si）から成り，Siの反応性が高温で非常に高いために，蒸発源としてルツボは使用できず，高品質薄膜試料の作製が極めて困難である。また，Fe-Si化合物は結晶構造・組成比の異なるFeシリサイドの存在がβ-FeSi$_2$の成長を難しくしている（図7，図8）。また，Ca$_2$Siに関しては，Caが他の金属に比べ蒸気圧が高いため，シリサイドを生成せずに容易に基板表面より再蒸発するという問題もある。

シリサイド半導体の問題の一つは，遷移金属の高純度化が難しいことである。市販のFeの最

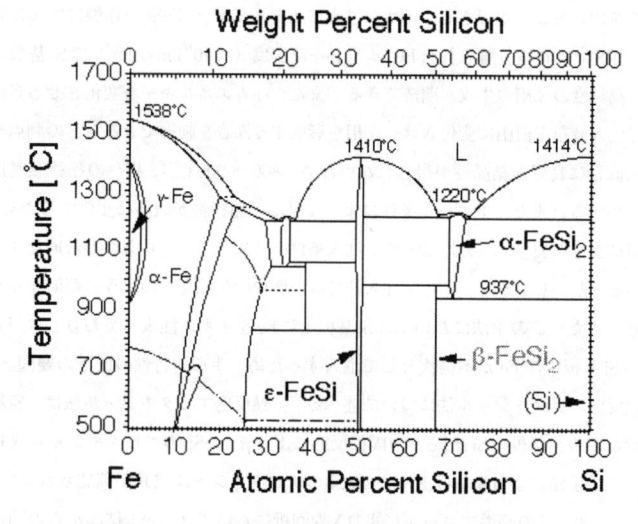

α-FeSi$_2$：金属，正方晶
β-FeSi$_2$：半導体，斜方晶
ϵ-FeSi　：金属，立方晶

図7　Fe-Si系状態図

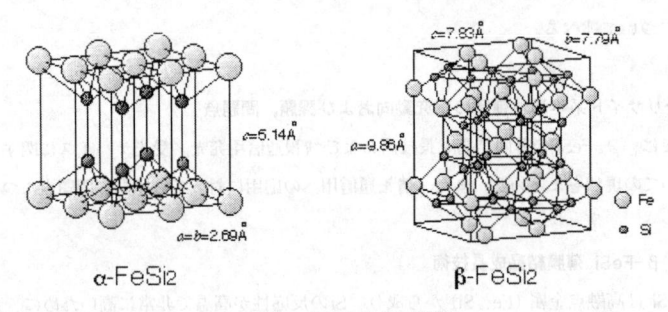

図8 FeSi₂の代表的な結晶構造

高純度は99.99％（不純物として金属およびガス成分あり）であり，このことは，成長した半導体 β-FeSi₂ 中に $10^{18} \mathrm{cm}^3$ 以上の不純物が含まれていることを意味する[3]。

イオンビーム合成法（イオン注入法，IBS；Ion Beam Synthesis）は質量分離された Fe⁺ イオンを Si 半導体基板にイオン注入するものである。通常の Si-ULSI プロセスで使用されているイオン注入装置を用いることができる。イオン注入による多結晶 β-FeSi₂ の作製は盛んに研究されている[6〜15]。IBSでは質量分離された Fe⁺ イオンを高濃度（$> 10^{16} \mathrm{ions/cm}^2$）で Si 基板に直接注入するので，高純度の β 相の生成が期待できる。また，注入エネルギーを変化させる多重イオン注入によって注入分布を自由に変化させ，β 相を形成する深さを制御できるなどの利点がある。通常は，注入直後に良好な結晶性が得られないため，800〜900℃（α 相への転移温度以下）で試料をアニールする。また，アニール条件によって結晶の諸特性が敏感に変化するため，IBSでは高品質 β 相結晶を作製するためにはイオン注入条件と共に，アニール条件の最適化する研究が進められている。しかしながら，イオン注入法では，膜中の欠陥をどのように軽減するかが大きな課題である。また，この手法においては Si 基板上に Fe をイオン注入しており，β-FeSi₂ を形成していない Si 基板中に Fe が不純物として混入するため，半導体特性の低下の要因となる。

次に，熱反応エピタキシャル法について述べる[16]。熱反応エピタキシャル法は，Si 基板上に Fe を堆積させながら，基板の Si と Fe との固相反応により β-FeSi₂ のエピタキシャル成長を行う方法である。この手法により Si 基板上に β-FeSi₂ のエピタキシャル成長が確認されている。また，薄膜形成後の850℃での高温アニールによりX線回折において β-FeSi₂ 結晶からの回折強度は増加し，X線回折ピークの半値幅は減少し，β-FeSi₂ の結晶性の向上が認められる。

しかしながら，高温アニールにより結晶性は向上するが，β-FeSi₂ が凝集し，島状成長が起こり，連続膜の形成が困難となる。β-FeSi₂ の膜厚が薄い場合には，エピタキシャル成長をするが，膜厚が厚くなった場合には多結晶膜となる。これには格子不整合による歪みエネルギーが関与し

ていると考えられる.さらに,β-FeSi₂とSi基板との界面が凹凸になることやβ-FeSi₂薄膜の膜厚方向でのSi/Fe比がどうなっているかも大きな問題である.静岡大学の立岡らはβ-FeSi₂の凝集防止(膜表面平坦化)およびSi基板との界面の平坦化に対してSbとの同時蒸着が有効であるとの結果を得ている.

Si/Fe多層膜RDE法について述べる.この方法は筑波大学の末益らによりなされた方法である.MBE法によるβ-FeSi₂薄膜の形成も試みられている[17〜19]が,この方法はMBE法により,Si基板にまずテンプレートとなるβ-FeSi₂エピタキシャル膜を形成し,その後,SiとFeを交互にMBE法により積層し,最表面にSiO₂キャップ層を形成する.薄膜形成後に高温アニールすることにより平坦で(100)高配向β-FeSi₂連続膜が形成される.この手法は現在においては,結晶性の良いβ-FeSi₂薄膜を得る優れた方法であると考えられる.

上記の手法以外にも,Solid Phase Epitaxy法(SPE)[20,21],Chemical Beam Epitaxy法(CBE)[22,23]などが報告されている.

最後にレーザーアブレーション成膜(PLD)法について述べる[24,25].九州大学の吉武らの研究結果によると,レーザーアブレーション成膜(PLD)法において柱状組織をもつβ-FeSi₂薄膜が作製されている.レーザーアブレーション成膜法はβ-FeSi₂に関して有力な成膜法の一つである.

2.2.2 情報通信用発光／受光デバイスに関する研究動向

ここでは,これまでに行われてきたβ-FeSi₂薄膜の発光／受光デバイスへの応用に関する研究について述べる.発光デバイスに関しては,英国サリー大学のHomewoodらが,IBSとSi-MBEを併用して,p-Si/β-FeSi₂/n-Si構造LEDを作製し,電流駆動による赤外発光を*Nature*誌(1997)に報告したのが最初である[15].

彼等はSi p-n接合ダイオードの空乏領域に隣接した再結合領域にβ鉄シリサイドを形成する事により,Si/β-FeSi₂ LEDの作製に成功した(図9).作製方法は,n-Si(100)基板(0.008〜0.02 Ωcm)にMBEにより作製した1 μmのp層と0.4 μmのn層とからなる急峻なSi p-n接合中に,Feイオン(2×10^{16}cm^{-2})を基板温度350℃で注入後,900℃でアニールし,直径数百Åのβ-FeSi₂析出物を形成した.80K,順電流15mAでのELスペクトルを図9に示す.80Kで測定したELピークはピーク波長1.54 μm,半値幅50meVであった.80K〜室温でのEL強度は温度上昇と共に減少したが,室温でもELが観測されている.室温-80Kの温度サイクルを与え連続波モードで数百時間連続動作させたが,EL特性の変化,劣化は見られていない.量子効率は現状では〜0.1%と低いが,デバイス構造の最適化と結晶性の向上によってβ相結晶による半導体レーザーの開発を目指している.

日本においては,筑波大学の末益らが熱反応エピタキシャル法(RDE)で,FeとSiが反応してβ-FeSi₂のボール状結晶が得られやすいことを利用し,Si p-n⁺界面にそのボール状結晶を埋

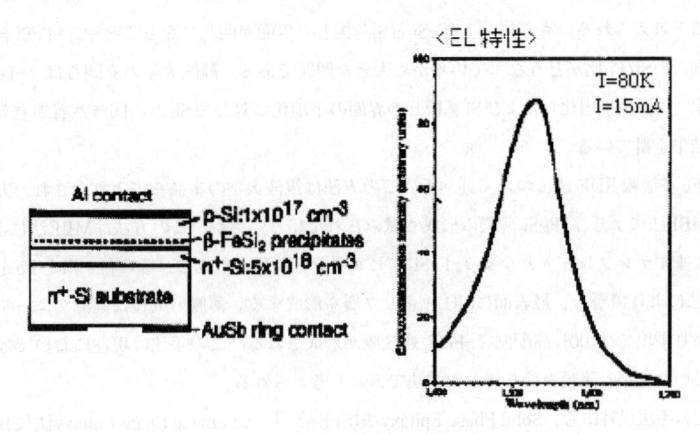

図9 赤外LEDの構造とEL特性

め込んだLED素子を作製することに成功した[26]。以下，詳細にその作製方法および構造について説明する。

RDEとMBEによりp-Si/β-FeSi$_2$ balls/n-Si (001) ダイオード構造を作製し，β-FeSi$_2$からの室温EL発光を初めて実現した。基板にCZ n$^+$-Si（100），FZ n$^-$-Si（100），epitaxial n-Si（20μm）/CZ n$^+$-Si（100）を用いた。(100) 配向した10nmのβ-FeSi$_2$エピタキシャル層を470℃でRDE法で成膜した後，β-FeSi$_2$の結晶性改善のためUHV中で850℃・1hアニールし，その上に0.3μmのp-Si（10^{16}cm^{-3}）をMBEで500℃の基板温度で成膜した。

さらにAr雰囲気で900℃・14hアニールした。この段階でβ-FeSi$_2$は直径約100nmの球状化している。LED作製では，直列抵抗を低減するとともに電子注入を改善するため，高抵抗FZ n-Si（100）（2000～6000Ωcm）基板にPを拡散させて1μm厚のn$^+$-Si（10^{18}cm^{-3}）を形成した上に上記構造を作製した。続いて，p-Siの上にHBO$_2$をドーパントとして0.7μm厚のp$^+$-Si（10^{18}cm^{-3}）を成膜した。直径1.2mmのメサ構造を湿式化学エッチングにより作製し，p$^+$-SiにはAuGa，n$^+$-SiにはAuSbでオーミック電極を取った。

室温でのEL測定において，電流密度10mA/cm^{2}以上で波長1.6μmの明瞭なELピークが観測された。HomewoodらのEL素子は，室温での発光強度が著しく低下したのに対し，末益らの素子は室温でも十分な発光強度を示している。77Kと比べてピークが赤方偏移しているのはβ-FeSi$_2$のバンドギャップの減少が原因である。EL強度は注入電流密度の増加とともに，従来のLEDとは異なり急激に増加する結果を得ている。EL発光を得るための駆動電流密度は従来のLEDに比べて2～3倍大きいが，欠陥密度を減少しダイオード構造を最適化する事により，今

第4章 無機膜の最新応用技術

後のLED開発に希望のもてる結果と考えられる。

2.2.3 世界の研究動向[3]

シリサイド系環境半導体をオプトエレクトロニクス素子へ応用する研究開発においては，ヨーロッパ勢が先行している。すでにECのESPRIT計画でイギリスとドイツ合同チームにより国際共同研究が数年前から始められている[27]。

我が国においては，1996年よりこれらの研究開発が始まった。1998，1999，2000年と3度にわたり応用物理学会で，環境半導体に関するシンポジウムが開催され，現在では，20以上の機関で研究が行われるようになった。

化合物半導体の発展を振り返れば，材料の超高純度化と結晶構造の制御に尽きる。その意味では，シリサイド環境半導体の研究開発は，今やっと，数十年前の化合物半導体の段階に到達したと言える。

これまで，さまざまな新規プロセスの開発により，鉄の純度と結晶構造の改善が図られ，β-FeSi$_2$の正孔移動度が，現在では4桁を超えるまでになっている。同時に電子移動度も550cm^2/Vs（室温）を超える値が末益らより発表されている[28]。

2.2.4 情報通信用発光／受光デバイスに関するシリサイド系半導体薄膜の課題，問題点

ここでは，今後の発光／受光デバイスへの応用に関する現状のβ-FeSi$_2$の課題，問題点についてまとめる。

環境半導体材料を用いた受発光素子を創出するには，エネルギーバンド構造，吸収・発光メカニズム，キャリア密度の制御，キャリア移動度などの光電子物性を正確に把握・制御するとともに，環境半導体に適合した素子作製プロセスを開発する必要がある。しかし，残念ながら，Si-ULSIの場合のような均一なβ-FeSi$_2$単結晶膜はまだ得られていない。また，積層膜の選択的形成プロセス，エッチングプロセス，絶縁膜形成プロセス，CrやMn等の添加による導電型の制御，界面あるいは欠陥準位の水素によるパッシベーションなど，現在のSi-ULSIプロセスとの整合性を早急に検討する必要がある[3]。

β-FeSi$_2$薄膜には必ず，ひずみが導入されている。ひずみによりβ-FeSi$_2$の光物性が変化する[29]。理論的にはβ-FeSi$_2$は間接遷移ギャップであるが，実際には，ひずみの導入により直接遷移ギャップになることが示されている。β-FeSi$_2$のSi/Fe比によって伝導型が変化する報告もなされており，Si/Fe組成比の正確な制御も必要となる。

また，β-FeSi$_2$以外のCa$_2$SiやRu$_2$Si$_3$などの他のシリサイド材料は，可視から赤外に直接遷移ギャップをもつ半導体であるので，β-FeSi$_2$以上に応用の観点から非常に重要な研究課題である[3]。これまでに述べたβ-FeSi$_2$の課題，問題点を項目別にまとめる。

・高品質β-FeSi$_2$薄膜作製技術

- 大面積の連続β相エピ膜の形成
- 結晶成長温度,アニール温度($> 500 \sim 900$℃)の低温化
- 高密度欠陥($> 10^{17} cm^{-3}$)の低減
- ヘテロ超格子構造・バンドエンジニアリング技術の確立

多様な薄膜作製法を用いて,Co,Ni,Mnなどをβ-FeSi$_2$へ大量導入することにより,バンドギャップおよび光屈折率を連続的に増大または減少させ(バンドエンジニアリング),欠陥密度の極めて小さい,所望のヘテロ構造を作製する技術を確立する必要がある。この結果,β-FeSi$_2$半導体超格子に固有な新規物性の発現が期待できる。

- 電気特性:不純物導入技術の確立

β-FeSi$_2$ではn型およびp型不純物として通常,Feサイトに置換するそれぞれNi,Mnが使用されている。Feサイトは2種類存在し,置換した不純物のエネルギー準位が異なる可能性が高い。このため,Siサイトに置換するⅢ族およびⅣ族不純物を導入し,β-FeSi$_2$における不純物導入技術を確立する必要がある。

- 伝導型の制御
- 電子移動度の向上
- キャリアの表面・界面再結合速度($\sim 10^6$cm/s)の低減
- 光デバイスの作製:量子効率($\sim 0.01\%$)の向上

1.55μmでの直接光学遷移を利用した赤外光デバイスに関しては,赤外LED,赤外光センサーへの応用が数例,試みられている。半導体レーザーの作製に関しては未だ,報告されていない。デバイスの性能としては従来の化合物半導体と比べると,十分な性能とは言えない。

2.3 高速大容量情報通信用発光／受光デバイス実現に向けて

2.3.1 大面積(連続膜)β-FeSi$_2$エピタキシャル成長技術

- 超低エネルギーイオンビーム(<数eV以下)による非平衡プロセスによる薄膜形成

RDE法では島状の凝集が発生し,連続的な平坦性に優れた薄膜形成ができない。また,高エネルギーのイオンを用いた場合には,イオン照射により,膜の欠陥が増大し,高温アニール処理によってもそれを完全に除去することは困難である。このため適度なエネルギーを有するFeおよびSi原子を基板上に照射することにより,高品質な薄膜形成を実現する。また,デバイス作製に必要なヘテロ超格子構造に必要なÅレベルでの膜厚制御を行うためにはビーム技術が有効である。また大面積で均一な薄膜形成を実現するためには,均一大口径の量子ビーム照射技術や量子ビームスキャン技術などの開発が必要である。

- 複合イオンビーム(Fe,Si)を用いたβ-FeSi$_2$薄膜の形成およびFe/Si比の制御

第4章　無機膜の最新応用技術

β-FeSi$_2$において，FeとSiの比を1：2に正確に制御することは困難である。また，β-FeSi$_2$において，FeとSiの比によって，伝導型がn型やp型に変化するとの報告もされており，伝導型を制御する上においても，FeとSiの比率を正確・厳密に制御する必要がある。このためには，Fe，Siの供給量を正確に制御可能なビーム技術が不可欠であると考えられる。

2.3.2　低温成膜（結晶成長）技術
・レーザーアシストイオンビーム蒸着法による薄膜形成技術

強誘電体薄膜との一体化を考える場合にはSiデバイスよりも高温で成膜が可能なβ-FeSi$_2$薄膜はかえってプロセス的には好都合であるが，Si材料との一体化においては，低温で結晶性の良い膜を得る必要がある。これまでのβ-FeSi$_2$薄膜形成に関する研究例においては，結晶性の良いβ-FeSi$_2$の形成には基板温度を500℃以上にする必要があると考えられている。低温で良質な薄膜を形成するためにイオンビーム等を用いて，薄膜形成を行うと同時に成長表面にレーザービーム照射を行うこと等により，反応を促進する薄膜形成技術が必要となる。これを実現するためには，イオンビームやレーザービーム等の量子ビーム複合成膜技術の研究開発が望まれる。

2.3.3　低ダメージドーピング技術

β-FeSi$_2$の電気特性（電子・正孔移動度）を向上させる，あるいはノンドープのキャリア濃度の低減に対しては，種々の成膜手法においてSi基板にFeが拡散して形成された不純物準位を補償することが重要である。このためには，水素あるいはB-HのCo-dopingを行うことが必要となる。さらには，成膜と同時に超低エネルギーイオンビームなどを用いて，ドーピングを行うような新規なプロセス技術の開発が望まれる。

2.3.4　微細加工技術（エッチング技術）
・イオンビームおよびレーザービームを用いた微細加工（エッチング）技術

従来のシリコンおよび化合物半導体の微細加工（エッチング）技術とは異なる環境半導体材料に適した技術を確立する必要がある。環境半導体については，従来のウェットなエッチングではなく，ビーム技術を応用した微細加工（エッチング）技術の開発が重要となる。

2.4　まとめ

半導体シリサイドをはじめとした環境半導体を利用して，安心して廃棄でき，リサイクルできる，光情報通信用素子を実現することは今後，重要な研究課題となる。SiやGaAsなどの化合物半導体と比べて，複雑な結晶構造の制御，組成比の制御などに関して，より高度な薄膜形成技術や素子作製技術が要求される。このような要求をクリアするためには量子ビーム技術は必要不可欠である。

文　献

1) 三宅潔, 牧田雄之助, レーザー研究, **28**, 76 (2000)
2) 牧田雄之助, OPTONEWS, **5**, 30 (1997)
3) 三宅潔, 前田佳均, OPTORONICS, **10**, 1 (2000)
4) 前田佳均, 三宅潔, 第4回結晶工学セミナー, 応用物理学会, 17 (1998)
5) http://www.dsl.hiroshima-u.ac.jp/aauoeic/FIGOEIC.html
6) S. Mantl, *Nucl. Inst. Meth. Phys. Res. B*, **80/81**, 895 (1993)
7) T. D. Hunt et al., *Inst. Meth. Phys. Res. B*, **80/81**, 781 (1993)
8) K. J. Reeson et al., *Inst. Meth. Phys. Res. B*, **106**, 364 (1995)
9) D. N. Leong et al., *Appl. Phys. Lett.*, **68**, 1649 (1996)
10) H. Katsumata et al., *J. Appl. Phys.*, **80**, 5955 (1996)
11) Y. Maeda et al., Proc. of Microscopy of Semiconducting Materials 1997, Conf. Ser. No.157 Ser. of IOP, 511 (London, IOP, 1997)
12) Y. Maeda et al., MRS Symp. Proc. 486,329 (1998)
13) H. Katsumata et al., *Jpn. J. Appl. Phys.*, **36**, 2802 (1997)
14) Y. Maeda et al., SPIE Proc. 3419, 354 (1998)
15) D. Leong et al., *Nature*, **387**, 686 (1997)
16) 末益崇, 長谷川文夫, 日本結晶成長学会誌, **25**, 46 (1998)
17) H. C. Schoefer et al., *Appl. Phys. Lett.*, **62**, 2271 (1993)
18) H. Sirringhaus et al., *Phys. Rev. B*, **47**, 10567 (1993)
19) H. U. Nissen et al., *Phys. Stat. Sol. (a)*, **150**, 395 (1995)
20) C. A. Dimitriadis and J. H. Werner, *J. Appl. Phys.*, **68**, 93 (1990)
21) D. H. Tassis et al., *Appl. Surf. Sci.*, **102**, 178 (1996)
22) J. Derrien et al., *Appl. Surf. Sci.*, **92**, 311 (1996)
23) D. Sander et al., *Appl. Phys. Lett.*, **67**, 1833 (1995)
24) Z. Liu et al., *J. Vac. Sci. Technol. A17*, **2**, 619 (1999)
25) C. H. Olk et al., *Phys. Rev. B*, **52**, 1692 (1995)
26) T. Suemasu et al., *Jpn. J. Appl. Phys.*, **39**, L1013 (2000)
27) Annual report of University of Surrey (1999)
28) K. Takakura et al., *Jpn. J. Appl. Phys.*, **39**, L789 (2000)
29) C. Spinella et al., *Appl. Phys. Lett.*, **76**, 173 (2000)

3 光学機能分野への応用例

小川倉一[*]

3.1 はじめに

光学機能デバイスは光の反射率・透過率・吸収率・位相・偏光及びこれらの波長特性を制御する必要があり,光学部品表面でこのような機能を分担しているのが光学多層膜である。このように,光学デバイスとして重要な役割の光学多層膜の材料及び光学機能について概説し,さらに最近の先端的な応用例について紹介する。

3.2 光学多層膜用材料

光学多層膜に用いられる材料は広範囲にわたっており,膜の構成・機能及び部品の使用環境や成膜方法によって色々と選択して利用されている。これらの材料は金属,半導体,誘電体に分類でき,金属は高い反射率と吸収係数を利用してミラーやフィルターなどに利用されている。ミラー材料として赤外域ではAuを,可視域ではAg,Alを,紫外域ではAlが良好な反射率を持っている。半導体ではSi,Geが赤外域で高い屈折率を持ち,多層膜を設計する上で有効である。誘電体は多層膜材料の重要な材料で,酸化物,フッ化物,硫化物などが用いられており,これらの特性を表1にまとめてある。

3.3 光学多層膜の要素機能と応用例

光学多層膜の基本的機能は以下の5つに分類でき,これらの代表的な基本構成及び応用例について述べる。

1) 反射防止膜
2) 高反射膜（誘電体レーザーミラー）
3) 波長分割膜（エッジフィルター類）
4) 帯域透過膜（バンドパス・干渉フィルター類）
5) エネルギー分割膜（ビームスプリッター類）

3.3.1 反射防止膜

反射防止膜の構成例として図1に3層及び4層構成の反射防止膜の代表的設計例を示してある。これらの多層膜はλ/4とλ/2層の積層系や任意多層膜などであるが,これら以外に等価膜理論の応用も取り組まれている。また,電子計算機の飛躍的な性能向上により,基本的設計はもとより最適化や多層化が試みられ,反射防止域の拡張や低反射化が実現されている。さらに,薄い

---

[*] Soichi Ogawa　三容真空工業㈱　技術顧問

機能性無機膜の製造と応用

表1 多層膜材料の特性

膜物質	屈折率 (550nm近辺)	使用波長域 (μm)	蒸発方法	蒸発温度 (℃)	膜強度	その他の性質
酸 化 物							
SiO_2	1.45~1.46	0.2~9	EB	1,600	硬	圧縮応力
Si_2O_3	1.55	0.4~9	RH	~1,300	硬	引張応力
Al_2O_3	1.63	0.2~7	EB	2,050	硬	
MgO	1.74	0.2~8	EB	2,800	硬	
Nd_2O_3	2.15	0.4~	EB	1,900	硬	
Gd_2O_3	1.8	0.32~15	EB	2,200	硬	
ThO_2	1.87	0.3~	EB	3,050	硬	放射性
Y_2O_3	1.87	0.3~12	EB	2,400	硬	
Sc_2O_3	1.89	0.35~13	EB	2,400		
La_2O_3	1.9	0.3~	RH, EB	1,500		
Pr_6O_{11}	1.92~2.05	1.3~	RH	—		
ZrO_2	2.05	0.34~1	EB	2,700	硬	
SiO	2.0	0.7~9	RH	~1,300	硬	引張応力
HfO_2	1.95	0.22~12	EB	—		
Ta_2O_5	2.1	0.35~10	EB	2,100		
ZnO	2.1	0.4~	RH	1,100		
CeO_2	2.2	0.4~12	RH, EB	1,600		
TiO_2	2.3~2.55	0.4~3	RH, EB	1,750	硬	
PbO	2.6	0.53~	RH	900		
フ ッ 化 物							
NaF	1.29~1.35	0.2~	RH	988	軟	水溶性
LiF	1.3	0.11~7	RH	870	軟	潮解性
CaF_2	1.23~1.46	0.15~12	RH	1,280	硬	低引張応力
Na_3AlF_6	1.32~1.35	0.2~1.4	RH	1,000	軟	低引張応力
AlF_3	1.38	0.2~	RH	—	軟	低引張応力
MgF_2	1.38~1.40	0.11~4	RH	1,270	硬	高引張応力
ThF_4	1.50	0.2~15	RH	1,100	軟	放射性
LaF_3	1.55	0.25~2	RH	1,490	硬	
NdF_3	1.61	0.25~	RH	1,410		
CeF_3	1.63	0.3~5	RH	1,360	硬	高引張応力
PbF_2	1.75	0.25~17	RH	850	軟	膜厚で応力変化
その他の化合物							
ZnS	2.3	0.4~14	RH	1,100	軟	中圧縮応力
CdS	2.5	0.55~7	RH	800	軟	
ZnSe	2.57	0.55~15	RH	950	軟	
ZnTe	2.8	—	RH	1,000	軟	
Sb_2S_3	3.0	0.5~10	RH	370		
$Ge_{30}As_{17}Te_{30}Se_{23}$	3.1 (10.6μ)	—	EB	—		毒性
InSb	4.3 (1.0μ)	7~16	RH	—		毒性
InAs	4.5 (1.0μ)	3.8~7	RH	—		毒性
PbTe	5.6 (5.0μ)	3.5~20	RH	850	軟	毒性
半 導 体							
Si	3.4 (3.0μ)	1.0~9	RH, EB	1,500	硬	
Ge	4.4 (2.0μ)	2.0~23	RH, EB	1,600	硬	
金 属							
Au	0.382 - 2.295	800~	RH	1,400	軟	赤外ミラー
Ag	0.055 - 3.32	400~	RH	1,050	軟	空気中で腐食
Al	0.76 - 5.32	100~	RH	1,000	軟	空気中で酸化
Cr	2.48 - 2.30	400~800	RH	1,200		

RH：抵抗加熱 EB：電子ビーム蒸発 金属の屈折率は$n-k$で示している

第4章　無機膜の最新応用技術

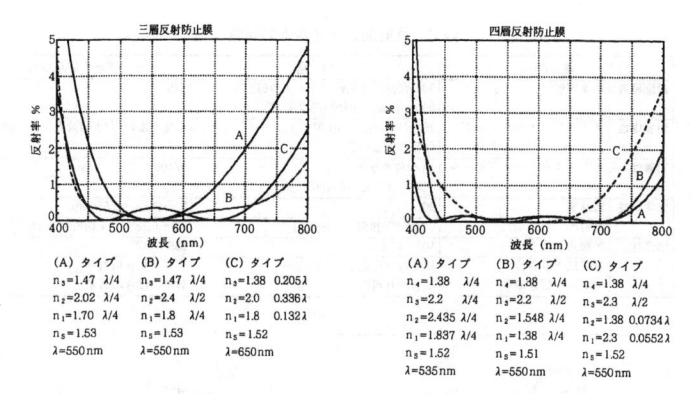

図1　多層反射防止膜の設計例

三層反射防止膜

(A) タイプ
n_3=1.47　$\lambda/4$
n_2=2.02　$\lambda/4$
n_1=1.70　$\lambda/4$
n_s=1.53
λ=550nm

(B) タイプ
n_3=1.47　$\lambda/4$
n_2=2.4　$\lambda/2$
n_1=1.8　$\lambda/4$
n_s=1.53
λ=550nm

(C) タイプ
n_3=1.38　0.205λ
n_2=2.0　0.336λ
n_1=1.8　0.132λ
n_s=1.52
λ=650nm

四層反射防止膜

(A) タイプ
n_4=1.38　$\lambda/4$
n_3=2.2　$\lambda/4$
n_2=2.435　$\lambda/4$
n_1=1.837　$\lambda/4$
n_s=1.52
λ=535nm

(B) タイプ
n_4=1.38　$\lambda/4$
n_3=2.2　$\lambda/2$
n_2=1.548　$\lambda/4$
n_1=1.38　$\lambda/4$
n_s=1.51
λ=550nm

(C) タイプ
n_4=1.38　$\lambda/4$
n_3=2.3　$\lambda/2$
n_2=1.38　0.0734λ
n_1=2.3　0.0552λ
n_s=1.52
λ=550nm

高低屈折率の多層構成や膜厚方向で屈折率分布を導入した構成 (ルゲートフィルター) なども考案されている。

反射防止 (AR) 膜技術の用途は, 眼鏡・光学素子・ディスプレイ等であるが, 近年非常に需要が急増しているディスプレイ関係について述べる。図2にAR膜を含めたCRT, LCD, PDPの構成を示してある。

(1) **CRT用反射防止膜**

CRTへの要求性能は漏洩電磁波による人体への影響を極力少なくすることと, 視認性向上によるオペレータの眼精疲労の軽減のため, 反射防止機能に加えて電磁波遮蔽機能及び高コントラスト化などである。

ハイエンド仕様では視感反射率0.5%以下, 表面抵抗値500Ω/□以下のものが, インライン式マグネトロンスパッタ装置により連続生産が可能となり実用化されている。導電性を付与する材料としては, ITO薄膜や吸収を有する材料としてTiN_xO_y薄膜などが用いられている。

図3に従来の透明多層AR膜と吸収膜を用いた2層AR膜の膜構成, 及びそれぞれの分光特性を比較してある。このように吸収膜を用いることにより膜構成が単純化でき, AR特性もほとんど差のない膜ができている。

(2) **LCD用反射防止膜**

LCDへのAR処理はCRTに比べて輝度が低いため, 高透過率が必要であり, フィルム上へのコーティングとなるため, ドライプロセスによる透明多層膜を用いるケースが多い。AR膜を形成する基材としては, その光学特性よりTAC (トリアセチルセルロース) にハードコート処理したものが多用されている。図4にLCD用ARフィルムの構成を, 表2にクリアタイプ基材に形成

機能性無機膜の製造と応用

表2 反射防止フィルムの特性

	項 目	規 格	現状市販品レベル
機械特性	表面硬度 鉛筆硬度	500gf荷重、10mmストローク5回 30mm/min、3Hで3/5以上	5/5
	耐擦傷性 スチールウールラビング	250gf/cm²圧、10往復 傷目立たないこと	目立たない（400gf荷重以上が課題）
	密着性 クロスカットテープピール	1mm角カット 剥離なきこと (0/100)	0/100
光学特性	透過率	90％以上	93～96％ (at 550nm)
	反射率	C光源2°視野で0.3％以下	0.2～0.28％（平均反射率Y値）
防汚性	接触角（純水）	100°以上	105～112°
	指紋拭き取り性	拭き取り可能	容易に拭き取れる
	マジック拭き取り	拭き取り可能	容易に拭き取れる

図2 CRT, LCD, PDPの構成

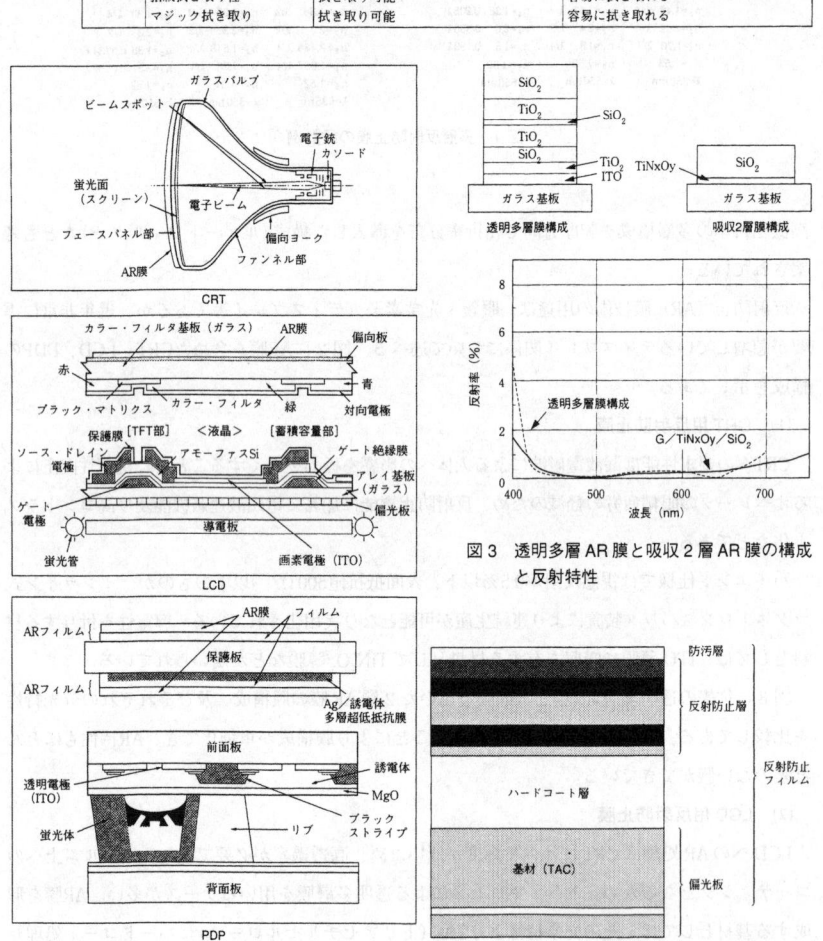

図3 透明多層AR膜と吸収2層AR膜の構成と反射特性

図4 液晶ディスプレイ用反射防止フィルムの構成

188

第4章 無機膜の最新応用技術

されたAR膜への要求性能をまとめてある。

LCD用AR膜の光学特性は、可視光領域（400〜700nm）の反射率だけでなく、その反射色も含まれている。中心の波長を540nmとして、平均反射率は0.3〜0.5％以下であり、反射色はニュートラルから少し青色の範囲である。AR膜の構成は、高屈折率材料であるTiO_2、ZrO_2、Nb_2O_5と、低屈折率材料であるSiO_2の4層または5層の積層膜である。導電性を必要とする特別な場合にはITOのような導電性材料が高屈折率材料として用いられる。図5及び図6にTiO_2とSiO_2を交互に積層したARフィルムの分光特性及び色度を示している。4層構成のAR膜では5層構成に比べて低反射帯域が狭くなっているため、4層構成では反射色の調整が重要である。

(3) PDP用反射防止膜

PDPの表面処理では、電気取締法に規定されている漏洩電場強度以下にシールドするためにパネル前面に2.5Ω/□以下の非常に低い表面抵抗値が求められている。現在は、パネル側に銀/誘電体系の導電性多層膜からなる超抵抗膜を施した上にARフィルムを貼り合わせた構造になっている。また、低抵抗化のため多層膜の代替として金属メッシュを挟み込む場合もあるが、モアレの発生など問題がある。さらに、リモコンの誤動作を防ぐため、またPDPからの近赤外域の放射をカットするため、ARフィルムに赤外吸収剤を混入させ、900nm付近の透過率を10％以下にカットしている。近年、これらの複合機能を75μmのPETフィルム上にマグネトロンスパッタ法によりAgとITO膜の7層の超多層化により実現させており、光学特性を図7に示してある。その性能についてはR□：2.2Ω/□、可視光透過率70％以上、900nmで反射率5％以下と十分性能を達成している。

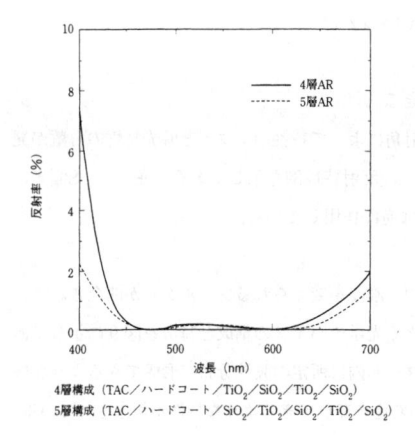

図5 反射防止フィルムの分光スペクトル

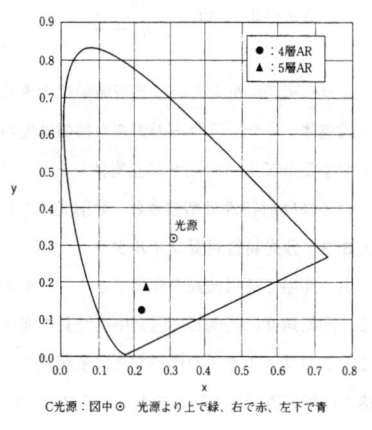

図6 反射防止フィルムの色度

機能性無機膜の製造と応用

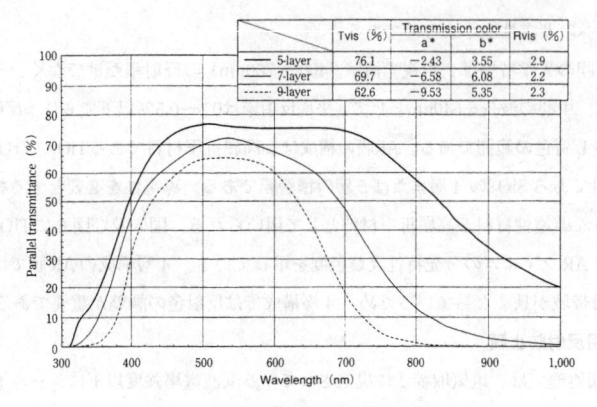

	Tvis (%)	Transmission color a*	b*	Rvis (%)
5-layer	76.1	−2.43	3.55	2.9
7-layer	69.7	−6.58	6.08	2.2
9-layer	62.6	−9.53	5.35	2.3

図7 光学特性比較

3.3.2 高反射膜

高反射膜の例としては，高低2種類（H, L）の屈折率を持つ誘電体薄膜を膜厚（$n_d = \lambda_0/4$，$\delta = \pi/2$）で積層化することにより高反射率が実現できる。このような積層膜が誘電体レーザーミラーの基本構成で，Hを屈折率n_H，$\lambda_0/4$層，Lを屈折率n_L，$\lambda_0/4$層，Pを繰り返し周期とすると以下のように表される。

基板／(HL)^{P}H／空気

この場合の高反射率の帯域を$2\Delta g$とすると

$$\Delta g = 2/\pi \sin^{-1}\left(\frac{n_H - n_L}{n_H + n_L}\right) \qquad (\delta = \lambda/\lambda_0)$$

となり，n_H/n_Lが大きいほど帯域幅は大きくできる。

誘電体レーザーミラーの大きな特徴は光の入射角によって特性のシフトと偏光特性の分離が発生することである。図8に誘電体レーザーミラーの反射特性例を示してある。従って，S偏光については反射特性は増強され，P偏光については逆に作用している。

3.3.3 分光特性可変フィルター

単一部品で透過波長を変化できるフィルターや，濃度を変えられるフィルターが開発されている。回転角度に比例して透過中心波長を変化できる光学デバイスの構成と特徴を図9に示してある。このフィルターの作製方法は多層膜フィルター面内に所定の膜厚分布が形成できるような機構を成膜装置に組み込んであり，連続的に特性の変化を発現できるような特性が報告されている。

第4章 無機膜の最新応用技術

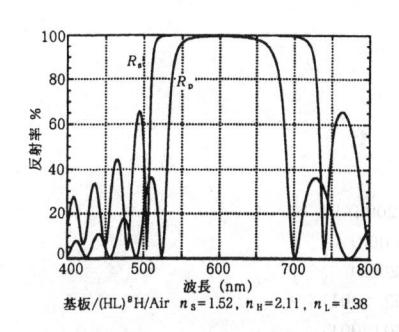

図8 誘電体レーザーミラーの特性(45°入射)　基板/(HL)⁶H/Air $n_S=1.52$, $n_H=2.11$, $n_L=1.38$

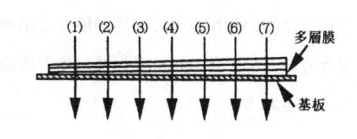

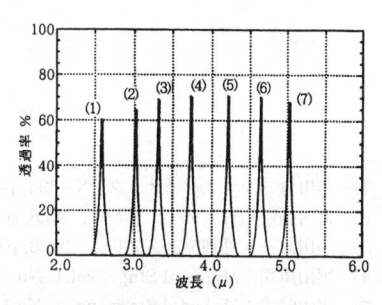

図9 透過波長可変フィルターの特性

表3 光学薄膜の応用一覧表

応用分野	具体的用途
表示	CRT 画面コントラスト強調用 AR, RF 波遮断用および LC 表示用透明電導膜, 投影型 TV およびヘッドアップ表示用 LC 空間変調器
写真・ビデオ	カメラレンズ用 AR, カメラ用ミラー, フィルター, カラーフィルム現像処理機・引き伸ばし機用ヘッド, プロおよびアマ用 TV カメラ（ダイクロイックフィルター）
眼鏡	安全および美顔用 AR, 眼鏡用傷防止膜, サングラス（色ガラス・ホトクロミック), レーザー用ゴーグル, 溶接用ゴーグル, EC 膜
照明	再生ランプ用省エネ膜, ショウウィンドウ・映写機・舞台照明・手術台光源用コールドミラー, 交通信号用色フィルター
光学機器（レーザー機器）	AR, ビームスプリッター, ミラー, フィルター（可変・狭帯域ラマン分光用・蛍光顕微鏡用), レーザー共振器端面ミラー, レーザー用窓, 高出力偏光子, レーザージャイロ用膜
複写機／データ蓄積	複写機・CD・光ディスク・光磁気ディスクおよび光 R/W ヘッド用各種高反射膜
警備	侵入盗難警告用導電膜, 文書・免許証・紙幣偽造防止用干渉膜薄片混入インク
建築	建築窓ガラス用省エネ膜, ショウウィンドウ用 AR, スマートウィンドウ
自動車	バックミラー用高反射膜, プラスチックス製窓およびヘッドライト用耐傷膜, 熱反射窓（コールドミラー）
光通信／光 IC	半導体レーザー共振器端面干渉および AR 膜, 狭帯域フィルター, 波長分割マルチプレクサー(WDM), 光導波路膜, 導波路フィルター
家電機器	オーブン窓用熱反射膜, オーブン内壁熱線反射膜, 光ポットフィルター
宝石・美術	美術及び宝飾用干渉及び光沢効果膜
可撓性基板（貼付用）	建築窓材用各種干渉及び導電性膜, CRT コントラスト増強膜, タッチセンサー, 安価な太陽光反射膜, 光沢のある包装材, 軽量ミラー
薬剤梱包／容器	透明拡散防止膜, UV 吸収膜, 潤滑用膜, 耐傷および強化膜

3.4 まとめ

最新の光学薄膜の応用はFPDや携帯電話の表示素子及び光通信関係のフィルター等の他，光学電気特性の利用以外の応用が種々と出現し始めており，それらも含めて表3にまとめてあるので参考にして頂きたい。今後は，光学機能に他の機能も加えた多機能製品として用途開発が進むと考えられる。

文　献

1) 小川倉一：コンバーテック，No.394, p44 (2006)
2) 宮古強臣：月刊ディスプレイ，No.8, p66 (2003)
3) 小川倉一：月刊ディスプレイ，No.8, p10 (2003)
4) 尾山卓司：Material Stage, vol.1, No.1, p53 (2001)
5) 宇山晴夫：Material Stage, vol.1, No.1, p60 (2001)
6) T. Oyama, et al.: *Vacuum*, No.50, p479 (2000)
7) 福田伸：薄膜131委員会，第219回資料，p12 (2004)

4 ディスプレイ分野への応用

4.1 ディスプレイと無機機能性薄膜

南　内嗣[*]

　ディスプレイ分野ではその主流が陰極線管（CRT）からフラットパネル・ディスプレイ（FPD）へ急速にシフトしている。各種のFPDが開発されている中で、現状では広範な用途に使用可能な液晶ディスプレイ（LCD）及び大画面用途でのプラズマディスプレイパネル（PDP）が先行して本格的に実用化されている。また、LCDやPDP等のFPDに投射型ディスプレイを加えた大画面ディスプレイ、携帯電話や携帯情報端末機器用途での小型ディスプレイ及び電子ペーパー等では、CRTの代替のみならず新たな市場を創出し、多様な新しいディスプレイ分野を開拓し進展している。したがって、ディスプレイ分野では常に高画質化及び低消費電力化と併せて低価格化及び信頼性の向上が求められ、要素技術のインテグレーションによって構成されるFPDでは各種の機能性薄膜材料とその成膜技術の開発が重要である[1,2]。要素技術の中核である無機機能性薄膜の最新応用技術に注目すると、機能性薄膜で構成される無機薄膜エレクトロルミネッセントディスプレイ（TFELD）や薄膜トランジスタを始めとして、FPDの構成要素には透明電極、金属電極配線、高抵抗絶縁膜、蛍光体薄膜、保護膜や封止膜等の多種多様な無機機能性薄膜が使用されている。ここでは、これらの中のFPD用透明電極及びTFELD用蛍光体に関して材料開発及び成膜技術の現状を述べる。

4.2 ディスプレイ用透明導電膜

　FPDにおいて透明電極は不可欠な構成要素であり、透明導電性金属酸化物（TCO）薄膜が使用されている。現在、FPD用透明電極に実用されているTCO薄膜は、多結晶もしくはアモルファスであり、10^{-4}Ωcm台の抵抗率と80%以上の平均可視光透過率を有し、10^{20}cm^{-3}台以上のキャリア密度と約3eV以上のエネルギーバンドギャップ（E_g）を持つ縮退したn形半導体である。これまでにFPD用透明電極に実用可能なp形半導体TCO薄膜は実現されていない。TCO薄膜の透明電極としての実用化はSnO$_2$系（商品名はネサ膜）に始まり、1950年代のエレクトロルミネッセンス（EL）研究に使用された。1960年代に錫ドープ酸化インジウム（In$_2$O$_3$:Sn、通称ITO）透明導電膜が発見され、パターニングが求められるLCD用透明電極においてネサ膜に取って代わり現在に至っている[3]。現在、FPD用透明電極ではSn含有量（Sn/(Sn+In) 原子比）が5〜10at.%程度のITO薄膜がほぼ全面的に採用されている。

---

[*] Tadatsugu Minami　金沢工業大学　光電相互変換デバイスシステム研究開発センター　教授

機能性無機膜の製造と応用

　新規なTCOの材料開発に注目すると,ZnO系が1980年代から本格的にスタートし,Al添加ZnO（ZnO:Al,通称AZO）やZnO:Ga（通称GZO）を始め多くの不純物添加ZnO（ZnO系）透明導電膜が開発されている（表1参照）[3~6]。1990年代には,特定用途に適合する特性を有する多元系（複合）酸化物の採用が提案され,組成の変化による特性制御が可能な多くの透明導電膜が開発されている（表1参照）[4~7]。例えば,Zn含有量（Zn/(Zn+In)原子比）が約10at.%程度のアモルファスZnO-In$_2$O$_3$系透明導電膜はLCDや有機EL（OLED）用透明電極としての採用が報告されている[8,9]。一方,近年の成膜技術の進展と併せてSnO$_2$系やIn$_2$O$_3$系においても,特性(性能)の改善や特定用途に適合する特性の実現等を目的とした有効な不純物の探索等の研究が続けられている（表1参照）。例えば,Taを添加したSnO$_2$（SnO$_2$:Ta）[10]やMo添加したIn$_2$O$_3$（In$_2$O$_3$:Mo）[11]等の低抵抗率透明導電膜が報告されている。これまでに多くのTCO薄膜材料が報告されているが,FPD用透明電極に使用可能な材料に限ると,表1に示すような適当な不純物を添加した二元化合物のSnO$_2$,In$_2$O$_3$及びZnO,もしくは構成元素にSn,In及びZnの内の少なくとも一つの元素を含む三元化合物もしくは多元系（複合）酸化物のみである[4~7]。一方,Cdを含む材料は低抵抗率を実現できるが,Cdの毒性のためFPD用透明電極には採用できないと思われる。また,FPD用透明電極として大面積ガラス基板上に作製される多結晶ITO,AZO及びGZO等の透明導電膜では,実用可能な抵抗率が$1×10^{-4}$ Ωcmが限界と思われる[4~6]。これらの低抵抗率TCO薄膜における電気伝導は,主としてイオン化不純物散乱に支配されるため,移動度（μ）はキャリア密度（n）の関数であり,nの増加による低抵抗率化が期待できる。しかし,用途に適合する光学的特性を実現できる適当な$n-\mu$関係（例えば,nを低減させてμを大きくする）を設計することは有効である。また,ZnO系ではイオン化不純物散乱に加えて粒界散乱(膜の結晶性が影響する)が電気伝導に影響するので,成膜において注意が必要である[4~6,12]。

　TCO薄膜材料の中でITOは最も低い抵抗率を実現でき,薄膜形成が容易でパターニング加工

表1　代表的なTCO薄膜材料

二元化合物	ドーパント
SnO$_2$	Sb,F,Ta,As,Nb
In$_2$O$_3$	Sn,Mo,Ge,F,Ti,Zr,Hf,Nb,Ta,W,Te
ZnO	Al,Ga,B,In,Y,Sc,F,V,Si,Ge,Ti,Zr,Hf
三元化合物	多元（複合）系
Zn$_2$SnO$_4$,ZnSnO$_3$	ZnO-SnO$_2$
Zn$_2$In$_2$O$_5$,Zn$_3$In$_2$O$_6$	ZnO-In$_2$O$_3$
In$_4$Sn$_3$O$_{12}$	In$_2$O$_3$-SnO$_2$
MgIn$_2$O$_4$	
GaInO$_3$,(Ga,In)$_2$O$_3$	
多元（複合）系	
ZnO-In$_2$O$_3$-SnO$_2$	Zn$_2$In$_2$O$_5$-In$_4$Sn$_3$O$_{12}$

第4章 無機膜の最新応用技術

性にも優れ，FPDを始めほとんどの用途において最適な材料である。しかし，ITOは主原材料のInが希少金属で高価なため，投機や戦略的物質の対象となり，安定供給に懸念がある。さらに，最近粉末の毒性が指摘されている。近年，ディスプレイや太陽電池等の透明電極用途でのITO需要の恒常的な増大と相俟って，CIGS($CuIn_{1-x}Ga_xSe_2$)等の化合物半導体太陽電池やInP系高速半導体デバイスにおいてもIn需要の大幅な増大が指摘されている。最近のIn素材の高騰を契機に，ITO透明導電膜におけるInの回収技術の開発に加えて，省Inや脱In透明導電膜材料の開発が検討され，ITOの代替材料開発への期待が高まっている。省In透明導電膜材料としては，Zn含有量が10～60at.%程度の$ZnO-In_2O_3$系やSn含有量が10～60at.%程度の$In_2O_3-SnO_2$系がFPD用透明電極として使用可能である。一方，代替材料の最有力候補としては主原材料が豊富なため安価で毒性の心配のないZnO系（特に，AZOやGZO）透明導電膜が精力的に検討されている[4～6]。現状では，FPD用透明電極に用いるITOの成膜が直流マグネトロンスパッタリング（dc-MSP）法を用いて作製されているため，代替材料のAZOやGZOも同じdc-MSP装置を使用してターゲットを交換するのみで成膜できることが望まれる。また，LCD用透明電極等では，200℃程度以下の低温基板上に成膜することが必要である。ところが，低温基板上へdc-MSP法を用いてZnO系透明導電膜を作製する場合，ターゲットのエロージョン領域に対向する基板上の位置に作製される膜の抵抗率が上昇するという問題がある。この基板上での抵抗率分布はITOよりZnO系の成膜において顕著であり，ZnO系透明導電膜の低抵抗率化を妨げる主因である[6]。

最近，dc-MSP法で生じる抵抗率分布を改善する成膜技術が開発されている。dc-MSP装置を使用して，直流電力に高周波電力を重畳させてスパッタリング成膜するとエロージョン領域に対向する基板上の位置に作製される膜の抵抗率が減少し，抵抗率分布が改善されることが報告されている[13]。一例として，図1に直流電力に重畳する高周波（13.56 MHz）電力を変化させて基板（200℃）上に作製したAZO透明導電膜（膜厚は約200nm）の抵抗率分布の高周波電力依存性を示している。直流電力を80W一定とした場合，約100Wまでの高周波電力の増加に伴って抵抗率分布が著しく改善されている。すなわち，LCD製造プロセスでの既存のdc-MSP装置に高周波電力を導入するだけで，高速成膜を実現でき，抵抗率分布を改善できる。また，直流電力（高周波電力は一定）によって成膜速度が制御できるため，dc-MSP法の場合と同様の制御性の良い成膜を実現できる。加えてこの高周波重畳dc-MSP法では，成膜中に水素ガスを導入することによって抵抗率分布をさらに改善できることが報告されている[13]。図2は，高周波電力（100W一定）を重畳したdc-MSP（直流電力80W一定）法を用いて基板（200℃）上に作製されたAZO透明導電膜（膜厚は約200nm）の抵抗率分布の水素導入量依存性を示している。水素導入量が0.4～0.6%で分布が無くなり，ほぼ均一な抵抗率が実現されている。また，基板の温度（成膜温度）を低下するに伴って最適な水素導入量は増加する傾向にあることが見出されている。

機能性無機膜の製造と応用

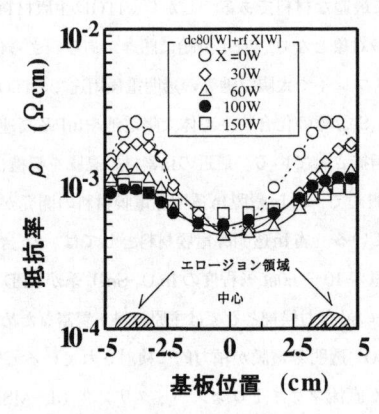

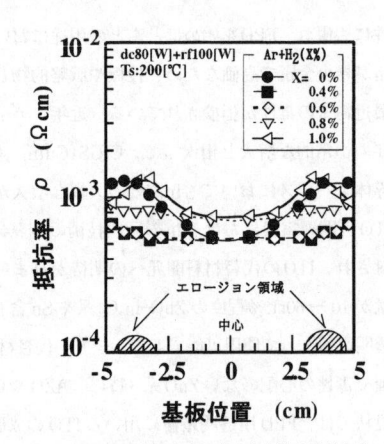

図1 AZO薄膜の抵抗率分布の高周波電力依存性　　図2 AZO薄膜の抵抗率分布の水素導入量依存性

　TCOの成膜技術の進展に注目すると，近年，アークプラズマ蒸着（イオンプレーティング）法を用いた低抵抗率ITOやGZO薄膜の大面積高速成膜が報告されている[6,14)]。アークプラズマ蒸着（VAPE）法では，マグネトロンスパッタリング（MSP）法で問題となる基板上での抵抗率分布を生じないため低抵抗率化に有利である。さらに，ペレットや塊状の酸化物焼結体を使用できるので，原材料コストの差を製品コストに反映できる可能性がある[6)]。しかし，原理上蒸気圧の大きく異なる複数の材料を同時に蒸着することができないため，AZO膜の作製は困難である。現状ではVAPE装置が普及していないことの問題はあるが，VAPE法で作製されたGZO透明導電膜はLCD等のITO透明電極の代替に要求される性能（特性）が実現可能である。一方，各種パルスMSP法による金属ターゲットを使用する反応性MSP法を用いたITOやZnO系薄膜の大面積高速成膜が報告されている[6)]。

　また，FPD用透明電極では用途に依存して電気的特性の使用環境適合性が問題となる。使用雰囲気はもとよりTCO材料，不純物の種類と添加量及び成膜温度等に依存するが，基板ガラスの使用限界（500〜600℃程度）以下の温度において抵抗率が増加するという問題がある[14〜16)]。酸化性雰囲気中での高温耐性（安定性）では，ZnO系が劣り，SnO_2系が最も優れている[15,16)]。還元性あるいは硫化雰囲気中での耐性は，SnO_2系やIn_2O_3系は劣り，ZnO系は最も優れている。PDPの製造プロセスでは大気中500℃程度の耐性が必要とされ，現状ではZnO系の使用は困難であり，ITOでも抵抗率の増加が認められる。安定な材料はSnO_2系であるが，低抵抗率を実現するためには高温成膜が必要であり，エッチング加工にも問題があるため，現状ではパターニング加工性に優れるITOが抵抗率増加の犠牲を払って採用されている[1)]。最近，異なる種類のTCO薄

第4章 無機膜の最新応用技術

膜からなる積層構造,及び保護膜や特性改善を目的にベースTCO膜上への異なるTCO薄膜のコーティングが報告されている[6]。例えば,ITO薄膜表面に薄いSnO$_2$系透明導電膜を積層すると,ITO膜の高温耐性が改善でき,高温下でもITO膜の導電性を維持できる。一方,100℃以下での使用においても低温成膜のTCO薄膜では,経時安定性(耐熱性や耐湿性を含む)が膜厚や不純物の添加量に影響される場合があるので注意が必要である。例えば,LCD用透明電極では膜厚約35nmから200nm程度のITO薄膜が使用されているが安定である。しかし,ZnO系(AZOやGZO)薄膜を使用する場合は,膜厚が約100 nm以下では安定性に注意する必要がある。また,化学的特性(ウエットエッチングの速度等)の改善等を目的とする複数の不純物の共添加の有効性が報告されている[6]。ITOに水もしくは亜鉛を共添加した薄膜はアモルファスであり,パターニング加工が容易になる。また,AZOに適当な不純物を共添加したZnO系透明導電膜では,エッチング速度を低下(化学的安定性の改善)させることができる[6]。例えば,バナジウム添加ZnO(AZO:V)膜では電気的特性を大幅に変化することなく,Vの添加に伴うエッチング速度の低減が実現されている。また,ZnO系ではエッチング速度の抑制手段として低温処理が有効である。

4.3 ディスプレイ用蛍光体薄膜

現在,無機蛍光体はFPDを始めとして広くディスプレイ分野で使用されているが,無機TFELDの場合を除いて全て粉末である[17]。一方,CRTに比べて低い電圧で加速された電子線で励起される電界放射ディスプレイ(FEDやSED)等では,薄膜蛍光体は粉末より高い発光効率の実現が期待できるため,近年,低速電子線励起用蛍光体薄膜の研究開発が活発に行なわれているが実用化には至っていない。無機TFELDは,モノクロ表示ではLCDと並んで比較的早くから実用化されたが[18],1990年代からのフルカラーFPDの熾烈な開発競争ではLCDやPDPから完全に取り残されている。しかし,近年新規なTFELデバイス構造及び多くの新規なTFEL用蛍光体が開発され,基礎研究と併せて実用化に向けて無機TFELD開発は着実に進展している[1, 18~24]。

FPD分野における無機蛍光体薄膜の最新応用技術に関して無機TFELDにおいて注目すべき発表がある。第1は,1999年のBaAl$_2$S$_4$:Eu蛍光体薄膜を発光層に用いた高輝度青色TFELの実現である[1, 19, 21, 23]。また,その後に提案されたカラー・バイ・ブルー(CBB)方式を用いるフルカラー無機TFELD(図3(a)参照)が実用化に向けて開発中であるが,現状ではこの無機TFELDの実用化の成否は蛍光体薄膜の成膜技術に掛かっていると言っても過言ではない[24]。第2は,2005年の安定な超高輝度青色無機TFELランプの発表である。約1μm厚の蛍光体薄膜に電極を付けた簡単な構造のデバイスにおいて,約3V以上の直流電圧を印加すると発光が観測でき,5.5V印加時に600000 cd/m^{2}の高輝度白色発光(白色LEDと同様に,黄色発光蛍光体を使用している)が実現されている[25]。しかし,現時点ではデバイスの動作原理や構造,蛍光体薄膜材料及

び作製技術等の詳細は報告されていないが，上記の実現では青色発光ZnS系蛍光体薄膜(真空蒸着法で作製したと発表されている)の作製技術が特に重要であると思われる。第3は，高温雰囲気下でも安定に動作するフレキシブル(曲げられる)無機TFELランプの開発である。フレキシブル酸化物セラミックシートを基板に使用しているため，発光層に酸化物蛍光体薄膜を用いると200℃以上の高温下で使用可能な曲げられる無機TFELDやTFELランプ（図3(b)参照）を実現できる[26]。

無機TFEL用蛍光体材料に注目すると，1990年代から新しい展開がなされている。1991年に三元化合物からなる酸化物母体を採用するZn$_2$SiO$_4$:Mn TFELデバイスにおいて高輝度緑色発光が実現された。この報告では，TFEL用蛍光体としてZnSやSrS等の二元化合物ではなく三元化合物を母体材料に採用するとともに，化学的に不安定な硫化物蛍光体以外に，安定な酸化物蛍光体が使用できることを明らかにした。これを契機に，多くのTFEL用酸化物蛍光体が開発されるとともに，多くの三元化合物や多元(複合)化合物がTFEL用蛍光体母体材料として採用されるようになった[19～22, 27, 28]。これまでに，表2に示したような各種のTFEL酸化物蛍光体が開発され，それらを発光層に用いるTFELにおいて安定かつ高輝度な発光が実現されている。例えば，二元化合物ではGa$_2$O$_3$及びY$_2$O$_3$，三元化合物ではZn$_2$SiO$_4$，CaGa$_2$O$_4$及びY$_2$Ge$_5$O等，そして多元(複合)酸化物ではY$_2$O$_3$-GeO$_2$，Y$_2$O$_3$-Ga$_2$O$_3$，Ga$_2$O$_3$-SnO$_2$やGa$_2$O$_3$-In$_2$O$_3$系及びZn$_2$SiO$_4$-Zn$_2$GeO$_4$系等が報告されている[20, 22, 27, 28]。また，多元系酸化物蛍光体薄膜では，組成変化による色度(発光色)制御が実現されている。一方，結晶化温度の高い酸化物蛍光体薄膜では高い発光効率で高輝度ELを実現するためには，成膜後に高温での熱処理が必要である。多くの酸化物蛍光体薄膜における最適熱処理温度は，ガラスの軟化点以上であるためガラス基板の使用が困難である。こ

(a)厚膜絶縁層構造
1.透明電極　2.薄膜絶縁層
3.発光層　4.厚膜絶縁層
5.金属電極　6.ガラス(セラミックス)基板

(b)二重絶縁層構造(曲げられる無機薄膜EL)
1.透明電極　2.薄膜絶縁層
3.発光層　4.曲げられるセラミック基板
5.金属電極

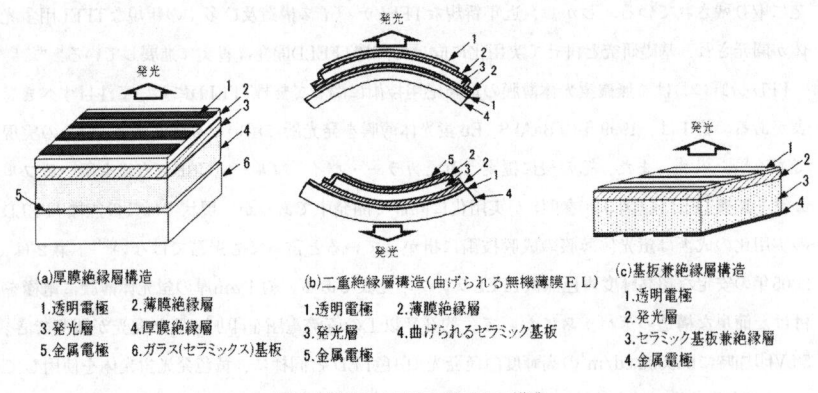

(c)基板兼絶縁層構造
1.透明電極
2.発光層
3.セラミック基板兼絶縁層
4.金属電極

図3　代表的なTFELデバイス構造

第4章 無機膜の最新応用技術

表2 代表的なTFEL用酸化物蛍光体

蛍光体薄膜	最高輝度(cd/m²) 1 kHz/(60Hz)	最高効率(lm/W) 1 kHz/(60Hz)	発光色	アニール処理温度 (℃)
多結晶（2元化合物）				
Y_2O_3:Mn	7440/(538)	1.11/(10.1)	黄	1020
Ga_2O_3:Mn	1018/(227)	1.7	緑	1000
Ga_2O_3:Cr	622/(34)	0.026	赤	950
Ga_2O_3:Eu	>840[650Hz]/(550)	/(0.37)	赤	600
多結晶（3元化合物）				
$CaGa_2O_4$:Mn	2790/(592)	0.25	黄	1010
Y_2GeO_5:Mn	3020/(414)	0.93/(3.30)	黄	970
$Y_4G_2O_8$:Mn	2500/(68)	0.81/(3.46)	黄	1045
$Y_2Ge_2O_7$:Mn	1629/(224)	0.28/(4.54)	黄	1020
Zn_2SiO_4:Mn	3020/(230)	0.78	緑	910
$ZnGa_2O_4$:Mn	758/(235)	1.2	緑	1020
多結晶（多元（複合）系）				
$Zn_2Si_{0.6}Ge_{0.4}O_4$:Mn	11800/(1536)	0.45/(0.7)	緑	910
$Zn(Ga_{0.7}Al_{0.3})_2O_4$:Mn	1070/(100)	0.1/(2.4)	緑	1020
$((Y_2O_3)_{0.6}-(GeO_2)_{0.4})$:Mn	7700/(728)	0.99/(10.4)	黄	1020
$((Y_2O_3)_{0.67}-(Gd_2O_3)_{0.33})$:Mn	1863/(377)	0.2/(1.69)	黄	1020
$((Y_2O_3)_{0.5}-(Ga_2O_3)_{0.5})$:Mn	7250/(567)	1.14/(9.96)	黄	1020
$((Y_2O_3)_{0.67}-(Al_2O_3)_{0.33})$:Mn	2840/(128)	0.21/(2.0)	黄	1020
$((Y_2O_3)_{0.67}-(In_2O_3)_{0.33})$:Mn	674/(127)	0.01/(1.25)	黄	1020
$((Ga_2O_3)_{0.7}-(Al_2O_3)_{0.3})$:Mn	1631/(261)	0.22/(3.73)	緑	900
アモルファス				
$MgGa_2O_4$:Eu	>469[120Hz]	0.9/2[120Hz]	赤	~750
$(Ga_2O_3)_{0.67}-(SnO_2)_{0.33}$:Eu	2325/112	0.36/0.27	赤	~750
$Ga_{1.73}In_{0.1}Eu_{0.17}O_3$	/(>320)	/(0.31)	赤	~600

の問題は，セラミックス基板を用いるEL素子構造（図3(c)参照）の採用によって解決されている。

酸化物蛍光体薄膜の結晶学的特性に注目すると，Eu添加Ga_2O_3ベースの多元（複合）酸化物蛍光体薄膜を発光層に用いるTFELデバイスでは，結晶化した薄膜よりアモルファスの場合において高輝度が実現されている[22]。すなわち，比較的低温（ガラス基板が使用可能）で熱処理を施したアモルファス薄膜を発光層に使用したTFELデバイスにおいて高輝度が実現されている。表2には，これまでに高輝度ELが報告されているアモルファスEu添加Ga_2O_3ベースの多元（複合）酸化物蛍光体のEL特性を示している[22]。いずれの蛍光体においてもEu^{3+}からの赤色発光が実現され，ガラス基板上への成膜が可能である。表2から明らかなように，酸化物蛍光体TFELデバイスでは赤色，黄色及び緑色において高輝度発光が実現されているので，今後TFEL用高輝度青色発光酸化物蛍光体薄膜の開発が望まれる。

一方，硫化物蛍光体薄膜では，1993年に三元化合物母体の採用による$CaGa_2S_4$:Ceや$SrGa_2S_4$:

199

機能性無機膜の製造と応用

Ce青色蛍光体が開発された[1, 18]。しかし，CaGa$_2$S$_4$:Ceでは良い色純度は得られたものの発光輝度が不十分であった。また，1996年にはZn$_{1-X}$Mg$_X$S:Mn多元系硫化物蛍光体膜の組成変化による色度(発光色)制御が報告されている[1]。1999年には，三元化合物母体を採用するBaAl$_2$S$_4$:Eu TFELデバイスにおいて待望の高輝度青色発光が実現されている[19, 21, 23]。これまでに，表3に示すような各種のTFEL用硫化物蛍光体が開発されている。また，硫化物や酸化物母体以外ではフッ化物や窒化物母体が検討されている。1991年に，ZnF:Gd薄膜ELで強い紫外発光が報告され，90年代後半からはAlNやGaN等の窒化物母体に希土類を添加した窒化物蛍光体を用いるTFELが報告されている[22]。低電圧駆動，長時間の安定動作及び高周波駆動の可能性等が長所とされているが，現状ではフッ化物や窒化物蛍光体をTFELに採用する利点は特にないと思われる。

以上は，無機TFEL用蛍光体の材料開発の観点から述べたが，既に指摘したように薄膜蛍光体

表3 代表的なTFEL用硫化物蛍光体

蛍光体材料	発光輝度L(cd/m^2) 1 kHz/(60Hz)	発光効率 η (lm/W) 1 kHz/(60Hz)	発光色
2元化合物			
ZnS:Mn	8000/(1000)	3.7/(4.1)	黄
SrS:Ce,Eu	540/(32)	0.4/	白
SrS:Ce/CaS:Eu	280/(17)	—	白
ZnS:Mn/SrS:Ce	4200/(340)	1.3/	白
SrS:Pr,Ce/ZnS:Mn	/(300)		白
ZnS:Sm,Cl	200/(12)	0.08/	赤
CaS:Eu	300/(12)	0.05/	赤
MgS:Eu	300/	0.45/	橙
ZnS:Tb	3547[120Hz]	—	緑
ZnS:Tb,F	2100/(125)	1/	緑
CaS:Ce	150/(10)	0.1/	緑
SrS:Ce	800/	0.34/	青緑
SrS:Cu,Ag	/(28)	0.20/	青
SrS:Cu	194/	0.20/	青
CaS:Pd	/(80)	0.10/	青
3元化合物			
SrY$_2$S$_4$:Eu	610/	—	赤
CaY$_2$S$_4$:Eu	350/	—	赤
CaAl$_2$S$_4$:Eu	3041/		緑
CaAl$_2$S$_4$:Eu(7%),Gd(3%)	4100/		緑
Ca$_{0.9}$Mg$_{0.1}$Al$_2$S$_4$:Eu	1090/		緑
SrGa$_2$S$_4$:Eu	1249[120Hz]	1.51/	緑
CaGa$_2$S$_4$:Ce	210/(13)		青
(Ba,Mg)Al$_2$S$_4$:Eu	470[120Hz]		青
BaAl$_2$S$_4$:Eu	10000/1400[120Hz]	0.10/	青
ZnS:Mn/SrAl$_2$S$_4$:Eu	985/		緑白

第4章　無機膜の最新応用技術

材料開発において成膜技術が極めて重要である。例えば、原子層蒸着(ALD)法の開発によって高性能ZnS:Mn TFELDが実現されるように、EL特性は蛍光体薄膜の成膜技術に著しく影響される。他の例として上述の高輝度青色発光 $BaAl_2S_4$:Eu TFELでは、多源（マルチソース）パルス電子線蒸着法の採用によって実現されている[19]。特に、三元化合物や多元(複合)化合物母体を使用する蛍光体では、二元化合物に比べて結晶化温度が高く、組成制御された高品質な蛍光体薄膜を大面積基板上に高速で作製することは容易ではない。TFELDの作製で広く使用されている真空蒸着法では、単一蒸発源から蒸気圧の大きく異なる材料を同時に蒸着することは困難である。現状では、多元系(複合)化合物蛍光体薄膜は多源真空蒸着法を使用して基板を回転させながら作製されている。一方、スパッタリング法は多元(複合)化合物薄膜の作製に有利であるが、スパッタ率の異なる複数の原材料からなる単一ターゲットを用いる安定成膜技術は確立されていない。複数の蒸発源や複数のターゲットを使用する多源スパッタ成膜技術は有効であるが、組成制御を始めとして高品質薄膜の作製は容易ではない[22,29]。最近、大面積基板上への高速成膜の要請から、多元化合物蛍光体ターゲットを用いたスパッタリング法での成膜が報告されている。また最近、複合体ターゲットを使用する高周波マグネトロンスパッタリング法を用いて作製した $BaAl_2S_4$:Eu薄膜を発光層に用いるTFELDの作製が報告されている[22,30]。しかし、結晶化温度の高い多元系化合物蛍光体では、成膜後に熱処理(アニーリング)を施す必要があり、成膜技術との整合性にも注意する必要がある。

近年、蛍光体薄膜材料開発に利用可能な成膜技術として、パルスレーザー蒸着(PLD)法を用いるコンビナトリアル成膜法が提案されている[22]。コンビナトリアル・PLD成膜技術では、成膜条件や材料組成等を変化させた膜が作製可能であり、効率良く成膜条件や材料組成を最適化でき、新材料の開発手法として幅広い分野で利用が期待されている。TFEL用蛍光体開発に適用された報告例はないが、新規な酸化物蛍光体開発に採用されている[22]。一方、新材料の開発手法として幅広い分野で利用が期待される簡易なコンビナトリアル・スパッタ成膜技術が最近提案されている[22]。この方式では、ターゲットを適当に分割してそれぞれの領域に異なる原材料粉末を配置してなる分割ターゲットを用いる高周波マグネトロンスパッタリング装置を使用して、ターゲットに対向して配置された基板上に膜を作製する。PLDやスパッタリング法等の物理的成膜法では、焼結体ペレットやターゲットが必要であるが、本方式では粉末ターゲットの使用が可能である。図4はTFEL蛍光体の開発に採用された場合のターゲットの一例であるが、ターゲットホルダーとして円形のアルミニウム(もしくはSUS)製の皿を用いて、2つに分割した領域にそれぞれ異なる原料粉末(材料や組成、もしくは発光中心の種類や含有量が異なる)を軽くプレスしながら敷き詰めている。この2分割ターゲットをスパッタリングすると、基板上の距離 (d) に依存して組成の変化した膜を作製できる。もし、発光中心の種類や含有量の異なる粉末を用いれば、そ

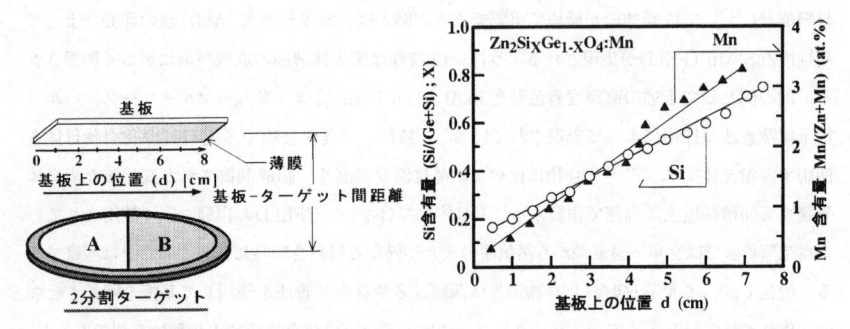

図4 コンビナトリアル・スパッタ成膜のターゲットと基板の関係

図5 Si組成及びMn含有量の基板位置依存性

それぞれ発光中心の混合比や含有量が基板上で変化した膜を作製することができる。
　一例として，図5にZn$_2$SiO$_4$:MnとZn$_2$GeO$_4$:Mn粉末もしくはMn含有量（Mn/(Mn+Zn)原子比）が0.2at.%と3at.%のZn$_2$Si$_{0.6}$Ge$_{0.4}$:Mn粉末をそれぞれ配置した2分割ターゲットを使用してコンビナトリアル・スパッタ成膜技術で基板上に作製された膜のSi含有量（Si/(Ge+Si)原子比；X）もしくはMn含有量の基板位置（d）依存性をそれぞれ示している[22]。同図から明らかなように，一回の成膜においてSi組成もしくはMn含有量の大幅に変化したZn$_2$Si$_x$Ge$_{1-x}$:Mn蛍光体薄膜が作製されている。また，同コンビナトリアル・スパッタ成膜技術は，任意の多元（複合）化合物蛍光体の組成及び各種化合物蛍光体の発光中心含有量等の最適化においても有効であることが実証されている[22]。図6(a)及び(b)は，作製されたZn$_2$Si$_x$Ge$_{1-x}$:Mn蛍光体薄膜の得られたPL強度及びそれを発光層に用いたTFELデバイス（図3(c)の構造を採用）で得られた最高輝度のSi組成（X）依存性及びMn含有量依存性をそれぞれ示している。これらの最適化がそれぞれ一回の成膜で達成でき，最適化されたZn$_2$Si$_{0.6}$Ge$_{0.4}$:Mn（2.3at.%）TFELデバイスでは1kHz及び60Hz正弦波交流電圧駆動において，表2に示したようにそれぞれ11800及び1536cd/m^{2}の高輝度緑色発光が実現された[22]。
　近年，OLED等のフレキシブルディスプレイの開発が報告され，注目されている。しかし，これらのフレキシブルディスプレイではプラスチック基板や有機材料を使用しているため，高温雰囲気下では使用できない。最近，フレキシブル酸化物セラミックシートを基板に使用した曲げられる無機TFELランプ（図3(b)参照）が開発されている。図7に，緑色発光Zn$_2$Si$_{0.6}$Ge$_{0.4}$:Mn TFEL（2重絶縁層構造）ランプの発光状態の写真を示している。また，発光層にZn$_2$Si$_{0.6}$Ge$_{0.4}$:Mnを用いた酸化物蛍光体TFELランプでは，200℃以上の高温大気中でも安定に動作した。したがって，この曲げられる無機TFELDは，有機材料の使用が困難な高温雰囲気中等での使用が期

第4章　無機膜の最新応用技術

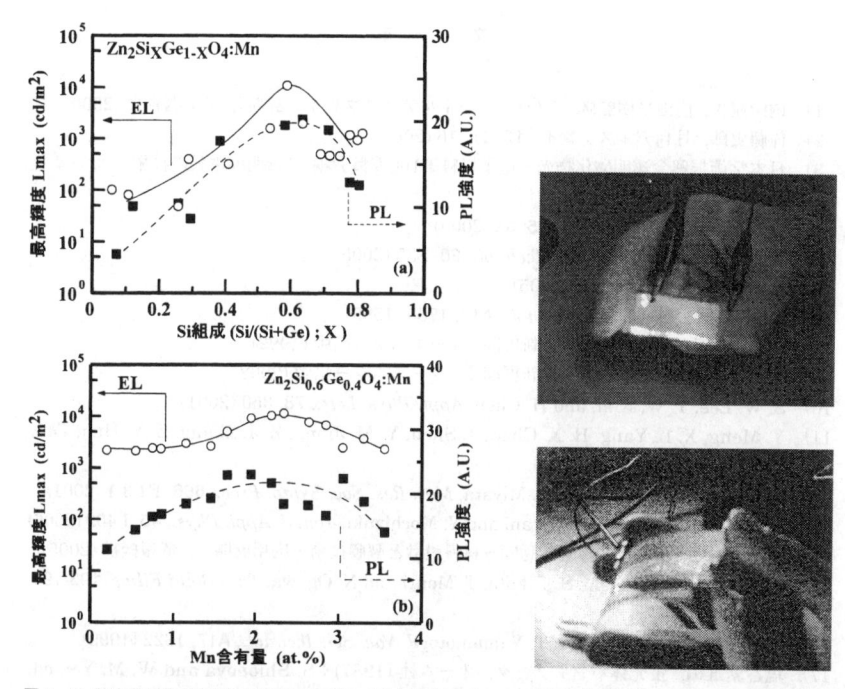

図6　PL強度及び最高輝度のSi組成(a)及びMn含有量依存性(b)　　図7　曲げられるTFELランプの発光状態

待される。

4.4　まとめ

　FPD用透明電極及びEL用蛍光体薄膜の材料開発及び成膜技術の現状を述べた。FPD用透明電極では，毒性及び安定供給に懸念のあるITOの代替材料として，AZOやGZOのLCD用透明電極への適用技術を早急に確立する必要がある。CBB方式のフルカラー無機TFELDを実用化するためには，多元系硫化物蛍光体薄膜の大面積基板上への高速成膜技術の確立が必要である。酸化物蛍光体TFELでは高輝度青色発光蛍光体薄膜の開発が不可欠である。また，直流駆動型超高輝度青色発光ZnS系蛍光体TFELデバイスの動作原理の解明と実用化が期待される。曲げられる酸化物蛍光体TFELデバイスは，高温下で使用可能なフレキシブルランプやディスプレイの実現が期待される。高周波マグネトロンスパッタリング法を用いるコンビナトリアル・スパッタ成膜技術は，蛍光体の開発のみならず新規な材料開発手法として期待される。

文　　献

1) 内田龍夫, 内池平樹監修, "フラットパネルディスプレイ大辞典", 工業調査会 (2000)
2) 佐藤史郎, 月刊ディスプレイ, **12** (1), 16 (2006)
3) 日本学術振興会透明酸化物光・電子材料第166委員会編, "透明導電膜の技術", オーム社 (1999)
4) T. Minami, *MRS Bulletin*, **25**, 38 (2000)
5) T. Minami, *Semicond. Sci. Technol.*, **20**, S35 (2005)
6) 南　内嗣, 光学, **34**, 326 (2005)
7) T. Minami, *J. Vac. Sci. Technol.*, **A17**, 1765 (1999)
8) 澤田　豊監修, 透明導電膜の新展開, シーエムシー出版 (1999)
9) 澤田　豊監修, 透明導電膜の新展開II, シーエムシー出版 (2002)
10) S. W. Lee, Y. W. Kim, and H. Chen, *Appl. Phys. Lett.*, **78**, 350 (2001)
11) Y. Meng, X. L. Yang, H. X. Chen, J. Shen, Y. M. Jiang, Z. J. Zhang, Z. Y. Hua, *Thin Solid Films*, **394**, 219 (2001)
12) T. Minami, S. Suzuki and T. Miyata, *Mat. Res. Soc. Symp. Proc.*, **666**, F1.3.1 (2001)
13) T. Minami, T. Miyata, Y. Ootani and Y. Mochizuki, *Jpn. J. Appl. Phys.*, **45**, L409 (2006)
14) 南　内嗣他, 最新透明導電膜動向～材料設計と製膜技術・応用展開～, 情報機構 (2005)
15) T. Minami, K. Oohashi, S. Takata, T. Mouri and N. Ogawa, *Thin Solid Films*, **193/194**, 721 (1990)
16) T. Minami, T. Miyata and T. Yamamoto, *J. Vac. Sci. Technol.*, **A17**, 1822 (1999)
17) 塩谷繁雄編, 蛍光体ハンドブック, オーム社 (1987) ; S. Shionoya and W. M. Yen ed. PHOSPHOR HANDBOOK, CRC Press, New York (1998)
18) Y. A. Ono, Electroluminescent Display, World Scientific (1995)
19) 三浦　登, 月刊ディスプレイ, **7** (9), 63 (2001)
20) 南　内嗣, 月刊ディスプレイ, **7** (9), 57 (2001)
21) 三浦　登, 月刊ディスプレイ, **11** (9), 50 (2005)
22) 南　内嗣, 月刊ディスプレイ, **11** (9), 56 (2005)
23) 三浦　登, 松本皓永, 中野鐐太郎, 応用物理, **74**, 617 (2005)
24) 和迩浩一, 月刊ディスプレイ, **11** (7), 62 (2005)
25) 例えば, NIKKEI MICRODEVICES, **246**, 21 (2005)
26) T. Miyata, Y. Mochizuki, S. Tsukada and T. Minami, Proc. of the 12th Int. Display Workshops 563 (2005)
27) T. Minami, *Solid State Electronics*, **4**, 2237 (2003)
28) 南　内嗣, セラミックス, **38** (2), 167 (2003)
29) A. Kosyachkov, 2003 *SID Int. Symp. Digest of Tech. Papers*, **34**, 1118 (2003)
30) A. Kosyachkov, 2005 *SID Int. Symp. Digest of Tech. Papers*, **36**, 120 (2005)

5 電子デバイス分野への応用

岡本昭夫*

5.1 はじめに

　機能性無機薄膜の電子デバイス分野への応用としては，まず，半導体デバイスへの応用が考えられる。ITRS（International Technology Roadmap for Semiconductors：国際半導体技術ロードマップ）の2005年度版によると，2005年以降，DRAMのハーフピッチよりNAND型フラッシュメモリでのpoly-Siのハーフピッチの方が小さくなるため，一律に何nmノードと表現していた'技術ノード'と呼ばれる表現が使われなくなり，それぞれのロジック製品群で個別にロードマップが描かれている。今後も微細化への道は続き，DRAMのハーフピッチは2004年の90nmを基点として，3年毎に0.7倍のペースで進み，NAND型フラッシュメモリでは，2004年の90nmを基点に2006年までは2年で0.7倍のペースで，2006年以後は3年で0.7倍のペースで進むとされている[1]。これらのロジック製品群の基本構造はMOSFETと多層配線より構成され，それらはゲート絶縁膜，ゲート電極膜，シリサイド膜，配線電極膜，層間絶縁膜等，多くの薄膜で構成されており，上述の微細化が進むことによる技術開発として，特にCu配線とlow-k層間絶縁膜に関する研究開発が行われている[2]。

　しかし，機能性無機薄膜の応用としては，半導体デバイスだけでなく，種々の材料の物性を利用するために最適な手法で薄膜化された薄膜デバイスへの興味も大きい。本書に述べられてきた種々の成膜方法や分析手法を用いて，所望とする特性を持った薄膜材料を開発することが重要であると考える。

　ここでは，薄膜デバイスへの応用に注目して，機能性無機薄膜について，考えてみることにする。その中で，筆者等の研究グループが開発してきた薄膜材料，薄膜デバイスについて，2, 3紹介する。また，今後の動向として，最近注目を集めている高分子基材上への電子デバイス構築のための要素技術について考えてみる。

5.2 機能性薄膜材料について

　最近いろいろな工業技術の分野で機能性材料という言葉がよく用いられているが，これは材料が持つ種々の機能や特性を利用して何らかの有用な目的のために開発された材料ということができる。しかしながら構造材料や金属材料，電子材料などすべての材料にはもともと何らかの機能が存在し，従って特に機能性材料という場合は，「新規の」，「高度な」，「特異な」，「重要な」，「複合的な」などという形容詞が意味の上で存在すると考える方が自然である。そしてこの「機能」

---

*　Akio Okamoto　大阪府立産業技術総合研究所　情報電子部　電子光材料系　主任研究員

機能性無機膜の製造と応用

をいかに発現するかが大きな技術課題である．特に製品に何か高度な機能を持たせ，製品の付加価値を向上させ，製品の高機能化を行うことは，非常に重要な課題である．

　機能性材料としての機能を発現する手段として，新しい物質や化合物の開発や作製，新しい特性の発見や利用，微細加工技術による形状や構造の変化，作製技術の開発や工夫による材料の複合化など様々な方法が考えられる．これまでにも電子材料，金属材料，プラスチック材料，セラミック材料など種々の材料領域あるいはこれらの境界領域で機能性材料の開発が行われてきている．機能性材料として薄膜を用いると，厚みが数ミクロン程度あるいはそれ以下ときわめて薄い領域で機能の発現を行うことができるため，非常に小さい体積で効率的に機能が発現できる．薄膜による機能性材料，すなわち機能性薄膜は，薄膜材料そのものの新たな機能を発現する場合や，他の材料表面に薄膜をコーティングすることによってもともとの材料が持つ機能を生かしながらなおかつ新しい機能を付与する場合などいろいろな状況が考えられ，その応用分野はきわめて広く将来有望な手段でありまた産業への応用が期待される．

　筆者等のグループではスパッタ法を中心とした薄膜作製技術を用いて，種々の薄膜材料の開発を行ってきた．今まで手がけてきた薄膜材料を表1にまとめる．以下には，この中から薄膜デバイスとして研究開発されたものについていくつか紹介する．

表1　今まで研究・開発を行ってきた薄膜材料

○金属薄膜
　Ta（抵抗素子），Au（ガスセンサ），Cu（配線材料），
　Pt（温度センサ，フィールドエミッタ），Pd（真空計），
　Ag，Ti，Cr，Ni，Al（電極，ミラー他）
○合金薄膜
　TiNi（形状記憶合金），NbTi（超伝導磁気遮蔽），
　CoCr（磁気記録材料），AgZn（桃色発色材料）
○積層膜
　Ti/C（X線反射ミラー），TiO_2/Ti（干渉による発色加工），
　B/Ti（パルスイオン照射）
○窒化物薄膜
　ZrN（極低温用温度センサ），Cu_3N（光記憶材料），
　CrN（赤外線センサ，極低温用温度センサ），
　AlN（プラスチックレンズ保護膜），TiN（赤外線反射），
　TaN（抵抗素子，サーマルヘッド素子）
　ZrAlN，TiAlN（高温耐酸化性），TaAlN（真空度センサ）
　YN（新規機能性）
○酸化物薄膜
　ITO（透明導電膜，透光性電磁波シールド膜），
　Cr-O（圧力センサ），TiO_2（光触媒），WO_3（光触媒），
　SiO_2（絶縁膜），SnO_2（ガスセンサ），
　Y_2O_3:Eu（フォトルミネッセンス），
　SiAlO，Ta_2O_5（パッシベーション膜）
　Pt-O（半導体用ガスセンサ），YBCO（高温超伝導体）
　LaCaMnO（巨大磁気抵抗効果），NiO，ZnO（半導体膜）
　$CuScO_2$，Zn_2SnO_4（透明導電膜）
○C系薄膜
　C60フラーレン（ガスセンサ），
　カーボンナノコイル，ナノチューブ（構造材料，SPM）
　Au-C（半導体用ガスセンサ），Pt-C（触媒電極）
　a-C，CN（ハードコーティング），
　DLC（ガスバリア，耐薬品）
○有機無機複合膜
　ポリエチレン－Au，Ag，Cu
　フッ素樹脂膜（FEP，TFE＋α：撥水膜）

第4章 無機膜の最新応用技術

5.3 薄膜デバイス

5.3.1 Cr-O薄膜を用いた圧力センサ[3]

　圧力センサとしては，いくつかの方式があるが，なかでも半導体式や金属歪みゲージなどがよく用いられる。しかし，半導体式は高感度な出力が得られる反面，温度係数が大きいために温度による誤差が大きくなる。このため，120℃付近が上限とされ高温までの広い温度範囲での使用には不向きであり，多くは80℃付近までで使用されている。一方，金属歪みゲージは温度係数は小さいが出力も小さいという短所がある。ここでは，150℃～250℃で動作可能な圧力センサとしてCr-O薄膜を用いた温度係数が小さくかつ大きな出力が得られる高温動作型圧力センサの開発を行った。

　高温で安定したセンサ特性を維持するためには，Cr-O薄膜の作製温度を動作温度より十分に高温にして作製し，使用温度下でも構造や特性の安定性が維持できるようにする必要がある。しかし，センサ素子の生産性を考慮するとあまり高温にすることは得策ではない。本研究では，150℃～250℃で動作可能なセンサを目指しているので，作製基板温度を350℃固定とし，他の作製条件の最適化を図った。Cr-O薄膜の作製条件を表2に示す。

　図1に作製したCr-O薄膜の抵抗の温度係数（TCR）の酸素ガス流量依存性を示す。TCRは金属Crの約2300ppm付近から酸素ガス流量の増加に伴い減少し，1.0～3.0sccmの広い範囲でTCRがゼロ点をはさむ数百ppmの小さな値を示し，温度変化の影響を受けにくい抵抗体ができることがわかった。またそのときの比抵抗は$10^4 \mu\Omega$cm以下の値であり，センサの抵抗体を構成するのに扱いやすい比抵抗であった。

　基板温度350℃，酸素ガス流量2.4sccmの条件で金属ダイヤフラム上にCr-O薄膜を作製し，圧力センサの微細加工および測定回路の形成を行い，圧力センサとしての出力特性を図2に示すブリッジ回路により測定した。図3に雰囲気温度200℃における出力－圧力特性を示す。センサ

表2　Cr-O薄膜作製条件

スパッタ方式	：DCマグネトロンスパッタ
ターゲット	：金属Cr（100mmϕ，5mmt）
基　板	：#7059ガラス，Siウェハー
到達真空度	：7×10^{-4}Pa
スパッタガス圧	：1.5×10^{-4}Pa
O_2流量	：0～4 sccm
Ar流量	：6～2 sccm
（ArとO_2の流量の和を6 sccm一定にした）	
基板温度	：350℃

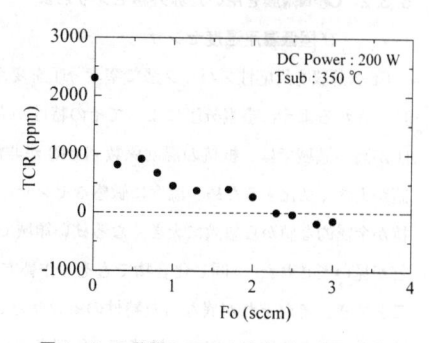

図1　Cr-O薄膜のTCRと酸素ガス流量の関係

機能性無機膜の製造と応用

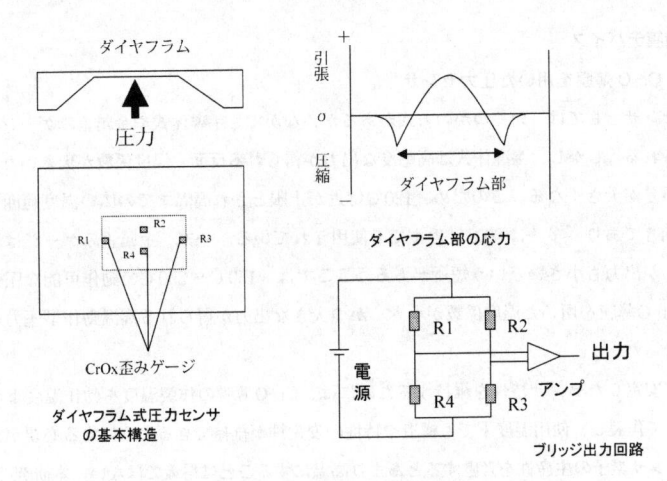

図2 圧力センサの測定回路

の出力電圧は印加圧力に対し直線的に変化し，リニアリティが非常によいことがわかる。また，圧力を増加させる場合と減少させる場合の出力差，すなわちヒステリシスもほとんどない出力特性が得られた。これらの結果から高温で動作を行う圧力センサとして，Cr-O薄膜が基本的に良好な特性を持っていることが確認できた。

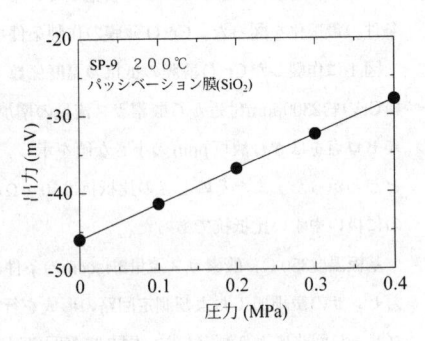

図3 Cr-O薄膜の200℃における出力-圧力特性

5.3.2 Cr-N薄膜を用いた赤外線センサおよび極低温用温度センサ

　Cr-N薄膜を反応性スパッタ法で窒素分圧を変えて作製し，その電気的特性を測定すると，図4に示されるように窒素分圧によってその特性が大きく変化することが分かる[4,5]。例えば窒素分圧が高い領域では，抵抗の温度係数(TCR)が非常に大きく，わずかな温度変化により膜の抵抗値が大きく変化するため，温度に敏感なセンサとして利用することができる。また一方では比抵抗が金属的な値から急激に大きくなる狭い領域で，比抵抗の磁気抵抗効果が非常に小さくなることが見いだされた[6]。同じ化合物でもその作製方法により全く異なった特徴を持った薄膜を得ることでき，それぞれが異なった特性のセンサとして利用できることがわかる。ここではCr-N薄膜そのものの特性を利用した機能膜の作製事例として，赤外線センサへの応用および磁場の影響

第4章 無機膜の最新応用技術

を受けない極低温用温度センサへの応用について述べる。

(1) 赤外線センサ

赤外線センサは様々な分野に応用されており，特に家電製品などの汎用的な利用が多く需要も高い。現在，赤外線センサとしては，Ge，PbS，CdHgTeなどの半導体を用いた量子型センサや，$LiTaO_3$，$PbTiO_3$などの酸化物誘電体を用いた焦電型センサなどがある[7]が，高価格で液体窒素による冷却を必要とすることやチョッパーを用いて光信号を交流に変換する機構が必要であるなど取り扱いが不便である。室温で動作し，チョッパー機構の必要がなく，安価で応答性の良い赤外線センサの開発を目的として，Cr-N薄膜を用いたサーミスタボロメータ型赤外線センサの開発を行った。

Cr-N薄膜は反応性RFマグネトロンスパッタ法を用いて表3に示す条件でガラス基板上に作製した。作製した赤外線センサチップの構造を図5に示す。

赤外線によるセンサ出力を図6に示す。センサ出力は赤外線の照射時間とともに大きくなるが，一定時間経過すると定常状態になった。またセンサの出力は赤外線源の表面温度に対して室温を境に正負逆の出力特性を示し，出力は測定物の温度と室温との温度差に依存し，室温より高くても低くても非接触で温度計測を行うことができ，その違いは出力電圧の正負により判断できることが分かった。

赤外線センサの出力が定常状態の

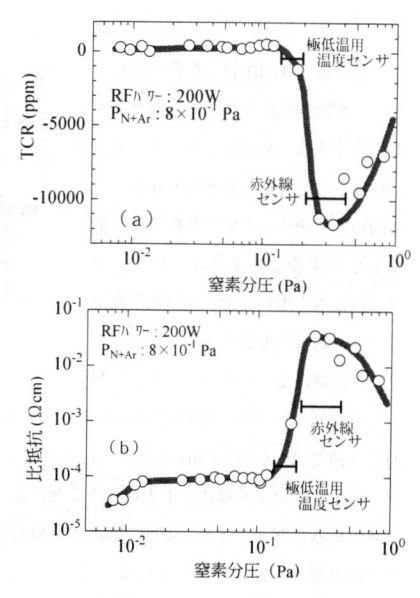

図4 Cr-N薄膜のTCRおよび比抵抗の窒素分圧依存性，(a)：TCR (b)：比抵抗

表3 Cr-N薄膜作製条件

スパッタ方式	DCマグネトロンスパッタ
到達真空度	1×10^{-4} Pa
ターゲット	金属Cr $100\phi \times 5$mm
基　　板	#7059ガラス
基板温度	室温〜300℃
スパッタガス	Ar
反応性ガス	N_2
ガス圧力	0.8Pa
投入パワー	DC 200W

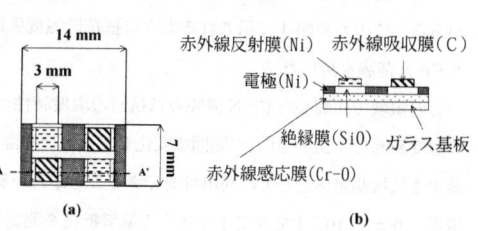

図5 赤外線センサの構造 (a)平面図，(b)断面図

63.2%になった時間を立ち上がり時間 τ とした時, 今回作製した赤外線センサの τ は約2sであるが, 赤外線センサを実用化するためには, 少なくとも τ が1s以下の応答速度が必要となる。この問題を解決するために基板の熱容量を小さくすることを試み, リソグラフィの技術を用いてセンサ検知部直下のガラス基板の厚さを薄くしたダイヤフラム構造のセンサを作製した。作製

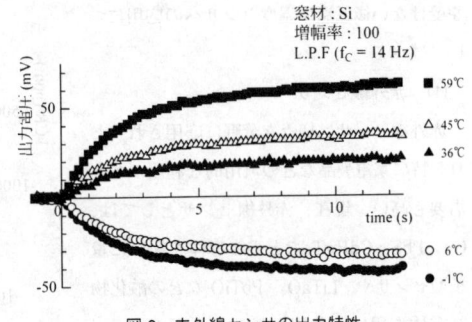

図6 赤外線センサの出力特性

したセンサチップは, TO-8上にマウントし, 窓材にはSiを用いた。改良した赤外線センサの出力応答速度は τ が約200msとなり, 先に作製したセンサの約10倍程度応答速度が向上した。

このようにセンサ構造に工夫を行うことにより基板の熱容量を小さくし, 応答速度向上の効果を確かめることができた。安価で構造が簡単な赤外線センサとしての実用性が高まり, 家電製品や温度計測への応用が期待される。

(2) **磁場の影響を受けない極低温用温度センサ**

極低温下で種々の物性を測定する場合, 強磁場中での測定を行うことが多い。このとき温度測定を行うセンサが抵抗の温度依存性を利用するサーミスタ型のセンサであるとき, 磁場が印加されると磁気抵抗効果により抵抗値が変化して温度計測ができなくなることがよくある。このために磁場の影響を受けない温度センサが必要となる。今回マグネトロンスパッタ法により作製したCr-N薄膜を室温から3.5Kまでの極低温まで計測できる温度センサとして応用することを試み, 強磁場中での特性評価を行った。

広い温度範囲を一つのセンサでカバーするためには, 抵抗の温度係数があまり大きすぎると使用上好ましくない。また抵抗が負の温度係数を持つと低温になるに従い抵抗値は急激に増加する。このため適当な値の抵抗温度係数を持ち, 測定しやすい抵抗値を持つCr-N薄膜を作製する必要がある。このため図4に示されるように抵抗の温度係数が上昇し始める窒素分圧領域で作製したCr-N薄膜を用いた。

この領域で作製したCr-N薄膜の抵抗値の温度特性は, 図7に示すように室温から3.5Kまでの温度範囲で, $10^3 \sim 10^4 \Omega$ の範囲で変化しており, 室温から極低温までの幅広い領域の温度を計測する抵抗測温体としての利用可能であることがわかる。また, この試料を3.5Kの温度に保ち, 磁場を0から10Tまで変化させながら電気抵抗を測定した結果, 磁場を変化させても電気抵抗はほとんど変化しておらず, 磁場に対する抵抗値の変化の温度換算をすると約20mK程度ときわ

第4章　無機膜の最新応用技術

めて小さい。すなわち抵抗値が外部磁場による影響をほとんど受けない．磁気抵抗効果の非常に小さい材料であると考えられ，強磁場下で使用する温度センサ用材料としての応用が可能であることがわかった．

以上のように同じCr-N薄膜であっても作製条件を変えることにより全く異なった機能を持つ薄膜を作製することができ，その特性から実用的な機能性薄膜として利用できる可能性を見いだすことができた．

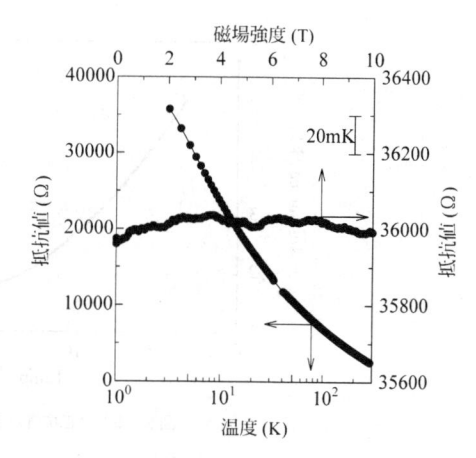

図7　Cr-N薄膜の抵抗値の温度依存性と3.5Kにおける抵抗値の磁場依存性

5.3.3　TaAl-N薄膜を用いた熱伝導型真空センサ[8]

抵抗温度係数の大きなセンサ材料として，反応性スパッタ法によりTaAl-N薄膜を作製し，熱伝導型真空度センサを試作して評価を行っている．薄膜化による感応部分の熱容量低減，熱交換の有効面積拡大により，高感度・高速応答性を有した熱伝導型真空計の可能性を見出した．さらに，高感度・高速応答性の可能性を期待して，Siウェハに比べて熱伝導率が数百分の一と小さいポリイミドフィルムを基板として用いて，TaAl-N薄膜の形成を試み，真空計としての適用について可能性を検討した．

薄膜形成は反応性DCマグネトロンスパッタ法にて行った．基板としてポリイミドフィルムを用い，基板温度は100℃とした．アルゴンガスと窒素ガスの流量比率は3.1/2.9sccm，スパッタ時圧力は1.2×10^{-1}Pa，センサ膜の厚みは300nm，センサ有効面積は1×2mmとした．図8にセンサ断面図の一例を示す．

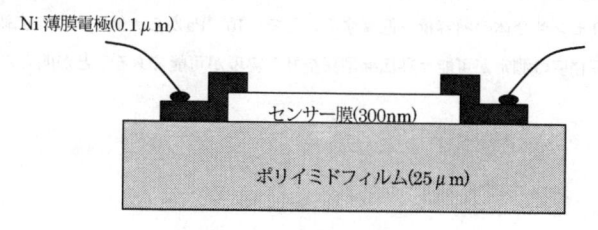

図8　センサ構造の断面図

機能性無機膜の製造と応用

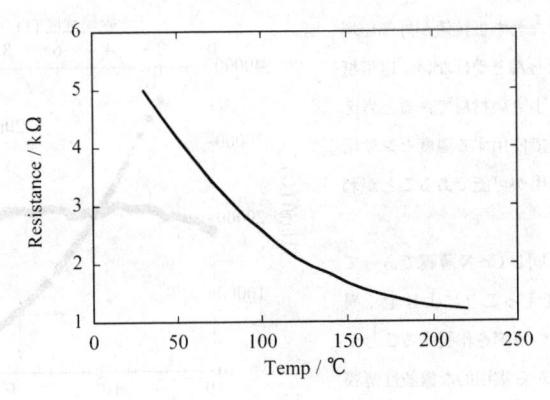

図9 センサ抵抗値の温度依存性

図9にセンサ抵抗値の温度依存性を示す。センサ抵抗値は温度が上昇するにつれて低下し、半導体的挙動を示した。センサ抵抗値から算出した代表的なTCRの値は、センサ温度70℃から200℃の範囲で－9700～－2800ppm/℃に変化することがわかった。

そこで、金属薄膜よりTCRが大きくなる設定温度150℃（TCR値－8300ppm/℃）にて10^{-4}Paから大気圧（10^5Pa）までの圧力範囲における出力電圧の圧力依存性を調べた。図10に結果を示す。図中、aは全体図、bは10^{-1}Pa以下の高真空領域ならびにcは10^3Pa以上の大気圧近傍の拡大図である。出力電圧は10Pa～1kPaの範囲で急激に変化した。また、従来の熱伝導型真空計では測定が困難な領域である10^{-1}Pa以下でも出力電圧に変化が見られ、この圧力範囲で十分測定が可能であることがわかった。また、大気圧近傍でも出力電圧変化が検出可能であった。また、設定温度を70℃にすることで、10^{-3}Paでの圧力に対する出力電圧の変化率が150℃設定の場合より約2倍になることが分かった。

ポリイミドフィルムを基板に用いた熱伝導型真空センサにおいて、10^{-1}Pa以下および10^3Pa以上の従来型のピラニ真空計では感度の低い圧力領域でも出力電圧に変化が見られ、TaAl-N薄膜のTCRが大きいという特徴を生かし、熱伝導率の小さいポリイミドフィルムを基板として用いることによりセンサ全体の熱容量を低減することで、10^{-4}Paから大気圧までの広領域にて高感度ならびに高精度の測定が可能な熱伝導型真空計の実現が可能であることが明らかになった。

第4章　無機膜の最新応用技術

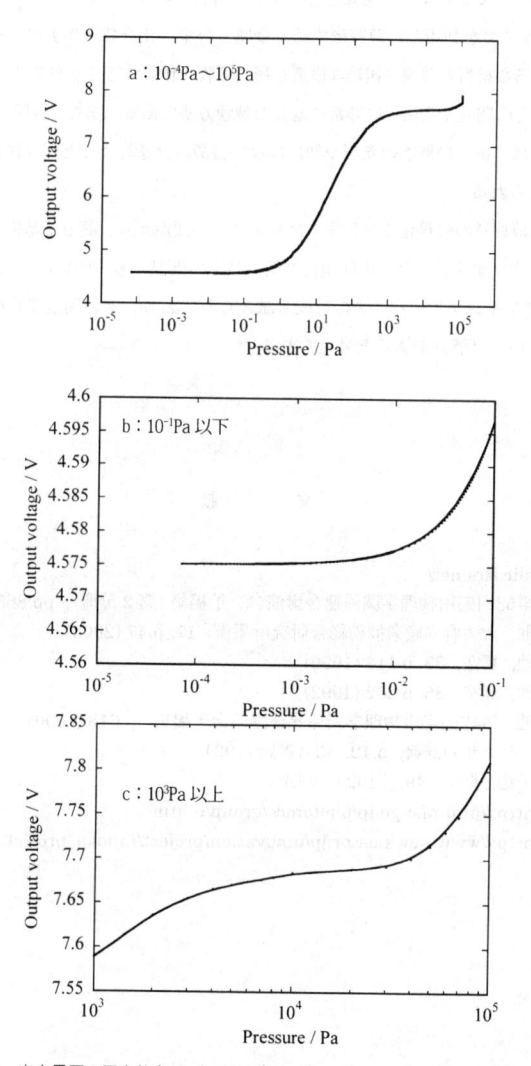

図10　出力電圧の圧力依存性（a：10^{-4}〜10^5Pa，b：10^{-1}以下，c：10^3以上）

5.4 今後の展望

筆者等のグループでこれまでに開発を行ってきた薄膜デバイスの紹介を行った。ここで用いているイオン・プラズマを利用した薄膜形成は，金属，合金，化合物の作製や，積層膜，混合膜の形成などいろいろな材料の薄膜や複雑な構造を持つ薄膜を作製することができ，新しい材料開発，新機能性薄膜などの開発や実用化に非常に適した製膜方法である。また，薄膜デバイスの実用化，製品化に向けては，新しい機能の発現や他にはない特徴付けを行うことが今後ますます重要な要素となると考えられる。

最近特に，基板材料の軽量化やフレキシビリティーの観点から，高分子基板上への電子デバイス形成技術がますます注目され，大面積化や低コストの要請から，印刷法[9]やフィルムなどへの転写[10]によるフレキシブルデバイスの形成も試みられており，その周辺要素技術とともに，ますます発展していく可能性があると考えられる。

文　献

1) http://public.itrs.net/
2) 例えば　第53回応用物理学関係連合講演会　予稿集 (第 2 分冊), pp.865-871 (2006)
3) 日下忠興他, 大阪府立産業技術総合研究所報告, 17, p.47 (2003)
4) 吉竹正明他, 真空, 33, p.113 (1990)
5) 吉竹正明他, 真空, 35, p.252 (1992)
6) 吉竹正明他, 第47回応用物理学関係連合講演会予稿集, p.618 (2000)
7) 高橋清編, センサの辞典, p.12, 朝倉書店 (1991)
8) 岡野夕紀子他, 真空, 49, p.162 (2006)
9) 例えば　http://unit.aist.go.jp/photonics/group/6.htm
10) 例えば　http://www.newkast.or.jp/innovation/project/fujioka_project.html

6 光記録デバイス分野への応用

上條榮治*

6.1 はじめに

光ディスクは,レーザ光を用いて円盤状の媒体に情報を高密度に記録・再生する光記録デバイスで,非接触で媒体の摩耗による劣化がない,記録媒体の交換が容易,磁気テープに比べてアクセス速度が速いので頭出しが容易である.ROMディスクと同じ装置で読み出せるなどの特長がある.光ディスクとハードディスクの両方を用いて,動画レコーダーや光ディスクの動画カメラ,パソコン用ドライブ装置として広く普及している.

ここでは,このように発展している光ディスクの記録媒体と光ヘッドに,現在どのような技術が使われており,今後どのような技術が使われる可能性があるかを,主に記録型ディスクについて薄膜技術の面から展望する.

6.2 光ディスクの記録・再生の原理

光ディスクの記録・再生の原理を,書き換え可能な相変化記録型DVDであるDVD-RAMを例に説明する.図1に記録・消去の原理を示した[1].記録は,レーザ光照射による熱で結晶状態と非晶質状態との間の相変化を記録膜に起こさせることによって行う.読み出しは,結晶状態と非晶質状態との屈折率差により,光の干渉条件が変わって反射率が変化することにより行われる.

6.3 光ディスクの種類と分類

光ディスクは,再生型と記録型に大別され,再生専用型(ROM)ディスクは,信号面に反射膜が形成され,記録されているコンテンツによりヴィデオCDやオーディオDVDと表記されている.

記録型(RW)ディスクは,有機色素記録膜光ディスク(-R),相変化記録膜光ディスク(PC),光磁気記録膜ディスク(MO)がある.記録薄膜に着目した各種光ディスクの分類を表1に示した[2].

6.4 有機色素記録膜光ディスク

1988年に記録可能なCD-Recordable

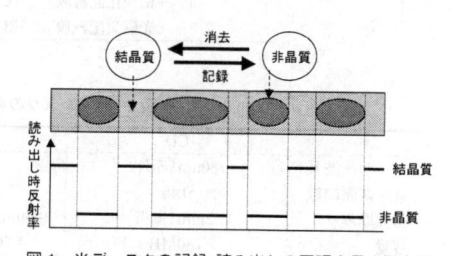

図1 光ディスクの記録・読み出しの原理を示す概念図

---

* Eiji Kamijo 龍谷大学 名誉教授 REC フェロー

機能性無機膜の製造と応用

(CD-Rと略記) が規格化された．記録容量は650MBであり，書き換えはできないが構造が簡単で安価なことからパーソナルコンピュータの記録媒体として急速に普及している．

外形は，再生型CDと同一で，断面はガイド溝が形成されたポリカーボネート基板の上に有機色素薄膜と金の反射膜が形成された構造である．有機色素膜は，スピンコートにより約150nmの厚みに塗布され，その上にスパッタ法で50nmの金膜が形成される．金は反射率が高いが高価のため，銀あるいは銀合金に転換している．記録は，有機色素薄膜を波長780nmのレーザを用いてスポット照射で加熱し，有機色素薄膜の屈折率および形状変化が起こることによっている．

有機色素は，シアニン系，フタロシアニン系，アゾ系などの材料が使われているが，記録感度が高いこと，耐光性など安定性が優れていること，安全性など多くの特性を満足することが求められている．

CDは，データ用として650MB，オーディオ用として780MBの記録容量を持つが，DVDはその6倍以上の4.7GBの容量を実現し，135分の高画質映像や音声の記録が可能である．

DVDの光学系は，レーザ波長650nm，対物レンズの開口数（NA）0.60で，光スポットサイズは0.9μmである．これにより記録面密度は，CD比約2.7倍で，厚み0.6mmの2枚の基板が接着された構造になっている．この構造から，片面2層ディスクで8.5GB，両面ディスクで9.4GB，両面2層ディスクで17GBと大容量化が可能となっている．高画質映像を2時間以上記録するために，20GB以上の記録容量をもつ光ディスクが求められており，この目的のため，青色半導体レーザを用いたCD，DVDに次ぐ第三世代の光ディスクの開発が進んでいる．CD，DVDならびに第三世代の光ディスクの基本的な仕様を表2に示した[2]．

表1　光ディスクの記録膜による分類

```
再生型 ──── 金属反射膜      (CD, DVD)
記録型 ──┬─ 有機色素記録膜   (CD-R, DVD-R)
         ├─ 相変化記録膜     (CD-RW, DVD-RW, -RAM)
         └─ 光磁気記録膜     (3.5"MO, MD, iD)
```

表2　光ディスクの高密度化の動向

	CD	DVD	次世代仕様
レーザー波長	780nm（赤外）	650nm（赤）	405nm（青紫）
レンズ開口数	0.45	0.6	0.85
基板厚み	1.2mm（単板）	0.6mm（2枚貼り合わせ）	0.1mm（1.1mm裏打ち板）
容量	780MB	4.7GB（2層8.5GB）	25GB（2層50GB）
用途	オーディオ74分	ビデオ135分	HDビデオ2〜4時間

第4章 無機膜の最新応用技術

6.5 相変化記録膜光ディスク

相変化記録媒体の基本的な積層構造を図2に示した[1]。記録膜を上下の保護層（ZnS-SiO$_2$）でサンドイッチし、その上に金属（Al合金）の光反射層を設けた4層構造である。レーザ光は、基板と下部保護層を通して照射される。

書き換え型光ディスクの代表である相変化光ディスクは、基板上の記録薄膜にレーザ光を照射して加熱昇温し、その構造に結晶学的な相変化を起こさせて情報を記録、消去を行い、その相の間での光学特性変化に起因する反射率の変化を検出し、情報の再生を行うものである。相変化は、結晶とアモルファス（非結晶）、結晶と結晶の2種類があるが、現在実用化されているのは、結晶とアモルファスの相変化を用いたものである。これまでに、光記録膜として応用が報告された材料を表3に示した[2]。

相変化光ディスクの技術開発のポイントは、結晶化、アモルファス化を如何に、高速に、正確に、光学特性に大きな差があり、多数回の繰り返しを可能にするかに尽きる。"高速、正確に"の要請から、記録材料は少なくともアンチモン（Sb）とテルル（Te）を含む3元系あるいは4元系の材料に絞られる。

アモルファス状態は、結晶質の記録膜をレーザ光照射で融点以上に加熱昇温し、溶融した後に$10^7 \sim 10^9$deg/sec程度の高い冷却速度で急冷して得られる。結晶状態は、記録膜の融点以下で再結晶化温度以上に加熱し一定時間保持することで得られる。

光ディスクは、線速10m/sec程度の速さで回転することから、1μm径のレーザ光がディスク上のある点を照射する時間は100nsecにすぎない。記録膜は、このような短時間に相変化を実現しなければならない。アモルファス化は、溶融・急冷で得られるので、レーザパワーの許す範囲で短時間に処理できる。しかし、結晶化は、原子の再配列が必要で、材料物性に依存する結晶化に要する時間が必要である。すなわち、アモルファス状態が安定で、かつ100nsec以下の短時間で

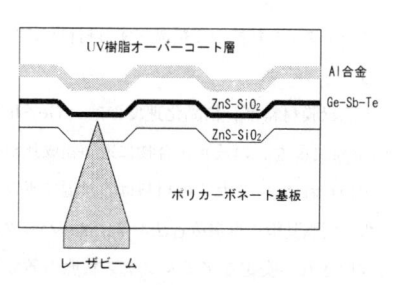

図2 相変化記録媒体の基本的な積層構造

表3 相変化記録材料の種類

相変化の種類	材料
非晶質→結晶 （不可逆）	Te-TeO$_2$, Te-TeO$_2$-Pd Sb$_2$Se/Bi$_2$Te$_3$
非晶質⇔結晶 （可逆）	Ge-Te-Sb-S Te-Ge-Sn-Au, Te-TeO$_2$-Ge-Sn Ge-Te-Sn, Sn-Se-Te Sb-Se-Te, Sb-Se Ga-Se-Te, Ga-Se-Te-Ge In-Se, In-Se-Tl-Co Ge-Sb-Tb In-Se-Te, Ag-In-Sb-Te
結晶⇔結晶 （可逆）	Ag-Zn Cu-Al-Ni In-Sb, In-Sb-Se, In-Sb-Te

アモルファス状態から結晶化する材料が求められる。

記録膜材料は，結晶化速度の速い$Ge_2Sb_2Te_5$, $Ge_4Sb_2Te_7$などの三元化合物に近い組成比が通常用いられる[3]。これらの材料は，常温でガラス基板や樹脂基板に真空蒸着法あるいはスパッタ法で成膜され，安定なアモルファス状態の薄膜になる。

CD-RWやDVD-RWの記録膜には，Sbを70%近く含むGe-Sb-Te，Ag-In-Sb-Te記録膜が用いられている。また，DVD-RAMの記録膜は，Teを55%程度含み，二つのTe化合物GeTeとSb_2Te_3を整数比で混合した三元混晶化合物に近い組成が使用される。混晶化合物を用いることは，結晶化時に長い距離の原子拡散が不要で，高速結晶化に有利であるためである。さらにGe-Sb-TeへSnやBiの添加・置換による高速化の検討も盛んに行われている[4]。また，低速度の結晶化とは異なる結晶形が高速の結晶化で実現することが明らかになってきた[5]。

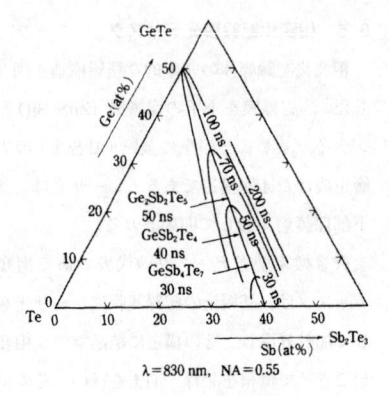

図3 Ge-Sb-Te記録膜の結晶化に要するレーザ照射時間の組成依存性

これら薄膜材料の結晶化に要するレーザ照射時間の組成依存性を図3に示した[2]。ここでは，波長830nmのレーザ光を，開口数（NA）0.55の対物レンズで回折限界まで絞り，8mWの出力で照射したときの結晶化に要する時間を示している。GeTeとSb_2Te_3を結ぶ線上，およびその周辺の組成で結晶化速度が大きく，100ns以下のレーザ照射で結晶化する。

基板上の下部保護層は，定熱伝導率誘電体層であり，$(ZnS)_{80}(SiO_2)_{20}$が用いられる[6]。この層の役割は，記録時に基板表面の温度が上がり基板表面が熱膨張し変形したり，変質劣化することを防ぐことと，記録膜界面でのレーザ光の反射を抑制し記録感度を高めたり，読み出し感度を高めるなど重要な役目がある。また記録膜と保護層との相互拡散を防ぎ10万回以上の書き換え回数を実現するために，記録膜と保護層の間に厚さ数nmの酸化物あるいは窒化物で界面層を形成している。この界面層は結晶核形成を促進する効果もある。

6.5.1 光ディスクの高密度化技術

光ディスクの面記録密度は，原理的にレーザ光の波長と対物レンズの開口数（NA）で決まる。近年，GaN系青紫色の半導体レーザが開発され，また高NAレンズを精度良く量産できる技術も発達しており，高密度化の動きが活発である。

(1) 青色レーザ光源

記録・再生光源を現在の赤色レーザ（波長660nm付近）から青色レーザ（波長405nm付近）

第4章 無機膜の最新応用技術

にするだけで約2.5倍の12GB/面が達成できる[7]。

(2) 高NA集光レンズ

Blue-rayでは、レンズのNAをDVDの0.6から0.85にして25GB/面の記録容量が達成できる[8]。一方、レンズと基板距離は0.3mm以上の距離を取るため、光が入射する基板厚みは0.1mmになるため、1.1mm厚みの基板に反射膜と記録膜を形成し、その上に0.1mmのカバー層をシート接着あるいはスピンコート法で形成する。

高NAレンズの技術は、複数枚組合せレンズから2枚組みあるいは非球面単レンズへと向かっている[9]。

(3) 青色レーザの使用規格

青色レーザを用いた相変化型光ディスクの規格は、Blue-rayとHD-DVDの2種類が提案されている。Blue-rayは、DVD-RWに、HD-DVDはDVD-RAMに近い技術が使われている。これらはいずれもディスク1枚で20から27GBの大容量記録が可能である。

(4) 2層ディスク

焦点位置を変えて2層の記録膜に記録できる相変化ディスクが報告されている[10]。光入射側の記録膜を薄くして透過性を高め、一方の層に読み書きするとき、他方の層は焦点位置から大きく外れているように、厚さ40μm程度の樹脂層によって張り合わされている。

(5) 超解像層をもつ記録媒体

記録媒体の光入射側に超解像層を設けて超解像効果を得る相変化光ディスクがある。Coを含む酸化膜や、Sb膜をGe-Sb-Te系相変化記録膜と組み合わせて使用するものである[11]。また、Ptなどの酸化物層とAg-In-Sb-Te系相変化記録膜とを組み合わせた超解像ディスクが報告されている[12]。

(6) 多層・三次元記録光ディスク

Teの酸化物は、光透過性が高いので、Teの低級酸化物にPdを添加した記録層で、結晶化と膜の部分的凝集によって記録・再生する4層ディスクが報告されている[13]。

さらに、エレクトロクロミック材料層を透明電極で挟んだものを多層積層し、全層を透明にし、記録・再生に選択した層だけを着色させ、レーザ光照射の熱で透明にして記録することが報告されている[14]。エレクトロクロミック材料としてWO_3を用いた場合、非晶質状態でLiイオンが動きやすく、結晶状態で動きにくいので、相変化による可逆的記録が可能と言われ、青色レーザを用いた場合、記録層40層で1TBに達すると期待される。

記録層の積層数を増してゆけば、ホログラムによる三次元記録も可能となる[14]。

6.5.2 光ヘッド技術

代表的な光ヘッドの光学系を図4に示した[9]。CD対応とDVD対応の二つのレンズを回転・切

219

り替えて使うもの，液晶の絞りやホログラム素子を入れて波長やレンズのNAが異なる複数の規格に対応するヘッドが開発されている．開発の動向は，超小型化，マルチビーム化，多層ディスクへの対応へと向かっている．Si基板の微細加工を応用したMEMS技術による光ヘッドへの応用，レンズ製造への応用が報告されている[15]．また，2ビーム2焦点位置方式が多層ディスク対応ヘッドとして報告されている[16]．

6.6 光磁気ディスク

光磁気ディスクは，MO（Magneto-Optical Disk）と訳されポストフロッピーディスクとして3.5インチMOやMDなどが広く普及している．ここでは，記録媒体の典型的な構造，記録・再生の原理，高密度化への技術動向に関し述べる．

6.6.1 記録媒体の構造

光ディスクの典型的な積層構造を図5に示した．透明基板上に透明誘電体層（SiN_x），磁性層（TbCoFe），透明誘電体層（SiN_x），ヒートシンク層（Al）を積層したのち，保護膜を塗布した構造である．

誘電体層は窒化ケイ素であり，磁性層との間で多重反射を生ずることで，磁性材の見かけのカー回転角を大きくする役割があり，屈折率が高いことが要求される．窒化ケイ素の化学量論組成から外れた組成でアモルファス薄膜をスパッタ法で形成し，屈折率2.05程度を目指している．

磁性層は，TbCoFeアモルファス薄膜が用いられている．Tbは，化学的に活性で酸化されやすいので，スパッタ法で成膜する際に酸化防止の配慮と成膜速度の最適化が肝要である．

ヒートシンク層の機能は，レーザ照射による熱を逃がすことと，反射層として作用し，磁性層

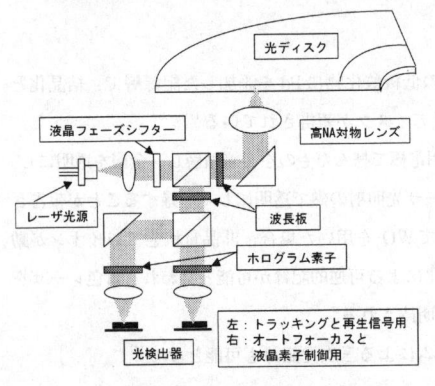

図4 液晶による基板厚さむら収差補償素子を備えた光ヘッドの光学系

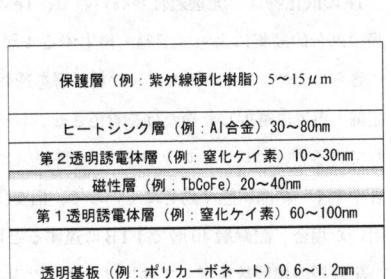

図5 光磁気ディスクの断面構造

第4章　無機膜の最新応用技術

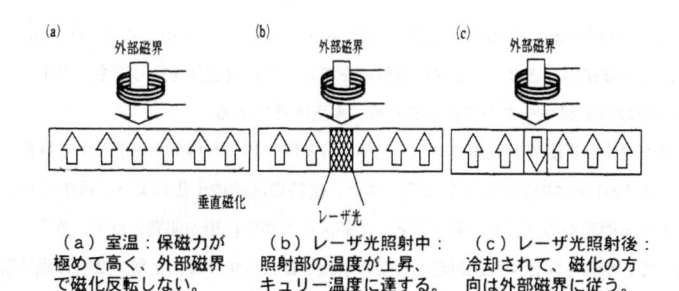

（a）室温：保磁力が極めて高く、外部磁界で磁化反転しない。
（b）レーザ光照射中：照射部の温度が上昇、キュリー温度に達する。
（c）レーザ光照射後：冷却されて、磁化の方向は外部磁界に従う。

図6　光磁気ディスクの記録原理

を薄くできる利点もある。

6.6.2　記録・再生の原理

光磁気ディスクの記録と再生の原理を図6、図7に示した。TbCoFeアモルファス薄膜は、垂直磁化膜であり、室温で極めて高い保持力（800kA/m程度）を有し、容易に磁化を反転できない。そのため、レーザ光を磁性層に照射し局部的にキュリー温度まで加熱して、外部磁場により磁化反転を計る。

再生は、記録時より低出力のレーザ光を記録媒体に照射し、その反射光を用いて行う。記録された磁区の磁化方向に応じて反射光はカー回転を生ずる。反射光からカー回転角θ_kのわずかな変化（0.2〜0.6度）から回転方向を検出して記録情報を読み出す。

6.6.3　光磁気記録の高密度化技術

記録の高密度化は、より微小な磁区をどのように記録するかであり、照射するレーザ光のビームスポット径を小さくすることと、変調方式を工夫することである。ビームスポット径は、レーザ光の波長に比例し、対物レンズの開口数NAに反比例する[17]ので、レーザ短波長化とレンズの高NA化が、記録の高密度化に寄与する。

従来、650〜780nmの赤色レーザが用いられていたが、青色レーザを用いた光磁気記録の報告がある。レンズの高NA化はビームスポット径を小さくするのに有効であるが、焦点深度が小さくなる点に注意が必要である。

一方再生においては、光学回折限界の問題がある。すなわち、レーザ光の波長と対物レンズのNAによって光回折限界が決まり、光学的分解能が定ま

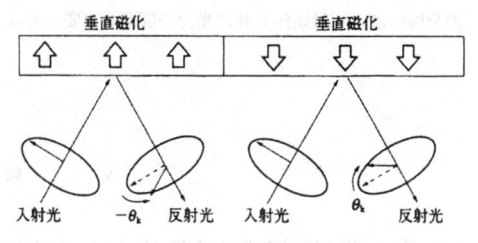

図7　光磁気ディスクの再生原理

る。例えば、波長680nm、NA0.55の条件では、再生分解能は$0.5\mu m$となり、$0.4\mu m$の磁区長の記録磁区は分離検出できない。光学的分解能を越えた高密度記録を行っても、再生レーザ光スポット内に複数の記録マークが存在するため、再生困難である。

このような光学回折限界の問題に対し、光学的分解能を越えた再生を可能にする技術、磁気超解像技術、が1991年に提案されている[18]。また、記録磁区の微小化により、再生信号の振幅が急激に低下する問題があり、その解決策として磁区拡大再生技術が開発されている[19]。これらの課題に対して、情報を保存する記録層と、この情報を拡大再生する再生層の2層の磁性層を持ったディスクが実用化されている。このディスクの典型的な構造は、基板上に第一誘電体膜、GdCoFe再生層、非磁性中間層、TbCoFe記録層、第二誘電体膜、反射膜、保護層を順次積層した多層膜構造である。積層膜はスパッタ法で行われる。

これらの技術を用いて、波長680nm、NA0.55の条件で磁区長100nm以下の記録磁区を再生した報告がある[20]が、詳細は省略する。

6.7 まとめ

記録媒体として考えうる最高密度のものは、電子1個のあるなしやスピンの上下を利用するものであろう。但し、電子1個のあるなしを読み取るのに大きな課題がある。次は原子1個のあるなしを1bitとすることである。この方式の原理は、STMなどを用いることであり、低温真空中で実証されている[21]。しかし、室温動作は難しい。ある程度の大きさの原子団あるいは分子のあるなしで1bitとする方式は考えられるが、取り去った原子団を何処に保存するか考えねばならない。

このように考えてくると、結局は原子団の状態(場所、構造、スピン、電気双極子)変化を利用する方法にたどり着く。小数の原子団で2状態間の障壁を最も高くできる有力候補は、結晶ーアモルファス状態のような構造変化を利用したものであろう。

また、波長可変のコンパクトな光源が得られれば、多重ホログラフィック記録やホールバーニング記録などの実現性も増し、記録容量も飛躍的に増加するであろう。このように、光メモリーの発展には、記録媒体と共に光源の開発も必要であり、今後の更なる発展が期待される。

文　　献

1) 寺尾元康:応用物理, Vol.73, No.4, 501-507 (2004)

第 4 章　無機膜の最新応用技術

2) 権田俊一監修:「薄膜作製応用ハンドブック」, ㈱NTS, 999-1036 (2003)
3) 飯野哲也, 小林正和, 小林輝夫:第33回応用物理学会連合講演会予稿集, 216 (1986)
4) T. Tsukamoto, S. Ashida, K. Yusu, K. Ichihara, N. Ohmachi, N. Nakamura : *Proc. PCOS 2002*, 26 (2002)
5) T. Nonaka, G. Ohbayashi, Y. Toriumu, Y. Mori, H. Hashimoto : *Thin Solid Films*, 370 (2000)
6) 胡桃沢利光, 高尾正敏, 木村邦夫, 長田憲一:第35回応用物理学会連合講演会予稿集, 839 (1988)
7) Y. Kasami, K. Seo : *Proc. 10th Symp. on Phase-Change-Recording*, 21 (1998)
8) I. Ichimura, F. Maeda, K. Osato, K. Yamamoto. Y. Kasami : *Jpn. J. Appl. Phys.*, **39**, 937 (2000)
9) T. Shimano, T. Ariyoshi, H. Asukeda, K. Maruyama, K. Murata : *Technical Digest of ISOM/ODS 2002*, 254 (2002)
10) K. Nagata, K. Nishiuchi, S. Furukawa, N. Yamada, N. Akahira : *Technical Digest of Int. Symp. on Optical Memory '98, Th-N-05*, 144 (1998)
11) T. Shintani, M. Terao, H. Yamamoto, T. Naito : *Jpn. J. Appl. Phys.*, **38**, 1656 (1999)
12) T. Kikukawa, H. Fuji : *Technical Digest of ODS (SPIE Topical Meeting on Optical Data Strage) 2003*, 21 (2003)
13) M. Uno, T. Akiyama, H. Kitaura, R. Kojima, K. Nishiuchi, N. Yamada : *Technical Digest of ODS (SPIE Topical Meeting on Optical Data Strage) 2003*, 45 (2003)
14) H. Horimai : *Technical Digest of ODS (SPIE Topical Meeting on Optical Data Strage) 2003*, 106 (2003)
15) J. Bu, Y. Yee, S. H. Lee, J. Kim : *Transducers*, **03**, 1762 (2003)
16) T. Miller, J. Butz, T. D. Milster : *Technical Digest of ODS (SPIE Topical Meeting on Optical Data Strage) 2003 TuE19*, 187 (2003)
17) 尾上守夫, 村上昇, 小出博, 山田和作, 国兼真:光ディスク技術, 27, ラジオ出版社 (1989)
18) K. Aratani, A. Fukumoto, M. Ohta, M. Kaneko, K. Watanabe : *Technical Digest of ODS, TuB3-1*, 112 (1991)
19) H. Awano, A. Yamaguchi, S. Sumi, S. Ohnuki, H. Shirai, N. Ohta, N. Torazawa : *Appl. Phys. Lett.*, **69**, 27, 4257 (1996)
20) H. Awano, M. Sekine, M. Tani, N. Kasajima, N. Ohta, K. Mitani, N. Takagi, S. Sumi : *Jpn. J. Appl. Phys.*, **39**, 725 (2000)
21) D. M. Eigler, E. K. Schweizer : *Nature*, **344**, 524 (1990)

223

7 反応・分離への応用

草壁克己[*]

7.1 はじめに

　気体分離用の無機膜として，金属膜，セラミックス膜，炭素膜およびゼオライト膜は透過速度と分離係数で示される透過特性が向上し，実用化に十分な透過特性を示す膜が次々と報告されている。透過特性に加え実用化に向けて耐久性，耐薬品性などの諸特性も年々向上している。無機膜の研究開発と同時に高温触媒反応と組み合わせた膜型反応器についての研究も数多く行われてきたが，近年，燃料電池用としての水素製造プロセスの高効率化が要求され，水蒸気改質反応やシフト反応に膜型反応器を適用する研究が増加している[1,2]。無機分離膜を用いた反応・分離プロセスとして膜型反応器に着目し，燃料電池用水素製造のための改質反応器として膜型反応器を適用する場合の水素分離膜の課題あるいは膜型反応器としての課題について述べる。

7.2 気体分離用無機膜

　分離膜としての無機膜としては，1980年代には多孔質アルミナ支持管表面にゾルゲル法で積層したγ-アルミナ薄膜や分相法で作製したバイコールガラス膜が使用された[3]。これらの分離膜は細孔径が数nmオーダーであったために，気体分離では細孔内で気体がKnudsen拡散により透過するために，理論的に分離係数には限界があり，例えば窒素に対する水素の分離係数は3.7と十分なものではなかった。しかしながら，無機膜は高温で使用できるという特徴を持つので，これらの膜を用いた膜型反応器の研究が開始された。1990年代になるとγ-アルミナ膜やバイコールガラス膜を支持体として気相合成（CVD）法によりシリカ薄膜を積層する手法として，テトラエトキシシラン（TEOS）のような気体原料と酸素を膜の両側から拡散させて膜内部でシリカ層を形成する対向拡散法[4]，膜の片側に珪素を含む気体原料を供給し，膜を隔てた反対側を減圧にすることで膜内で熱分解してシリカ層を形成する気相輸送法[5]が確立し，窒素に対する水素の分離係数が100を超えるようになった。また，パラジウム系膜では無電解メッキによる製膜法[6]が確立したので，多孔質アルミナ支持管上にパラジウム合金薄膜が形成できるようになり，水素透過速度が増大した。また，MFI型ゼオライト膜の開発が進み，MFI型ゼオライト固有の細孔が約0.5nmであるので，サイズの異なるn-ブタンとi-ブタンの異性体分離が注目された[7]。多孔質無機分離膜の研究は，マイクロポアを用いた分子ふるいによる分離を基本として行ってきたので，欠陥を無くし，細孔径を制御することに注力された。したがって，分離係数を増大すると，トレードオフの関係で透過速度は減少した。

---

[*] Katsuki Kusakabe　福岡女子大学　人間環境学部　生活環境学科　教授

第4章 無機膜の最新応用技術

2000年代になると，無機膜を構成する物質と気体分子との吸着性を利用して，表面拡散を利用した分離が実現できた。そのひとつは水熱合成法で合成したFAU型ゼオライト膜で窒素に対して二酸化炭素の分離係数が100以上の分離膜[8]を開発することができた。また，ポリマー膜を熱分解して作製する炭素膜[9]では窒素に対して酸素の分離係数が10を越え，従来の高分子酸素透過膜に比べて透過速度，分離性共に優れた膜が実現できた。

無機膜の透過性能は毎年，改善されているが，スケールアップ法やシール法などについては多くの課題が残されている。平成14年度から開始された「高効率高温水素分離膜の開発事業」では，無機分離膜の実用化を目的として，これらの課題を解決するために膜モジュール化の技術開発が続けられている。同時に多孔質シリカ膜を炭化水素の水蒸気改質用膜型反応器の水素分離膜として利用するため，透過特性の改善と共に耐水蒸気性の向上を目的として研究開発を行った結果，東大のグループが対向拡散CVD法で作製したシリカ膜[10]では600°Cで水素透過率が10^{-7} molm^{-2}s^{-1}Pa^{-1}以上で窒素に対する水素の分離係数が1000以上とPd系分離膜に匹敵する膜となった。また，広島大のグループはゾルゲル法でシリカにニッケルを導入した膜を合成した[11]。このシリカ膜は水熱安定性が向上しており，膜型反応器への適用にも十分対応できる。

7.3 膜型反応器の効果

図1に示すように有機化合物Aの脱水素反応で不飽和結合を持つ化合物Bを合成する場合，反応が平衡制約を受けるために反応率には限界がある。膜型反応器では，膜を用いて水素を反応場から除去することで平衡が生成側に移動するので，反応率が向上するあるいは，低い操作温度で所定の反応率を達成することができる。

通常，脱水素反応は触媒反応であるので，主生成物のBはさらに脱水素が進むことになり，反応系によっては触媒のコーキング問題が起こる。また，無機膜の分離性能が低い場合には主生成物であるBが膜を透過するので，生成物のロスが起こる。

燃料電池用水素を製造するために炭化水素C_mH_nの水蒸気改質反応を行う場合には以下の反応が起こる（図2）。

$$C_mH_n + mH_2O \rightleftharpoons (m + n/2)H_2 + mCO \qquad （改質反応）$$

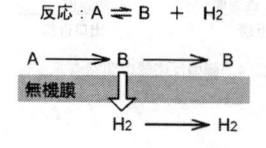

図1 膜型反応器による脱水素反応

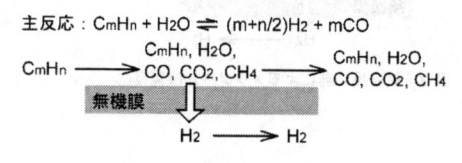

図2 膜型反応器による改質反応

$$CO + H_2O \rightleftharpoons H_2 + CO_2 \quad \text{(シフト反応)}$$
$$CO + 3H_2 \rightleftharpoons CH_4 + H_2O \quad \text{(メタン化)}$$

　改質反応の場合についても膜による反応場から水素を除去することで反応率が向上する。天然ガスの主成分であるメタンやナフサの水蒸気改質反応を触媒充填床反応器で行う場合には，800℃以上の温度で操作されているが，膜型反応器では反応率が向上するので500～600℃で操作することが可能である。操作温度が低下することで，低温熱源を利用することができる。従来は反応器として耐熱性に優れた材料を選択する必要があったが，材料の制約が緩くなる。また触媒の劣化が少ないなどメリットが多い。

　有機化合物の脱水素反応では水素は副生成物であるのに対して，改質反応では水素が主生成物となる点が大きく異なる。特に固体高分子形燃料電池の原料水素製造ではCO濃度を10ppm以下にまで下げる必要があるので，例えば窒素に対する水素の分離係数が1000以上であることが望まれる。

　メタノールあるいはジメチルエーテルを原料とした水蒸気改質では反応温度がそれぞれ250℃あるいは350℃と，メタンやナフサの改質に比べて反応温度が低いので，携帯電子機器用電源としてのマイクロ燃料電池システムを構成する改質器の燃料として有望である。改質器内で水素精製ができるので装置のコンパクト化には効果的だが，図3に示すようにメタノールやジメチルエーテルの水蒸気改質反応は平衡が大きく生成側に傾いているので平衡をシフトする効果はないと考えられる。しかしながら，Pd膜型反応器を用いたメタノールの水蒸気改質反応[12]や，Y安定化ジルコニア膜型反応器を用いたジメチルエーテルの水蒸気改質[13]で反応率の向上が報告されている。これは触媒反応場から水素を除去することによって，触媒反応場内のメタノール濃度やジメチルエーテル濃度が高くなるので，反応速度が増大するからである。

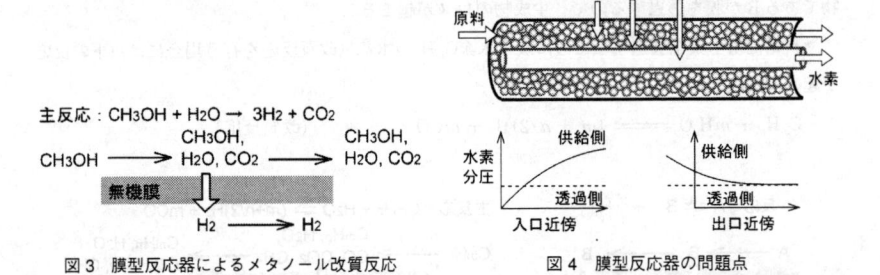

図3　膜型反応器によるメタノール改質反応

図4　膜型反応器の問題点

第4章 無機膜の最新応用技術

7.4 膜型反応器の問題点

図4に示すように粒状触媒を充填した膜型反応器で，原料を数気圧に加圧して触媒充填床に供給し，膜透過した透過側では水素が1気圧で排出されることを想定すると，膜型反応器入口では反応が進んでいないので，水素は逆に膜透過側から供給側へ逆透過する可能性がある。従って，分離膜の前方に触媒充填床を付け加えることで，水素濃度を増加したところで分離を開始する構造にしなければならない。透過側にスィープガスを流すことも考えられるが，水素を主生成物とする改質反応ではスィープガスを使用すると，再度スィープガスと水素を分離をする必要があるので問題である。

膜型反応器の出口では供給側と透過側の水素分圧が等しくなった時点で膜透過は止まる。有機化合物の脱水素反応では主生成物は膜透過をしないので，主生成物である脱水素化合物は供給側に残ることになり問題はない。一方，改質反応による水素製造では供給側に水素が一部残る。供給側の圧力が高いほど水素の損失は減るが，加圧によるエネルギーロスが発生する。

現在，開発中の無機膜は薄膜化が進み，パラジウム系分離膜では厚さ数 μm でほぼ欠陥がない膜をつくることができる。一方，ゾルゲル法やCVD法で作製した多孔質シリカ膜の厚さはサブミクロンである。このように膜を薄膜化することは水素透過速度の増大には効果的であるが，そのぶん強度は弱くなる。したがって，硬いセラミックス担体からなる粒状触媒を膜型反応器に出し入れするだけで膜破壊が起る危険性がある。このような問題に膜の強度を上げることは限界があり，触媒をハニカム状や板状とした構造体触媒として膜と構造体触媒が直接接触しないような構造をとることも考える必要がある。

水蒸気改質反応は吸熱反応であるために膜型反応器に外部から熱を供給しなければならない。水素精製用の膜モジュールでは，水素処理量を増大するために膜の数を増やしてモジュール化するが，膜型反応器ではモジュールに触媒を充填した場合に，温度分布が均一になるように設計する必要がある。

7.5 水素分離膜[14〜17]

膜型反応器に利用する水素分離膜として炭素膜は耐熱性と耐溶剤性に優れているが，当然ながら高温，酸化雰囲気での使用はできないし，水蒸気や一酸化炭素によるガス化によって炭素が消耗するので，注意が必要である。ゼオライト膜についても水熱反応条件下での安定性について考慮しなければならない。

パラジウム系分離膜は無電解メッキ法以外に，電解メッキ法，CVD法，スパッタ法で薄膜化され，$10^{-6} \text{mol} \cdot \text{m}^{-2} \cdot \text{s}^{-1} \cdot \text{Pa}^{-1}$ 以上の高い水素透過率を得ることができ，窒素に対する水素の分離係数も10000を超える膜が開発されている。水蒸気改質用の膜型反応器として使用する場合，原

料がメタン，メタノール，ジメチルエーテルなどでは耐久性については実用上ほとんど問題はないと考えられる。C_2以上の重質な炭化水素を使用する場合にはコーキングによる膜透過速度の減少が問題となる。炭化水素C_mH_nの水蒸気改質では以下の反応が進む。

$$C_mH_n + mH_2O \rightleftharpoons mCO + (m+n/2)H_2 \tag{1}$$

$$CO + H_2O \rightleftharpoons CO_2 + H_2 \tag{2}$$

$$CO + 3H_2 \rightleftharpoons CH_4 + H_2O \tag{3}$$

重質な炭化水素を原料として用いる場合には，通常の水蒸気改質反応の操作温度より低い温度で(3)式のメタネーションが進む触媒を用いて予備改質を行えば，原料炭化水素はメタンに変換される。このメタンを主成分とする予備改質ガスをパラジウム膜型反応器へ送れば，コーキングの問題は解決する。パラジウム系分離膜についてその他に注意すべき点は，パラジウム系分離膜が本質的に持つ水素脆化特性を考えると，300℃以下での操作は注意が必要であり，したがって改質システムと燃料電池が直結し，起動停止が煩雑に行われる系への適用は困難であろう。また，パラジウム系分離膜は300〜550℃の温度範囲の使用に限定されており，高温が必要なプロセスでは多孔質セラミックス膜を使用することになろう。パラジウムは資源的な制約があり，家庭用など民生用燃料電池の実用化が進み，それに伴ってパラジウム膜型反応器が普及する場合には，需給のバランスが崩れ，さらに材料コストが高騰することが危惧される。

金属膜としてはバナジウム，タンタル，ジルコニウム，ニオブを用いた非パラジウム系合金膜が水素分離膜として注目されている。これらの合金膜を薄膜化するために単ロール液体急冷法によりアモルファス状態で薄膜化する手法が開発されている[18]。非パラジウム系合金膜は材料特性としてはパラジウム系合金に比べて高い水素透過係数を示すが，現状では無欠陥の膜を得るには膜厚が数10μmとパラジウム系合金膜の約10倍の厚さがあるために，水素透過率は十分ではない。今後は信頼性の高い薄膜化技術を確立することが必要である。また，アモルファス膜であるので高温での使用が困難であり，使用温度は400℃以下に限定されるので，メタン，プロパン，灯油，ナフサなどの水蒸気改質に適用することはできないが，水蒸気改質温度がそれぞれ250℃および350℃であるメタノールおよびジメチルエーテルには適用できると思われる。

「7.2 気体分離用無機膜」で述べたように多孔質シリカ膜は水素透過特性と耐水蒸気性に優れた膜が開発されてきた。多孔質シリカ膜では活性拡散によって水素が透過するので，膜型反応器に適用する場合には500〜600℃での使用が可能である。改質温度が高くなるほど反応速度が増大するので装置としてはコンパクトになる。シリカ膜では600℃の操作温度が使用限界に近いので，さらに耐熱性に優れたセラミックス水素分離膜としてSiC膜，アルミナ膜，ジルコニア膜が期待される。

図5に示すようにパラジウム系膜型反応器では改質ガスから水素だけが膜透過するので，透過

第4章 無機膜の最新応用技術

側出口で純水素が得られるので，膜型反応器の後工程には分離精製プロセスを必要としない。一方，多孔質セラミックス膜は分離係数が十分ではないので，透過側出口の改質ガスは圧力スイング吸着（PSA）などの水素精製プロセスが必要である。また，供給側出口には水素が残存しているし，一酸化炭素はシフト反応によって水素に変換することができるので，シフト反応後の改質ガスと透過側出口の気体を混合して水素精製するか，あるいは改質ガス中の数％残る一酸化炭素を選択酸化して高分子形燃料電池へ供給することになる。このように膜型反応器の機能を反応の促進（反応温度の低減）に絞ることにすれば，多孔質セラミックス膜の分離性能はある程度低くてもよいことになる。ゾルゲル法で作製したY安定化ジルコニア（YSZ）膜は水素透過率が10^{-6} mol・m^{-2}・s^{-1}・Pa^{-1}以上であるが，窒素に対する水素の分離係数が6程度である。この膜を用いた膜型反応器でメタンの水蒸気改質反応を行った[19]。図6に示すように分離係数は低くても膜型反応器の反応率が平衡を越えることがわかった。

7.6 触媒膜[20, 21]

パラジウム系分離膜ではパラジウム金属自体が触媒活性を持つので触媒膜として機能している。パラジウム膜の供給側に水素を，透過側に酸素とベンゼンを供給した場合，透過側膜表面で解離状態の活性な水素が酸素分子と反応して酸素ラジカルを発生させ，これがベンゼンに付加することでフェノールを得ることができる[22]。

多孔質セラミックス膜では触媒活性のある金属や酸化物を担持することで触媒膜となる。白金を担持したYSZ触媒膜を用いてCOの選択酸化反応を行ったところ，YSZ膜内ではCOの拡散に比べてH_2の拡散が速いので，白金触媒上ではCOが選択的に酸化できることがわかった[23]。また，COの触媒酸化反応はLangmuir-Hinshelwood型の反応速度式で表されるので，1000ppm以

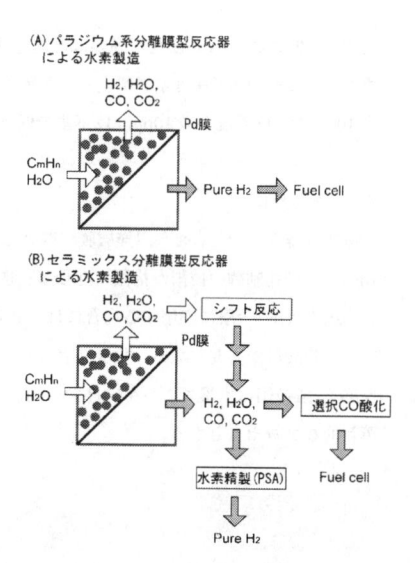

図5 改質水素の精製

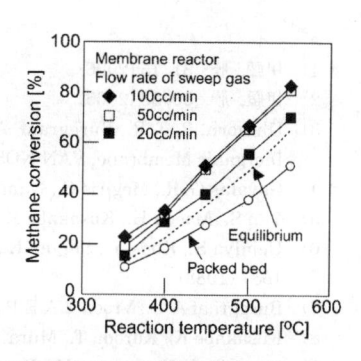

図6 ジルコニア膜型反応器によるメタンの水蒸気改質

上のCO濃度では，CO濃度が高いほど反応速度が小さくなるが，供給側に10000ppmのCOが含まれていても膜透過中は水素によって希釈されるので，反応速度が増大する．その結果，反応温度100℃でCO濃度が数10ppm以下まで低下することがわかった．

7.7 おわりに

　気体分離を目的とした高温無機膜の開発では，透過速度と分離係数の増大を目的に薄膜化，欠陥防止，細孔制御の技術が格段に進歩し，透過性能の点では実用化レベルの膜が作られている．この膜を反応・分離に応用する場合には，さらに耐久性，機械的強度，同伴ガスの影響などを考慮した膜設計が必要となる．膜開発者としてはハードルがまた高くなったとの印象を受けるが，反応・分離技術は水素エネルギー社会に向けて省エネルギー性や分離プロセスの削減という点で革新的なプロセスとなる．

文　献

1) 伊藤，膜, **31**, 15 (2006)
2) 伊藤，膜, **30**, 38 (2005)
3) Uhlhorn, R. J. R., Burggraaf, A. J., "Inorganic Membrane", 6. Gas Separation with Inorganic Membrane, VAN NOSTRAND REINHOLD, p.155 (1991)
4) Gavalas G. R., Megiris C., Nam S. W., *Chem. Eng. Sci.*, **44**, 1829 (1989)
5) Yan S., Maeda H., Kusakabe K., Morooka S., *Ind. Eng. Chem. Res.*, **30**, 2096 (1994)
6) Uemiya S., Kude Y., Sugino K., Sato N., Matsuda T., Kikuchi E., *Chem. Lett.*, **1988**, 1687 (1988)
7) Burggraaf A. J., Vroon Z.A.E.P., Keizer K., Verweij H., *J. Membr. Sci.*, **144**, 77 (1998)
8) Kusakabe K., Kuroda T., Murata A., Morooka S., *Ind. Eng. Chem. Res.*, **36**, 649 (1997)
9) Hayashi J., Yamamoto M., Kusakabe K., Morooka S., *Ind. Eng. Chem. Res.*, **34**, 4364 (1995)
10) Nomura M., Ono K., Gopalakrishnan S., Sugawara T., Nakao S., *J. Membr. Sci.*, **251**, 151 (2005)
11) Kanezashi M., Fujita T., Asaeda M., *Sep. Sci. Technol.*, **40**, 225 (2005)
12) Kikuchi E., Kawabe S., Matsukata M., *J. Jpn. Petrol. Inst.*, **46**, 93 (2003)
13) 草壁, 溝口, 江田, 石原, 高橋, 膜, **31**, 46 (2006)
14) 野村, 膜, **31**, 10 (2006)
15) 草壁, 膜, **30**, 2 (2005)
16) 須田, 原谷, 膜, **30**, 7 (2005)

第 4 章 無機膜の最新応用技術

17) 上宮, 膜, **30**, 13 (2005)
18) Hara S., Sasaki K., Itoh N., Kimura H., Asami K., Inoue A., *J. Membr. Sci.*, **164**, 289 (2000)
19) Kusakabe K., Mizoguchi H., Eda T., *J. Chem. Eng. Japan*, in press.
20) 草壁, 外輪, 長谷川, 分離技術, **34**, 9 (2004)
21) 伊藤, 分離技術, **34**, 19 (2004)
22) Itoh N., Niwa S., Mizukami F., Inoue T., Igarashi A., Namba T., *Catal Commun.*, **4**, 243 (2003)
23) 草壁, 外輪, 長谷川, 分離技術, **34**, 9 (2004)

8 環境分野への応用

垰田博史*

8.1 はじめに

我が国政府はバブル崩壊以降の深刻な経済停滞を立て直すため,新産業創製・新規分野創出を推進しており,「ナノテクノロジー・材料」,「環境」,「情報」,「ライフサイエンス」の4分野を技術開発の重点分野に指定して研究開発を進めている。この「ナノテクノロジー・材料」の分野で共通基盤技術となっているのが,無機薄膜創成技術であり,半導体を始め,さまざまな工業分野で利用されている。環境分野においても無機材料薄膜は環境浄化材料として大気浄化,脱臭,抗菌防かび,水処理,排ガス処理,調湿など,さまざまな用途に利用されている。そのために吸着や触媒作用など,さまざまな機能を持つ無機材料薄膜が使用されているが,その中で最近,特に材料開発と応用が進んでいるのが光触媒膜である。光触媒は技術開発の4重点分野の中の「ナノテクノロジー・材料」と「環境」の両方に取り上げられている。

ここでは,無機材料薄膜の中の特に光触媒膜を用いた環境分野への応用について紹介する。

8.2 光触媒の特徴

近年,環境ホルモンの問題やシックハウス症候群などに象徴されるように有害化学物質による環境汚染が地球規模で進行しており,人類の生存を脅かす深刻な問題となっている。従来,環境汚染物質の処理は捕集して濃縮し,焼却などの熱分解による方法が行われていたが,環境ホルモンに対して同じ方法を採ろうとすれば,汚染が広範囲に拡がっているため膨大な量の水や大気,土壌を処理しなければならない。そのためには,化石燃料などの大量のエネルギーが必要となり,それに伴って多量の炭酸ガスが発生し,さらに焼却処理に伴いダイオキシンなどの猛毒物質を生成するおそれがある。したがって,従来の技術で環境汚染物質を取り除こうとすれば,エネルギー危機と地球温暖化とさらなる環境汚染を招くことになるため,新しい有効な環境浄化技術・環境浄化材料が求められていた。

光触媒は光を吸収してエネルギーの高い状態となり,そのエネルギーを反応物質に与えて化学反応を起こさせる物質のことである。光触媒として用いられるのは半導体や金属錯体などであるが,その中で最もよく使用されているのが酸化チタンである。酸化チタンは白色顔料として広く使用されており,歯磨き粉や化粧品,食品添加物にも使われている無毒で安価で耐久性に優れた物質であるが,光を当てると,太陽電池に使われているシリコンなどと同様,マイナスの電荷を

---

* Hiroshi Taoda ㈱産業技術総合研究所 サステナブルマテリアル研究部門 環境セラミックス研究グループ長

持った電子とプラスの電荷を持った正孔が生成する。酸化チタンではこの正孔がオゾンなどよりもはるかに強い酸化力を持っており，有機物を構成する分子中の炭素－炭素や炭素－水素などの結合を簡単に切断して分解することができる。この作用により，水中に溶け込んでいる種々の有害な化学物質や悪臭物質のような空気中の化学物質など，ほぼ全ての有害有機物質を炭酸ガスや水に簡単に分解・無害化することができ，抗菌や防カビ，防汚（セルフクリーニング）など，幅広い分野に用いることができる。しかも，有毒な薬品や化石燃料などを使用せずに，クリーンで無尽蔵の太陽光を利用して，拡散した環境汚染物質を安全にかつ効率良く処理でき，半永久的に使用できるなど，数多くの利点を持っているため，21世紀期待の技術となっている。

8.3 光触媒の材料開発

　光触媒反応は元々，酸化チタンなどの顔料を含んだ塗料に太陽光を当てておくと塗料がぼろぼろになっていく塗料の劣化などとして古くから知られており，長い間やっかいもの扱いであった。そのため，顔料メーカーはこの光触媒反応を抑えるため，光触媒反応を起こさないセラミックスで酸化チタンなどの顔料の表面を被覆するなどの劣化防止の研究を一生懸命行ってきた。ところが，この光触媒反応を逆に環境の浄化や有用物質の合成に積極的に利用しようという研究が1950年代から行われ，有名な本多－藤嶋効果が発見される10年以上前の1956年に京都工芸繊維大学の増尾富士雄教授と加藤真市教授によって酸化チタンの光触媒反応を利用した過酸化水素の製造法の出願が行われた。そして，1957年には米国特許出願が行われて59年に特許が成立し，1964年には両教授によって「酸化チタンを光触媒とする酸化反応に関する研究（第1報）酸化チタンを光触媒とするテトラリンの液相酸化」[1]という論文が発表されている。この酸化チタン光触媒を用いた有害有機化学物質の分解・無害化の研究はその後，世界中で行われ，これまで炭化水素や，有機塩素化合物，農薬など，100種類以上の化合物について実験が行われ，分解・無害化が可能なことが報告されてきた。しかし，これらの実験では光触媒として粉末のものが用いられており，水処理において処理後の水と触媒の分離が困難なことや，脱臭処理の場合に粉末の空中への飛散が起こるなど，取扱いが難しく，バッチ処理しかできないなどの欠点があり，なかなか実用化が進まなかった。

　1990年代初頭になってゾルゲル法を用いて取扱いの容易な酸化チタンの透明薄膜光触媒が開発されて光触媒が一気に実用化段階に達した[2, 3]。また，光触媒はほぼ全ての有機物を分解してしまうため，繊維やプラスチックスへの応用が不可能であったが，酸化チタン粒子の表面を光触媒活性のないセラミックスで部分的に被覆した酸化チタンハイブリッド光触媒（図1）が開発された。光触媒は対象物質に接触しないと分解できないため，酸化チタンハイブリッド光触媒を繊維やプラスチックスに練り込んでも，表面にある光触媒作用を持たないシリカやアパタイトなど

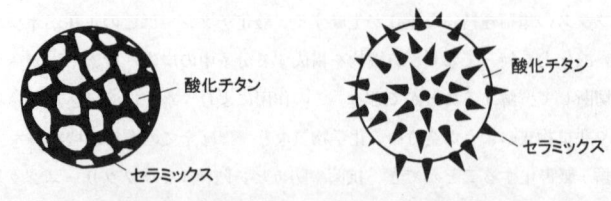

図1　酸化チタンハイブリッド光触媒

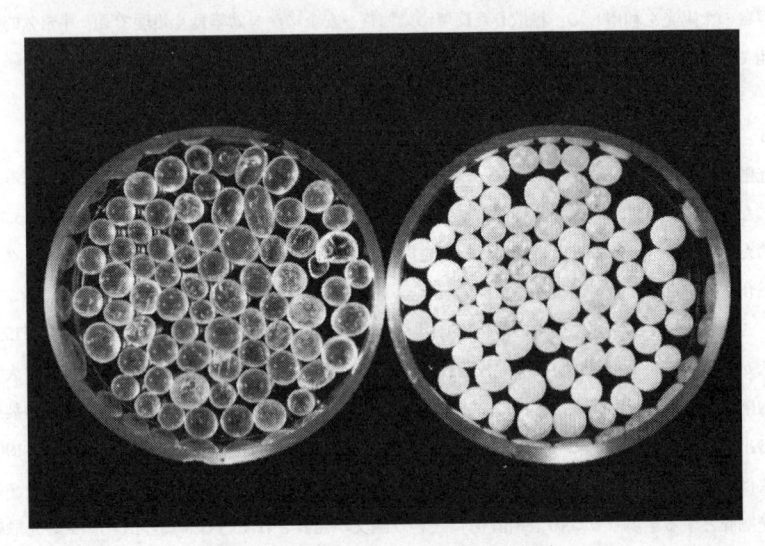

写真1　光触媒シリカゲル（左：シリカゲル）

のセラミックスによって酸化チタン光触媒と繊維やプラスチックスとの接触が妨げられ，分解が抑えられる。これにより，これまで不可能であった繊維やプラスチックスへの応用が可能となり，実用化が大きく進展した。さらに，光触媒の性能を上げるため，光触媒と吸着剤との複合化や光触媒の多孔質化による反応表面積の増大化が行われ，透明で多孔質の担体であるシリカゲルに酸化チタン透明薄膜をコーティングした光触媒シリカゲルなどの高性能の光触媒が開発された(写真1)。光触媒は光が当らなければ働かないという制約があるが，これらの光触媒は光がないときでも化学物質を吸着して除去することができる。一方，酸化チタン光触媒は光の中でエネルギーの大きな紫外線を当てなければ働かないという制約がある。紫外線は太陽光には3～4％しか含まれず，蛍光灯にはわずかしか含まれていない。したがって，室内用途で光触媒を効率良く利用するためには，可視光で働く光触媒の開発が不可欠であった。そこで，可視光で働く光触媒

第4章　無機膜の最新応用技術

として酸素欠陥型や窒素ドープ型などの酸化チタン光触媒が開発され，室内応用製品の開発が進んでいる。さらに，これまで酸化チタン透明薄膜光触媒は加熱焼成して調製されていたため，紙などの燃えやすい製品へのコーティングは不可能であった。そこで，ゾル-ゲル法を利用して常温硬化型の光触媒透明コーティング液が開発された。これを用いると基材表面に透明で非常に緻密な酸素や水も透過しない膜をつくることができる。そのため，これを用いると紙やプラスチックスなどの素材でできた基材に耐水性，耐熱性，防炎性，防汚性などを付与することができ，これを建材などにコーティングすると建材からVOC（揮発性有機化合物）が放出されるのを防いでくれる。また，通常，光触媒を金属にコーティングした場合，光触媒作用によって金属が錆びてしまうため，これまで金属への光触媒コーティングは不可能であった。しかし，この光触媒透明コーティング膜は非常に緻密であるため，防錆効果も得られる。しかも，加熱により非常に硬い膜となり，耐摩耗性が向上する。これにより，紙製品だけでなく，金属製品，プラスチックス製品，木竹製品，繊維製品など，さまざまな用途への適用が可能となった。

こうした光触媒の材料開発の進展により，実用化が進み，さまざまな製品が開発され，市販されるようになってきた。

8.4　光触媒の応用[4, 5]

光触媒は水処理，セルフクリーニング・曇り止め，抗菌防かび，大気浄化，空気浄化（脱臭・排ガス浄化）など，極めて広い応用分野を持っている。しかも，抗菌と脱臭など，複数の機能を同時に発揮することができる。現在，上記の光触媒の材料開発によりさまざまな応用が可能になり，数多くの製品が開発されている。その主なものを応用分野ごとに紹介する。

8.4.1　水処理

光触媒を用いる水処理法は，微生物を用いた生物処理では難しい下水や産業廃水を処理することができ，1) 廃水のpHや温度，毒性などの反応条件の制約が少ない，2) 光を利用するだけで有毒な薬品を使用しない，3) 触媒が安全・無毒，4) ほぼすべての有機化学物質を分解・無害化することができるなど，数多くの利点を持っている。透明なガラス基板の上に固定化した酸化チタン透明薄膜光触媒は，基板を透過してくる光を利用することができ，水処理などを連続的にかつメンテナンスフリーで行うことができるだけでなく，抗菌性や超親水性も有する。この酸化チタン透明薄膜光触媒を用いて，1994年，光触媒機能性ガラスウェアが世界で初めて製品化された（写真2）。この製品は発明とくふう展で弁理士会会長賞を受賞している。また，酸化チタン透明薄膜光触媒については2000年度の科学技術庁長官賞を受賞している。この光触媒機能性ガラスウェアの製品化の後，さまざまな光触媒素材や製品が生産されるようになり，一躍，光触媒ブームとなっていった。

写真2 光触媒機能性ガラスウェア

写真3 光触媒による流出原油の分解(右:太陽光暴露後)

現在,ガラス器や,藻や水ごけの繁殖を抑制する水槽用ペレット,水が腐りにくく,花を長持ちさせる花瓶などが既に市販されている。そして,ガラスカレットから作った水に浮く担体に酸化チタン薄膜をコートした光触媒ペレットが開発されている。これは,タンカー事故などで原油が流出したところに撒くことにより,原油を吸着して太陽光で分解することができる(写真3)。また,酸化チタン透明薄膜光触媒をコーティングした石英ガラス管と紫外線ラン

写真4 光触媒水処理装置

第4章　無機膜の最新応用技術

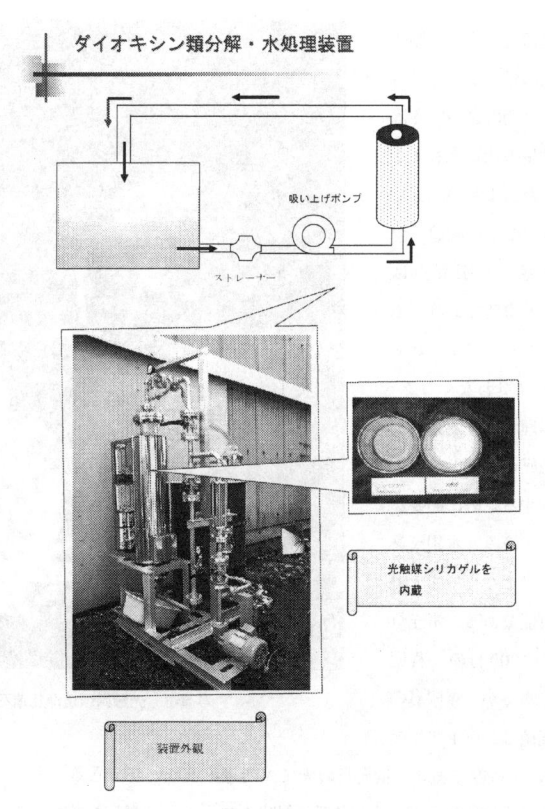

写真5　ダイオキシン類分解・水処理装置

プを用いたテトラクロロエチレンなどの有機塩素化合物を分解する水処理装置が開発されている（写真4）。

さらに，現在，廃棄物処理施設の焼却炉からの排ガスのように空気中のダイオキシン類が大きな問題になっているが，製紙工程で発生するダイオキシン類を含んだ排水や廃棄物焼却場の排ガス洗浄水（スクラバー水）に含まれるダイオキシン類のような水中のダイオキシン類の処理も潜在的な問題となっている。特に最近は河川の水に水質基準以上のダイオキシン類が検出されて問題となっている。そこで，ダイオキシン類を分解処理するため，内部に紫外線ランプと光触媒シリカゲルを設置したダイオキシン類分解・水処理装置が開発されている（写真5）[6]。

8.4.2　空気浄化（脱臭・排ガス浄化など）

光触媒の応用分野の中で最も利用しやすく，製品化が進んでいるのは脱臭の分野である。その

機能性無機膜の製造と応用

理由は脱臭では微量の物質を処理すれば良く，光の量も少なくて済むためである．人間の鼻の感度はかなり良く，微量の物質でもすぐ臭いと感じる．たばこ臭の成分であるアセトアルデヒドの閾値，つまり，臭いと感じる限界点は$1.5mg/dm^3$と極低濃度である．そのため，微量のアセトアルデヒドを分解してやれば臭わなくなる．したがって，処理する分子数が少ないため，光触媒がアセトアルデヒド分子を分解するために必要な光子数も少なくて済み，水銀ランプのような強い光でなくても太陽光で充分処理可能である．蛍光灯の光は太陽光の1000分の1程度の紫外線強度であるが，糞尿臭のスカトールの閾値はアセトアルデ

写真6 光触媒環境浄化造花

ヒドの1000分の1程度であり，蛍光灯の光でも処理することができる．

現在，ガラス繊維に酸化チタン透明薄膜光触媒をコーティングした光触媒フィルターを用いた空気清浄機が発売されており，最近では車載用も開発されてダイハツ工業の車などに使用されている．また，酸化チタンハイブリッド光触媒粒子を用いた人工観葉植物や造花（写真6），カーテンや衣類などが開発されている．悪臭以外にも，植物を成熟させるエチレンガスを光触媒で分解して穀物などの鮮度保持を行う装置や素材が開発されている．さらに，焼却場から排出されるダイオキシン類の分解装置の開発や，畳や建材などから放出される防虫剤，防ダニ剤，ホルマリンなどシックハウス症候群対策への応用も進められている．光触媒シリカゲルを用いた産業廃棄物の焼却炉から排出される排ガス中のダイオキシン類を99%分解・除去できる排ガス浄化装置（写真7）は2001年度の環境賞（日立環境財団，日刊工業新聞社，環境省）を受賞している[6,7]．

8.4.3 汚れ防止，曇り止め

光触媒を用いると汚れを分解することができるため，セルフクリーニングの材料を作ることができる．特に，少しずつ付着してくる油汚れやタバコのヤニなどに対して効果が大きい．これを

第 4 章　無機膜の最新応用技術

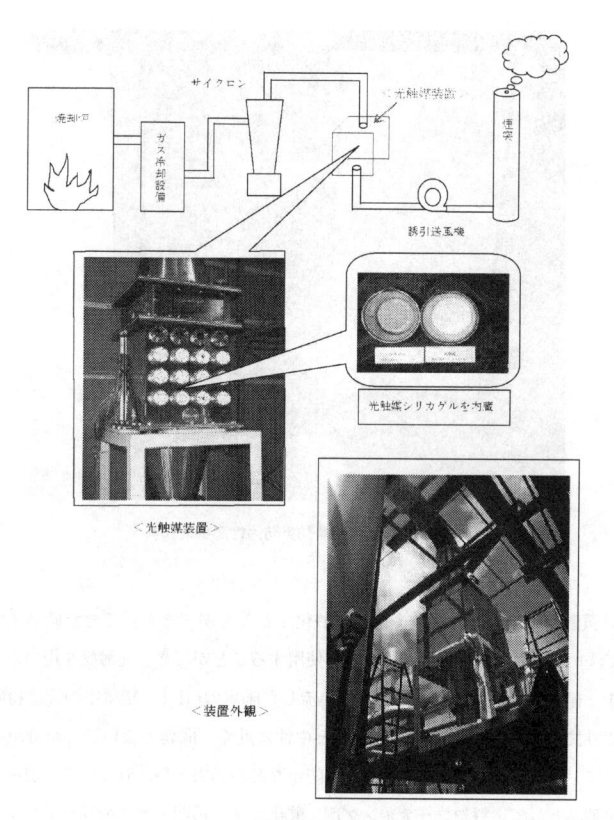

写真 7　光触媒排ガス浄化装置

利用して，建材や外壁，窓ガラスなどへの応用やさまざまな製品のセルフクリーニング化が進められており，光触媒コーティング剤が既に市販されている。また，酸化チタンは元々，水に対する接触角が 0 度の超親水性を有しているが，汚れなどの疎水性の物質が付着してくると表面が疎水性となって水玉ができ曇ってくる。しかし，光が当たると光触媒作用によって汚れを分解して元の超親水性に戻るため，曇りがとれる。これを利用して曇らない鏡や窓ガラス，コーティング剤などが開発され，施工されてきている。さらに，常温硬化型の光触媒透明コーティング膜を用いて耐水性，耐熱性，防炎性，防汚性などを付与した高機能性建具なども開発されている(写真 8)[8]。

8.4.4　大気浄化

自動車排ガスが原因の大気汚染はここ20年間改善が見られず，他に良い方法がないため，光触媒による方法が期待されている。光触媒を用いると，大気汚染の原因物質である窒素酸化物

機能性無機膜の製造と応用

写真8 耐水耐熱防炎防汚性高機能建具

(NO_x) や硫黄酸化物 (SO_x) を硝酸や硫酸に酸化することができる。できた硝酸イオンや硫酸イオンは雨で洗い流されて, 光触媒を繰り返し使用することができ, 光触媒を用いた大気浄化実証実験の結果, 硝酸イオンや硫酸イオンを洗い流した雨水のpHは, 空気中の浮遊粉塵などに含まれるアルカリで中和されて6.3から7.1程度と中性に近く, 問題のないことが分かっている。しかも, 同時に, 防菌, 防かび, 防藻, ぬめり防止などの効果が得られている。現在, 光触媒による大気浄化製品として塗料やコーティング剤, 酸化チタン透明薄膜光触媒をセラミックス多孔体にコーティングした大気汚染防止用の光触媒吸音板などが製品化されて, 道路の防音壁などに施工されている。写真9に国道302号線に設置された光触媒吸音板を用いた防音壁を示す。さらに, 写真10に示すような光触媒透水ブロックが開発されている。これは透水性を有しており, 表面には光触媒がコーティングされて超親水性になっている。これを図2に示すように歩道に施工すると, 雨水が染み込んで保水され, 気温が上がると水分が表面で蒸発し, 路面温度を低下させることができる。実験ではアスファルト舗装と比べ, 13～14℃路面温度が低下することが確認されている。したがって, この光触媒透水ブロックは大気浄化やセルフクリーニングだけでなく, ヒートアイランド対策の大きな効果が得られ, 愛・地球博の会場にも施工されていた。

8.4.5 抗菌防かび[9]

酸化チタンへの光照射によって生じる活性酸素は, 消毒や殺菌に広く使われている塩素や次亜塩素酸, 過酸化水素, オゾンなどよりはるかに強い酸化力をもっており, その酸化力によって菌

第 4 章　無機膜の最新応用技術

写真 10　光触媒透水ブロック

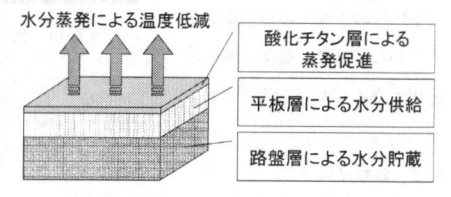

水分蒸発による温度低減
酸化チタン層による蒸発促進
平板層による水分供給
路盤層による水分貯蔵
イメージ図

写真 9　光触媒吸音板を用いた防音壁　　図 2　光触媒透水ブロックによる路面温度の低下

の細胞内のコエンザイムAなどの補酵素や呼吸系に作用する酵素などを破壊し，抗菌作用を発揮して菌やかびの繁殖を止めることができる．この酸化チタン光触媒の抗菌剤は，これまでの抗菌剤とは異なる，次のような特徴をもっている．

既存の抗菌剤は薬効成分を溶出などによって放出し，それによって菌の発育を阻止あるいは死滅させるのに対し，酸化チタンは食器からの鉛の溶出試験と同様の試験を行っても何も溶出してこない．酸化チタン光触媒の場合には，酸化チタンに光が当たって初めて抗菌作用を生じ，耐性菌を生じない．そして，抗菌性を示す酸化チタンは，それ自体，歯磨き粉や化粧品にも使用され，食品添加物としても認められている安全無毒な物質である．また，酸化チタンは触媒（光触媒）として働くだけで自分は変化しないため，原理的には半永久的に使用でき，光があれば効き目が半永久的に持続する．さらに，菌やかびの餌となる有機物の分解，菌やかびの出す毒素の分解をも行うことができる．

以上の特長から，酸化チタン光触媒は新しい抗菌剤として注目を集めている．現在，酸化チタン透明薄膜光触媒を使用した光触媒タイルが開発されており，衛生陶器や建材，インテリア製品などへの応用が行われている．また，MRSA（メチシリン耐性黄色ブドウ球菌）などによる院内

241

感染防止やレジオネラ菌対策，鳥インフルエンザ対策への応用が進められ，酸化チタン透明薄膜光触媒をコーティングした光触媒フィルターを用いた浮遊菌除去装置や光触媒マスクなどが製品化されている。さらに，炭に酸化チタンハイブリッド光触媒をコーティングして調製された光触媒ブルー活性炭を用いて温室内でのトマトの無農薬栽培も行われており，農業分野への応用も進んでいる（写真11）[10]。

写真11　光触媒ブルー活性炭によるトマトの無農薬栽培

8.5 おわりに

　光触媒として用いられる酸化チタンは歯磨き粉や化粧品にも使用され，食品添加物としても認められている安全無毒で資源的にも豊富かつ安価な物質である。地球規模に広がった環境汚染を浄化するための技術は，使用しやすいシンプルな技術であることが望ましい。光触媒は子供から老人まで誰でも簡単に安全に使用することができ，光があればどこでも使用可能である。そして，有害な薬品や化石燃料を使用しないで，太陽光などのそこにある光のエネルギーを利用して有害化学物質を分解・無害化することができ，先進国，開発途上国を問わず，世界中どこでも利用できる。特に太陽光は豊富であるが，エネルギー事情の悪い開発途上国に最適の技術である。そのため，我が国だけでなく，世界各国での普及が見込まれるが，光触媒の普及には用途に応じた光触媒の開発が重要である。現在，光触媒の応用技術の開発が精力的に進められており，新しい用途も次々と生まれている。光触媒は，安全，安心，清潔，健康，環境，省エネ，メンテナンスフリー等，現社会が要求している数々の利点を有しており，世界各国での普及が進むにつれて光触媒の新しい用途開発も期待されるため，これから巨大な市場に成長すると予想され，地球環境改善への貢献も期待される。

第4章　無機膜の最新応用技術

文　　献

1) 加藤真市, 増尾富士雄：工業化学雑誌, **67**, (8), 42 (1964)
2) 垰田博史：名工研技術ニュース, No.504, 4 (1994)
3) 垰田博史：環境管理, **32**, (8), 943 (1996)
4) 秋山司郎, 垰田博史：「光触媒と関連技術」, 日刊工業新聞社 (2000)
5) 垰田博史：「トコトンやさしい光触媒の本」, 日刊工業新聞社 (2002)
6) 垰田博史：産業と環境, **33**, (3), 35 (2004)
7) 垰田博史, 山田善市, 相沢和宇：季刊環境研究, **123**, 10 (2001)
8) 垰田博史：月刊地球環境, **426**, 92 (2005)
9) 垰田博史：色材, **71**, (2), 113 (1998)
10) 垰田博史：月刊地球環境, **439**, 96 (2006)

9 高温水素分離用セラミック膜の開発

岩本雄二[*]

9.1 はじめに

近年,水素を利用した環境低負荷型エネルギーシステムの創成に強い関心が集まっている。その象徴的な技術の一つとして燃料電池システム技術の確立と,その実用化に対する期待が高まっている。また,水素は基幹化学物質の合成原料であり,石油精製,石油化学等における反応剤としての利用など,広範な産業分野で大量に使用されている。このような社会ニーズに対して,エネルギー原単位に優れた,かつ高効率な水素製造プロセスの開発が望まれている。

従来の水素製造プロセスの代表例としては,天然ガス(主成分:メタン)の水蒸気改質反応がある。

$$CH_4 + H_2O \longrightarrow 3H_2 + CO \quad -206.0 \text{ kJ/mol} \tag{1}$$

式1に示すように,この反応は吸熱反応であり,一般にはニッケル系の触媒を用いて加圧・高温(約1073K),H_2O/CH_4モル比3前後の条件下で行われている。また,水素の生成工程と分離・精製工程が独立しているために,熱効率の向上,全体システムの簡素化等が技術課題となっている。このような現状の水素製造プロセスに対して,水素の生成工程と分離・精製工程を一体化した膜反応プロセス[1~4]が実現できれば,分離膜による生成水素の反応系外への引き抜きにより,式1の反応を水素生成側へ著しくシフトさせることが可能となり,約773Kまでの反応温度の低温化[2]や圧縮動力の低減等による水素製造プロセスの高効率化,小型化および省エネルギー化が期待できる。

このような技術開発ニーズを受けて,平成14年度より経済産業省および独立行政法人新エネルギー・産業技術総合開発機構(NEDO技術開発機構)が推進する「高効率高温水素分離膜の開発」プロジェクト[5]がスタートした。このプロジェクトでは,東京大学教授・中尾真一プロジェクトリーダーの下,9つの研究機関で構成された研究体において,約773Kの高温での化学反応プロセスを利用した水素生成と水素分離を一体的に行うことを特徴とする高効率高温水素分離膜の開発と,膜モジュール化技術の開発が行われている(図1)。㈶ファインセラミックスセンター(JFCC)は,このプロジェクトの集中研究所として,高温水素分離用多孔質セラミック膜の合成研究,および評価技術の開発研究を実施している。本稿では,その研究成果について紹介する。

---

* Yuji Iwamoto ㈶ファインセラミックスセンター 材料技術研究所 研究第一部 ハイブリッドプロセスグループマネージャー;水素分離膜プロジェクトグループリーダー;主席研究員

第 4 章　無機膜の最新応用技術

9.2　高温水素分離膜

　耐熱性水素分離膜としては，パラジウム（Pd）系合金膜，および多孔質セラミック膜が存在する。Pd系合金膜は緻密膜であり，水素の選択溶解拡散機構により高い水素選択透過性を示す。しかし，水素脆性劣化を防ぐための取り扱いや，硫黄成分等による被毒・劣化等を考慮する必要がある。また，主原料であるPdが高価であるために，一般に広く普及・実用化するには難点がある。一方，多孔質セラミック膜は耐熱性や化学的安定性に優れており，Pd系合金膜と比較してコスト面でも有望であることから，水素製造プロセスへの応用と実用化が期待できる。

　多孔質セラミック膜による水素の分離は，膜厚を数十から数百ナノメートルに制御するとともに，分離膜の細孔径を約0.3ナノメートルで高度に制御して得られる分子ふるい機能による（図2）。このような多孔質薄膜は自立膜として使用できない。そこで，図2に示すような多孔質支持基材，中間層および分離活性層の多層構造を，数百ナノメートルからサブナノメートルのサイズレベルで多孔質構造制御した無機膜の合成開発が進められている。一般に，分離活性層にはアモルファスシリカ系材料等が用いられており，CVD法[3, 6〜10]，ゾルゲル法[4, 11〜16]，およびポ

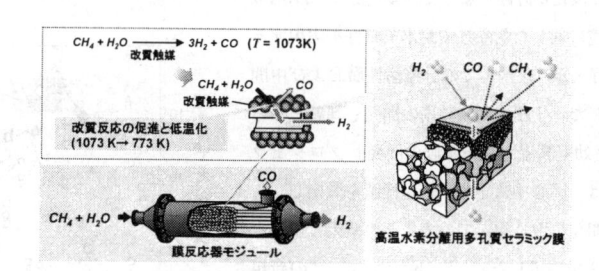

図1　「高効率高温水素分離膜の開発」プロジェクトの研究開発概要

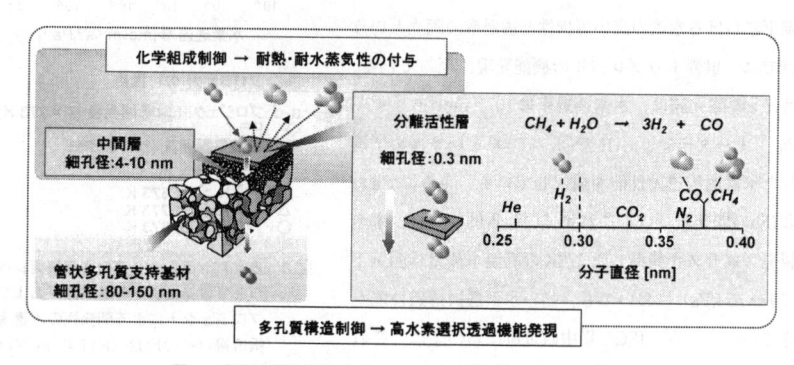

図2　高温水素分離用セラミック膜の構造模式図と開発課題

リマープレカーサー法[17~19]で合成されている。一方、分離活性層を支える中間層としては、平均細孔径が約 4 nm のメソ細孔を有する γ-アルミナ層がゾルゲル法によって合成されている[4, 11~13, 15, 16]。

多孔質セラミック膜の水素分離特性は、水素透過率と、水素のみを篩い分ける特性（選択性）によって評価される。選択性は分離対象となる他のガスの透過率に対する水素（H_2）の透過率（P_{H2}）の比で求められる。水素選択性の評価としては、図3に示したように、本プロジェクトで分離対象となる一酸化炭素（CO）やメタン（CH_4）より分子直径が少し小さい窒素（N_2）の透過率（P_{N2}）に対する水素透過率の比、P_{H2}/P_{N2} [$\alpha(H_2/N_2)$] が広く用いられている。

多孔質セラミック膜の水素分離特性の報告値は、$\alpha(H_2/N_2)$ が高いものでは1000以上を示している。しかし、これらの水素透過率は10^{-9}~10^{-8} [mol·m^{-2}·s^{-1}·Pa^{-1}] オーダーと低い。一方、10^{-6} [mol·m^{-2}·s^{-1}·Pa^{-1}] オーダーの比較的高い水素透過率を示すものでは、$\alpha(H_2/N_2)$ は100未満と低い。多孔質セラミック膜の実用化のためには、このような水素の選択性と透過率の相反関係を改善して、高い水素の選択性と透過率の両立を図るための中間層と分離活性層の多孔質構造制御技術の高度化が課題となっている。また、773K以上の高温環境に適した耐熱性や耐水蒸気性を実現するための、原子・分子レベルでの分離活性層および中間層を対象とした化学組成制御技術の開発も課題となっている。「高効率高温水素分離膜の開発」プロジェクトにおいては、図3中に示す最終目標値を設定し、これらの技術開発に取り組んでいる。その結果、現時点において図3中に示したa[20, 21]、b[22, 23]、c[22, 23]の新規多孔質セラミック膜の合成開発に成功し、773Kの高温下における水素の高い選択性と透過率の両立という点では、世界トップレベルの機能発現に至っている。特にaの開発膜は、水素透過率は10^{-7} [mol·m^{-2}·s^{-1}·Pa^{-1}] オーダーで、$\alpha(H_2/N_2)$ は2300という極めて優れた水素選択透過性能を達成している。さらに、aおよびbの開発膜では、これまでに報告例の無い、水素製造プロセスを模擬した773Kの高温水蒸気雰囲気下（70~75 kPa）においても、高い水素選択透過性能を得ている。一方、JFCC集中研究所においては、これらの研究開発に加えて、高温耐水蒸気性を有する γ-

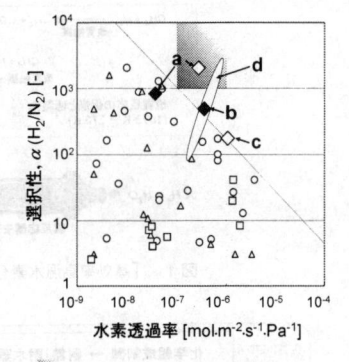

図3 多孔質セラミック膜の従来技術レベルとプロジェクトの目標値、およびプロジェクトによる開発膜の水素選択透過特性の比較（H17年11月時点）

第4章 無機膜の最新応用技術

アルミナ系メソポーラス中間層の合成開発[24]を行っている。また，電気化学的手法による新たな多孔質支持基材の開発と，従来の分子ふるい機能に水素親和性を付与した新しい分離活性層の合成開発に取り組み，図3中のdに示す，非常に高い水素の選択性と透過率を有するセラミック膜の合成開発に成功している。本稿では，これらのJFCC集中研究所における新規な多孔質基材と高温水素分離膜の研究開発成果について紹介する。

9.3 新たな高温水素分離用セラミック膜の合成開発

9.3.1 新規パルス法による陽極酸化アルミナ基材の合成

陽極酸化アルミナは，チャンネル状の細孔を有しており，その細孔径は均一に揃っていることから，欠陥の少ない分離活性層の合成開発に適した多孔質支持基材としての応用が期待される。陽極酸化アルミナのチャンネル細孔径は，電解電圧によって制御され，電解電圧を小さくするに従って細孔径は小さくなることが良く知られている[25]。しかし，電解電圧を小さくすると，チャンネル細孔の形成速度も小さくなる。更に電解電圧を小さくしていくと，電解質液による化学エッチングが支配的となり，不定形のアモルファスアルミナとなる。このようなことから，従来技術による陽極酸化アルミナの最小細孔径は7 nmであった[26]。そこで，JFCC集中研究所では，陽極酸化アルミナのチャンネル細孔の微細化に関する問題を解決すべく，陽極酸化の条件検討を種々行った。その結果，電解電圧をパルス状に印加すると，従来技術と比べて高い電流密度が得られて，低電圧においても効率良くチャンネル細孔が形成されることを見出した。図4には，新規パルス法で合成した陽極酸化アルミナ管の外観(a)と，表面近傍の断面TEM観察像(b)を示す。チャンネル細孔構造は電解電圧を25Vから1Vまで段階的に小さくすることによって，外表面側ほど小さな細孔径となっている。そして最終的に100Hzのパルス状で1Vの電解電圧を印可して合成した最外表面層は，細孔径3 nmのチャンネル細孔で構成されていることが，細孔分布評価により確認された[27]。

9.3.2 陽極酸化アルミナのガス透過特性

多孔質支持基材としての応用検討の一環として，図4に示したキャピラリー状の陽極酸化アルミナの耐熱性を評価した。その結果，ドライ条件下では1073Kの高温まで，そして膜反応器によるメタンの水蒸気改質反応を模擬した773K，$H_2O/N_2 = 3$の高温水蒸気存在下では，20時間暴露した場合でもアモルファス構造を保持可能であり，高温ガス分離膜の開発用支持基材としての応用に十分な耐熱・耐水蒸気性を有することを確認できた[28]。そこで，新規パルス法で合成したキャピラリー状の陽極酸化アルミナの高温ガス透過特性を評価した。ここでは，最終的に電解電圧を1Vまで小さくして陽極酸化を行った後に，最表面に形成されるバリア層を除去した試料と，このバリア層を残した試料の2種類の試料を対象に評価した。図5には，これらの評価試料の最

機能性無機膜の製造と応用

表面近傍の断面TEM像を示す。バリア層を除去した試料(図5(a))と比較して明らかなように、バリア層を残した試料(図5(b))では、最表面に膜厚約4nmのバリア層が存在していることがわかる。このバリア層を残した試料について、窒素吸着法で細孔径分布を評価した結果、バリア層は約0.5nmのミクロ細孔を有する多孔質構造であることが確認された[28]。

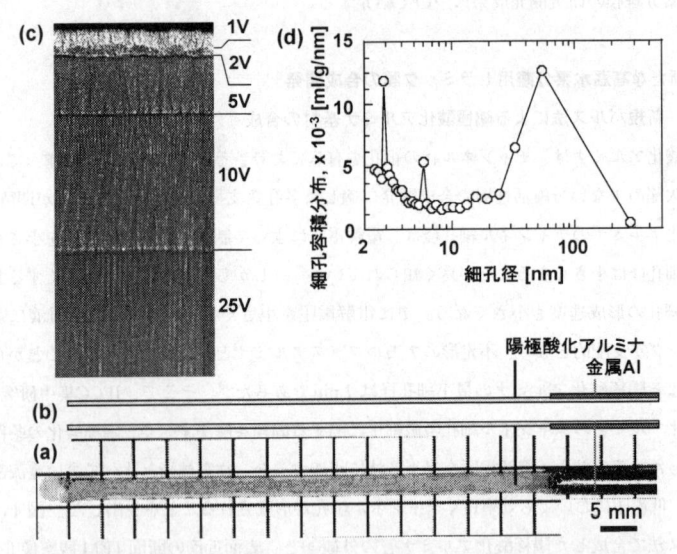

図4 陽極酸化アルミナキャピラリー基材の(a)外観、(b)構造模式図、(c)表面近傍の断面TEM観察像、および(d)細孔径分布。TEM観察像中の数値 [V] は陽極酸化時の電解電圧を示す。

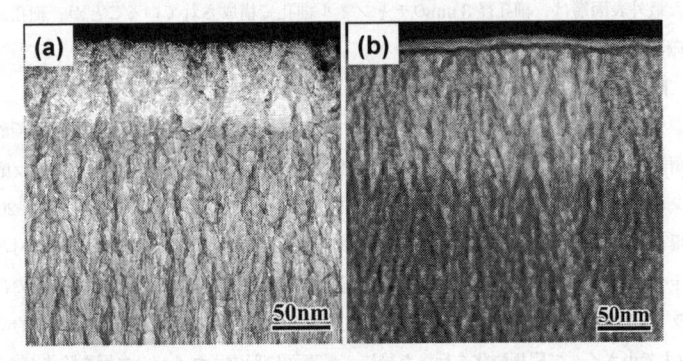

図5 陽極酸化アルミナキャピラリー基材表面近傍の断面TEM像;(a)バリア層無し、(b)バリア層有り

第4章 無機膜の最新応用技術

図6には,陽極酸化アルミナキャピラリー基材の高温ガス透過特性を示す。バリア層を除去することにより,水素の透過率および窒素の透過率は,いずれも約500倍高くなっていることがわかる。また,いずれの試料の場合も,ガス透過試験温度が上昇するに従って,これらのガス透過率が低下する傾向にある。そして,バリア層を残した試料では,特に773K以上の高温で窒素の透過率の低下が顕著となり,その結果として$\alpha(H_2/N_2)$が向上することが分かった(図6(b))。このような水素の選択透過性の機能発現については,さらに詳細に検討を行った結果,高温のガス吸着特性と関係があることが明らかになった[28]。図7には,水素および窒素の吸着特性の温度依存性を,$\alpha(H_2/N_2)$の温度依存性と合わせて示す。バリア層を残した試料では,特に773K以上の高温で水素の吸着量が選択的に増加して,$\alpha(H_2/N_2)$が向上している。図6に示した水素および窒素の透過率は,各評価温度において,水素の透過率を測定した後,窒素の透過率を測定している。従って773K以上の高温における窒素透過率の低下は,水素透過率の測定時にバリア層で水素が強く吸着された結果,窒素の透過経路が減少したためと考えられる。

以上の結果より,高温ガス分離膜の合成開発用の多孔質支持基材としては,より高いガス透過

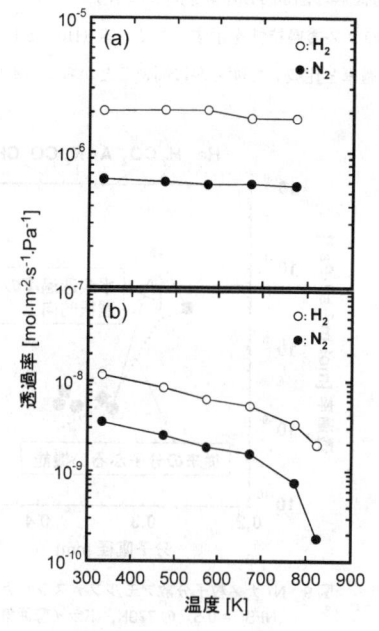

図6 陽極酸化アルミナキャピラリー基材の高温ガス透過特性;(a)バリア層無し,(b)バリア層有り

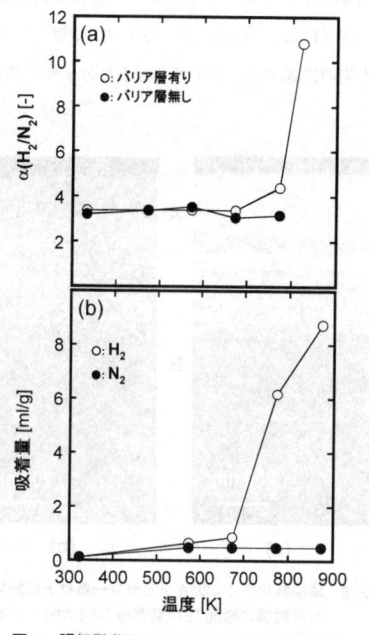

図7 陽極酸化アルミナキャピラリー基材の高温における(a) $\alpha(H_2/N_2)$ と(b)バリア層を残した試料のガス吸着特性

率を得るためにもバリア層を除去した陽極酸化アルミナキャピラリーが有用であることを確認した。また，新たな高温水素分離膜の合成開発指針として，従来の分子ふるい機能に加えて，高温水素親和性を分離活性層に付与することにより，水素選択透過性能の一層の向上が期待できることがわかった。

9.3.3 ニッケルナノ粒子分散アモルファスシリカ膜の合成開発

陽極酸化アルミナで得られた知見を基に，分子ふるい機能を有するアモルファスシリカと水素親和性材料との複合効果について検討した。高温で水素親和性を有する材料としては，ニッケル(Ni)を選択した。化学溶液法によって，均一なシリカ-ニッケル (Si-Ni-O) 系前駆体溶液を調製し，これをキャピラリー状の陽極酸化アルミナにディップコーティングした。得られたSi-Ni-O系プレカーサー薄膜は，873Kで大気焼成してアモルファスSi-Ni-O系薄膜に変換した後，さらに773Kで水素還元した。これにより，直径が数〜十数nmのニッケル粒子を分離活性層内にその場析出させたナノコンポジット膜の合成に成功した[29,30]。このようナノコンポジット構造のその場形成の微構造組織評価の代表例として，Ni/Si＝0.5の化学組成の前駆体溶液を用いて，陽極酸化アルミナキャピラリー基材に製膜した分離膜の断面TEM像を図8に示す。

図9には，773Kにおけるナノコンポジット膜のガス透過特性を示す。ヘリウム(He)そして水素の透過率は，CO_2等の大きな分子サイズの透過率と比較して明らかに高いことから，一般

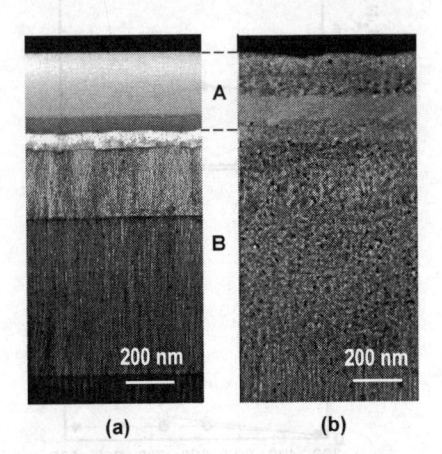

図8 陽極酸化アルミナキャピラリー基材上に製膜した分離膜の断面TEM観察像；(a)873Kで大気中熱処理後，(b)773Kで水素還元後
AおよびBは，分離膜および陽極酸化アルミナキャピラリー基材をそれぞれ示す。

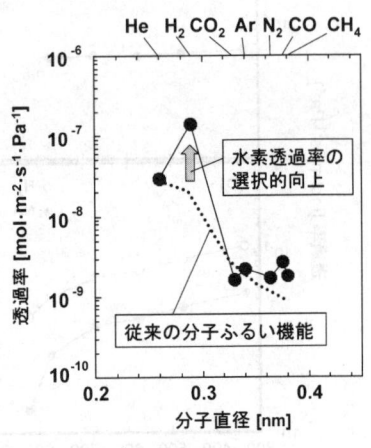

図9 Niナノ粒子分散アモルファスシリカ膜(Ni/Si＝0.5)の773K，ドライ雰囲気でのガス透過特性

第4章　無機膜の最新応用技術

なシリカ系分離膜と同様に，分子ふるい機能を有していることがわかる。しかし，このナノコンポジット膜では，水素透過率が最も高くなっており，従来の分子ふるい機能のみでは実現が不可能な，水素分子よりも小さいHeの透過率に対して，水素の透過率が約5倍高くなることが見出された。

このような高温水素透過率の選択的な向上メカニズムを調べるために，分離膜の合成と同じSi-Ni-O系前駆体溶液よりNiナノ粒子分散アモルファスシリカ粉末を別途合成して，高温での水素親和性の評価を進めた。ナノコンポジット膜の製膜条件と同様の大気加熱処理により得られたNiO-アモルファスシリカ複合粉末は，高温での水素還元処理により，目的とするNi-アモルファスシリカ複合粉末へ容易に変換できた。そして，TEMによる微構造評価・解析により，この複合粉末試料は，Niナノ粒子がアモルファスシリカマトリックスに分散したナノコンポジット構造を有することも確認できた(図10)。そこで，このナノコンポジット粉末試料の高温における水素親和性を評価した。評価には，Ni粉末とNiフリーのアモルファスシリカ粉末を比較対象に用いた。なお，これらの粉末試料は，Si-Ni-O系前駆体溶液の調製に用いたNiおよびシリカ前駆体より，それぞれ合成した。まず始めに，図9に示したガス透過特性の評価温度と同じ773Kにおける，これら3種類の粉末試料の水素の吸着特性を調べた。その結果，高温で高い水素親和性を有するNi粉末の水素吸着量が最も多く，Niナノ粒子分散アモルファスシリカの水素吸着量は，その約半分程度となった。また，Niフリーのアモルファスシリカ粉末は，全く水素親和性を有さないことを確認した。次に，773Kで水素を吸着させた後に減圧下で強制脱気後，改めて水素の吸着挙動を調べると，Niナノ粒子分散アモルファスシリカのみが，新たに水素の吸着が可能であることがわかった(図11)。このように，Ni単体は高い水素親和性を有するが，その高温水素吸着特性は非可逆的であるのに対し，Niナノ粒子分散アモルファスシリカは，水素の可逆的な吸脱着特性を有することが見出されたことから，このユニークな高温における水素の吸脱着特性が，Niナノ粒子分散アモルファスシリカ膜の高温水素透過率の選択的な向上に寄与しているものと考えている[29, 30]。

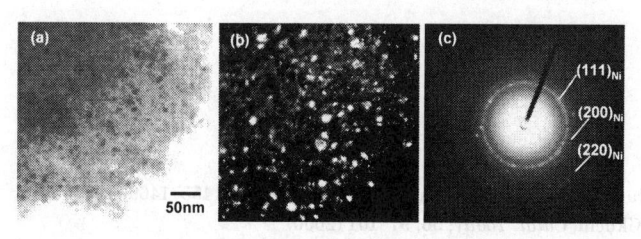

図10　Niナノ粒子分散アモルファスシリカ粉末のTEM観察・解析結果；(a)明視野像，(b)暗視野像および(c)電子線回折パターン

現在，Niを含めた水素親和性を有する元素の種類，および添加量の最適化を目指した研究開発を継続中であるが，773Kの高温における水素選択透過性能は，図3中のdに示すように，高いものでは水素の透過率が$8 \times 10^{-7}[\text{mol} \cdot \text{m}^{-2} \cdot \text{s}^{-1} \cdot \text{Pa}^{-1}]$で，$a(\text{H}_2/\text{N}_2)$が4000以上を達成している。このように，合成開発に成功した新規な水素親和性ナノ粒子分散型セラミック膜は，従来の水素の透過率と選択性能の相反関係から抜け出しつつあることから，新たな高水素選択透過性セラミック膜の創出において重要な鍵となると期待される。

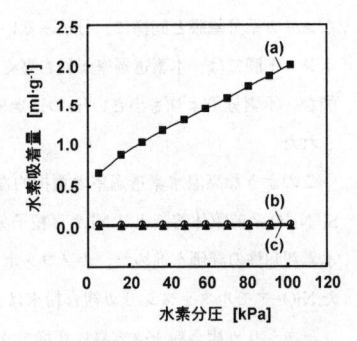

図11 773Kにおける粉末試料の可逆的に吸脱着可能な水素の吸着等温線；(a)Niナノ粒子分散シリカ，(b)アモルファスシリカおよび(c)Ni

9.4 おわりに

高温水素分離用セラミック膜の新たな合成開発として，新規パルス法による陽極酸化アルミナキャピラリー基材，および化学溶液法を利用した水素親和性ナノ粒子分散コンポジット膜について紹介した。今後は，これらの合成手法を対象に，各種合成条件の最適化を図り，水素選択透過性能のより一層の向上を図って行く。また，分離活性層および中間層の耐熱・耐水蒸気性の向上を目的とした材料開発も併行して検討を進める。これらの研究開発を通じて，多孔質セラミック膜の高温水素分離膜としての実用化を目指して行きたい。

謝辞

本研究は，経済産業省が推進する「高効率高温水素分離膜の開発」プロジェクトの一環として，NEDO技術開発機構から委託を受けて実施したものである。また，本研究成果はJFCC集中研究所の宇野直樹氏，幾原裕美氏，森博氏，永野孝幸氏，佐藤功二氏，佐藤正廣氏，山崎哲氏との共同研究によって得られたものである。

文献

1) K. Jarosch and H. I. de Lasa, *Chem. Eng. Sci.*, **54**, 1455-1460 (1999)
2) E. Kikuchi, *Catal. Today*, **56**, 97-101 (2000)
3) A. K. Prabhu and S. T. Oyama, *J. Membr. Sci.*, **176**, 233-248 (2000)

第4章 無機膜の最新応用技術

4) S. Kurungot, T. Yamaguchi and S-I. Nakao, *Cat. Lett.*, **86**, 273-278 (2003)
5) NEDO技術開発機構：http://www.nedo.go.jp/nano/project/27/index.html
6) G. R. Gavalas, C. E. Megris and S. W. Nam, *Chem. Eng. Sci.*, **44**, 1829-1835 (1989)
7) M. Tsapatsis and G. R. Gavalas, *J. Membr. Sci.*, **87**, 281-296 (1994)
8) S. Yan, H. Maeda, K. Kusakabe, S. Morooka and Y. Akiyama, *Ind. Eng. Chem. Res.*, **33**, 2096-2101 (1994)
9) J. C. S. Wu, H. Sabol, G. W. Smith, D. L. Flowers and P. K. T. Liu, *J. Membr. Sci.*, **96**, 275-287 (1994)
10) G-J. Hwang, K. Onuki, S. Shimizu and H. Ohya, *J. Membr. Sci.*, **162**, 83-90 (1999)
11) S. Kitao, H. Kameda and M. Asaeda, *Membrane*, **15** (4), 222-227 (1990)
12) B. N. Nair, T. Yamaguchi, T. Okubo, H. Suematsu, K. Keizer and S-I. Nakao, *J. Membr. Sci.*, **135**, 237-243 (1997)
13) R. M. de Vos and H. Verweij, *J. Membr. Sci.*, **143**, 37-51 (1998)
14) R. M. de Vos, W. F. Maier and H. Verweij, *J. Membr. Sci.*, **158**, 277-288 (1999)
15) K. Yoshida, Y. Hirano, H. Fujii, T. Tsuru and M. Asaeda, *J .Chem. Eng. Japan*, **34**, 523-530 (2001)
16) K. Kusakabe, F. Shibao, G. Zhao, K. I. Sotowa, K. Watanabe and T. Saito, *J. Membr. Sci.*, **215**, 321-326 (2003)
17) Z. Y. Li, K. Kusakabe and S. Morooka, *J. Membr. Sci.*, **118**, 159-168 (1996)
18) L. L. Lee and D-S. Tsai, *J. Am. Ceram. Soc.*, **82**, 2796-2800 (1999)
19) Y. Iwamoto, K. Sato, T. Kato, T. Inada and Y. Kubo, *J. Europ. Ceram. Soc.*, **25**, 257-264 (2005)
20) M. Nomura, K. Ono, S. Gopalakrishnan, T. Sugawara and S-I. Nakao, *J. Membr. Sci.*, **251**, 151-158 (2005)
21) M. Nomura, H. Aida, S. Gopalakrishnan, T. Sugawara, S-I. Nakao, S. Yamazaki, T. Inada and Y. Iwamoto, "Steam stability of a silica membrane prepared by a counter diffusion chemical vapor deposition", Desalination, in press.
22) M. Kanezashi, T. Yoshioka, T. Tsuru and M. Asaeda, *Trans. Mater. Res. Soc. Japan*, **30**, 3267-3270 (2004)
23) M. Kanezashi, and M. Asaeda, *J. Membr. Sci.*, **271**, 86-93 (2006)
24) Md. Hasan Zahir, K. Sato and Y. Iwamoto, *J. Membr. Sci.*, **247**, 95-101 (2005)
25) F. Keller, M. S. Hunter and D. L. Robinson, *J. Electrochem. Soc.*, **100**, 411-419 (1953)
26) S. Ono and N. Masuko, *ATB Metall*, **40/41**, 398-403 (2000-2001)
27) T. Inada, N. Uno, T. Kato and Y. Iwamoto, *J. Mater. Res.*, **20**, 114-120 (2005)
28) T. Nagano, N. Uno, T. Saito, S. Yamazaki and Y. Iwamoto, "Gas permeance behavior at elevated temperatures in meso-porous anodic oxidized alumina synthesized by pluse-sequential voltage method", Chem. Eng. Comm., in press.
29) Y. H. Ikuhara, H. Mori, T. Saito, and Y. Iwamoto, "Hydrogen adsorption property and permselective properties of Ni nanoparticle-dispersed amorphous Si-O membranes", J. Mater. Res., submitted.
30) Y. H. Ikuhara, H. Mori, T. Saito, and Y. Iwamoto, "Ni Nano-Particle Dispersed Amor-

phous Silica with Unique Hydrogen Adsorption Properties at High Temperature", p. 27 in the Abstracts of The Symposium on Hybrid Nano materials Toward Future Industries (HNM 2006), 2006.

第5章　最新のトピックス

1　熱線反射膜と製品

笠井義則[*1]，金井敏正[*2]

1.1　はじめに

　縁側の窓ガラスを透して日光に当たると暖かく感じる。これは，太陽の表面から放射されている赤外線がガラスを透して体に届くからである。特に，真夏の日差しによるこの影響は冷房効果を下げ，冷房機への負荷の増大をもたらす。このため，大きなガラス窓がある建物では窓からの日射を適当量（30%程度）遮蔽する，すなわち太陽から放射される可視から赤外域の光（エネルギー）を遮蔽することが求められている。光を透過し熱を遮断するガラス製品としてガラスブロックがよく知られている。しかしガラスブロックは内部が減圧されているので熱伝導は小さいが，赤外線を透過するので輻射により熱が伝わる。そこで，ガラスブロックに赤外線を遮蔽する機能を付与するとよりすぐれた遮熱性が得られる。

　耐熱ガラスに遮熱膜を付与すると，耐熱・防火用として幅広い応用が展開できる。たとえば，ボイラーや焼却炉などの燃焼装置の覗き窓に遮熱膜を付与した耐熱ガラスが開発された。従来，内部の燃焼状態を確認するために，観察時に蓋を開けて保護面を着けて覗く方式と緑や紺の濃色に着色されたガラスを取り付けた窓から内部観察を行うものがあった。蓋を開ける方式では有害な燃焼ガスが吹き出すおそれがあり，濃い着色ガラスを透して内部を覗けば単色状態となり，炎や物体の細かな温度差を見ることができない。このような装置の観察窓では可視波長域の光をある程度透過し，熱線を良く遮る製品が求められていた。また，建物の防火設備用途として，耐火・耐熱性を有しながら良好な視認性がある新たなガラス製品が求められた。防火設備として用いられる超耐熱ガラスに遮熱膜を付与することで，火災時の熱線を防ぎ，延焼の防止や避難時の安全性向上が得られるようになった。

　ガラスは一般に可視～赤外線（400～2500nm）領域の光を良く透す。そこで近赤外線を吸収する元素を加えると，可視域の光も吸収されて良好な視認性が失われ，また，吸収した熱エネルギーでガラスの温度が異常に上昇することもある。反射で赤外線を効率よくカットすることで，視認性に優れガラス温度の上昇を起こさない製品が得られる。

[*1]　Yoshinori Kasai　日本電気硝子㈱　技術部　担当部長
[*2]　Toshimasa Kanai　日本電気硝子㈱　薄膜事業部　課長

以下に遮熱（赤外線反射）機能を持った膜および膜を付与した製品について述べる。

1.2 遮熱膜の付け方と製品

1.2.1 スプレーコート

有機金属塩を有機溶媒もしくは水に溶かしこの溶液を成形直後もしくは加熱された熱いガラス面上にスプレーで吹き付けるとガラスの上で熱分解して無機化合物，主に酸化物，の膜が形成される。膜厚は溶液の濃度と噴霧量によって決まる。生じた膜の性能は金属種以外に膜厚と分解温度すなわちガラス基板の温度によって支配される。この方法はガラスの製造ラインの中に組み込まれ，自動車の熱線遮断膜やびんの傷防止膜およびガラスブロックの遮熱膜を付けるのに利用されている。有機金属塩溶液の代わりに金属塩の微粉末が使用される場合もある。以下にガラスブロックの例としてスプレーコートの作製法と機能について述べる。

ガラスブロックはプレスされた片面同士を接合する際に（図1）中に閉じ込められた空気が接合後の温度低下により1/3気圧ほどになるため，熱貫流率は低い。一般のガラス窓に比べその断熱性は大きい（熱貫流率が単板ガラスの1/2以下である）が，真夏の冷房効率をよくするためにはさらに日射熱の透過抑制が求められる。

この目的で，ガラスブロックの接合前後で高温のガラス表面にナフテン酸塩やオクチル酸塩等の金属石鹸もしくはアセチルアセトン金属塩を有機溶媒に溶かしたものをスプレーコートして20～80nmの反射膜を付けることが行われている[1]。外表面に付けた場合は熱線遮蔽の機能は認められるものの表面の金属膜は可視光も反射するので見た目ぎらつき感がある。一方，ガラスブロックの内面にスプレーコートで金属膜をつけたものは，最外表面がガラスであるのでこのぎらつき感が少なくなり，さらに，空気汚染で深刻になった酸性雨に膜が触れることがないので膜の劣化やふき取りによる膜剥離のおそれもなく，必要な日射遮蔽の機能を有している（図2）。

1.2.2 スパッタリング

スパッタリング（sputtering）とは，加速された粒子が固体表面に衝突した時，固体を構成する原子あるいは分子が空間に放出される現象である。一般には，Arを主体としたガスを真空チャンバーに導入し，このガス原子のイオンを原料に衝突させることによって，スパッタ成膜を行う

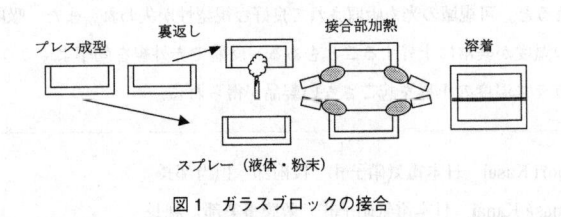

図1 ガラスブロックの接合

第5章　最新のトピックス

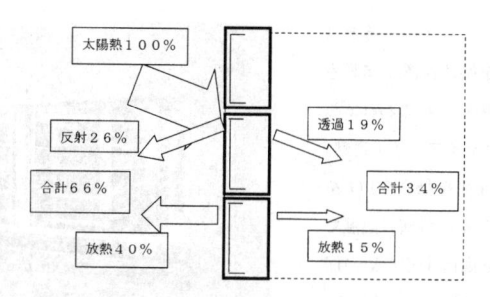

図2　熱線反射ガラスブロックの熱収支（入射角30°）[2]

ことが多い。真空下での成膜において，スパッタリング法は，真空蒸着法と並んで，もっとも広く普及した成膜法である。

スパッタリング法は，真空蒸着法に比べて付着力が高いために，耐久性の高い膜を形成することが可能で，また，真空槽内に付着した膜が剥がれにくく，装置のメンテナンス間隔を長くすることができる。さらに，大型基板にも適用しやすく，高融点材料や融点の異なる化合物を成膜することができるなどの利点もある。

このスパッタリング法を用いて，AgやITO（Indium Tin Oxide）を含んだ膜を成膜することにより，熱線を極めて高効率で遮蔽(反射)する薄膜付窓ガラスを作製することができる(図3a，b)。

透明で熱膨張係数の極めて小さい結晶化ガラス板の表面にこの熱線遮蔽膜を付けたものがある(製品名；ファイアライト遮熱)。この「ファイアライト遮熱」は優れた耐火性・遮熱性・遮煙性を持ち，火災時の避難に必要とされる30分以上にわたる透視を実現した特定防火設備用ガラスである。万一の火災時にも，クリアな視界を保ちながら熱・炎・煙から人々を守り，より安全な避難経路を確保できる。

「ファイアライト遮熱」の表面にはスパッタリング法によって，高性能の熱線反射膜が形成されている。「ファイアライト遮熱」用の膜として，耐熱性を高めるために，Agを用いない熱線反射膜を作製した。一般の熱線反射用膜にはAg系の膜が使用されている（図3-a）。しかし，Agは極めて酸化されやすいため，成膜中ですら上層部に酸化膜を成膜しようとすると酸素と反応し，その特性を失う。そのためAgの上層部には極薄い別の金属 Zn(thin)，NiCr(thin)の保護膜を形成することが多い。防火設備用途では，火災時にガ

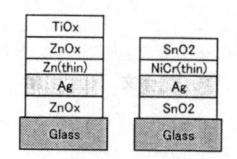

a）省エネルギー用熱線反射膜例

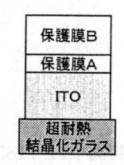

b）防火設備ガラス用熱線反射膜
（ファイアライト遮熱）

図3　スパッタ成膜による熱線反射膜

257

ラス表面温度は600℃以上になると言われており、Agを始め保護金属膜も酸化され、熱線反射特性が失われてしまう。そこで、「ファイアライト遮熱」の膜は熱線反射特性を持つITOをベースとし、さらにその外層に高温でもITO膜の特性を維持するための保護膜が形成されている（図3-b）。

遮熱性能と透視性を兼ね備えた「ファイアライト遮熱」の用途として、①病院、学校、公共建物で高温に曝されることなく、火災の状況を確認できる避難通路となる。②商業施設において法律で決められている階段やエスカレータ周りの防火壁が透視性のあるガラスに置換えられる。③防火壁を必要とするコンピューター室などでも開放感のある窓が作ることができる（写真1）。さらに、膨張係数がほぼゼロの超耐熱ガラスを使用しているため、スプリンクラーや消火注水による熱衝撃を受けても割れない。ファイアライトには耐熱性の樹脂を使用した合わせガラスがあり、この製品に遮熱膜をつけた製品では、通常時に、万一、人や物がぶつかっても安全である、などの優れた特長も合わせて持つことができる[3]。

写真1 「ファイアライト遮熱」製品の施工例
廣池千九郎記念館（千葉県柏市光ヶ丘）展示室

1.3 おわりに

機能性ガラスおよびガラス製品につけられた遮熱機能を有する膜とその製品について述べた。優れた性能を有するガラス製品に特殊な薄膜をつけることによりさらに優れた機能をもたらし、先に示したように21世紀のキーワードである、環境、安全に対応するガラス製品となった。薄膜とガラスの組合せでさらなる展開が期待される。

文　献

1) 特開平11-71853
2) 日本電気硝子㈱「ガラスブロックカタログ」
3) 石井　進; NEW GLASS, Vol.16, No.4 (2000)

2 プラスチックフィルムのガスバリア膜

岡本俊紀*

2.1 はじめに

プラスチックフィルムは量産性に優れ安価な包装材料として多量に使用されているが，近年では，その軽量性や柔軟性を活かしてFPC（フレキシブルプリント基板）等の電子部品基板としての応用も盛んであり，さらにその透明性を活かしてディスプレー基板への応用開発が進められている。プラスチックはガラスや金属と異なり，数nmのガス分子サイズのレベルでは疎な構造であり，材料による程度の差はあるものの基本的にガス（酸素，水蒸気等）透過性があるので，各種のバリアコーティングが実用化されており，特に高いガスバリア性の必要な用途では，無機膜のガスバリアコーティングが行われている。

2.2 プラスチックフィルムへの薄膜成膜技術

2.2.1 成膜技術

プラスチックフィルムへの無機膜の成膜技術の特徴は，フィルム形状を活かしたロールtoロール方式による連続成膜と基材の耐熱性が低いことによる低温成膜である。

ドライコーティング（真空成膜）では，蒸着，スパッタ，CVD等の成膜が行われている。蒸着法は成膜速度が大きく高生産性であり，スパッタ法やCVD法では，成膜速度が遅く生産性は低いが，密着性の良い緻密な膜を形成できる特徴がある。フィルム用の成膜装置では，フィルム原反を送り出すロールと巻き取りロールが真空装置内に設置され，温度調節されたクーリングドラムにフィルムを沿わせながら成膜している。代表的な装置概要[1]を図1に示す。プラスチックフィルムには吸着吸湿性があり，成膜中に内部のガス分子が放出されると膜質の低下が起こるため，成膜前に脱ガス行程を必要とする。

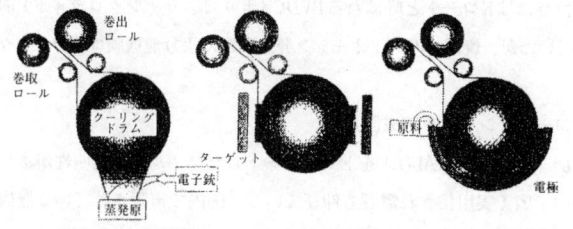

図1 ロールtoロール製膜装置

---

* Toshiyuki Okamoto　グンゼ㈱　研究開発センター　第四研究室

ウェットコーティング法としては，ロールコート，グラビアコート等の汎用的なフィルムコーティング技術が使用されるが，より高精度な膜厚制御のできるダイコート，毛細管塗布法等の成膜装置も開発されている。

2.2.2 ガスバリア性の評価

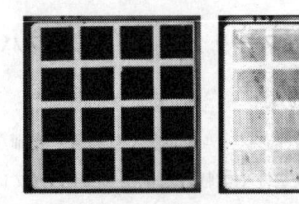

図2　カルシウム法の試験前後の例
（1マスは□5mmサイズ）

ガスバリア性の評価には，単位断面積を単位圧力差で透過するガスの量である酸素透過率と水蒸気透過率が使用され，実用的にはモコン社製のOXYTRAN，PERMATRANが主に包装フィルムの評価に用いられている。酸素透過率は窒素・水素ガスにフィルムを透過した酸素が混入した際の電位変化を測定し，水蒸気透過率はフィルムから透過してくる水蒸気を赤外線センサーで計測する方法である。水蒸気透過率はカップ法（重量法）で計測も可能である。いずれの方法によっても酸素では$0.01cc/m^2 \cdot day \cdot atm$，水蒸気では$0.01gr/m^2 \cdot day$が測定限界とされている。

後述する有機EL基板のようなより高いガスバリア性を評価するには上記の方法では不十分であり，高真空下での圧力上昇を計る方法や金属Ca薄膜が水分と反応して変化する透過率を測定するカルシウム法等が報告[2]されており，カルシウム法では水蒸気透過率$10^{-5}gr/m^2 \cdot day$の結果が得られている。

2.3 プラスチックフィルムのガスバリア膜への応用

2.3.1 包装フィルム用ガスバリア膜

包装用のプラスチックフィルム[3]には，主としてOPP（2軸延伸ポリプロピレン），ナイロン，PETフィルム等が必要な強度とバリア性とコストに応じて使い分けられている。従来，透明なガスバリア性の付与にはKコートと呼ばれるPVDC（ポリビニリデンクロライド）樹脂のコーティングが行われていたが，焼却時のダイオキシン発生問題により無機膜コーティング等への代替が進んでいる。

(1) ドライコーティング（真空成膜）

シリカ（SiO_x）やアルミナ（Al_2O_3）をドライコートしたフィルムは透明性があり高いガスバリア性を有するので広く実用化され需要も伸びている。国内で市販されている無機薄膜のドライコートフィルムを表1に示す。蒸着法によりシリカやアルミナを製膜したフィルムは，後加工での延伸やラミネート時にマイクロクラックが発生してバリア性が低下しやすいが，CVD法により特殊な珪素酸化物薄膜を製膜したIBフィルムは，5％までの延伸でもバリア性が低下しないという報告[4]がある。

第5章　最新のトピックス

表1　バリア膜付き包装フィルム

メーカー	商品名	コーティングの種類	素材
凸版印刷	GL	シリカ蒸着	PET
		アルミナ蒸着	PET、ONy、OPP
三菱樹脂	テックバリア	シリカ蒸着	PET、ONy、PVA
尾池パックマテリアル	MOS	シリカ蒸着	PET
大日本印刷	IB	シリカ CVC	PET、ONy
		アルミナ CVD	PET、OPP
東洋紡	エコシアール	シリカ／アルミナ二元蒸着	PET、ONy
東洋メタライジンズ	BARRIALOX	アルミナ蒸着	PET
麗　　光	ファインバリヤー	シリカ蒸着	PET
		アルミナ蒸着	PET

備考）PET：ポリエチレンテレフタレート，ONy：2軸延伸ナイロン，OPP：2軸延伸ポリプロピレン，PVA：ポリビニルアルコール

PETボトルは飲料容器として広く普及しているが，ビールやワイン等の酸素の影響を受けやすい内容物にも適用するためのガスバリアコーティングが開発されており，その実用化例を表2に示す。PETボトル内面コーティングでは，立体容器への回り込みが必要なため蒸着法は適さず，CVD法が使用されている。マイクロ波によりボトル内面に充填したメタンやアセチレンガスをプラズマ化してDLC（ダイヤモンドライクカーボン）膜を成膜する方法も実用化されている。

表2　バリア膜付きPETボトル

開発メーカー	名称・構成	バリア材の組成	実用化状況
PPG	Bairtcade（外面）	エポキシアミン系樹脂	Cariton
Tetra Pak	Tetra Pak（内面）	SiO_x プラズマコーティング	Spendrups Bitburger
Krones．Cock coda．Leybold．Essen University	BESTPET（外面）	外面 SiO_x コーティング	未実施
東洋製罐	SiBARD（内面）	SiO_x プラズマコーティング	サラダオイル（オレインリッチ，エコナ）
凸版印刷	GL-C（内面）	SiO_x プラズマコーティング	サラダオイル（べに花油）うがい薬（LISTERINE）
Sidel	ACTIS（内面）	Amorphous Carbon 膜	Amadeus Kronenbourg 緑茶（おーいお茶）
三菱商事プラスチック 日精エーエスビー機械 ユーテック	DLC（内面）	ダイヤモンドライクカーボン（DLC）膜 内面コーティング	緑茶（生茶）

(2) ウェットコーティング

　水溶性樹脂であるPVA（ポリビニルアルコール）やEVOH（エチレンビニルアルコール共重合体）には酸素ガスバリア性があり、その塗膜もバリア膜として使用されるが、高湿度条件下でバリア性が低下する欠点がある。これを補うため、これらの水溶性樹脂に、粘度鉱物に代表されるナノサイズの厚みの無機系層状化合物を混合分散させたナノコンポジットによるバリアコーティングが開発され実用化されている。EVOH樹脂に無機系層状化合物を分散した有機無機ハイブリッド塗料のグラビアコーティング膜により、OPP（厚み25μm）／CPP（無延伸PPの厚み25μm）ラミネートフィルム基材で高湿度（23℃90％RH）下の酸素透過率を1200から4～5（cc/m^2・day・atm）に低減した報告[5]がある。

　ゾルゲル法によるバリアコーティングも検討されており、通常のゾルゲル法による無機薄膜は硬質で多孔性なので、柔軟性のあるプラスチックフィルムへの成膜には、適度な硬度と柔軟性がある有機無機ハイブリッド膜が使用される。有機無機ハイブリッド膜の作製には、4官能であるアルコキシドに有機成分を含む3官能や2官能アルコキシドを混合したゾルや、アルコキシドと相溶性が良く通常のアルコール溶媒にも溶けやすい低分子有機化合物（ポリエチレングリコール、ポリビニルピロリドン等）を分子レベルで混合させたゾル、アルコキシド溶液と水溶性樹脂（PVA,EVOH等）を混合したゾル等が用いられる。

　TEOS（テトラエトキシシラン）にPhTES（フェニルトリエトキシシラン）とPEG（ポリエチレングリコール）を適度な割合で混合し分子レベルで相溶させたゾル液から作製したシリカハイブリッド膜は、3次元的に強固なシリカ結合と柔軟な有機成分を併せ持ち、ハードコーティングとしての報告[6]もあるが、膜が緻密なためガスバリア性も示す。TEOSに3官能アルコキシドであるMTES（メチルトリエトキシシラン）、VTES（ビニルトリエトキシシラン）、PhTESを混合したシリカハイブリッド膜によりナイロン-6フィルムの水蒸気透過率を低減した報告[7]がある。TEOSと親水性樹脂のPVAやEVOHを混合してハイブリッド化したガスバリア膜も開発されている。これは、SiO$_x$蒸着のオーバーコート層として成膜され、蒸着膜のクラックを埋めてガスバリア膜の耐久性を向上させる用途にも使用されている。

2.3.2 FPD基板フィルム用ガスバリア膜

　FPD（フラットパネルディスプレー）の基板は、現状はガラス基板が主流であるが、より軽量でモバイル用途に適するフレキシブルディスプレーも実用化が進んでおり、それに対応したプラスチックフィルム基板の開発[8, 9]も盛んで、それには必ず高いガスバリア性の付与が必要になっている。包装フィルムのバリア性能は高いものでも酸素透過率1cc/m^2・day・atm、水蒸気透過率1gr/m^2・day程度であるのに対して、FPD基板にはより高い防湿バリア性が必要であり、プラスチックLCD用ではカラーSTN型でH$_2$O透過率0.1gr/m^2・day以下、TFT型で0.01gr/m^2・day以

第5章 最新のトピックス

下とされている。さらに有機EL用では10^{-6}gr/$m^2 \cdot day$の超バリア性が要求される。

プラスチックフィルムLCD用バリア膜では，防湿バリア性と共に柔軟性が不可欠であり，膜厚を100nm以下に制御することでクラックの発生を防いでいる。LCD用バリア膜の多くは，スパッタ法及びプラズマCVD法によるSiO$_x$，SiON薄膜が採用されている。

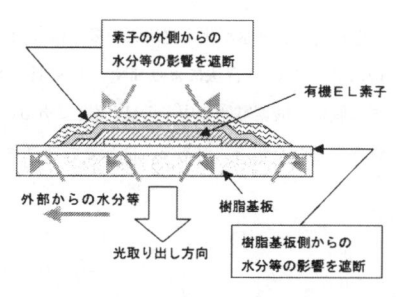

図3 有機ELの構造とガスバリア膜

有機ELの断面構造を図3に示すが，プラスチックフィルム有機EL用のバリア膜では，水分により陰極のCaが劣化してダークスポットが発生するため，特に高い防湿バリア性が要求される。封止側にはプラズマCVD法によるSiN膜が使用されるが，茶褐色の着色があるため光の透過する基板側には使用できないので，SiO$_x$N$_y$の窒化酸化シリコン膜をスパッタ法により成膜し，酸素窒素比O/(O+N)を40～80%にすることで透過率と防湿バリア性を両立した防湿バリア膜が開発されている。ダークスポットの防止には基板の表面平滑性が不可欠でありUV硬化樹脂によるアンダーコートが有効であり，60℃90%RH環境下で500時間後もダークスポット発生のない結果が報告[10]されている。

より高いバリア性と表面平滑性を得るために無機膜／有機膜の多層複合化したバリア膜の開発が報告されている。Vitex Systems社のBarix^{TM}コーティングによるFlexible glass^{TM} 500が，前記のカルシウム法で水蒸気透過率8×10^{-5}gr/$m^2 \cdot day$の高いバリア性を示した報告[2]がある。

Al$_2$O$_3$層とポリアクリレート層の複合層によるハイバリア膜の開発が報告[11]されている。Al$_2$O$_3$層はスパッタ法により形成され，ポリアクリレートはアクリルモノマーを真空中でフラッシュ蒸着した後，UV硬化することで形成され，2種の膜は同一真空装置内で連続して形成される。

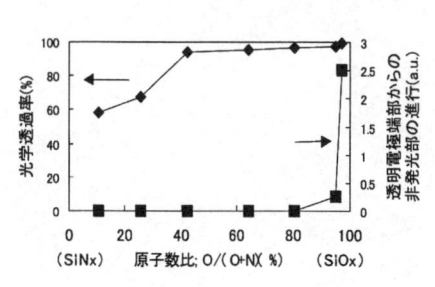

図4 SiO$_x$N$_y$膜の酸素窒素比によるバリア性、透過率の変化

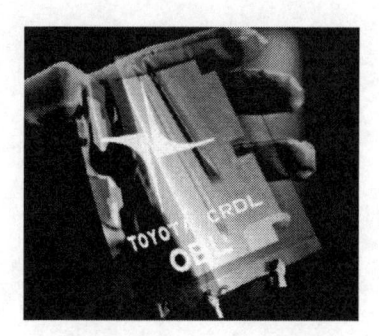

図5 プラスチックフィルム有機EL試作品

263

機能性無機膜の製造と応用

窒化珪素膜と水素化窒化炭素の多層積層膜によるバリア膜も開発されている。エポキシ樹脂基板にプラズマCVD法によりSiN_x／$CN_x:H$／SiN_x膜のガスバリア膜を形成し，その上にITO膜を成膜後，酸素雰囲気中でのUV照射であるUV/O_3処理をすることで良好な表面平滑性とバリア性が得られた報告[11]がある。開発されたプラスチックフィルム有機EL試作品を図5に示す。

文献

1) 小川倉一，新無機膜研究会第9次調査報告資料，in press
2) G. Nisato, et al., Evaluating High Performance Barrier Films, IDW, (October 2001)
3) 葛良忠彦，工業材料，vol.53, No.12, p.18 (2005)
4) 松井茂樹，コンバーテック，9月号，p.89 (2005)
5) サカタインクス，コンバーテック，9月号，p.94 (2005)
6) K. Kuraoka et al., J. of Mat. Sci., 40, p.3577 (2005)
7) 忠永清治，セラミックス，37, No.3, p.165 (2002)
8) 鈴木和嘉，Material Stage, vol.2, No.6, p.34 (2002)
9) 武田 晃，月刊ディスプレイ，vol.10, No.4, p.40 (2004)
10) PIONEER R&D, Vol.11, No.3, p.48 (2002)
11) 特許庁技術標準集，電子ペーパー及びフレキシブルディスプレイ，http://www.jpo.go.jp/shiryou/s_sonota/hyoujun_gijutsu/electronicpaper/mokuji.htm

3 気相成長法によるダイヤモンド合成

茶谷原昭義*

3.1 ダイヤモンドの気相合成法

ダイヤモンド薄膜は一般に化学気相堆積法（CVD；chemical vapor deposition）により作製され，その内，広く利用されている方法に熱フィラメント法およびマイクロ波プラズマCVD法がある。両方法とも無機材質研究所（現：物質・材料研究機構）にて開発された日本発の技術である[1,2]。数Torrから数100Torrの圧力下でメタンまたはメタノール，アセトン蒸気などの炭素原料と水素からなる混合ガスを熱フィラメント（2200℃程度）またはプラズマによって分解し，メチルラジカルなどの炭素ラジカルや原子状水素を発生させる。水素に対する炭素原料ガスのモル比は0.1以下が一般的である。熱フィラメントまたはプラズマの近傍に置かれた基板（温度；600～1200℃）上で炭素ラジカルが反応してダイヤモンドが析出する。同時にグラファイトなどの非ダイヤモンド成分が析出することがあるが，これらはダイヤモンドに比べて原子状水素によってエッチングされやすいので，成長条件を最適化してダイヤモンドのみを析出させることができる。エピタキシャル成長を行う場合は高温高圧合成された単結晶ダイヤモンド板を基板（種結晶）として用いる場合が多い。また，現状では1cm角以上の大型単結晶ダイヤモンド基板が入手できないため，Pt，Ir，Si，SiC上へのヘテロエピタキシャル成長技術もさかんに研究されている[3〜6]。一般にSi，Ti，Nb，Ta，Mo，グラッシーカーボンなどが基板として利用可能であり，析出したダイヤモンドは通常粒径数十μm以下の多結晶となる。密着性よく析出できるので，研究報告ではSi基板が多く用いられている。ダイヤモンド以外の基板上ではダイヤモンド核が発生しにくいので，基板はあらかじめダイヤモンド砥粒による研磨を行って種付けしたり，プラズマを用いる場合は成長前に基板に負電圧を印加するバイアス核生成促進処理が行われる。工具や部材のダイヤモンドコーティングには，コスト面から熱フィラメント法が，また半導体用途など高純度を要求される場合はマイクロ波プラズマCVD法が有利だと思われる。その他の方法としては，直流放電プラズマ[7,8]，プラズマジェット[9]またはプラズマトーチなどを用いるプラズマCVDおよび火炎法[10]が開発されている。

ダイヤモンドを半導体や電極材料として利用する場合は，導電性を付与する必要があり，気相合成中に不純物ガスを添加してドーピングを行う。代表的なp型ドーパントはホウ素であり，ホウ素原料としては，ジボラン，トリメチルボロン，B_2O_3（メタノールなどに溶解させたもの）が用いられる。高濃度にホウ素ドープしたダイヤモンドは金属的な伝導性を示し，溶液中での電位窓が広い，耐食性に優れる，残余電流が少ないなど優れた電気化学的特性を有することから新規

---

* Akiyoshi Chayahara　㈱産業技術総合研究所　ダイヤモンド研究センター　主任研究員

電極材料として注目されている[11, 12]。p型に比べてリン，硫黄，窒素などのn型ドーパントは活性化しにくいため，これまでのところ満足できるn型ダイヤモンドは得られていないが，合成技術の進歩とともにpn接合が可能となっている[13]。

3.2 単結晶ダイヤモンドの高速気相合成

ダイヤモンドは優れた半導体特性を有し，その特徴を生かしたデバイスが期待されている。半導体として利用される材料には，非常に結晶欠陥が少ないことおよび均質性が要求されるので，天然産でなく合成ダイヤモンドを使用する必要がある。これまで合成ダイヤモンドとは高温高圧条件下で合成されるものを指していた。近年，減圧下で気相から合成されるCVDダイヤモンドの高速合成が報告され注目されている。高温高圧合成では最大1cm程度までのダイヤモンド結晶合成が報告されているが，それ以上の大きさに成長させるためには，巨大な超高圧発生装置が必要とされ設備投資が問題となる。それに対して，CVD法は，その反応容器の大型化が比較的容易であるため，今後大型ダイヤモンド合成方法として発展することが予想される。現時点で報告されている最大のCVDダイヤモンドはC.S. Yan氏らによるダイヤモンドアンビルである[14, 15]。また，APOLLO diamond社（米国）では，板状CVDダイヤモンドなどを試作している。

ダイヤモンド結晶のCVD合成において，結晶性・純度などの品質はもちろん重要であるが，低コスト化するためには，まず高速成長が要求される。極低速で成長させたCVDダイヤモンドは半導体としても理想的な特性を示すものが既に合成されている[16]。しかし，一般に高速(10μm/時)以上で成長させると，成長丘と呼ばれる異常成長が起こり，ダイヤモンドバルク結晶のCVD法による合成は近年まで困難とされてきた。これを克服するために主に二つの方法が検討されている。一つはダイヤモンド結晶の(100)面を(111)面に比べて優先的に成長させる成長条件や平坦性を維持する条件を設定することによって種結晶の(100)基板上にエピタキシャル成長させる方法である。もう一つは，窒素添加することによって，成長速度を増大させると同時に，(100)面を平坦に成長させる方法である。前者は，通常の成長速度での合成であるのに対して，後者は100μm/時以上の高速成長が可能であるため大型結晶の製造方法に適している。窒素を添加しているためにダイヤモンド中に窒素が取り込まれ，ブラウン色を呈しやすいことが欠点である。ただし，このブラウン色は，天然ダイヤモンドでも話題となっている高温高圧処理によって無色化することができる[17]。

本稿では，ダイヤモンド半導体デバイス用ウェハーの開発を目的として高速・長時間成長が可能となったCVD法による大型単結晶ダイヤモンドの合成に関して述べる。

第 5 章　最新のトピックス

3.3　マイクロ波 CVD 法によるダイヤモンド単結晶の合成[18〜20]

　図 1 に示すような一般的なマイクロ波 CVD 装置（2.45GHz，5 kW，セキテクノトロン製）を用いてダイヤモンド単結晶の高速合成を行った。高速に成長させるためには高密度なプラズマ生成が有効だと考えられ，基板上にプラズマを集中させるようMo製の基板ホルダーの形状が工夫されている。図 2 に基板ホルダー形状によるプラズマ発生領域の違いを示す。

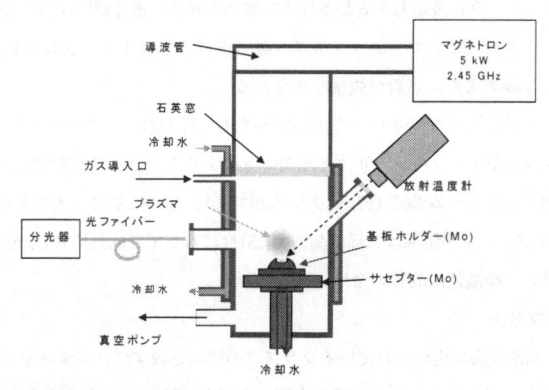

図 1　マイクロ波 CVD 装置

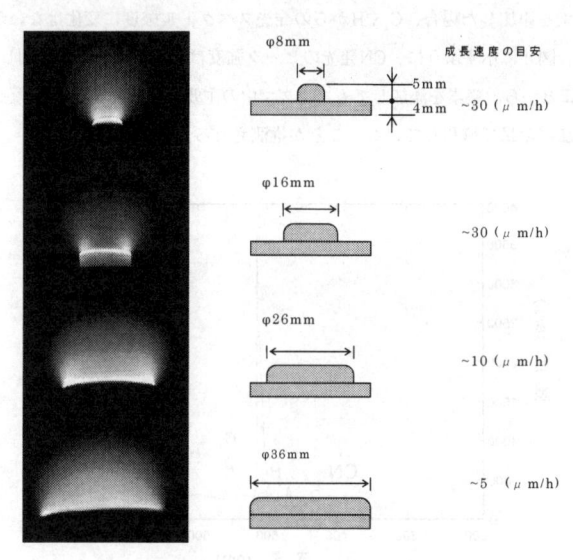

図 2　基板ホルダーによるプラズマ集中
160Torr，H_2：500sccm，マイクロ波電力：1.6kW

267

機能性無機膜の製造と応用

種結晶(基板)としては高温高圧合成ダイヤモンドIb型(100)面が用いられ,成長条件は原料ガスとしてメタンおよび水素流量をそれぞれ60,500sccm,圧力21kPa,基板温度1100～1200℃程度である。

実際には,合成条件の圧力では放電開始できないため,水素のみ供給して1kPa程度の圧力にて500W程度のマイクロ波電力で放電を開始する。圧力とマイクロ波電力が所定の範囲に入るように圧力,流量,マイクロ波電力を成長条件まで増加させる。ある時間保持することによってプラズマエッチングを行ったのち,メタンガスを導入することによって成長が始まる。プラズマエッチング時には酸素または窒素が微量添加される。

プラズマからの発光は光ファイバーを用いて分光器に導かれ,モニターされている。

合成される成長層がエピタキシャルダイヤモンドであることは,精密X線回折によるロッキングカーブ,高速イオンビーム測定(RBS/チャネリング),ラマン散乱分光などにより確認した。(400)面ロッキングカーブ半値幅は,種結晶の0.0151度に対して,成長厚さ1.5mmの試料で0.0358度と広がっており,結晶性に改善の余地を残している。

3.3.1 プラズマ分光

ダイヤモンド高速成長に用いられているプラズマの特徴を表すプラズマ分光スペクトルを図3に示す。比較的高い圧力とマイクロ波電力を用いた場合の特徴であるC_2からの発光が顕著である。また,窒素を添加した場合,C_2やHからの発光スペクトル強度に変化はないが,CNの発光が観測される。図4に示すように,CN発光のピーク強度は添加窒素流量に比例して増加している。これらのことから,窒素を添加してもプラズマ中の主要な反応種は変化せず,窒素を含む反応種の量は添加窒素量で飽和していないことが推測される。

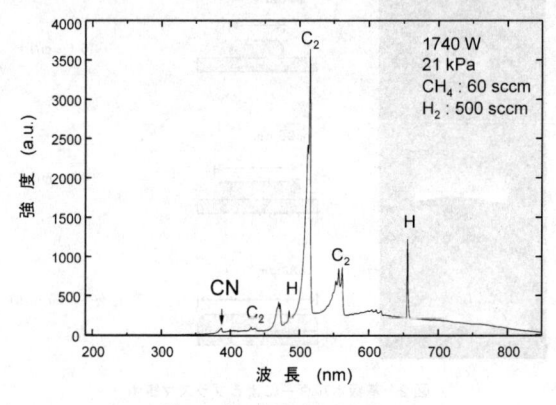

図3 プラズマ分光スペクトル

3.3.2 成長速度

窒素添加による成長速度の増加効果が既に多数の報告がなされている。窒素流量に対する成長速度依存性を図5に示す。図5中には成長に用いた2種類の基板ホルダーが示されている。どちらの基板ホルダーを用いた場合も窒素流量の増加とともに成長速度が増加している。それぞれの基板ホルダーについて成長温度が異なっているが、この範囲の温度差による成長速度の変化は少ないので、図5は窒素流量とともに、基板ホルダーの形状により成長速度が大きく変化することを示している。

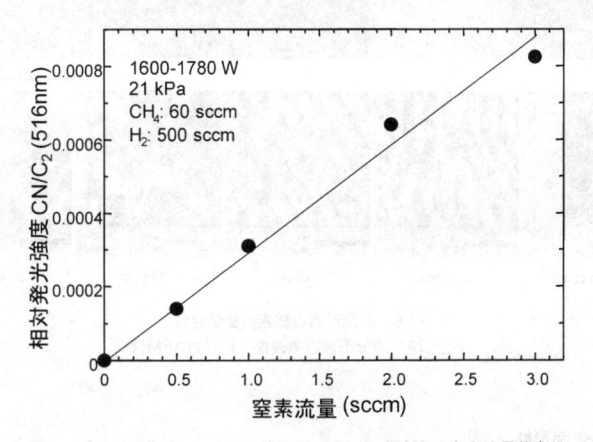

図4 プラズマ分光スペクトルにおけるCN発光強度の窒素流量依存性

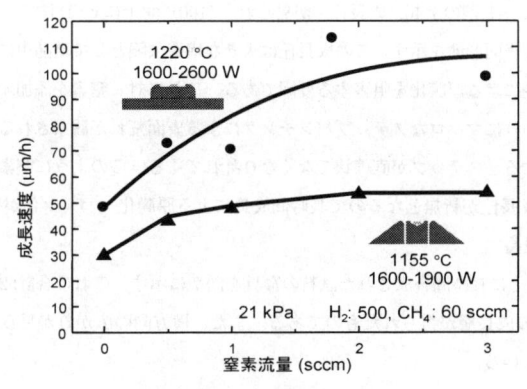

図5 成長速度の窒素流量依存性
挿入図は基板ホルダーの形状を示している。

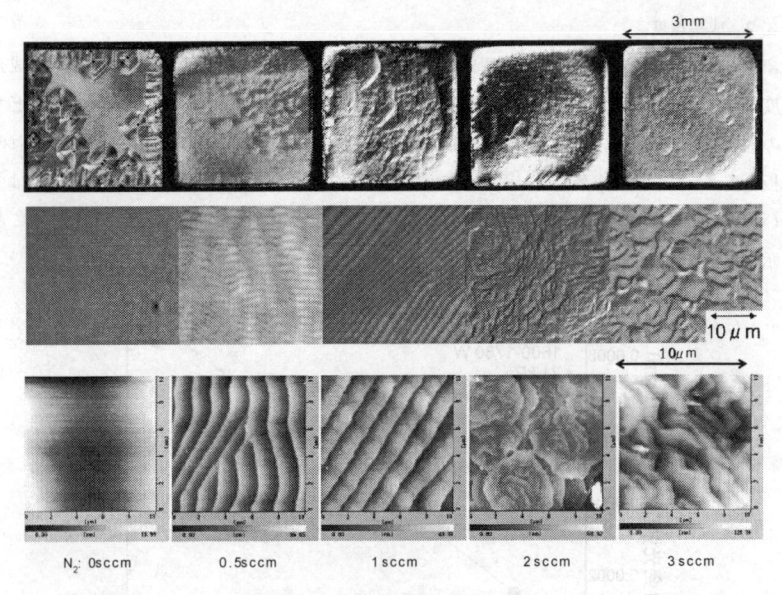

図6　表面形態の窒素流量依存性
(上中段) 微分干渉顕微鏡像，(下段)AFM像

3.3.3　成長表面形態

図6に各窒素流量における成長表面の微分干渉顕微鏡像およびAFM像を示す。窒素を添加しない場合，ピラミッド型の突起（成長丘）が見られ，(100)面上にCVD法で合成されたダイヤモンドの典型的な表面形態を示す。この成長丘は大きな構造欠陥として結晶中に残り，長時間エピタキシャル成長による厚膜化を阻害する要因である。これに対し窒素を添加すると成長丘は全く見られず，変わりにマクロなステップバンチングによる表面荒れが観察されるようになる。さらに窒素を添加するとステップが直線状でなくなり乱れてくる。このように窒素を添加すると表面は荒れるが，成長丘が皆無となるので長時間成長による厚膜化・バルク化が可能となる。

3.3.4　長時間成長

4×4mm基板上に長時間合成された試料の写真を図7に示す。これは合計52時間成長を行って，厚さ2.3mmの成長層が得られたものである。また，横方向の広がりが見られ，上面で最大7mm幅に達している。

3.4 まとめ

現状では、マイクロ波CVD法による単結晶ダイヤモンドの高速成長について次のようにまとめられる。

1) 窒素添加なしで、50 μm/時程度の成長速度が得られる。
2) 窒素を添加すると、2倍程度高速に成長し、最大で120 μm/時の成長速度が得られる。
3) 窒素を微量添加すると成長表面にステップバンチングが顕著に見られる。
4) 窒素添加すると異常成長に伴う成長丘の発生が抑制される。

特に、最後の効果によって長時間成長が可能となり、1カラット以上の単結晶ダイヤモンド合成に成功している。

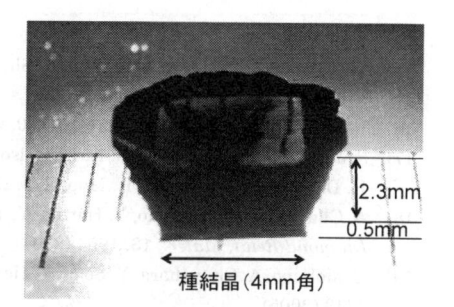

図7 長時間成長CVDダイヤモンド

文　献

1) S. Matsumoto, Y. Sato, M. Kamo, N. Setaka, *J. Mater. Sci.*, **17**, 3160 (1982)
2) M. Kamo, Y.Sato, S. Matsumoto, N. Setaka, *J. Cryst. Growth*, **62**, 642 (1983)
3) T. Tachibana, Y. Yokota, K. Nishimura, K. Miyata, K. Kobashi, Y. Shintani, *Diamond Relat. Mater.*, **5**, 197 (1996)
4) K. Ohtsuka, K. Sizuki, A. Sawabe, T. Inuzuka, *Jpn. J. Appl. Phys.*, **35**, L1072 (1996)
5) K. Tada, Y. Yokota, K. Kobashi, K. Yoshino, *Jpn. J. Appl. Phys.*, **36**, L1678 (1997)
6) H. Kawarada, C. Wild, N. Herres, P. Koidl, Y. Mizuochi, A. Hokazono, H. Nagasawa, *Appl. Phys. Lett.*, **72**, 1878 (1998)
7) A. Sawabe, H. Yasuda, T. Inuzuka, K. Suzuki, *Appl. Surf. Sci.*, **33/34**, 539 (1988)
8) W-S. Lee, Y-J. Baik, K-W Chae, *Thin Solid Films*, **435**, 89 (2003)
9) K. Kurihara, K. Sasaki, M. Kawarada, N. Koshino, *Appl. Phys. Lett.*, **52**, 437 (1988)
10) M. Murakawa, S. Takeuchi, Y. Hirose, *Surf. Coating. Technol.*, **39**, 235 (1989)
11) M. Hupert, A. Muck, J. Wang, J. Stotter, Z. Cvackova, S. Haymond, Y. Show, G.M. Swain, *Diamond Relat. Mater.*, **12**, 1940 (2003)
12) M. Panizza, G. Cerisola, *Electrochimica Acta*, **51**, 191 (2005)
13) T. Makino, H. Kato, S. G. Ri, Y. G. Chen, H. Okushi, *Diamond Relat. Mater.*, **14**, 1995 (2005)
14) C-S. Yan, H-K. Mao, W. Li, J. Qian, Y. Zhao, R. J. Hemley, *phys. stat. sol.*, (a) 201,

R25-R27(2004)
15) W. L. Maoa, H-K. Mao, C-S. Yan, J. Shu, J. Hu, R. J. Hemley, *Appl. Phys. Lett.*, **83**, 5190(2003)
16) H. Ohkushi, *Diamond Relat. Mater.*, **10**, 281 (2001)
17) S. J. Charles, J. E. Butler, B. N. Feygelson, M. E. Newton, D. L. Carroll, J. W. Steeds, H. Darwish, C. S. Yan, H. K. Mao, R. J. Hemley, *phys. stat. sol.*, **(a)201**, 2473 (2004)
18) A. Chayahara, Y. Mokuno, Y. Horino, Y. Takasu, H. Kato, H. Yoshikawa, N. Fujimori, *Diamond Relat. Mater.*, **13**, 1954 (2004)
19) Y. Mokuno, A. Chayahara, Y. Soda, Y. Horino, N. Fujimori, *Diamond Relat. Mater.*, **14**, 1743 (2005)
20) H. Yamada, A. Chayahara, Y. Mokuno, Y. Soda, Y. Horino, N. Fujimori, *Diamond Relat. Mater.*, **14**, 1776 (2005)

4 フレキシブルDLC薄膜

中東孝浩[*]

4.1 はじめに

DLC (Diamond Like Carbon) は，各種コーティング材料の中で，最も低い摩擦係数を有し，相手攻撃性も小さいことから，摺動部品等で実用化が進められている。しかしながら，これまで開発された対象製品は，DLC特有の大きな内部応力のため，基材が，金属・セラミックス等の高硬度を有する基材に限定されていた。さらに，昨今の環境問題の中で，ユーザーからは，樹脂・ゴム等の高分子基材の摩擦・摩耗改善をオイル・パウダーレスで実現してほしいとの要請が高まってきた。

本稿では，樹脂・ゴム等の変形が可能な高分子基材に基材変形時においても膜剥れを生じにくいフレキシブルDLC薄膜を形成し，その諸特性，応用分野について報告する。

4.2 DLCの特徴

DLCは，1970年代のはじめにAisenbergらによってイオンビーム蒸着法により合成されたのが最初である[1]。その後，Voraらにより，プラズマ分解蒸着法により形成が試みられた[2]。

炭素から構成される材料として，ダイヤモンド，グラファイト，DLCが上げられる。これらの構造を図1に示す。炭素は，四配位の結合を持っており，ダイヤモンドは，ダイヤモンド構造(sp3)から構成され，グラファイトは，グラファイト構造(sp2)から構成される。DLCは，これらのsp3, sp2両方から構成され，また，部分的には，水素との結合を含み，アモルファス構造になっている。これらの違いをまず成膜環境から考えると，ダイヤモンドとグラファイトは，高温下で形成されるが，DLCは，300℃以下で形成される場合が多い。膜の性質は，ダイヤモンドとグラファイトの中間的な性質を持っている。

DLCの特徴は，①耐摩耗性(ビッカス硬度が，1500～2500)，②低摩擦係数(無潤滑でμが，0.05～0.2)，③低相手攻撃性(相手基材の損傷を押える)，④離型性(軟質金属の凝着・焼付きが低減)，⑤

	ダイヤモンド	DLC膜	グラファイト
構造	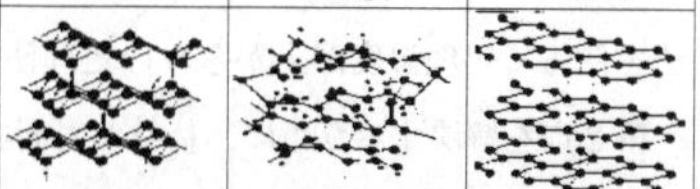 ダイヤモンド構造 (SP3) 元素:C	アモルファス構造 (SP3含) 元素:C, H	グラファイト構造 (SP2) 元素:C
製法 原料	p-CVD C_nH_mとH_2	p-CVD, IP C_nH_m, C蒸気	熱CVD C_nH_m
温度	～700℃	RT～300℃	>1500℃

図1 DLCの構造・製法比較

---

[*] Takahiro Nakahigashi 日本アイティエフ㈱ 技術部 部長補佐

超平滑膜（基材の平滑性を損なわない），⑥使用温度として，定常状態で250℃程度まで使用可能，等が挙げられる。

これらの特徴から，DLCの応用例は，
① 離型性向上を目的に，ICリード曲げ金型，製缶金型等の金型部品
② 滑り性・耐摩耗性向上を目的に，ビデオテープのガイドシャフト，回転軸部品，混合温水栓[3]等の機械部品
③ 滑り性・耐摩耗性・発塵防止向上を目的に，搬送レール，シリコンウェハ搬送用アーム，ガイド等の搬送機器部品
に用いられている。

我々は，DLCの持つ特徴と応用分野から，樹脂・ゴム等の高分子基材の摩擦・摩耗改善ができないかと考えた。

4.3 高分子材料へのフレキシブルDLCの適応

ゴム・樹脂といった高分子材料の表面潤滑性を改善するには，従来，油脂を塗布・添加していた。当然，油脂がきれると，次第に摩擦係数が大きくなるなどの弊害が出てくる。例えば，自動車の前面ワイパーが半年ほどで鳴り出す。ゴム部品・製品が，相手材と固着したりする。我々は，こうした弊害を起こす元になる油脂などの添加剤をなくせないかと考えた。

DLCの持つ特徴を生かしながら，ゴム・樹脂といった高分子材料へのコーティングを進めた。問題になるのは，ゴムや樹脂といった高分子基材の耐熱性が低いことと，基材表面が油脂，樹脂や酸化防止剤等で汚染されていること，基材が変形することの3点が考えられた。

第1点を解決するために，低温（100℃以下）でコーティングができるプラズマ化学気相蒸着法を使って処理温度が上がらない処理法を開発した。

第2点を解決するために，基材の表面を洗浄する必要がある。ところが，ゴム基材には，カーボンブラックを混練するための油脂が含まれており，溶剤で長時間洗浄すると，これらの油脂が溶けだしてしまう。一方，洗浄時間が短いと表面が十分に洗浄できない。このため基材をプラズマで洗浄することとした。

第3点を解決するためには膜を柔らかくし，基材の変形に追随できるようにする必要がある。このために，DLCでありながら結合の仕方を変え，伸縮を許す構造とした。通常のDLC膜（ビッカス硬度：1500以上）に比べ，膜の硬度は低い。薄いことも手伝って膜の剛性は低く，基材が外圧で変形しても十分に追随する。

以上の特性を踏まえ，フレキシブルDLC（商標）と名付けた。

第5章　最新のトピックス

4.4　成膜装置および処理方法

本実験で用いたプラズマCVD装置の概念図を図2に示す。この装置は，ガス供給部，処理室，高周波電極部，真空排気部から構成されている。プラズマ発生用電源としては，変調プラズマの発生が可能な変調高周波電源を用いた。変調プロセスを用いることにより，パーティクルの低減が可能になる[4,5]。高周波電力の周波数は，13.56MHzを用いた。真空排気系は，ベース排気用のターボモレキュラーポンプ (TMP) とプロセス用のロータリーポンプ (RP) から構成されている。基板は，高周波電極上に設置されるが，この高周波電極は，基材の温度上昇を抑えるため水冷を行っている。

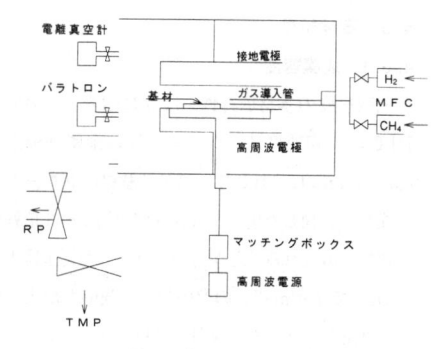

図2　プラズマCVD装置

プロセス工程は，ベース真空に引いた後，H_2プラズマクリーニングにより表面のコンタミネーションを除去後，CH_4プラズマによりフレキシブルDLC膜の成膜が行われる。

プラズマクリーニングは，表面の油脂や離型材を除く際に有効である。しかしながら，プラズマクリーニングが基材に及ぼすダメージも十分考慮した上で，使用ガスや条件を決定する必要がある。これは，プラズマクリーニングとして一般的に用いられるAr等を用いたスパッタクリーニングとF，O，Hなどの活性ガスを用いたケミカルエッチングを，基材の特性に合わせて使い分ける必要がある。一般的に，樹脂，ゴム等の高分子材料は，エネルギーの大きなイオンで叩かれた場合，表面が変質しやすい。そのため，これらの材料が持っている特性劣化を招く場合がある。そのため，我々は，基材のダメージレスを目的に，ケミカルエッチングの効果が大きいH_2プラズマクリーニングを採用した。

4.5　評価項目および方法

膜厚の測定は，基材表面にマスキングを行い，表面段差計 (Sloan製 Dekata3000st) で測定した。摩擦係数の測定は，往復摺動型摩擦摩耗試験機 (新東科学製 HEIDON-14D) を，摩耗量の測定は，ピンオンディスク型摩擦摩耗試験器 (東京試験機製作所製 型式FPD-2DB-600HVG (S)) を用いた。絶縁特性は，耐圧試験法 (JIS K 6911) を，撥水性評価には，純水を用いた接触角測定装置 (協和界面化学製) により評価した。

4.6 実験結果

4.6.1 成膜速度

成膜速度の基材依存性を図3に示す。一般的なDLCの成膜速度は，シリコン等の金属基板上で0.5～1μm/Hに対して，高分子基材にフレキシブル成膜を成膜した場合，成膜速度が約2～3倍程度の速度が得られることが分かった。また，金属上へのDLCで1μm以上の厚膜化は，膜応力が大きいため剥離しやすいが，高分子基材にフレキシブル成膜を成膜した場合，内部応力が小さいため，5μm程度の厚膜化が可能であることが分かった。

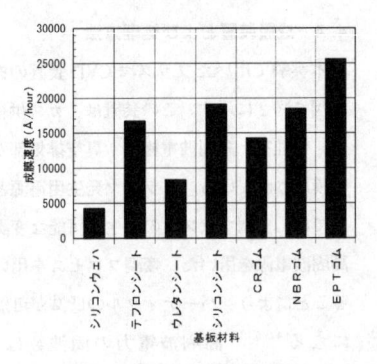

図3 成膜速度の基材依存性

4.6.2 摩擦係数

ゴム・樹脂等の柔らかい高分子基材表面の摩擦係数を測定することは難しい。ここでは，10gの低荷重で基材を大きく変形させないように測定した。一般的な摩擦係数と比較するため，高分子基材以外にガラス基材も測定した。その結果，今回用いた縦軸の約4程度が，一般に用いられる摩擦係数の1に相当することが分かった。未処理の高分子基材の摩擦係数は，基材により1から6の値を示した。これに対して，コーティング後の摩擦係数を測定したところ，すべての基材で摩擦係数が1を下回り，ほとんど同じ数値を示した。この数値は，前段の一般的な摩擦係数に換算すると，約0.25になり，低摩擦基材としてよく用いられるテフロンと同じレベルにあることが分かった。

4.6.3 摩耗特性

テフロンは，摩擦係数が約0.2と非常に低い材料であることから，摺動部品の摩擦係数を低減する目的で利用されている。また，同様の目的で，耐熱性のあるシリコン・フッ素ゴムには，焼付コーティングが行われている。しかし，テフロンは，グラファイトと同じバンド構造のため摩耗が激しい。

図5には，テフロン基材とフレキシブルDLC膜をコーティングしたテフロン基材の摩耗特性を示す。測定条件は，SUJ-2のボールを用いて，荷重50gf，摩耗速度0.1m/sで摩耗距離を1kmとした。その結果，未処理のテフロン基材では，摩耗体積が9mm^{3}であったのに対して，フレキシブルDLCをコーティングしたテフロン基材では，摩耗体積が1mm^{3}と約1/9の摩耗体積になった。

4.6.4 膜硬度

ゴム・樹脂等高分子上の薄膜の硬度測定は，かなり難しい。基材の弾性係数を十分加味した測

第5章　最新のトピックス

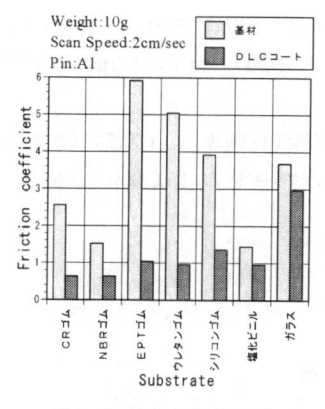

図4　摩擦係数の基材依存性

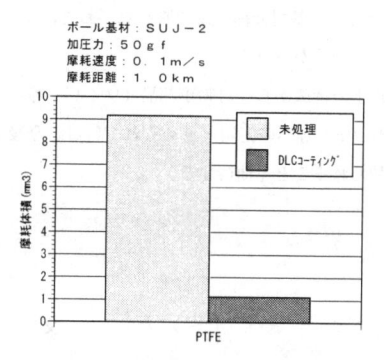

図5　テフロン基材とフレキシブルDLC膜の摩耗特性

定が必要になり，今回は，超微小硬度計を用いて測定を行った。その結果，通常のニープ硬度で示されるHk＝100程度であることが分かった。これは，かなり膜が硬いことを示している[6]。

4.6.5　電気抵抗

シリコンゴムシートを基材とし，フレキシブルDLC膜の表面抵抗を測定した。その結果，膜厚約1μmで，印加電圧500Vの場合，表面抵抗は，約$1\sim2\times10^{11}\Omega/cm^2$と良好な絶縁特性を示した。

4.6.6　撥水性

未処理のウレタンゴムシート基材とフレキシブルDLC膜をコーティングした基材の撥水性を測定した。その結果，未処理の基材では，接触角が約80°であったのに対して，フレキシブルDLC膜をコートした基材では，約90°とより撥水特性を示した。図6にFドープしたDLC表面の接触角に関する湿度依存性を示す[7]。DLCにFをドープすることで，接触角が100°以上にすることができ，DLC表面をプラズマ暴露することで，40°程度の接触角も得られることが分かっている。また，この接触角は，湿度に大きく依存することが分かった。

4.7　まとめ

フレキシブルDLC膜は，①摩擦が少ない（摩擦係数0.25以下），②摩耗が少ない（テ

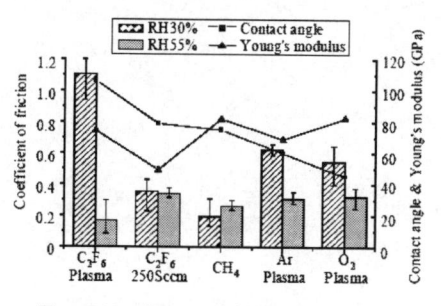

図6　FドープDLCの純水接触角の湿度依存性

277

フロンより小さい), ③撥水性が高い (水の接触角 90°), ④絶縁特性が良い (表面抵抗 10^{11} Ω/cm² 台), ⑤基材伸縮による膜剥れがおきにくい, ⑥成膜温度が, 80℃以下と低温等の特徴を持つことが分かった.

以上の特徴から, 自動車部品 (ワイパー等), 機械部品 (パッキン), OA部品 (クリーニングブレード) 等への応用が進められている. 今後, このフレキシブル DLC 膜が, いろいろな分野で使われることを期待する.

文　献

1) S. Aisenberg and R. Chabot: *J. Appl. Phys.*, **42**, 2953 (1971)
2) H. Vora and T. J. Moravia: *J. Appl. Phys.*, **52**, 6151 (1981)
3) 桑山健太: トライボロジスト, **42**[6], 436 (1997)
4) H. Kirimura, H. Maeda, H. Murakami, T. Nakahigashi, S. Ohtani, T. Tabata, T. Hayashi, M. Kobayashi, Y. Mitsuda, N. Nakamura, H. Kuwahara and A. Doi: *Jpn. J. Appl. Phys.*, **33**, 4389 (1994)
5) T. Nakahigashi, T. Hayashi, Y. Izumi, M. Kobayashi, H. Kuwahara and M. Nabayashi: *Jpn. J. Appl. Phys.*, **36**, 328 (1997)
6) T. Sasaki and T. Nakahigashi: International Tribology Conference Nagasaki Oct., 435 (2000)
7) T. Numata, T. Nakahigashi, K. Miyake, Y. Ando, S. Sasaki, Synopses of the International Tribology Conference Kobe, A-44 (2005)

5 メタルドープDLC薄膜

中東孝浩*

5.1 はじめに

DLC (Diamond Like Carbon) は、各種コーティング材料の中で、最も低い摩擦係数を有し、相手攻撃性も小さいことから、摺動部品等で実用化が進められている。しかしながら、これまで開発された対象製品は、DLC特有の大きな内部応力のため、厚膜化が難しいとされていた。そこで、1980年代にディミゲンが、DLCにメタルをドープし、膜応力を下げる提言を行った。その後、いろいろな研究者が研究開発を試み、今では、Cr、W、Siなどをドープすることが一般的になった。

本稿では、メタルドープDLCの動向とその諸特性、課題について報告する。

5.2 DLCの特徴

DLCは、1970代のはじめにAisenbergらによってイオンビーム蒸着法により合成されたのが最初である[1]。その後、Voraらにより、プラズマ分解蒸着法により形成が試みられた[2]。

炭素から構成される材料として、ダイヤモンド、グラファイト、DLCが上げられる。これらの構造を図1に示す。炭素は、四配位の結合を持っており、ダイヤモンドは、ダイヤモンド構造 (sp3) から構成され、グラファイトは、グラファイト構造 (sp2) から構成される。DLCは、これらのsp3、sp2両方から構成され、また、部分的には、水素との結合を含み、アモルファス構造で高硬度を示す膜と定義された。これらの違いをまず成膜環境から考えると、ダイヤモンドとグラファイトは、高温下で形成されるが、DLCは、300℃以下で形成される場合が多い。膜の性質は、ダイヤモンドとグラファイトの中間的な性質を持っている。

DLCの特徴は、耐摩耗性 (ビッカス硬度が、1500~2500)、低摩擦係数 (無潤滑でμが、0.05~0.2)、低相手攻撃性 (相手基材の損傷を押える)、離型性 (軟質金属の凝着・焼付きが低減)、超平滑膜 (基材の平滑性を損なわない) 等の特徴

	ダイヤモンド	DLC膜	グラファイト
構造	 ダイヤモンド構造 (SP3) 元素:C	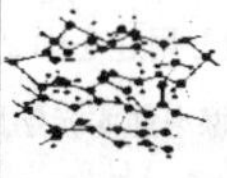 アモルファス構造 (SP3含) 元素:C,H	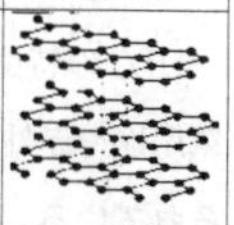 グラファイト構造 (SP2) 元素:C
製法 原料	p-CVD C_nH_mとH_2	p-CVD, IP C_nH_m, C蒸気	熱CVD C_nH_m
温度	~700℃	RT~300℃	>1500℃

図1 DLCの構造・製法比較

---

* Takahiro Nakahigashi 日本アイティエフ㈱ 技術部 部長補佐

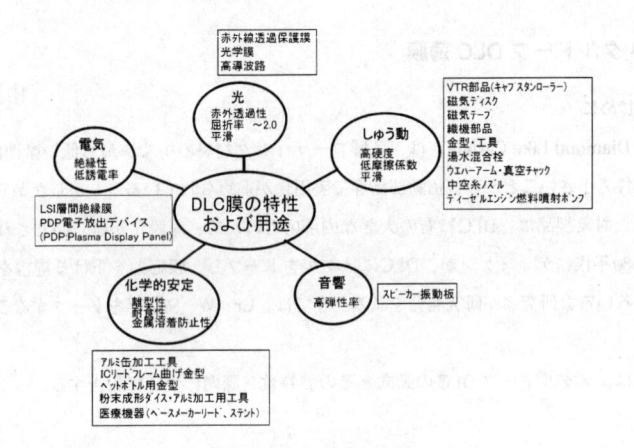

図2 DLCの特性と用途

を有し，使用温度として，定常状態で250℃程度まで使用が可能とされている。

これらの特徴から，DLCの応用例は，

①離型性向上を目的に，ICリード曲げ金型，製缶金型等の金型部品
②滑り性・耐摩耗性向上を目的に，ビデオテープのガイドシャフト，回転軸部品，混合温水栓[3]等の機械部品
③滑り性・耐摩耗性・発塵防止向上を目的に，搬送レール，シリコンウェハ搬送用アーム，ガイド等の搬送機器部品

に用いられている。

DLCの特徴と用途を図2に示す。以上の機械的用途以外に，絶縁性，低誘電率を活かした電気用途や赤外線を通す光学用途が注目されている。そのため，最近では，非常に広い分野に用いられている。とくに，自動車関連で使えるようになったのは，メタルドープによるDLCの低応力化・密着性の向上が進んだためと思われる。

5.3 DLCへの異元素ドープのアプローチ

1980年代にハインツ・ディミゲンが，メタルドープDLCを提唱している[3]。1982年に出願された特許の第一請求項は，炭素材料に少なくとも1種の金属元素を含み，炭素：金属の比率が，50.1：49.9～99.1：0.1の摺動膜。第2請求項は，この比率が，60：40～97：3，第3請求項は，この比率が80：20～95：5である。第4請求項は，この金属元素が，元素周期律表の第Ⅰb，Ⅱb，Ⅲ，Ⅳ，Ⅴa，Ⅵa，Ⅶaおよび，またはⅧ族の群の元素である請求項1～3項のうちいずれか

280

第5章 最新のトピックス

の1項基材の摺動層。第5請求項は，前期金属元素が，Si，Ta，W，Ruおよび，またはFeである請求項第3項の摺動層としている。この特許は，非常に請求範囲が広かったため，企業はこの特許がきれるまで，水面下にもぐっていたところが多い。すでにこの特許の有効期限は切れたため，更なる改善特許が多数出願されている。豊田中研が，Siドープの濃度を限定した特許[4]を出願している。

ベンジャミン　エフ．ドルフマンは，sp2グラファイト様層構造とsp3三次元ダイヤモンド様骨格からなる硬質炭素材料が，第1と第2の2つの合金元素により安定化されており，第1の合金元素が，O，H，Nとその組み合わせからなる群から選択される元素であり，第2の合金元素が，Si，B，Zr，Ti，V，Cr，Be，Hf，Al，Nb，Ta，Mo，W，Mn，Re，Fe，Co，Niとその組み合わせからなる群から選択される元素であることを特徴とする硬質炭素材料およびその製造方法として1998年に出願を行っている[5]。この特許の特徴は，sp2とsp3のナノ構造，成膜温度，炭化物，ケイ化物，酸化物のナノ結晶・クラスターを請求項に記載している点である。著者が執筆時に，この特許は審査請求中であった。

5.4　DLCの製法

現在世の中でよく用いられるDLCの製法を図3に示す。1970年台は，イオンビーム蒸着法が用いられたが，大面積化が難しいため，1990年代に入るとより高次の炭化水素ガスを用いるイ

製法	高周波プラズマCVD法	イオン化蒸着法	スパッタ法	アークイオンプレーティング法
成膜原理	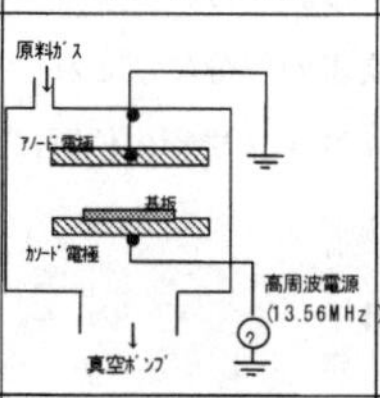	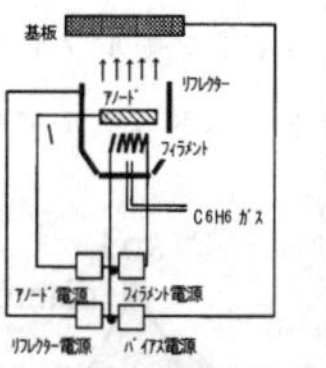	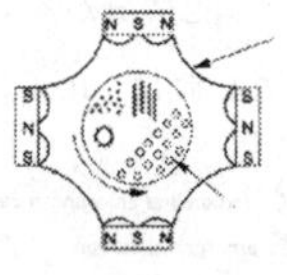	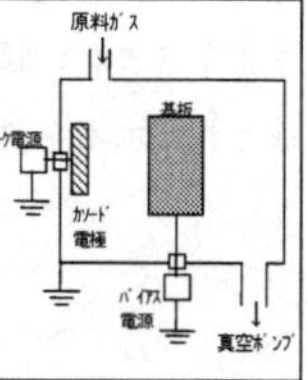
成膜原料	CH4（メタン）	C6H6（ベンゼン）	グラファイト、C2H2（アセチレン）	グラファイト
成膜温度	<200℃	<200℃	<200℃	<200℃
水素含有量	30～40 atm%	～15 atm%	0～30atm%	0～5 atm%
ヌープ硬度	Hk=1,500～2,000	Hk=2,000～2,500	Hk=800～2000	Hk=2,500～4,000
密着性	○（導体～絶縁体）	○（導体）	○（導体）	○（導体）
摩擦摩耗特性	◎0.05-0.2	○0.1-0.2	◎0.05-0.2	△0.1-0.5
平面平滑性	◎0.002～0.01μm	○0.01～0.1μm	○0.005～0.01μm	×0.05～0.1μm
量産性	◎	○	◎	×
絶縁物基材	◎	△	○	△

図3　代表的なDLCの形成方法

機能性無機膜の製造と応用

オン化蒸着法と大面積化が容易なプラズマCVD法が用いられた。イオン化蒸着法で異種元素のドープは，この装置にスパッタ蒸発源を取り付けることで可能になった。しかし，プラズマCVD法では，成膜真空度が悪いため，スパッタ蒸発源の併用が難しいため，有機金属を原料ソースとし，異種元素のドープが試みられた。現在では，かなりの金属原料として，有機錯体が手に入ることから，いろいろなメタルドープが試みられている。しかし，これらの方法では，蒸気圧が異なる場合は，ドープ量の調整が難しいため，2000年代にはいり，スパッタ法が良く用いられるようになった。この方法では，Cカソードとドープしたい金属カソードを同時に運転することで，メタルドープDLCが容易に形成できる。また，Cのスパッタイールドが小さいため，成膜速度が小さくなる問題に対しては，炭化水素ガスを導入することで，成膜速度を2～5倍程度向上することが可能である。現在では，メタルドープDLCの製法として，この方法が主流となっている。

5.5 DLCの状態図

従来は，「水素を含みラマン分析でGバンドとDバンドのピークが見られる硬質炭素膜をDLCとよぶ」とされていたが，最近では，水素を含まない炭素膜から有機に近い炭素膜までがDLCと呼ばれている。そのため，ケンブリッジ大学のフェラーリらが，アモルファス炭素の状態図を提案している[6]。これを図4に示す。この図では，アモルファス炭素がとるsp2, sp3, 水素を頂点にしたトライアングルで整理をしている。例えば，プラズマCVD法で作成されたDLCは，この図のほぼ中央に位置する。この膜は，a-C:H:水素化アモルファス炭素と呼ばれている。sp2, sp3がほぼ半々程度で水素量が20～40atom%程度含まれている。一方，スパッタで作成された水素を含まない膜は，sp2成分が多く，a-C：アモルファス炭素の部分に示され，アーク法で形成された水素を含まない膜は，ta-C：テトラヘドラルアモルファス炭素の位置になる。重合条

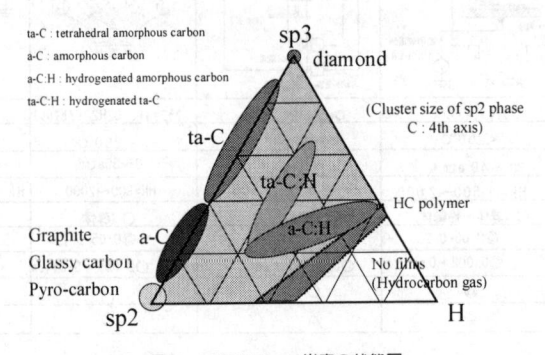

図4 アモルファス炭素の状態図

第5章 最新のトピックス

件で形成された水素化アモルファス炭素は，一般的にはポリマーと呼ばれ，非常にやわらかい膜になる。この場合，水素量が40atom%を超える場合が多い。これらの分類は，ラマン分光，FT-IR，ESR等の分析を駆使して整理されている。

メタルドープDLCを議論する場合は，この垂直面に金属濃度を示すもう1軸を追加して議論される。一般的には，Cr，W，Si等がドープされており，より複雑な解析が必要になる。

5.6 メタルドープの摩擦・摩耗特性

各社が提供するDLCの構造図を図5に示す。水素を20〜30atom%程度含むDLCは，膜のヌープ硬度が1000〜1500程度である。この膜は，平滑性にも優れ，摩擦係数も低く非常に耐摩耗性も高い。しかし，大きな外力がかかると膜の靭性が低いため，膜が破壊し相手攻撃性がまし，摺動特性が悪くなる。そこで，膜の靭性を改善する方法として，最初に検討されたのが，C社のWCとDLCを積層する方法である。この膜は，膜応力が小さく厚膜にすることが可能で，1990年代の後半からマーケットに受け入れられ幅広く使われた。しかし，耐摩耗性の観点で，ユーザーは十分な満足をしていなかった。この時代に，なかなかメタルドープのDLCが世の中に出てこなかったもうひとつの要因は，ディミゲンの特許があり，実施料の支払いを拒んだメーカーが多かった点も上げられる。しかし，2000年代に入り，この特許の有効年数が切れたところから，爆発的にメタルドープDLCが使われ出した。しかし，DLC中に金属をドープすることで，耐摩耗性は若干犠牲にする必要のあることがわかった。メタルドープDLCの論文は，多数出ているが，評価方法がまちまちで，どの金属がもっともドープ金属として優れているかは非常に判断しづらい。最近では，この問題に対して，最表面は水素化アモルファス炭素を施すメーカーが非常に多い。また，最表面に有機膜状の水素化アモルファス炭素を施すことで，なじみ層とするメーカー

メーカー		ITF	A社	B社	C社	D社	ITF
製法		プラズマCVD法			スパッタPVD法		アーク法
膜構造	断面構造	DLC / Si	Si-DLC / SiC	DLC	WC/C / WC / Cr	Me / DLC / Cr	DLC
合計膜厚 [μm]		〜1	(1)〜10	〜1	〜5	〜3	〜1.0
硬度 (Hk)		中 (1500)	中 (1600)	中 (2100)	低 (800)	低 (1000)	高 (3500)
平滑性 (Ra [μm])		○ (0.01)	○ (<0.01)	○ (<0.01)	△ (0.015)	○ (<0.01)	△ (0.05)
密着力		○	○	△	◎	◎	○
乾式摩擦係数		◎	◎	○	○	○	○
耐摩耗性		○	○	○	△	△	○
相手攻撃性 (小=○)		○	○	○	○	○	△

図5 各社DLCの比較

表1 各種資料の摩擦係数

	摩擦係数	
	大気中	エンジンオイル中
Ti添加DLC	0.1	0.05
金属無添加DLC	0.1	0.10
TiN	0.4	0.12
SCM鋼	0.4	0.12

まで出てきた。

一方，油中のメタルドープDLCの摩擦特性は，従来の水素化DLCと異なる事象の報告が出てきている。これは，従来の水素化DLCでは，オイル中の局圧添加剤が定着しにくかったのに対して，メタルドープDLCでは，局圧添加剤が定着しやすいため，油中の摩擦係数が低減できるとの報告がでてきている。宮原らは，TiドープDLCでこの事象を報告している[7]。カム・フォロア摩擦試験及びピンオンディスク試験における各試料の摩擦係数を表1に示す。大気中では未コートのSCM鋼材，TiNに比較して，UBMS法で形成した金属未ドープDLC膜，27atom% TiドープDLC膜とも摩擦係数が低かった。エンジン油中においてもTiドープDLC膜は摩擦係数が低く，未コートのSCM鋼材と比較して半分以下であった。今後，このメカニズムは解明されていくものと思われる。

5.7 まとめ

メタルドープDLCは，厚膜化や高密着性の特徴を有するため，従来の水素化DLCがカバーできなかった用途に急拡大した。しかし，メタルドープのやり方，元素の種類，量で，膜質が大きく変化し，用途に合わせた装置・成膜条件の選択が重要である。また，局圧添加剤を用いるオイル中では，水素化DLCと異なる摺動の挙動が報告されている。しかし，今後の環境規制から，重金属を含む局圧添加剤を減らす動きが強まり，今後はベースオイルで低摩擦を発現するDLCの開発が望まれている。

文　献

1) S. Aisenberg and R. Chabot : *J. Appl. Phys.*, **42**, 2953 (1971)
2) H. Vora and T. J. Moravia : *J. Appl. Phys.*, **52**, 6151 (1981)
3) 特許公告平3-20463
4) 特許3295968

5) 特開2000-178070
6) A. C. Ferrari and J. Robertson, "Interpretation of Raman spectra of disordered and amorphous carbon" : PHYSICAL REVIEW, B 61, 20, 14095 (2000)
7) 宮永美紀, 織田一彦, 大原久典, 池ヶ谷明彦, SEIテクニカルレビュー第163, 60 (2003)

6 プラズマイオン注入成膜装置を用いた薄膜の作製と評価

西村芳実[*]

6.1 プラズマイオン注入法で作製できる各種の薄膜

6.1.1 RF・高電圧パルス重畳法を用いたDLC膜の作製

本法の特筆できる点を以下に示す。

1．回転（自転，公転）が不要である。
2．膜の残留応力を非常に低く作製可能である。
3．低温プロセス（室温から200度以下）である。
4．大型部品・大面積平板が可能である。
5．超厚膜が可能である。

プラズマに炭化水素系ガス種を組み合わせて用いることで高密着かつ厚膜DLCを容易に作製できる。その標準レシピは，アルゴン等の混合ガスプラズマによるスパッタクリーニングの後，メタンプラズマを用いて基材に炭素（C）イオン注入を行い，続いてアセチレンプラズマを用いてイオン注入と成膜を行うことでC元素の傾斜ミキシング層を形成し，さらにトルエンプラズマによる高速成膜を行う。以下に本法で作製しDLCの結果と考察を簡潔に述べる。

(1) 立体物の成膜

処理基材自身をプラズマ生成用アンテナとしたことで，円柱，三角柱，六角柱の外周にはほぼ均一な成膜ができる。トレンチ構造物においても50%以上の均一性で作製が可能である[1~3]。非常に短いパルスRFで，基材表面に沿って過渡的にプラズマを生成すること，およびイオン注入時に発生する二次電子が新たな放電やラジカル種を励起していることが複雑形状基材への均一成膜に寄与している。

(2) 密着性

プラズマイオン注入法では，パルスプラズマCVDによってDLC膜を堆積させながら同時にCイオンを連続して注入することができる。このイオン注入効果によって膜の応力緩和，膜と基材の界面へのミキシング層の形成[4,5]，化学結合の誘起[6,7]が可能となり，優れた密着性が確保できた。また，DLC膜と基材材料との相性があるので，前述の標準レシピにおいて，有機金属ガス種で下地を形成した後，炭化水素系ガスを混合してイオン注入を行う。

アルミニウムとステンレス基材に作製したDLC膜の密着性を評価するために，密着強度を引っ張り試験機で評価したところ，アルミ合金にあってはDLC膜作製時に，メタンとアセチレンを用いて−20kVでイオン注入した後にトルエンで成膜した基材は，エポキシ樹脂の強度を上回る

---

[*] Yoshimi Nishimura ㈱栗田製作所 技術開発室 特別技術顧問

第5章 最新のトピックス

結果を得た。ステンレス基材の場合は，基材とDLCの界面に有機シリコン材料を用いて，シリコンをミキシングすることで接着剤の強度と同等かそれ以上の結果を得た。その他の材料(銅合金，真鍮，マグネシウム合金)には，チタンを含む有機金属材料を用いることで良好な密着性を実現した。

(3) 厚膜

高分子炭化水素材料(メタン，アセチレン，トルエン，ヘキサン)を使うことで，比較的に高速で作製することができる。プラズマにトルエンを用いて，圧力1～2 Paで膜の作製を行った場合，成膜速度は0.5～3 μm/hが可能である。基材の形状により，成膜速度を選定し，複雑形状を持つものは0.1～0.6 μm/h，単純形状や平板であれば1～3 μm/hである。作製可能な膜厚は，悠に100 μmを超えることができる。図1は，シリコン基板上に作製した膜厚100 μmの断面写真である。

(4) 膜の内部残留応力

DLC膜の残留応力を緩和する手法として，イオンにエネルギーを与えて成膜すると，残留応力が緩和されることが報告してきた[8～12]。図2は，注入電圧を変化させて作製した膜の内部応力を，片持ち梁法のガラス基板の反り量から計測した結果である。図中の●はアセチレンを用いた膜，および○はトルエンの場合である。図から，トルエンの-7 kV以上の領域を除いて注入エネルギーの増加とともに応力は減少する。また，アセチレンの場合の最低値は0.2Gpa，トルエンの場合は0.1Gpaを下回る値を示した[12]。これらの値は，従来からの膜作製手法に比して，数分の一以下であり，膜の高密着化と厚膜形成に貢献する。トルエンにおける-7 kV以上において応力が増加していく現象は，プラズマが異常グロー放電に移行して，効果的なイオン注入ができなくなるためと考えている。

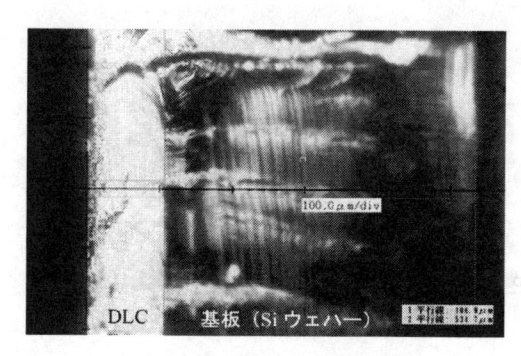

図1 DLC厚膜(100μm)断面観察写真

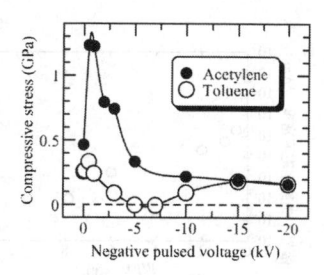

図2 高電圧パルス電圧に対する残留応力の関係

機能性無機膜の製造と応用

(5) 摩擦摩耗特性と膜の硬度

本法で作製した膜を，大気中でボールオンディスク試験装置を用いて摩擦係数を測定したところ，摩擦係数の値は0.05～0.2である。成膜条件によって変動するが，他の方法で作製したものと比して，同等かそれ以下であった。すでに述べたように，本法では厚膜が容易に作製できるので，数μm以上にすればアルミ合金や亜鉛合金などの軟弱な材質の基材硬度に関わらず良好な値を示す。ただし，高速成膜を行うと，表面が島状成長となりやすく，表面粗さが悪化する。この場合，表面研磨を行う必要がある。また，膜の硬度は，1100～1300Hvであり，DLC膜としては硬い部類ではない。

(6) 耐食性評価とピンホール

トルエンを用いて膜厚の異なるDLC厚膜を作製し，膜厚に依存した耐食性をアノード分極法によって計測した。図3は未成膜試料および膜厚を変化させた場合のピンホール欠陥面積率の関係である。膜厚が6μmを超えると欠陥面積率は10^{-3}%以下となり，実用上において優れた耐食性を示すようになる。

(7) 大型製品やバッチ処理の事例

真空槽サイズを大型化することで容易に大面積物への処理が可能であり，また複数の部品を同時に大量に処理することも容易である。図4は，大型真空容器（1m角）で，大型アルミニウム板（1000×800mm）へのDLC膜の作製事例である。図5は，様々な部品の成膜事例の写真である。図中にあるように，真空容器内には回転機構は無く，処理基材を治具に吊り下げるだけであり，従来法ではできなかった大型の複雑部品や大面積平板に成膜が可能となった。半導体製造プロセスにおけるウェハ治具や，薬液輸送ポンプなどの新しい市場への適用が期待できる。

6.1.2 バイポーラ方式を用いた導電性カーボン膜の作製

水素を含むDLC膜は，電気的には高絶縁性膜として知られている。一方，同じ炭素材料のグ

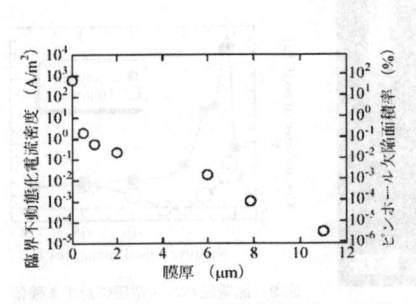

図3 膜厚とピンホール欠陥面積率（右）の関係

図4 コーティングサンプル事例1

第5章 最新のトピックス

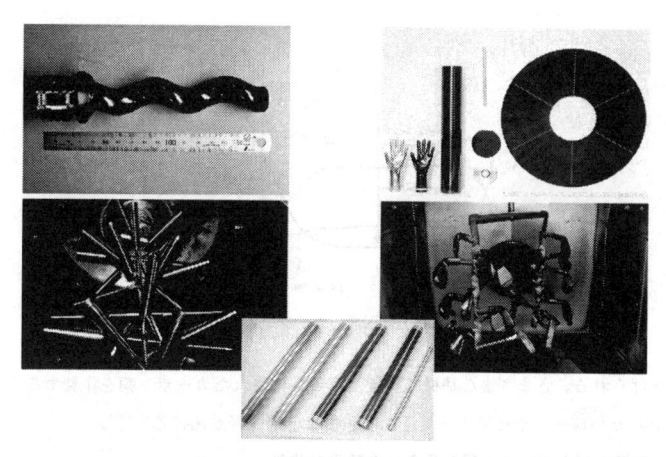

図5 コーティングサンプル事例2

ラファイトは,導電性,耐食性に優れてはいるものの,機械的強度,基材への密着性などが劣るためコーティング材料としては適していない。そのため,DLC膜の機械的,化学的特性にさらに導電性の機能を付与することができれば,新しい用途が開ける。バイポーラ方式は,負パルスによるイオン注入とともにそのパルスグロープラズマCVDで膜を堆積した後,正パルスによる電子照射を成膜中に行うことができる。図6は,導電性膜の電気抵抗率,および硬度の負パルス電圧依存性のデータである。成膜時のイオンエネルギーの増加と共に電気抵抗率が減少し,20kV時において1mΩcmの値を示した。またその硬度は,グラファイト成分の増加と共に減少するが,ステンレス基板の約3倍の値である。

成膜時の負パルスの増加,すなわちイオンエネルギーの増加による炭素/水素結合の解離,正パルスによる電子照射下での水素の拡散および,表面からの離脱などによって,膜中のグラファイト成分が増加することを見出し,これにより電気導電性を増加させることに成功した。

また,この成膜技術の特長は,ミキシング層の形成によってステンレス基板への密着性が優れていること,三次元の複雑形状物へのコーティングが可能なこと,装置が単純で生産コストの点でも優れていること

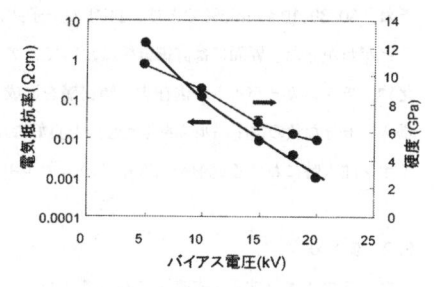

図6 導電性膜の電気抵抗率,および硬度の負パルス電圧依存性

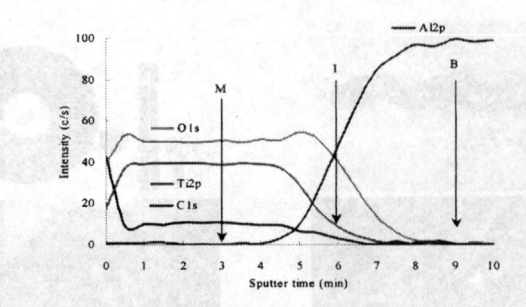

図7 アルミ基材上に形成したチタン系薄膜の深さ分布

などがあげられる。さまざまな基材に安価に密着性に優れたカーボン膜を作製することにより，燃料電池のセパレータやセンサーなどさまざまな応用分野が拓ける[13~16]。

6.1.3 有機金属を用いた金属セラミック薄膜の作製

イオン注入用の高電圧パルスは，イオン注入に貢献するだけではなく，化学反応の助長，高密度プラズマの生成，高分子ガス種の乖離，高速成膜に必要なラジカル種・活性粒子の生成など，非常に重要な役割を果たしている[17]。パルスにより誘引加速されたイオンは表面に衝突し，基材表面から二次電子を放出させる。その二次電子はシース電場で加速され高いエネルギーを持つので，RFエネルギーでは十分に乖離できなかった高分子粒子（鎖式化合物・環式化合物・有機金属など）を乖離してプラズマ化させることができる。したがって，炭化水素系ガスを用いたDLC膜の他に，各種の有機金属材料を用いてシリコン化合物，チタン化合物，アルミ化合物，ボロン化合物などの機能セラミック膜の作製が可能である。

プラズマイオン注入・成膜法で，プラズマにテトライソプロポキシチタン（TIPT）を用いて，アルミ基材上に成膜を行った。図7は，アルミ基材上に形成したチタン系薄膜の深さ方向の元素分布を示し，アルミ基材の表面に，酸素，チタン，炭素が共存する薄膜が形成されている。それぞれ，50，39，10 atomic%であり，TIPTの分子式は$C_{12}H_{21}O_4Ti$なので，炭素，酸素が多く抜けたことがわかった。界面には詳細分析において，アルミ金属，酸化アルミ，チタン金属，チタン酸化物，チタンカーバイドが混在する傾斜層を形成していることがわかっている[18]。本成膜をする場合，十分な負の電圧パルスを与えないと良好な皮膜ができないことが経験的に理解されており，イオン注入時における発熱や二次電子のエネルギーがTIPTの分解に寄与していると考えている。

6.2 まとめ

プラズマイオン注入・成膜法において，パルスアグロープラズマCVDとプラズマイオン注入を用いて，立体形状の大型部品に十分な密着強度をもつ厚膜DLC膜を作製することができた。そ

第5章 最新のトピックス

の主要因は,成膜中にイオン注入を併用することにより,膜の内部応力をほとんど0まで緩和できたことである。その密着強度は,イオン注入により傾斜ミキシング層を形成することにより飛躍的に向上し,さらに,基材材質により適切な有機金属ガス種(シリコンあるいはチタン)を用いることにより,アルミニウム合金,ステンレス合金,銅合金にエポキシ接着剤強度以上の密着強度が得られた。円筒や三角柱のような単純形状の外面にはほぼ均一な成膜ができた。また,高エネルギーの負パルスによるイオン注入とともに,正パルスによるプラズマ中の電子照射を成膜プロセスに利用することで,1mΩcmの良好な電気導電性をもったアモルファスカーボン膜を作製することができた。この膜は,SiO_2ガラス基板,ポリイミドフィルム,ステンレス,アルミニウム,シリコンウェハ,セラミック材に密着性良く作製可能であり,その膜硬度はステンレス基板の約3倍の値であった。したがって,燃料電池のセパレータへの応用,各種センサーへの応用などの実用化に道を開いた。また,プラズマに有機金属材料を用いてシリコン化合物,チタン化合物などのセラミック膜の作製が可能になった。

以上のように,プラズマイオン注入・成膜法は,機能性セラミック薄膜作製においてさらなる可能性を秘めており,新しい要望に答えることができる。

〈謝辞〉

ここに報告したプラズマイオン注入・成膜技術の研究成果は産官学連携の賜物であり,経済産業省の新産業創造技術開発費補助事業,科学技術振興財団,文部科学省の都市エリア産学官連携促進事業,京都産業技術振興財団から援助を受けた。RF・高電圧パルス重畳方式の技術開発にあっては,産業技術総合研究所・関西センターの堀野裕治博士,茶谷原昭義博士,兵庫県立大学の八束充保教授のご指導をいただいた。また,記載したデータの一部は兵庫県立大学の尾ノ井正裕博士,岡好浩後期博士課程生および八束研究室の学生諸氏の業績を引用させていただいた。また,バイポーラ方式プラズマイオン注入・成膜装置の開発にあっては,産業技術総合研究所・中部センターの宮川草児博士,宮川佳子博士そして池山雅美博士のご指導をうけて開発した。そして,導電性カーボン膜の資料の提供をいただいた。ここに皆様方に感謝の意を表します。

文　献

1) Y. Nishimura, R. Ohkawa, Y. Oka, H. Akamatsu, K. Azuma, M. Yatsuzuka, *Nucl. Inatr. Methods Phys. Res. B*, **206**, 696 (2003)

2) Y. Nishimura, R. Ohkawa, Y. Oka, K. Azuma, E. Fujiwara, and M. Yatsuzuka, *Trans. Materials Res. Soc. Jpn.*, **28**, 449 (2003)

3) M. Yatsuzuka, Y. Oka and Y. Nishimura, *Uniform Thick DLC Coating Film on Three-Dimensional Targets by PBII & D Process Using Superimposed RF and High-voltage Pulses*, Proc. 5th Int. Symp. Pulsed Power and Plasma Applications (ISPP-2004), eds. Geun-Hie Rim and Yun-Sik JIN (Chang-Won, Korea, 2004) p. 97.
4) K. C. Walter, M. Nastasi, and C. Munson, *Surf. Coat. Technol.*, **93**, 287 (1997)
5) M. Kirinuki, A. Tomita, M. Kusuda, Y. Oka, A. Murakami and M.Yatsuzuka, Proc. Inter' l Conf. on New Frontiers of Process Sci. and Eng. in Advanced Materials, Kyoto (2004)
6) L. Liu, A. Yamamoto, Y. Oka, M. Yatsuzuka and H. Tsubakino, Proc. 15th European Conf. on Diamond, Diamond-like Materials, Carbon Nanotubes, Nitrides & Silicon Carbide, Trentino, Italy (2004)
7) L. Liu, A. Yamamoto, Y. Oka, M. Yatsuzuka and H. Tsubakino, Proc. 14th Inter' l Conf. on Ion Beam Modification of Materials, Pacific Grove, USA (2004)
8) Y. Nishimura, R. Ohkawa, Y. Oka, H. Akamatsu, K. Azuma, and M. Yatsuzuka, *Nucl. Inst. Methods in Phys. Res. B*, **206**, 696 (2003)
9) W. Zou, K. Schmidt, K. Reichelt, and B. Stritzker, *J. Vac. Sci. Technol. A*, **6**, 3104 (1988)
10) M. M. Bilek, R. N. Tarrant, D. R. McKenzie, S. H. N. Lim, and D. G. McClloch, *IEEE Trans. Plasma Sci.*, **31**, 939 (2003)
11) Y. Oka, M. Tao, Y. Nishimura, K. Azuma, E. Fujiwara, and M. Yatsuzuka, *Nucl. Instr. Methods in Phys. Res. B*, **206**, 700 (2003)
12) Y. Oka, M. Kirinuki, Y. Nishimura, K. Azuma, E. Fujiwara, and M. Yatsuzuka, *Surf. Coat, Technol.*, **186**, 141 (2004)
13) 宮川草児, 宮川佳子,「炭素薄膜及びその製造方法」, 特開2003-5283 (2003)
14) 特開2003-5299「非晶質窒化炭素膜及びその製造方法」(宮川草児, 宮川佳子)
15) S. Miyagawa, Y. Miyagawa, *Mat. Res. Soc. Symp. Proc.*, **647**, O11. 7. 1 (2001)
16) S. Miyagawa, S. Nakao, J. Choi, M. Ikeyama, Y. Miyagawa, *Nucl. Instrum. Meth.* in print.
17) M. Onoi, E. Fujiwara, Y. Nishimura, K. Azuma, and M. Yatsuzuka, *Surf. Coat. Technol.*, **186**, 200 (2004)
18) 日比野 豊, 除 國春, 委託研究報告書「アルミ金型の高硬度・高密着厚膜技術の開発」, イオン工学研究所, 平成15年2月 (栗田製作所 委託研究)

7 立方晶窒化ホウ素 (cBN) 膜合成における最近の展開

山本兼司*

7.1 窒化ホウ素膜の特性

窒化ホウ素 (BN) には結晶構造の異なる複数の多形があり、代表的なものとしては六方晶 (hBN) と立方晶 (cBN) 系がある。同様の結晶構造の関係を有する物質としてダイヤモンド-グラファイトがあげられ、hBN-cBNの関係はダイヤモンド-グラファイトの関係によく例えられることから、類似した性質を有している (表1)。

ダイヤモンドは天然に発見されることから、古くはギリシア時代よりその存在が知られていたが、立方晶系のBNは天然には産出されず、1957年に米国の科学者Wentorf R. H. Jr.により初めて合成されている。その後の研究においてcBNは①高硬度 (55GPa、ダイヤモンドは100GPa)、②高耐酸化性(酸化開始温度約1000℃)、③鉄族元素に対する反応性が低い、などのダイヤモンドを凌ぐとも言える切削工具用の材料としての優れた特性が明らかになっている。現在、cBNは焼結体の形で切削工具に使用されているが、機械加工の難しいcBNは焼結体の形では、工具のサイズや形状に制約がある。従ってcBNも薄膜の形で種々の形状を持つ工具上に合成できないかと考えるのは自然なことでありCVD、PVD法によるcBN薄膜合成の研究が1970年代後半より盛んに行われている。気相からのcBN合成は、先に述べたようにダイヤモンドとの多くの共通点からCVDによる検討が先行したが、初期の研究では合成に至った例はほとんど無い。その後は、cBN合成のためにはイオンの利用が必要であることが分かり、PVDによる合成が盛んに検討されるようになった。PVD法によるcBN薄膜合成は比較的容易であるが、皮膜の残留応力

表1 BN化合物および炭素の多形の特性

	hBN	cBN	Graphite	Diamond
Lattice type	Hexagonal	Zinc-blende	Hexagonal	Diamond
Space groupe	P63/mmc	F43m		F43ma
Lattice constant (Å)	a=2.50 c=6.66	a=3.6162	a=2.46 c=6.71	a=3.56
Density (g/cm³)	2.27	3.47	2.27	3.52
Hardness (GPa)	10	40 – 60	NA*	90 – 100
Young's modulus (GPa)	a-aixs19 c-axis 5	800 – 900	a-axis 0.001	1050
CTE** (10⁻⁶/K)	NA*	2 – 4	7.8	0.8
HC *** (W/mK)	1	700	6.4 – 10.8	2000
Oxidation Temp. (℃)	>1000	>1000	NA*	400 – 500
Band gap (eV)	5.2	6.1	Metallic	5.5
RI**** at 589.3 nm	1.7	2.1	Opaque	2.42

*NA: not avairable, **CTE: Coefficient of Thermal Expansion, ***HC: Heat Conductivity, ****RI: Refractive Index

* Kenji Yamamoto ㈱神戸製鋼所 材料研究所 主任研究員

が極めて高く，数百nm程度の薄膜しか得られないことや，基板との密着性が低いことにまだ課題を残している．本稿ではPVDおよびCVD法による最近のcBN薄膜合成の研究を紹介し，実用化における課題および展望について述べる．

7.2 PVD法によるcBN合成

PVD法によるcBNの合成はマグネトロンスパッタリング[1]をはじめとしてアークイオンプレーティング[2]，イオンビームスパッタリング[3]，レーザーアブレーション[4]，イオンビームアシスト蒸着[5]，HCD法[6]などさまざまな方法で試みられており，手法により一長一短はあるが，いずれも80%以上の高いcBN含有率を有するcBN膜が得られることが報告されている．しかしPVD法においてはcBN相を合成するためには，成長面に一定以上のエネルギーを有する高密度のイオン照射が必要であり[7]，このイオン照射に起因する高い残留応力のために，数百nm以上の実用レベルの厚膜を得ることは困難とされてきた．近年，種々のアプローチによりこの問題を解決し，PVD法によっても数μmレベルのcBN厚膜を合成した研究例があり，また実際の切削工具に適用し，切削試験にまで至った例も見られる．

米Michigan大のLitvinovらのグループはBNターゲットを用い，成膜時の基板温度を1000℃近くの高温に保持し，かつcBNを核発生させた後に，膜成長時の印可バイアス電圧を低下させること（2段バイアス法）でcBN膜の結晶性を高め，残留応力の低減に成功している．彼らはこの方法により，2μm近くのcBN膜合成に成功したと報告されている[8]．図1はLitvinovらにより合成されたcBN膜の赤外分光で測定したcBNピークのピーク位置と成膜時の印可バイアスの関係である．赤外吸収のピーク位置は残留応力が低くなると，低波数側にシフトすることが知られており図1より成膜時のバイアス低減が残留応力の低減に有効であることが分かる．また，図2はcBNピーク形状の基板温度による変化を示しており，基板温度が高いほど半値幅が小さく，結晶性に優れたcBN膜が合成されていることを示している．

通常，cBNの合成に必要な中エネルギー（50～1000eV）のイオン照射は残留応力の増加につながるが，独Ulm大のBoyenらのグループでは，数百keV程度の高エネルギーイオン注入は残留応力の原因と

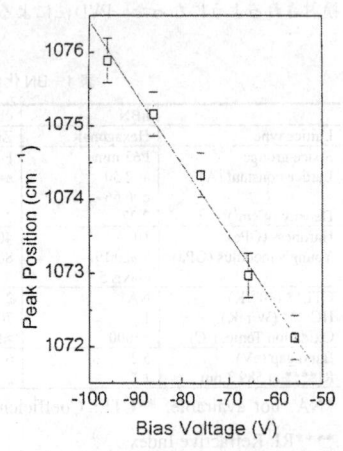

図1 cBNのLO吸収ピーク位置に及ぼす核発生後のバイアス電圧の影響
（Litvinovらによる[8]）

第5章 最新のトピックス

なる格子欠陥を緩和し，応力を低減させる効果があることに着目した[9]。イオンビームスパッタによる数百nmのcBN成膜工程と350keVのAr$^+$イオン注入による応力緩和工程を繰返すことにより，cBN層全体の応力を低減させ1.3 μmのcBN膜を得ている（図3）。

PVD法で成膜したcBN膜の密着性が低いのは高残留応力に加えて，cBN独特の核発生-成長過程に関係しているとされている。PVD法による合成では基板上にはまずアモルファス層（aBN）が成長し，その上にtBN（turbostratic BN）と呼ばれる乱れた積層構造を有するhBN層が，基板面に対してc軸が水平に配向するように形成される。cBNはtBN層内

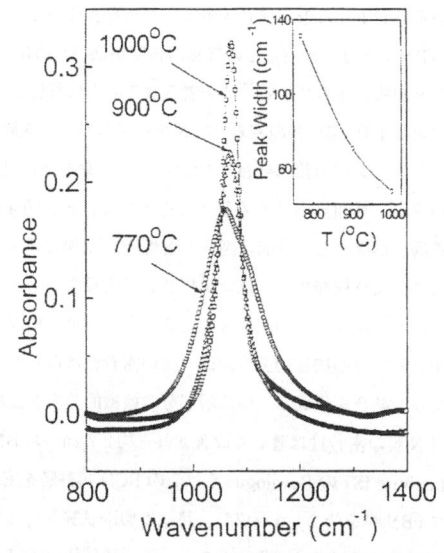

図2 cBNのLO吸収ピーク半値幅に及ぼす成長温度の影響
(Litvinovらによる[8])

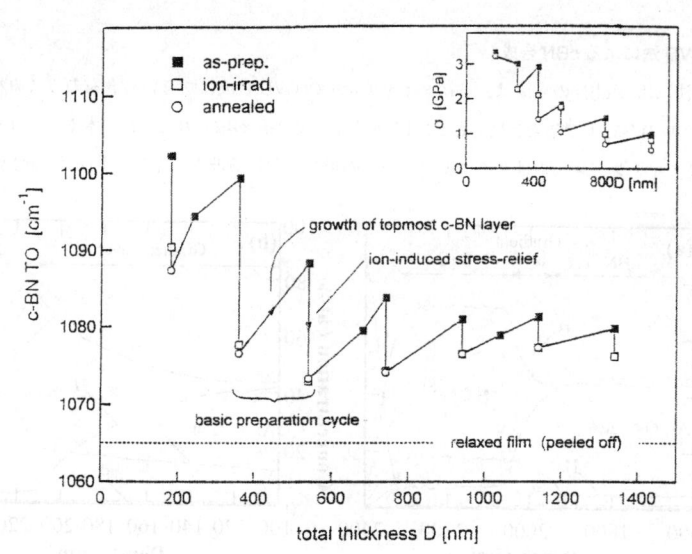

図3 成膜→イオン注入→アニール工程を繰り返して，形成したcBNのLO吸収ピーク位置変化
(Boyenらによる[9])

から核発生する形で成長することが知られている[7]。このaBNあるいはtBNはいずれもsp^{2}結合のBNであり，硬度などの機械的強度が低いために，これら界面のsp^2-BN層より剥離が生じることが報告されている[10]。著者らはこの点に着目し，基板〜cBNの核発生に至る界面構造の最適化によりcBN膜の密着性改善を検討した[11]。成膜にはB$_4$CターゲットとRFマグネトロンスパッタリングの組み合わせを使用した。基材 (Si) 上に200nm程度のB$_4$Cを純Ar雰囲気にて形成後，雰囲気中にN$_2$を徐々に導入して行き，図4(b)に示すようなB$_{1-x-y}$C$_x$N$_y$からなる傾斜組成層を形成する。cBNは図5の暗視野TEM像に示すように傾斜層の上部でB/N比がほぼ1となる部分より核発生し，ほぼ単相として成長する。

cBNの場合，傾斜組成層による密着性改善の検討は主にBN系の中間層で検討されていたが，中間層部分の機械的強度が低く高い密着性は得られていない。BCN傾斜層はCを添加することでB-C結合を生成し，中間層部分の機械的強度を高めている。このBCN傾斜層上に成長させたcBN膜の密着性は著しく改善され，約2.7μmのcBN膜の合成に成功している。独FraunhoferInstitute ISTのBewiloguaらはこのBCN傾斜層を応用し，図6に示すように超硬合金製工具上にcBN膜を約1μm形成し，鋳鉄の切削試験を行った[12]。その結果，切削初期においてはcBN被覆品の摩耗量は酸化物セラミックや焼結体cBN工具と同等程度であったが，切削距離が長くなると摩耗量が増加したことから，さらに密着性などの改善の余地があると考えられる。

7.3 CVD法によるcBN合成

CVD法によるcBNの合成は，当初ダイヤモンドのCVD合成にならいB含有のガス原料を水素ラジカルの存在下で窒素と反応させてBNを合成する手法が取られていた。水素ラジカルによるBNのエッチングレートはダイヤモンド合成の場合における非ダイヤモンド成分 (sp^2) のエッ

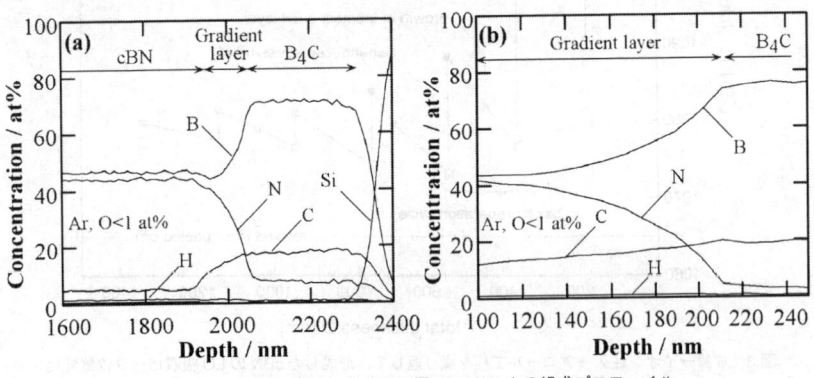

図4　BCN傾斜組成層およびcBN層のAESによる組成プロファイル

第5章　最新のトピックス

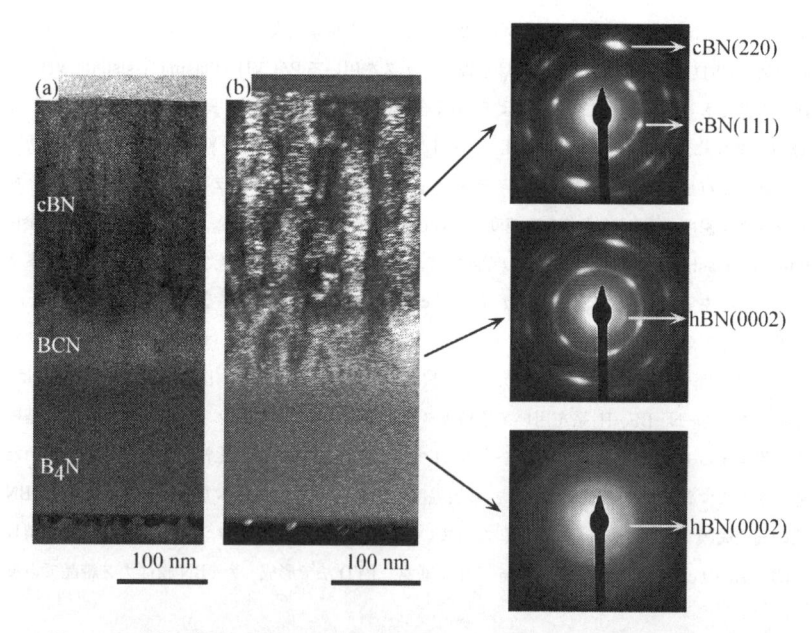

図5　BCN傾斜組成層上に形成したcBN膜の暗視野TEM像および各層の電子線回折パターン

図6　B4Cターゲットを使用してBCN傾斜組成層上に形成したcBNを被覆したインサート
（Bewiloguaらによる[12]）

機能性無機膜の製造と応用

チングレートほど大きくないため，高密度の水素ラジカルを生成することがポイントとなる。そのためにCVD法によるcBN合成例は基板バイアスを用いるPACVD (Plasma Assisted CVD) がほとんどであり，純粋なCVD法によるcBN合成の成功例は少ない。長岡技科大の斉藤ら[13]はRFプラズマに熱フィラメントを併用してBH_3NH_3やH_3BO_3等の固体原料からcBN合成に成功している。このときのポイントは熱フィラメントの温度であり，熱フィラメントの温度が高く，水素ラジカル密度の高い領域でのみ純度の高いcBN膜が合成されている。また独Max Plank InstituteのKonyashinら[14]は水素リッチの雰囲気においてマイクロ波プラズマを使用し，高い水素ラジカル濃度を実現し，BH_3NH_3を原料としてcBNの合成に成功している。

近年，cBN薄膜合成の分野における最もめざましいブレークスルーは無機材研（現産総研）の松本ら[15]が開発したDCプラズマジェット法によるcBN合成である（図7）。松本らの方法は，原料ガスに$Ar-N_2-BF_3-H_2$系を用いて原料ガスをDCトーチによりプラズマジェット化し，基板上に堆積する方法である。チャンバー内の圧力は50torrでPVD法に比較すると3桁以上高いため，プラズマジェットの温度は高く，基板温度は約1000℃となる。本方法により，高純度cBN膜の高速成膜（0.3μm/分）が可能になっている。図8にDCプラズマジェット法により堆積した約3μmのcBN膜破面のSEM像を示す。通常，PVD法で形成したcBN膜はナノ結晶である

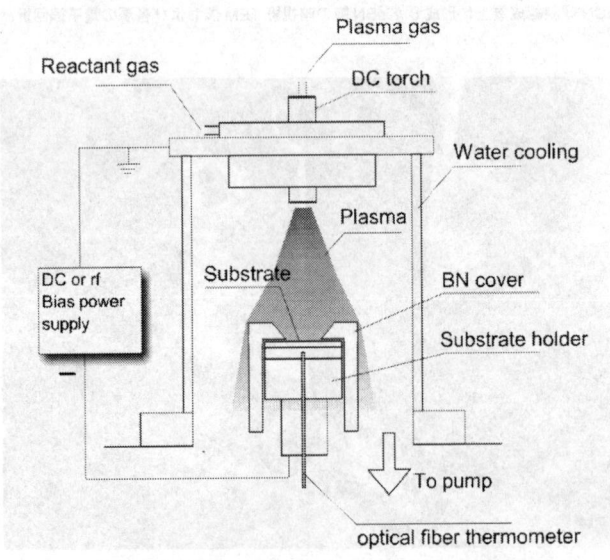

図7 cBN合成に用いられたDCプラズマジェット装置の概略
（松本らによる[15]）

第5章 最新のトピックス

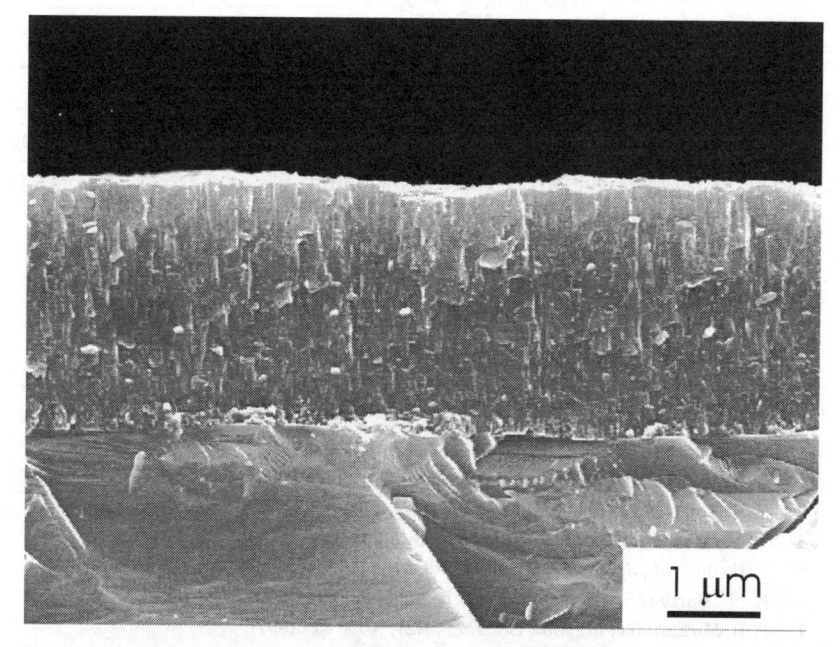

図8 DCプラズマジェットCVD装置で合成したcBN膜の断面SEM像
（松本らによる[15]）

が，本方法で形成したcBNは結晶性が高くラマン活性なcBNのLOピークが明瞭に観測されている。松本らは本方法により，20μmにも達するcBN膜の形成に成功している。このDCプラズマジェット法で高純度cBNの高速成膜に成功したポイントは原料ガスにBF_3を使用している点にある。CVDによるダイヤモンド膜の形成には，成長面において非ダイヤモンド成分を選択的にエッチングする水素ラジカルが必要であり，cBNの場合にはBF_3中に含まれるFがその役割を果たしている。ただし，このFによるBNのエッチングは低温では効果が低く，1000℃付近の基板温度が必要とされる。

7.4 実用化における課題と展望

PVD法に関しては核発生後のバイアス印可による応力低減や傾斜機能層による密着性改善を組み合わせて，実用膜厚のcBN膜を工具に形成し，切削が可能なレベルにまで来ているが，成膜速度や複雑形状への成膜などに課題を残している。これらに関しては，蒸発源の改良などの装置面からのアプローチが望まれるところである。一方で，CVD法ではDCプラズマジェット法とBF_3ガスの組み合わせによる高速成膜により，これまでの気相cBN膜の常識を大きく超える10

μm以上のcBN厚膜の形成に成功しており、生産性の観点からはCVD法が実用化により近いと言えそうである。しかしながらCVD法では原料として取り扱いの難しいBF$_3$などの特殊ガスを使用していることや、今の所1000℃近い基板温度が必要であることから、工具などの量産化にはまだ、いくつかのハードルを越える必要があると思われる。しかしながら、cBNの気相合成の20年以上にわたる研究の中でPVD、CVD共に実用化にかなり近いところまで来ており、今後の更なる展開が期待される。

文　献

1) H. Lüthje *et al.*, *Thin Solid Films*, **257**, 40 (1995)
2) G. Krannich *et al.*, *Diamond Relat. Mater.*, **6**, 1005 (1997)
3) Y. K. Yap *et al.*, *Diamond and Relat. Mater.*, **8**, 382 (1999)
4) T. Aoyama *et al.*, *Diamond Films and Technol.*, **8**, 477 (1998)
5) T. Ikeda *et al.*, *J. Vac. Sci. Technol.*, **A8**, 3168 (1990)
6) K. -L. Barth *et al.*, *Surf. and Coat. Technol.*, **92**, 96 (1997)
7) P. B. Mirkarimi *et al.*, *Mat. Sci. Eng.*, **R21**, No.2, 47 (1997)
8) D. Litvinov *et al.*, *Diamond Relat. Mater.*, **7**, 360 (1998)
9) Boyen *et al.*, *Appl. Phys. Lett.*, **76**, 709 (2000)
10) J. Hahn *et al.*, *Diamond Relat. Mater.*, **5**, 1103 (1996)
11) Yamamoto *et al.*, *Surf. Coat. Technol.*, **142-144**, 881 (2001)
12) Bewilogua *et al.*, *Thin Solid Films*, **469-470**, 86-91 (2004)
13) H. Saitoh *et al.*, *Surf. and Coat. Technol.*, **39/40**, 265 (1989)
14) I. Konyashin *et al.*, *Chem. Vap. Deposition*, **4**, 4 (1998)
15) Matsumoto *et al.*, *Jpn. J. Appl. Phys.*, **39**, 442 (2000)

8 炭窒化ホウ素薄膜

青井芳史*

8.1 はじめに

ホウ素―炭素―窒素の3元系化合物である炭窒化ホウ素は，図1に示すような組成図で表される物質群である。これらの炭窒化ホウ素は，新しい硬質材料としての有力な候補として研究が行われている。ダイヤモンドは地球上で最も硬い材料であるが，酸素存在下では不安定であるという問題点がある。また，鉄と容易に反応してしまうため鉄系の材料の加工用としては適していない。一方，c-BNは化学的安定性がダイヤモンドよりも優れているが，硬さの点ではダイヤモンドの60%程度である。そこで，ダイヤモンドとc-BNのハイブリッド材料である炭窒化ホウ素が両者の中間的な特性を有するのではないかとの期待が持たれている。最近の理論研究から，c-BC_2Nが445 GPaの剛性率を有する事が予測されており，硬さと化学的安定性の両者を備えた新しい材料としての期待が高まっている。c-BC_2Nは高温高圧法による合成が確認されているが，気相法により結晶性のc-BC_2N単体の薄膜が合成されたとの報告例はない。

また，このような機械的特性のみならず，近年炭窒化ホウ素薄膜は次世代シリコン半導体集積回路の低誘電率(Low-k)配線層間絶縁体膜としても注目を集めており，研究開発が行われている。

このように，炭窒化ホウ素は次世代の新規材料として期待されている物質であるが，現状で薄膜として合成されている炭窒化ホウ素は炭素，窒素，ホウ素からなるアモルファスB-C-N薄膜

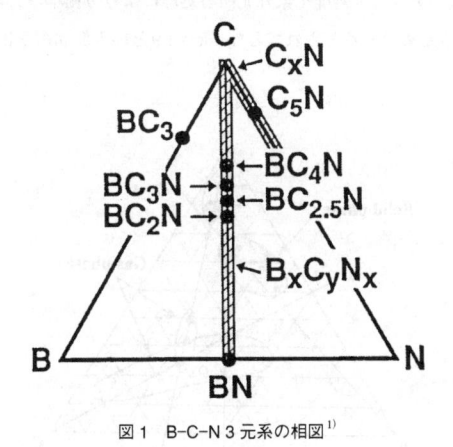

図1 B-C-N 3元系の相図[1]

---

* Yoshifumi Aoi 龍谷大学 理工学部 物質化学科 講師

である。
　以下に，この炭窒化ホウ素薄膜についてその合成例を中心に述べる。

8.2 炭窒化ホウ素（B-C-N）薄膜の合成

　B-C-N薄膜の合成法としてはCVD法を用いたものが多い。Oliveiraらは，レーザー支援CVD（LCVD）により，図2に示す組成のB-C-N薄膜を合成している[2]。原料ガスとしてはB_2H_6，NH_3，C_2H_4の混合ガス（mixture 1　図2中の白丸の組成），もしくはB_2H_6，$(CH_3)_2NH$の混合ガス（mixture 2　図3中の白三角の組成）の2種類を使用している。X線回折より，mixture 1の原料ガスから得られた薄膜は，六方晶と菱面体晶構造を有するB-C-N化合物，長距離秩序構造を持たないアモルファスであるとしている。一方，mixture 2の原料ガスから得られた薄膜は，3つの相に同定されており，それぞれ菱面体晶のB_4C様の相，正方晶のホウ素リッチ相，α型のホウ素相と同定されている。mixture 2から合成された薄膜には六方晶系の化合物は確認されなかったとしている（図3）。
　プラズマ支援CVD法によりBN薄膜を成長させる際に，炭素を混入させる事により合成されたアモルファスB-C-N薄膜の低誘電率膜としての応用が検討されている。B-C-N膜とする事により，BN膜の時に比べて耐水性が向上し，機械的特性も向上する[3]。炭素含有率が14%のB-C-N薄膜はk＝2.2という低誘電率を示し，エネルギーギャップは5 eV程度である。また，低温での成膜後，アニール処理や紫外光照射を行う事による低誘電率化プロセスについても報告されている（図4）。これは，アニール処理や紫外光照射処理により分極率の大きなC＝C結合やC＝N結合の量を低減するためであるとされており，k＝1.9という低誘電率B-C-N薄膜が報告されている。

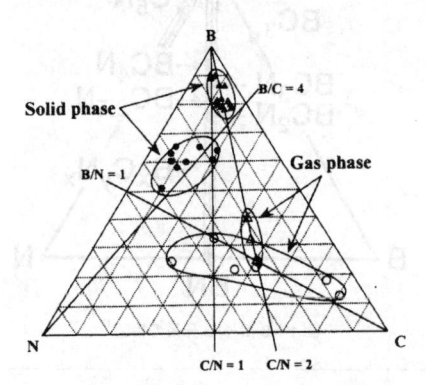

図2　原料ガスおよび得られたB-C-N薄膜の組成[2]

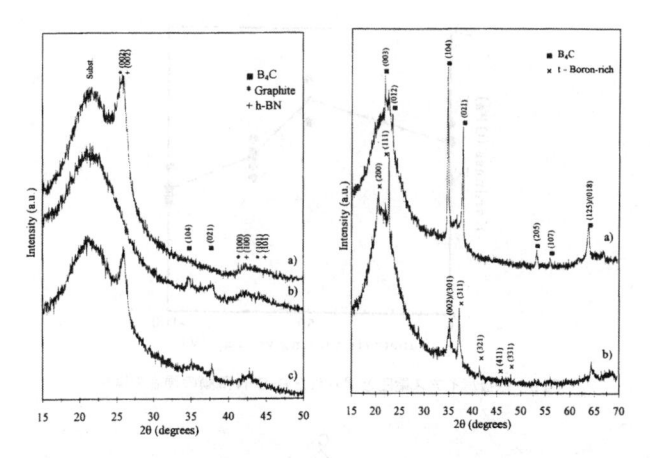

図3 mixture 1（左）および mixture 2（右）から得られた B-C-N 薄膜の X 線回折図[2]

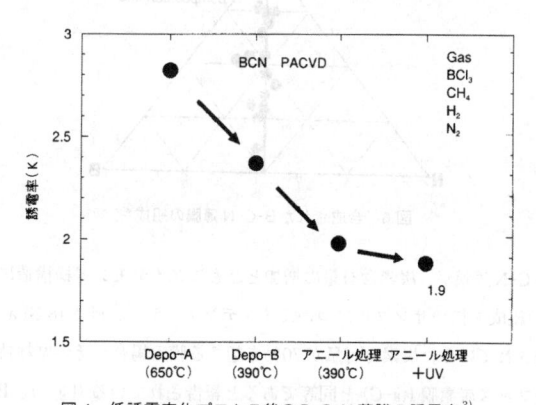

図4 低誘電率化プロセス後の B-C-N 薄膜の誘電率[3]

一方，PVD法によるB-C-N薄膜の合成も報告されている。Ohtakeらは，ダイヤモンドとc-BNをターゲットとしたRFマグネトロンスパッタリング法によりB-C-N薄膜の合成を試みている[4]。基板温度は500℃である。膜の硬さは基板バイアス電圧により変化し，基板バイアス電圧が－50Vの時に最大になる（図5）。得られる薄膜は微細な結晶粒がアモルファス膜に混在した形になっており，この微細な結晶粒はw-BNおよびh-BNでその他の部分はB-C-Nの膜である。

CarettiらはIBAD (ion beam assisted deposition) によるB-C-N薄膜の合成について報告している[5]。合成されたB-C-N薄膜の組成を図6に示す。FT-IRおよびXANESによる解析より，

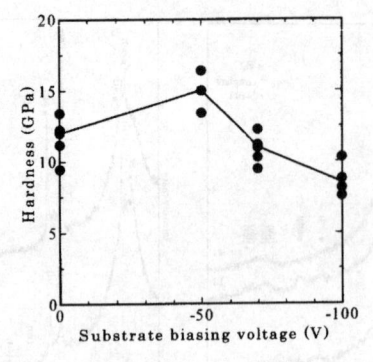

図5 基板バイアス電圧と得られたB-C-N薄膜の硬さの関係[4]

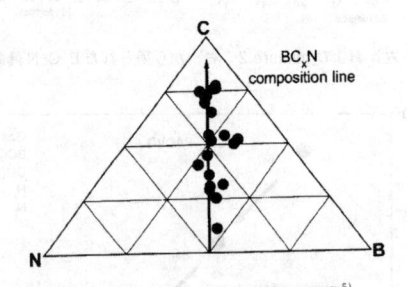

図6 合成されたB-C-N薄膜の組成[5]

六方晶構造のB-C-N薄膜が,炭素含有量の増加とともにダイヤモンド様構造に変化するとされている。BC₄Nの組成を持つサンプルについてインデンテーション硬さ18 GPa,弾性率170 GPaという値が報告されている。炭素含有量が70%を超える膜の場合,その摩耗特性は四面体構造を有するアモルファス炭素膜(ta-C)と同等であると報告されている(図7)。B-C-N膜の場合,ta-C膜に比べて内部応力の発生が少なく,そのため,1μm以上の膜厚でも剥離が発生しないとされている。

8.3 まとめ

本節では,炭窒化ホウ素(B-C-N)薄膜についてその合成例について数例紹介した。B-C-N薄膜についての研究はまだ緒についたばかりであるが,機械的特性のみならず,電気的特性等についても興味深い特性が明らかにされてきており,今後,ダイヤモンド,DLC,窒化ホウ素窒化炭素等とならぶ炭素系軽元素薄膜材料として今後幅広い分野において応用展開がなされるものであると期待される。

第5章 最新のトピックス

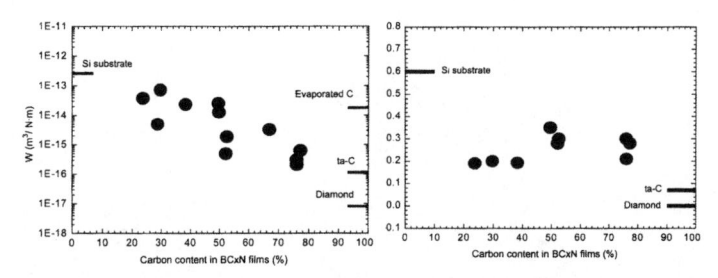

図7 合成されたB-C-N薄膜の摩耗量，摩擦係数と炭素含有率の関係[5]

文　献

1) S. Itoh, *Diamond Films and Technology*, **7**, 195 (1997)
2) M. N. Oliveira and O. Conde, *J. Mater. Res.*, **16**, 734 (2001)
3) 斎藤秀俊監修，DLC膜ハンドブック，NTS (2006)
4) 上條榮治監修，プラズマ・イオンビーム応用とナノテクノロジー，シーエムシー出版 (2002)
5) I. Caretti, I. Jimenez, R. Gago, D. Caceres, B. Abendroth, J. M. Albella, *Diamond and Relat. Mater.*, **13**, 1532 (2004)

《CMCテクニカルライブラリー》発行にあたって

弊社は、1961年創立以来、多くの技術レポートを発行してまいりました。これらの多くは、その時代の最先端情報を企業や研究機関などの法人に提供することを目的としたもので、価格も一般の理工書に比べて遙かに高価なものでした。

一方、ある時代に最先端であった技術も、実用化され、応用展開されるにあたって普及期、成熟期を迎えていきます。ところが、最先端の時代に一流の研究者によって書かれたレポートの内容は、時代を経ても当該技術を学ぶ技術書、理工書としていささかも遜色のないことを、多くの方々が指摘されています。

弊社では過去に発行した技術レポートを個人向けの廉価な普及版《CMCテクニカルライブラリー》として発行することとしました。このシリーズが、21世紀の科学技術の発展にいささかでも貢献できれば幸いです。

2000年12月

株式会社　シーエムシー出版

機能性無機膜―開発技術と応用―　　(B0975)

2006年 6月30日　初　版　第1刷発行
2011年 9月 7日　普及版　第1刷発行

監　修　上條　榮治　　　　　　　　　Printed in Japan
発行者　辻　　賢司
発行所　株式会社　シーエムシー出版
　　　　東京都千代田区内神田1-13-1
　　　　電話 03 (3293) 2061
　　　　http://www.cmcbooks.co.jp/

〔印刷　倉敷印刷株式会社〕　　　　　　　© E. Kamijo, 2011

定価はカバーに表示してあります。
落丁・乱丁本はお取替えいたします。

ISBN978-4-7813-0359-8 C3058 ¥4600E

本書の内容の一部あるいは全部を無断で複写（コピー）することは、法律で認められた場合を除き、著作者および出版社の権利の侵害になります。

CMCテクニカルライブラリーのご案内

プラズモンナノ材料の開発と応用
監修/山田 淳
ISBN978-4-7813-0332-1　　　B963
A5判・340頁　本体5,000円＋税（〒380円）
初版2006年6月　普及版2011年5月

構成および内容：伝播型表面プラズモンと局在型表面プラズモン【合成と色材としての応用】金ナノ粒子のボトムアップ作製法 他【金属ナノ構造】金ナノ構造電極の設計と光電変換 他【ナノ粒子の光・電子特性】近接場イメージング 他【センシング応用】単一分子感度ラマン分光技術の生体分子分析への応用／金ナノロッド 他
執筆者：林 真至／桑原 穣／寺崎 正 他34名

機能膜技術の応用展開
監修/吉川正和
ISBN978-4-7813-0331-4　　　B962
A5判・241頁　本体3,600円＋税（〒380円）
初版2005年3月　普及版2011年5月

構成および内容：【概論編】機能性高分子膜／機能性無機膜【機能編】圧力を分離駆動力とする液相系分離膜／気体分離膜／有機液体分離膜／イオン交換膜／液体膜／触媒機能膜／膜性能推算法【応用編】水処理用膜（浄水、下水処理）／固体高分子型燃料電池用電解質膜／医療用膜／食品用膜／味・匂いセンサー膜／環境保全膜
執筆者：清水剛夫／喜多英敏／中尾真一 他14名

環境調和型複合材料
―開発から応用まで―
監修/藤井 透／西野 孝／合田公一／岡本 忠
ISBN978-4-7813-0330-7　　　B961
A5判・276頁　本体4,000円＋税（〒380円）
初版2005年11月　普及版2011年5月

構成および内容：植物繊維充てん複合材料（セルロースの構造と物性 他／木質系複合材料（木質／プラスチック複合体 他）／動物由来高分子複合材料（ケラチン他）／天然由来高分子／同種異形複合材料／環境調和複合材料の特性／再生可能資源を用いた複合材料のLCAと社会受容性評価／天然繊維の供給、規格、国際市場／工業展開
執筆者：大窪和也／黒田真一／矢野浩之 他28名

積層セラミックデバイスの材料開発と応用
監修/山本 孝
ISBN978-4-7813-0313-0　　　B959
A5判・279頁　本体4,200円＋税（〒380円）
初版2006年8月　普及版2011年4月

構成および内容：【材料】コンデンサ材料（高純度超微粒子TiO_2 他）／磁性材料（低温焼結用）／圧電材料（低温焼結用）／電極材料【作製機器】スロットダイ法／粉砕・分級技術【デバイス】積層セラミックコンデンサ／チップインダクタ／積層バリスタ／$BaTiO_3$系半導体の積層化／積層サーミスタ／積層圧電／部品内蔵配線板技術
執筆者：日高一久／式田尚志／大釜信治 他25名

エレクトロニクス高品質スクリーン印刷の基礎と応用
監修　染谷隆夫／編集　佐野 康
ISBN978-4-7813-0312-3　　　B958
A5判・271頁　本体4,000円＋税（〒380円）
初版2005年12月　普及版2011年4月

構成および内容：概要／スクリーンメッシュメーカー／製版（スクリーンマスク）／装置メーカー／スキージ及びスキージ研磨装置／インキ、ペースト（厚膜ペースト／低温焼結型ペースト 他）／周辺機器（スクリーン洗浄／乾燥機 他）／応用（チップコンデンサ MLCC／LTCC／有機トランジスタ 他）／はじめての高品質スクリーン印刷
執筆者：浅田茂雄／佐野裕樹／住田勲男 他30名

環状・筒状超分子の応用展開
編集／高田十志和
ISBN978-4-7813-0311-6　　　B957
A5判・246頁　本体3,600円＋税（〒380円）
初版2006年1月　普及版2011年4月

構成および内容：【基礎編】ロタキサン，カテナン／ポリロタキサン，ポリカテナン／有機ナノチューブ【応用編】（ポリ）ロタキサン，（ポリ）カテナン（分子素子・分子モーター／可逆的架橋ポリロタキサン 他）／ナノチューブ（シクロデキストリンナノチューブ／カーボンナノチューブ（可溶性カーボンナノチューブ 他） 他
執筆者：須崎裕司／小坂田耕太郎／木原伸浩 他19名

電力貯蔵の技術と開発動向
監修／伊瀬敏史／田中祀捷
ISBN978-4-7813-0309-3　　　B956
A5判・216頁　本体3,200円＋税（〒380円）
初版2006年2月　普及版2011年3月

構成および内容：開発動向／市場展望（自然エネルギーの導入と電力貯蔵 他）／ナトリウム硫黄電池／レドックスフロー電池／シール鉛蓄電池／リチウムイオン電池／電気二重層キャパシタ／フライホイール／超伝導コイル（SMESの原理 他）／パワーエレクトロニクス技術（二次電池電力貯蔵／超伝導電力貯蔵／フライホイール電力貯蔵 他）
執筆者：大和田野 芳郎／諸住 哲／中林 喬 他10名

導電性ナノフィラーの開発技術と応用
監修／小林征男
ISBN978-4-7813-0308-6　　　B955
A5判・311頁　本体4,600円＋税（〒380円）
初版2005年12月　普及版2011年3月

構成および内容：【序論】開発動向と将来展望／導電性コンポジットの導電性機構【導電性フィラー】カーボンブラック／金属系フィラー／金属酸化物系／ピッチ系炭素繊維【導電性ナノ材料】金属ナノ粒子／カーボンナノチューブ／フラーレン 他【応用製品】無機透明導電膜／有機透明導電膜／導電性接着剤／帯電防止剤 他
執筆者：金子郁夫／金子 核／住田雅夫 他23名

※ 書籍をご購入の際は、最寄りの書店にご注文いただくか、
㈱シーエムシー出版のホームページ（http://www.cmcbooks.co.jp/）にてお申し込み下さい。

CMCテクニカルライブラリーのご案内

電子部材用途におけるエポキシ樹脂
監修／越智光一／沼田俊一
ISBN978-4-7813-0307-9　　　　B954
A5判・290頁　本体4,400円＋税（〒380円）
初版2006年1月　普及版2011年3月

構成および内容：【エポキシ樹脂と副資材】エポキシ樹脂（ノボラック型／ビフェニル型 他）／硬化剤（フェノール系／酸無水物類 他）／添加剤（フィラー／難燃剤 他）【配合物の機能化】力学的機能（高強靭化／低応力化）／熱的機能【環境対応】リサイクル／健康障害と環境管理【用途と要求物性】機能性封止材／実装材料／PWB基板材料
執筆者：押見克彦／村田保幸／梶　正史　他36名

ナノインプリント技術および装置の開発
監修／松井真二／古室昌徳
ISBN978-4-7813-0302-4　　　　B952
A5判・213頁　本体3,200円＋税（〒380円）
初版2005年8月　普及版2011年2月

構成および内容：転写方式（熱ナノインプリント／室温ナノインプリント／光ナノインプリント／ソフトリソグラフィ／直接ナノプリント・ナノ電極リソグラフィ 他）装置と関連部材（装置／モールド／離型剤／感光樹脂）デバイス応用（電子・磁気・光学デバイス／光デバイス／バイオデバイス／マイクロ流体デバイス 他）
執筆者：平井義彦／廣島　洋／横尾　篤　他15名

有機結晶材料の基礎と応用
監修／中西八郎
ISBN978-4-7813-0301-7　　　　B951
A5判・301頁　本体4,600円＋税（〒380円）
初版2005年12月　普及版2011年2月

構成および内容：【構造解析編】X線解析／電子顕微鏡／プローブ顕微鏡／構造予測 他【化学編】キラル結晶／分子間相互作用／包接結晶 他【基礎技術編】バルク結晶成長／有機薄膜結晶成長／ナノ結晶成長／結晶の加工 他【応用編】フォトクロミック材料／顔料結晶／非線形光学結晶／磁性結晶／分子素子／有機固体レーザ 他
執筆者：大橋裕二／植草秀裕／八瀬清志　他33名

環境保全のための分析・測定技術
監修／酒井忠雄／小熊幸一／本水昌二
ISBN978-4-7813-0298-0　　　　B950
A5判・315頁　本体4,800円＋税（〒380円）
初版2005年6月　普及版2011年1月

構成および内容：【総論】環境汚染と公定分析法／測定規格の国際標準／欧州規制と分析法【試料の取り扱い】試料の採取／試料の前処理／機器分析／原理・構成・特徴／環境計測のための自動計測法／データ解析のための技術【新しい技術・装置】オンライン前処理デバイス／誘導体化法／オンラインおよびオンサイトモニタリングシステム　他
執筆者：野々村　誠／中村　進／恩田宣彦　他22名

ヨウ素化合物の機能と応用展開
監修／横山正孝
ISBN978-4-7813-0297-3　　　　B949
A5判・266頁　本体4,000円＋税（〒380円）
初版2005年10月　普及版2011年1月

構成および内容：ヨウ素とヨウ素化合物（製造とリサイクル／化学反応 他）／超原子価ヨウ素化合物／分析／材料（ガラス／アルミニウム）／ヨウ素と光（レーザー／偏光板 他）／ヨウ素とエレクトロニクス（有機伝導体／太陽電池 他）／ヨウ素と医薬品／ヨウ素と生物（甲状腺ホルモン／ヨウ素サイクルとバクテリア）／応用
執筆者：村松康行／佐久間　昭／東郷秀雄　他24名

きのこの生理活性と機能性の研究
監修／河岸洋和
ISBN978-4-7813-0296-6　　　　B948
A5判・286頁　本体4,400円＋税（〒380円）
初版2005年10月　普及版2011年1月

構成および内容：【基礎編】種類と利用状況／きのこの持つ機能／安全性（毒きのこ）／きのこの可能性／育種技術 他【素材編】カワリハラタケ／エノキタケ／エリンギ／カバノアナタケ／シイタケ／ブナシメジ／ハタケシメジ／ハナビラタケ／ブクリョク／ブナハリタケ／マイタケ／マツタケ／メシマコブ／霊芝／ナメコ／冬虫夏草 他
執筆者：関谷　敦／江口文陽／石原光朗　他20名

水素エネルギー技術の展開
監修／秋葉悦男
ISBN978-4-7813-0287-4　　　　B947
A5判・239頁　本体3,600円＋税（〒380円）
初版2005年4月　普及版2010年12月

構成および内容：水素製造技術（炭化水素からの水素製造技術／水の光分解／バイオマスからの水素製造 他）／水素貯蔵技術（高圧水素／液体水素）／水素貯蔵材料（合金系材料／無機系材料／炭素系材料 他）／インフラストラクチャー（水素ステーション／安全技術／国際標準）／燃料電池（自動車用燃料電池開発／家庭用燃料電池 他）
執筆者：安田　勇／寺村謙太郎／堂免一成　他23名

ユビキタス・バイオセンシングによる健康医療科学
監修／三林浩二
ISBN978-4-7813-0286-7　　　　B946
A5判・291頁　本体4,400円＋税（〒380円）
初版2006年1月　普及版2010年12月

構成および内容：【第1編】ウエアラブルメディカルセンサ／マイクロ加工技術／触覚センサによる触診検査の自動化 他【第2編】健康診断／自動採血システム／モーションキャプチャーシステム 他【第3編】画像によるドライバ状態モニタリング／高感度匂いセンサ 他【第4編】セキュリティシステム／ストレスチェッカー 他
執筆者：工藤寛之／鈴木正康／菊池良彦　他29名

※書籍をご購入の際は、最寄りの書店にご注文いただくか、
㈱シーエムシー出版のホームページ（http://www.cmcbooks.co.jp/）にてお申し込み下さい。

CMCテクニカルライブラリー のご案内

カラーフィルターのプロセス技術とケミカルス
監修／市村國宏
ISBN978-4-7813-0285-0　　　　　B945
A5判・300頁　本体4,600円＋税（〒380円）
初版2006年1月　普及版2010年12月

構成および内容：フォトリソグラフィー法（カラーレジスト法 他）／印刷法（平版、凹版、凸版印刷 他）／ブラックマトリックスの形成／カラーレジスト用材料と顔料分散／カラーレジスト法によるプロセス技術／カラーフィルターの特性評価／カラーフィルターにおける課題／カラーフィルターと構成部材料の市場／海外展開 他
執筆者：佐々木 学／大谷薫明／小島正好 他25名

水環境の浄化・改善技術
監修／菅原正孝
ISBN978-4-7813-0280-5　　　　　B944
A5判・196頁　本体3,000円＋税（〒380円）
初版2004年12月　普及版2010年11月

構成および内容：【理論】環境水質浄化技術の現状と展望／土壌浸透浄化技術／微生物による水質浄化（石油汚染海洋環境浄化 他）／植物による水質浄化（バイオマス利用 他）／底質改善による水質浄化（底泥置換覆砂工法 他）【材料・システム】水質浄化材料（廃棄物利用の吸着材 他）／水質浄化システム（河川浄化システム 他）
執筆者：濱崎竜英／笠井由紀／渡邊一哉 他18名

固体酸化物形燃料電池（SOFC）の開発と展望
監修／江口浩一
ISBN978-4-7813-0279-9　　　　　B943
A5判・238頁　本体3,600円＋税（〒380円）
初版2005年10月　普及版2010年11月

構成および内容：原理と基礎研究／開発動向／NEDOプロジェクトのSOFC開発経緯／電力事業から見たSOFC（コージェネレーション 他）／ガス会社の取り組み／情報通信サービス事業における取り組み／SOFC発電システム（円筒型燃料電池の開発 他）／SOFCの構成材料（金属セパレータ材料 他）／SOFCの課題（標準化／劣化要因について 他）
執筆者：横川晴美／堀田照久／氏家 孝 他18名

フルオラスケミストリーの基礎と応用
監修／大寺純蔵
ISBN978-4-7813-0278-2　　　　　B942
A5判・277頁　本体4,200円＋税（〒380円）
初版2005年11月　普及版2010年11月

構成および内容：【総論】フルオラスの範囲と定義／ライトフルオラスケミストリー【合成】フルオラス・タグを用いた糖鎖およびペプチドの合成／細胞内糖鎖伸長反応／DNAの化学合成／フルオラス試薬類の開発／海洋天然物の合成 他【触媒・その他】メソポーラスシリカ／再利用可能な酸触媒／フルオラスルイス酸触媒反応 他
執筆者：柳 日馨／John A. Gladysz／坂倉 彰 他35名

有機薄膜太陽電池の開発動向
監修／上原 赫／吉川 暹
ISBN978-4-7813-0274-4　　　　　B941
A5判・313頁　本体4,600円＋税（〒380円）
初版2005年11月　普及版2010年10月

構成および内容：有機光電変換系の可能性と課題／基礎理論と光合成（人工光合成系の構築 他）／有機薄膜太陽電池のコンセプトとアーキテクチャー／光電変換材料／キャリアー移動材料と電極／有機ELと有機薄膜太陽電池の周辺領域（フレキシブル有機EL素子とその光集積デバイスへの応用 他）／応用（透明太陽電池／宇宙太陽光発電 他）
執筆者：三室 守／内藤裕義／藤枝卓也 他62名

結晶多形の基礎と応用
監修／松岡正邦
ISBN978-4-7813-0273-7　　　　　B940
A5判・307頁　本体4,600円＋税（〒380円）
初版2005年8月　普及版2010年10月

構成および内容：結晶多形と結晶構造の基礎－晶系, 空間群, ミラー指数, 晶癖－／分子シミュレーションと多形の析出／結晶化操作の基礎／実験と測定法／スクリーニング／予測アルゴリズム／多形間の転移機構と転移速度論／医薬品における研究実例／抗潰瘍薬の結晶多形制御／パミカミド塩酸塩水和物結晶／結晶多形のデータベース 他
執筆者：佐藤清隆／北村光孝／J. H. ter Horst 他16名

可視光応答型光触媒の実用化技術
監修／多賀康訓
ISBN978-4-7813-0272-0　　　　　B939
A5判・290頁　本体4,400円＋税（〒380円）
初版2005年9月　普及版2010年10月

構成および内容：光触媒の動作機構と特性／設計（バンドギャップ狭窄法による可視光応答化 他）／作製プロセス技術（湿式プロセス／薄膜プロセス 他）／ゾル-ゲル溶液の化学／特性と物性（Ti-O-N系／層間化合物光触媒 他）／性能・安全性（生体安全性 他）／実用化技術（合成皮革応用／壁紙応用 他）／光触媒の物性解析／課題（高性能化 他）
執筆者：村上能規／野坂芳雄／旭 良司 他43名

マリンバイオテクノロジー
―海洋生物成分の有効利用―
監修／伏谷伸宏
ISBN978-4-7813-0267-6　　　　　B938
A5判・304頁　本体4,600円＋税（〒380円）
初版2005年3月　普及版2010年9月

構成および内容：海洋成分の研究開発（医薬開発 他）／医薬素材および研究用試薬（藻類／酵素阻害剤 他）／化粧品（海洋成分由来の化粧品原料 他）／機能性食品素材（マリンビタミン／カロテノイド 他）／ハイドロコロイド（海藻多糖類 他）／レクチン（海藻レクチン／動物レクチン）／その他（防汚剤／海洋タンパク質 他）
執筆者：浪越通夫／沖野龍文／塚本佐知子 他22名

※ 書籍をご購入の際は、最寄りの書店にご注文いただくか、㈱シーエムシー出版のホームページ（http://www.cmcbooks.co.jp/）にてお申し込み下さい。

CMCテクニカルライブラリーのご案内

RNA工学の基礎と応用
監修／中村義一／大内将司
ISBN978-4-7813-0266-9　　B937
A5判・268頁　本体4,000円＋税（〒380円）
初版2005年12月　普及版2010年9月

構成および内容：RNA入門（RNAの物性と代謝／非翻訳型RNA他／RNAiとmiRNA（siRNA医薬品他）／アプタマー（翻訳開始因子に対するアプタマーによる制がん戦略 他）／リボザイム（RNAアーキテクチャと人工リボザイム創製への応用 他）／RNA工学プラットホーム（核酸医薬品のデリバリーシステム／人工RNA結合ペプチド 他）
執筆者：稲田利文／中村幸治／三好啓太　他40名

ポリウレタン創製への道
―材料から応用まで―
監修／松永勝治
ISBN978-4-7813-0265-2　　B936
A5判・233頁　本体3,400円＋税（〒380円）
初版2005年9月　普及版2010年9月

構成および内容：【原材料】イソシアナート／第三成分（アミン系硬化剤／発泡剤 他）【素材】フォーム（軟質ポリウレタンフォーム 他）／エラストマー／印刷インキ用ポリウレタン樹脂／【大学での研究動向】関東学院大学-機能性ポリウレタンの合成と特性-／慶應義塾大学-酵素によるケミカルリサイクル可能なグリーンポリウレタンの創成-他
執筆者：長谷山龍二／安定　強／大原輝彦　他24名

プロジェクターの技術と応用
監修／西田信夫
ISBN978-4-7813-0260-7　　B935
A5判・240頁　本体3,600円＋税（〒380円）
初版2005年6月　普及版2010年8月

構成および内容：プロジェクターの基本原理と種類／CRTプロジェクター（背面投射型と前面投射型 他）／液晶プロジェクター（液晶ライトバルブ 他）／ライトスイッチ式プロジェクター／コンポーネント・要素技術（マイクロレンズアレイ 他）／応用システム（デジタルシネマ 他）／視機能から見たプロジェクターの評価（CBUの機序 他）
執筆者：福田京平／菊池　宏／東　忠利　他18名

有機トランジスタ―評価と応用技術―
監修／工藤一浩
ISBN978-4-7813-0259-1　　B934
A5判・189頁　本体2,800円＋税（〒380円）
初版2005年7月　普及版2010年8月

構成および内容：【総論】【評価】材料（有機トランジスタ材料の基礎評価 他）／電気物性（局所電気・電子物性 他）／FET（有機薄膜FETの物性 他）／薄膜形成【応用】大面積センサー／ディスプレイ応用／印刷技術による情報タグとその周辺機器【技術】遺伝子トランジスタによる分子認識の電気的検出／単一分子エレクトロニクス　他
執筆者：鎌田俊英／堀田　収／南方尚　他17名

昆虫テクノロジー―産業利用への可能性―
監修／川崎建次郎／野田博明／木内　信
ISBN978-4-7813-0258-4　　B933
A5判・296頁　本体4,400円＋税（〒380円）
初版2005年6月　普及版2010年8月

構成および内容：【総論】昆虫テクノロジーの研究開発動向【基礎】昆虫の飼育法／昆虫ゲノム情報の利用【技術各論】昆虫を利用した有用物質生産（プロテインチップの開発 他）／カイコ等の絹タンパク質の利用／昆虫の特異機能の解析とその利用／害虫制御技術等農業現場への応用／昆虫の体の構造、運動機能、情報処理機能の利用 他
執筆者：鈴木幸一／竹田　敏／三田和英　他43名

界面活性剤と両親媒性高分子の機能と応用
監修／國信博信／坂本一民
ISBN978-4-7813-0250-8　　B932
A5判・305頁　本体4,600円＋税（〒380円）
初版2005年6月　普及版2010年7月

構成および内容：自己組織化及び最新の構造測定法／バイオサーファクタントの特性と機能利用／ジェミニ型界面活性剤の特性と応用／界面制御とDDS／超臨界状態の二酸化炭素を活用したリポソームの調製／両親媒性高分子の機能設計と応用／メソポーラス材料開発／食べるナノテクノロジー―食品の界面制御技術によるアプローチ　他
執筆者：荒牧賢治／佐藤高彰／北本　大　他31名

キラル医薬品・医薬中間体の研究・開発
監修／大橋武久
ISBN978-4-7813-0249-2　　B931
A5判・270頁　本体4,200円＋税（〒380円）
初版2005年7月　普及版2010年7月

構成および内容：不斉合成技術の展開（不斉エポキシ化反応の工業化 他）／バイオ法によるキラル化合物の開発（生体触媒による光学活性カルボン酸の創製 他）／光学活性体の光学分割技術（クロマト法による光学活性体の分離・生産 他）／キラル医薬中間体開発（キラルテクノロジーによるジルチアゼムの製法開発 他）／展望
執筆者：齊藤隆夫／鈴木謙二／古川喜朗　他24名

糖鎖化学の基礎と実用化
監修／小林一清／正田晋一郎
ISBN978-4-7813-0210-2　　B921
A5判・318頁　本体4,800円＋税（〒380円）
初版2005年4月　普及版2010年7月

構成および内容：【糖鎖ライブラリー構築のための基礎研究】生体触媒による糖鎖の構築 他【多糖および糖クラスターの設計と機能化】セルロース応用／人工複合糖鎖高分子／側鎖型糖質高分子 他【糖鎖工学における実用化技術】酵素反応によるグルコースポリマーの工業生産／N-アセチルグルコサミンの工業生産 他
執筆者：比санк　洋／西村紳一郎／佐藤智典　他41名

※書籍をご購入の際は、最寄りの書店にご注文いただくか、㈱シーエムシー出版のホームページ（http://www.cmcbooks.co.jp/）にてお申し込み下さい。

CMCテクニカルライブラリー のご案内

LTCCの開発技術
監修／山本 孝
ISBN978-4-7813-0219-5　　　　　　B926
A5判・263頁　本体4,000円＋税（〒380円）
初版2005年5月　普及版2010年6月

構成および内容：【材料供給】LTCC用ガラスセラミックス／低温焼結ガラスセラミックグリーンシート／低温焼成多層基板用ペースト／LTCC用導電性ペースト 他【LTCCの設計・製造】回路と電磁界シミュレータの連携によるLTCC設計技術 他【応用製品】車載用セラミック基板およびベアチップ実装技術／携帯端末用Txモジュールの開発 他
執筆者：馬屋原芳夫／小林吉伸／富田秀幸 他23名

エレクトロニクス実装用基板材料の開発
監修／柿本雅明／髙橋昭雄
ISBN978-4-7813-0218-8　　　　　　B925
A5判・260頁　本体4,000円＋税（〒380円）
初版2005年1月　普及版2010年6月

構成および内容：【総論】プリント配線板および技術動向【素材】プリント配線基板の構成材料（ガラス繊維とガラスクロス 他）【基材】エポキシ樹脂銅張積層板／耐熱性材料（BTレジン材料 他）／高周波用材料（熱硬化型PPE樹脂 他）／低熱膨張性材料-LCPフィルム／高熱伝導性材料／ビルドアップ用材料／受動素子内蔵基板 他
執筆者：髙木 清／坂本 勝／宮里桂太 他20名

木質系有機資源の有効利用技術
監修／舩岡正光
ISBN978-4-7813-0217-1　　　　　　B924
A5判・271頁　本体4,000円＋税（〒380円）
初版2005年1月　普及版2010年6月

構成および内容：木質系有機資源の潜在量と循環資源としての視点／細胞壁分子複合系／植物細胞壁の精密リファイニング／リグニン応用技術（機能性バイオポリマー 他）／糖質の応用技術（バイオナノファイバー 他）／抽出成分（生理機能性物質 他）／炭素骨格の利用技術／エネルギー変換技術／持続的工業システムの展開
執筆者：永松ゆきこ／坂 志朗／青栁 充 他28名

難燃剤・難燃材料の活用技術
著者／西澤 仁
ISBN978-4-7813-0231-7　　　　　　B927
A5判・353頁　本体5,200円＋税（〒380円）
初版2004年8月　普及版2010年5月

構成および内容：解説（国内外の規格、規制の動向／難燃材料、難燃剤の動向／難燃化技術の動向 他）／難燃剤データ（総論／臭素系難燃剤／塩素系難燃剤／りん系難燃剤／無機系難燃剤／窒素系難燃剤、窒素ーりん系難燃剤／シリコーン系難燃剤 他）／難燃材料データ（高分子材料と難燃材料の動向／難燃性PE／難燃性ABS／難燃性PET／難燃性変性PPE樹脂／難燃性エポキシ樹脂 他）

プリンター開発技術の動向
監修／髙橋恭介
ISBN978-4-7813-0212-6　　　　　　B923
A5判・215頁　本体3,600円＋税（〒380円）
初版2005年2月　普及版2010年5月

構成および内容：【総論】【オフィスプリンター】IPSiO Colorレーザープリンタ 他【携帯・業務用プリンター】カメラ付き携帯電話用プリンターNP-1 他【オンデマンド印刷機】デジタルドキュメントパブリッシャー（DDP）他【ファインパターン分注技術】インクジェット分注技術 他【材料・ケミカルスと記録媒体】重合トナー／情報用紙 他
執筆者：日高重助／佐藤眞澄／醒井雅裕 他26名

有機EL技術と材料開発
監修／佐藤佳晴
ISBN978-4-7813-0211-9　　　　　　B922
A5判・279頁　本体4,200円＋税（〒380円）
初版2004年5月　普及版2010年5月

構成および内容：【課題編（基礎、原理、解析）】長寿命化技術／高発光効率化技術／駆動回路技術／プロセス技術【材料編（課題を克服する材料）】電荷輸送材料（正孔注入材料 他）／発光材料（蛍光ドーパント／共役高分子材料 他）／リン光材料（正孔阻止材料 他）／周辺材料（封止材料 他）／各社ディスプレイ技術 他
執筆者：松本敏男／照元幸次／河村祐一郎 他34名

有機ケイ素化学の応用展開
―機能性物質のためのニューシーズ―
監修／玉尾皓平
ISBN978-4-7813-0194-5　　　　　　B920
A5判・316頁　本体4,800円＋税（〒380円）
初版2004年11月　普及版2010年5月

構成および内容：有機ケイ素化合物群／オリゴシラン、ポリシラン／ポリシランのフォトエレクトロニクスへの応用／ケイ素を含む共役電子系（シロールおよび関連化合物 他）／シロキサン、シルセスキオキサン、カルボシラン／シリコーンの応用（UV硬化型シリコーンハードコート剤 他）／シリコン表面、シリコンクラスター 他
執筆者：岩本武明／吉良満夫／今 喜裕 他64名

ソフトマテリアルの応用展開
監修／西 敏夫
ISBN978-4-7813-0193-8　　　　　　B919
A5判・302頁　本体4,200円＋税（〒380円）
初版2004年11月　普及版2010年4月

構成および内容：【動的制御のための非共有結合性相互作用の探索】生体分子を有するポリマーを利用した新規細胞接着基質 他【水素結合を利用した階層構造の構築と機能化】サーフェースエンジニアリング 他【複合機能の時空間制御】モルフォロジー制御 他【エントロピー制御と相分離リサイクル】ゲルの網目構造の制御 他
執筆者：三原久和／中村 聡／小畠英理 他39名

※書籍をご購入の際は、最寄りの書店にご注文いただくか、
㈱シーエムシー出版のホームページ(http://www.cmcbooks.co.jp/)にてお申し込み下さい。

CMCテクニカルライブラリー のご案内

ポリマー系ナノコンポジットの技術と用途
監修／岡本正巳
ISBN978-4-7813-0192-1　　B918
A5判・299頁　本体4,200円＋税（〒380円）
初版2004年12月　普及版2010年4月

構成および内容：【基礎技術編】クレイ系ナノコンポジット（生分解性ポリマー系ナノコンポジット／ポリカーボネートナノコンポジット 他）／その他のナノコンポジット（熱硬化性樹脂系ナノコンポジット／補強型ナノカーボン調製のためのポリマーブレンド技術）【応用編】耐熱、長期耐久性ポリ乳酸ナノコンポジット／コンポセラン 他
執筆者：祢宜行成／上田一恵／野中裕文 他22名

ナノ粒子・マイクロ粒子の調製と応用技術
監修／川口春馬
ISBN978-4-7813-0191-4　　B917
A5判・314頁　本体4,400円＋税（〒380円）
初版2004年10月　普及版2010年4月

構成および内容：【微粒子製造と新規微粒子】微粒子作製技術／注目を集める微粒子（色素増感太陽電池 他）／微粒子集積技術【微粒子・粉体の応用展開】レオロジー・トライボロジーと微粒子／情報・メディアと微粒子／生体・医療と微粒子（ガン治療法の開発 他）／光と微粒子／ナノテクノロジーと微粒子／産業用微粒子 他
執筆者：杉本忠夫／山本孝夫／岩村 武 他45名

防汚・抗菌の技術動向
監修／角田光雄
ISBN978-4-7813-0190-7　　B916
A5判・266頁　本体4,000円＋税（〒380円）
初版2004年10月　普及版2010年4月

構成および内容：防汚技術の基礎／光触媒技術を応用した防汚技術（光触媒の実用化例 他）／高分子材料によるコーティング技術（アクリルシリコン樹脂 他）／帯電防止技術の応用（粒子汚染への静電気の影響と制電技術 他）／実際の応用例（半導体工場のケミカル汚染対策／超精密ウェーハ表面加工における防汚 他）
執筆者：佐伯義光／高濱孝一／砂田香矢乃 他19名

ナノサイエンスが作る多孔性材料
監修／北川 進
ISBN978-4-7813-0189-1　　B915
A5判・249頁　本体3,400円＋税（〒380円）
初版2004年11月　普及版2010年3月

構成および内容：【基礎】製造方法（金属系多孔性材料／木質系多孔性材料）／吸着理論（計算機科学 他）【応用】化学機能材料への展開（炭化シリコン合成法／ポリマー合成への応用／光応答性メソポーラスシリカ／ゼオライトを用いた単層カーボンナノチューブの合成 他）／物性材料への展開／環境・エネルギー関連への展開
執筆者：中嶋英雄／大久保達也／小倉 賢 他27名

ゼオライト触媒の開発技術
監修／辰巳 敬／西村陽一
ISBN978-4-7813-0178-5　　B914
A5判・272頁　本体3,800円＋税（〒380円）
初版2004年10月　普及版2010年3月

構成および内容：【総論】【石油精製用ゼオライト触媒】流動接触分解／水素化分解／水素化分解／パラフィンの異性化【石油化学プロセス用】芳香族化合物のアルキル化・酸化反応【ファインケミカル合成用】ゼオライト系ピリジン塩基類合成触媒の開発【環境浄化用】NO_x選択接触還元／Co-βによるNO_x選択還元／自動車排ガス浄化【展望】
執筆者：窪田好浩／増田立男／岡崎 肇 他16名

膜を用いた水処理技術
監修／中尾真一／渡辺義公
ISBN978-4-7813-0177-8　　B913
A5判・284頁　本体4,000円＋税（〒380円）
初版2004年9月　普及版2010年3月

構成および内容：【総論】膜ろ過による水処理技術 他【技術】下水・廃水処理システム 他【応用】膜型浄水システム／用水・下水・排水処理システム（純水・超純水製造／ビル排水再利用システム／産業廃水処理システム／廃棄物最終処分場浸出水処理システム／膜分離活性汚泥法を用いた畜産廃水処理システム 他）／海水淡水化施設 他
執筆者：伊藤雅喜／木村克輝／住田一郎 他21名

電子ペーパー開発の技術動向
監修／面谷 信
ISBN978-4-7813-0176-1　　B912
A5判・225頁　本体3,200円＋税（〒380円）
初版2004年7月　普及版2010年3月

構成および内容：【ヒューマンインターフェース】読みやすさと表示媒体の形態的特性／ディスプレイ作業と紙上作業の比較と分析【表示方式】表示方式の開発動向（異方性流体を用いた微粒子ディスプレイ／摩擦帯電型トナーディスプレイ／マイクロカプセル型電気泳動方式 他）／液晶とELの開発動向【応用展開】電子書籍普及のためには 他
執筆者：小清水実／眞島 修／高橋泰樹 他22名

ディスプレイ材料と機能性色素
監修／中澄博行
ISBN978-4-7813-0175-4　　B911
A5判・251頁　本体3,600円＋税（〒380円）
初版2004年9月　普及版2010年2月

構成および内容：液晶ディスプレイと機能性色素（課題／液晶プロジェクターの概要と技術課題／高精細LCD用カラーフィルター／ゲスト-ホスト型液晶用機能性色素／偏光フィルム用機能性色素／LCD用バックライトの発光材料 他）／プラズマディスプレイと機能性色素／有機ELディスプレイと機能性色素／LEDと発光材料／FED 他
執筆者：小林駿介／鎌倉 弘／後藤泰行 他26名

※ 書籍をご購入の際は、最寄りの書店にご注文いただくか、㈱シーエムシー出版のホームページ(http://www.cmcbooks.co.jp/)にてお申し込み下さい。

CMCテクニカルライブラリーのご案内

書籍情報	構成および内容
難培養微生物の利用技術 監修／工藤俊章／大熊盛也 ISBN978-4-7813-0174-7　B910 A5判・265頁　本体3,800円＋税（〒380円） 初版2004年7月　普及版2010年2月	構成および内容：【研究方法】海洋性VBNC微生物とその検出法／定量的PCR法を用いた難培養微生物のモニタリング　他【自然環境中の難培養微生物】有機性廃棄物の生分解処理と難培養微生物／ヒトの大腸内細菌叢の解析／昆虫の細胞内共生微生物／植物の内生窒素固定細菌　他【微生物資源としての難培養微生物】EST解析／系統保存化　他 執筆者：木暮一啓／上田賢志／別府輝彦　他36名
水性コーティング材料の設計と応用 監修／三代澤良明 ISBN978-4-7813-0173-0　B909 A5判・406頁　本体5,600円＋税（〒380円） 初版2004年8月　普及版2010年2月	構成および内容：【総論】【樹脂設計】アクリル樹脂／エポキシ樹脂／環境対応型高耐久性フッ素樹脂および塗料／硬化方法／ハイブリッド樹脂【塗料設計】塗料の流動性／顔料分散／添加剤【応用】自動車用塗料／アルミ建材用電着塗料／家電用塗料／缶用塗料／水性塗装システムの構築　他【塗装】【排水処理技術】塗装ラインの排水処理 執筆者：石倉慎一／大西　清／和田秀一　他25名
コンビナトリアル・バイオエンジニアリング 監修／植田充美 ISBN978-4-7813-0172-3　B908 A5判・351頁　本体5,000円＋税（〒380円） 初版2004年8月　普及版2010年2月	構成および内容：【研究成果】ファージディスプレイ／乳酸菌ディスプレイ／酵母ディスプレイ／無細胞合成系／人工遺伝子系【応用と展開】ライブラリー創製／アレイ系／細胞チップを用いた薬剤スクリーニング／植物小胞輸送工学による有用タンパク質生産／ゼブラフィッシュ系／蛋白質相互作用領域の迅速同定　他 執筆者：津本浩平／熊谷　泉／上田　宏　他45名
超臨界流体技術とナノテクノロジー開発 監修／阿尻雅文 ISBN978-4-7813-0163-1　B906 A5判・300頁　本体4,200円＋税（〒380円） 初版2004年8月　普及版2010年1月	構成および内容：超臨界流体技術（特性／原理と動向）／ナノテクノロジーの動向／ナノ粒子合成（超臨界流体を利用したナノ微粒子創製／超臨界水熱合成／マイクロエマルションとナノマテリアル　他）／ナノ構造制御／超臨界流体材料合成プロセスの設計（超臨界流体を利用した材料製造プロセスの数値シミュレーション　他）／索引 執筆者：猪股　宏／岩井芳夫／古屋　武　他42名
スピンエレクトロニクスの基礎と応用 監修／猪俣浩一郎 ISBN978-4-7813-0162-4　B905 A5判・325頁　本体4,600円＋税（〒380円） 初版2004年7月　普及版2010年1月	構成および内容：【基礎】巨大磁気抵抗効果／スピン注入・蓄積効果／磁性半導体の光磁化および光操作／配列ドット格子と磁気物性　他【材料・デバイス】ハーフメタル薄膜とTMR／スピン注入による磁化反転／室温強磁性半導体／磁気抵抗スイッチ効果　他【応用】微細加工技術／Development of MRAM／スピンバルブトランジスタ／量子コンピュータ　他 執筆者：宮崎照宣／高橋三郎／前川禎通　他35名
光時代における透明性樹脂 監修／井手文雄 ISBN978-4-7813-0161-7　B904 A5判・194頁　本体3,600円＋税（〒380円） 初版2004年6月　普及版2010年1月	構成および内容：【総論】透明性樹脂の動向と材料設計【材料と技術各論】ポリカーボネート／シクロオレフィンポリマー／非複屈折性脂環式アクリル樹脂／全フッ素樹脂とPOFへの応用／透明ポリイミド／エポキシ樹脂／スチレン系ポリマー／ポリエチレンテレフタレート　他【用途展開と展望】光通信／光部品用接着剤／光ディスク　他 執筆者：岸本祐一郎／秋原　勲／橋本昌和　他12名
粘着製品の開発 ―環境対応と高機能化― 監修／地畑健吉 ISBN978-4-7813-0160-0　B903 A5判・246頁　本体3,400円＋税（〒380円） 初版2004年7月　普及版2010年1月	構成および内容：総論／材料開発の動向と環境対応（基material／粘着剤／剥離剤および剥離ライナー）／塗工技術／粘着製品の開発動向と環境対応（電気・電子関連用粘着製品／建築・建材関連用／医療関連用／表面保護用／粘着ラベルの環境対応／構造用接合テープ）／特許から見た粘着製品の開発動向／各国の粘着製品市場とその動向／法規制 執筆者：西川一哉／福田雅之／山本宣延　他16名
液晶ポリマーの開発技術 ―高性能・高機能化― 監修／小出直之 ISBN978-4-7813-0157-0　B902 A5判・286頁　本体4,000円＋税（〒380円） 初版2004年7月　普及版2009年12月	構成および内容：【発展】【高性能材料としての液晶ポリマー】樹脂成形材料／繊維／成形品【高機能性材料としての液晶ポリマー】電気・電子機能（フィルム／高熱伝導性材料）／光学素子（棒状高分子液晶／ハイブリッドフィルム）／光記録材料【トピックス】液晶エラストマー／液晶性有機半導体での電荷輸送／液晶性共役系高分子　他 執筆者：三原隆志／井上俊英／真壁芳樹　他15名

※書籍をご購入の際は、最寄りの書店にご注文いただくか、㈱シーエムシー出版のホームページ(http://www.cmcbooks.co.jp/)にてお申し込み下さい。